"十一五"国家重点图书

 普通高等教育"十一五"国家级规划教材

21世纪大学本科计算机专业系列教材

国家精品课程教材

计算概论
（第2版）

许卓群 李文新 罗英伟 汪小林 编著

李晓明 主审

清华大学出版社
北京

内 容 简 介

本书是一本软件和硬件知识丰富而全面的计算机入门教材,其内容重点不是放在计算机的具体操作说明上,也不是表面地讲一些技术发展状况,而是在计算机和互联网的基础知识和技术原理上,努力从概念层面作全面清晰的讲解。结合具体的例子,讲解软件和硬件组成的相关概念,以深入浅出的文字说明其工作原理。本书的内容包括4个方面:信息技术发展概貌、计算机互联网技术、计算机的组成原理、程序设计方法。本教材"立足基础、因材施教、强化实践"。

本书适合作为高等学校理工专业本科生的计算概论、计算机导论等计算机入门课程的教学用书,也可以作为参与计算机和信息科学竞赛项目的参考书。

图书在版编目(CIP)数据

计算概论/许卓群等编著. —2 版. —北京:清华大学出版社,2009.10(2024.8重印)

(21 世纪大学本科计算机专业系列教材)

ISBN 978-7-302-20967-6

Ⅰ. 计… Ⅱ. 许… Ⅲ. 电子计算机－高等学校－教材 Ⅳ. TP3

中国版本图书馆 CIP 数据核字(2009)第 163246 号

责任编辑:张瑞庆 赵晓宁
责任校对:时翠兰
责任印制:杨 艳

出版发行:清华大学出版社
   网 址:https://www.tup.com.cn,https://www.wqxuetang.com
   地 址:北京清华大学学研大厦 A 座   邮 编:100084
   社 总 机:010-83470000   邮 购:010-62786544
   投稿与读者服务:010-62776969,c-service@tup.tsinghua.edu.cn
   质 量 反 馈:010-62772015,zhiliang@tup.tsinghua.edu.cn
印 装 者:三河市铭诚印务有限公司
经 销:全国新华书店
开 本:185mm×260mm 印 张:23.25 字 数:576 千字
版 次:2009 年 10 月第 2 版 印 次:2024 年 8 月第 14 次印刷
定 价:59.50 元

产品编号:026462-05

序 言

21 世纪是知识经济的时代,是人才竞争的时代。随着 21 世纪的到来,人类已步入信息社会,信息产业正成为全球经济的主导产业。计算机科学与技术在信息产业中占据了最重要的地位,这就对培养 21 世纪高素质创新型计算机专业人才提出了迫切的要求。

为了培养高素质创新型人才,必须建立高水平的教学计划和课程体系。在 20 多年跟踪分析 ACM 和 IEEE 计算机课程体系的基础上,紧跟计算机科学与技术的发展潮流,及时制定并修正教学计划和课程体系是尤其重要的。计算机科学与技术的发展对高水平人才的要求,需要我们从总体上优化课程结构,精炼教学内容,拓宽专业基础,加强教学实践,特别注重综合素质的培养,形成"基础课程精深,专业课程宽新"的格局。

为了适应计算机科学与技术学科发展和计算机教学计划的需要,要采取多种措施鼓励长期从事计算机教学和科技前沿研究的专家教授积极参与计算机专业教材的编著和更新,在教材中及时反映学科前沿的研究成果与发展趋势,以高水平的科研促进教材建设。同时适当引进国外先进的原版教材。

为了提高教学质量,需要不断改革教学方法与手段,倡导因材施教,强调知识的总结、梳理、推演和挖掘,通过加快教案的不断更新,使学生掌握教材中未及时反映的学科发展新动向,进一步拓宽视野。教学与科研相结合是培养学生实践能力的有效途径。高水平的科研可以为教学提供最先进的高新技术平台和创造性的工作环境,使学生得以接触最先进的计算机理论、技术和环境。高水平的科研还可以为高水平人才的素质教育提供良好的物质基础。学生在课题研究中不但能了解科学研究的艰辛和科研工作者的奉献精神,而且能熏陶和培养良好的科研作风,锻炼和培养攻关能力和协作精神。

进入 21 世纪,我国高等教育进入了前所未有的大发展时期,时代的进步与发展对高等教育质量提出了更高、更新的要求。2001 年 8 月,教育部颁发了《关于加强高等学校本科教学工作,提高教学质量的若干意见》。文件指出,本科教育是高等教育的主体和基础,抓好本科教学是提高整个高等教育质量的重点和关键。随着高等教育的普及和高等学校的扩招,在校大学本科计算机专业学生的人数将大量上升,对适合 21 世纪大学本科计算机科学与技术学科课程体系要求的,并且适合中国学生学习的计算机专业教材的需求量也将急剧增加。为此,中国计算机学会和清华大学出版社共同规划了面向全国高等院校计算机专业本科生的**"21 世纪大学本科计算机专业系列教材"**。本系列教材借鉴美国 ACM 和 IEEE 最新制定的 *Computing Curricula 2005*(简称 CC2005)课程体系,反映当代计算机科学与技术学科水平和计算机科学技术的新发展、新技术,并且结合中国计算机教育改革成果和中国国情。

IV

　　中国计算机学会教育专业委员会和全国高等学校计算机教育研究会,在清华大学出版社的大力支持下,跟踪分析 CC2001,并结合中国计算机科学与技术学科的发展现状和计算机教育的改革成果,研究出了《中国计算机科学与技术学科教程 2002》(China Computing Curricula 2002,简称 CCC2002),该项研究成果对中国高等学校计算机科学与技术学科教育的改革和发展具有重要的参考价值和积极的推动作用。

　　"21 世纪大学本科计算机专业系列教材"正是借鉴美国 ACM 和 IEEE CC2005 课程体系,依据 CCC2002 基本要求组织编写的计算机专业教材。相信通过这套教材的编写和出版,能够在内容和形式上显著地提高我国计算机专业教材的整体水平,继而提高我国大学本科计算机专业的教学质量,培养出符合时代发展要求的具有较强国际竞争力的高素质创新型计算机人才。

中国工程院院士

国防科学技术大学教授

21 世纪大学本科计算机专业系列教材编委会名誉主任

前 言

　　每一个刚涉足计算机领域的人都很想知道怎样才能尽快地学习到最有用的计算机知识。首先要建议的是，在一开始请不要仅限于技能培训式的学习。学习计算机知识不像学习汽车驾驶技术，仅局限于交通规则和驾驶操作的初等培训是不够的。有些使用过计算机的人可能认为，计算机基本知识的学习没有什么用，为了学会计算机只需要多使用多练习就可以了。虽然这种意见包含有正确成分，一个人不参与实际使用计算机，不取得第一手经验是不会真正懂得计算机的。但是，只是能够快速麻利地使用计算机，能够用它进行写作或绘制图表，就认为可以成为一个计算机的行家里手，那就错了。计算机的学习从一开始就要强调基本概念的理解，强调掌握计算机和通信网络的基本原理，不能局限于记忆操作步骤和熟练工作技能。仅仅学会文字编辑、网页制作等技能是不够的。计算机科学和技术知识日新月异，硬件和软件新技术层出不穷，它们的应用种类也是千变万化，技能方面的知识往往陈旧过时得非常快，停留在某些常用软件的使用技能上是无法适应未来发展的。

　　《计算概论》这本书为读者提供了计算机入门知识。为了尽快进入计算机知识的大门，我们的建议是：打好基础才是捷径。计算机和信息网络将会伴随你的一生，计算机将会成为你的贴身助手。学会灵活运用计算机，计算机就会听从主人的操纵，成为适合你个性需要的有用工具。

　　古人云："工欲善其事，必先利其器"，不要吝惜对工具的犀利打磨功夫，打好基础才是灵活运用的前提。我们对基础学习提出几条具体建议：①不要局限于记忆，遇到的技术名词不必拘泥于每一个词都弄明白，遇到难懂的概念，可以做一个记号继续往下读。书中内容可以反复阅读，回过来温习往往会有新的收获。上机练习以及与他人的讨论，都会帮助对问题的认识，加深对概念的理解。②一定要有上机实践。本书虽然没有偏重具体讲解上机、上网和使用软件的具体操作过程，但是建议读者一定要参照相关的操作教程，获得计算机操作系统、文字编辑、上网以及网页制作等方面的具体经验。③在实际操纵计算机时，如果它不听话，一定不要气馁。"条条大路通北京"，为了让计算机完成某一件工作，决不会只有一条途径，一般都存在很多种办法。当遇到挫折时一定要停下来想一想，设法换一种思维、另找一种办法去完成它。④黑箱原理。机器内部的计算机工作原理虽然比较复杂，但是作为使用者不必全部了解清楚复杂原理才能运用它。黑箱原理的意思是：为了突出一个系统的功能和特点，应该忽略与当前主要问题无关的细节，把那些次要的复杂东西遮盖起来，就好像将复杂系统放在一个黑箱里面，外面仅留着最主要的部分。也就是说，在观念上，要尽量突出自己关心的主要问题。例如，为了录入一篇文章，需要了解计算机键盘和显示屏怎样配合工作的基本原理，但是并不需要全面了解键盘、计算机和显示屏三者配合工作的细节。为了编辑文章，开始只需要理解与文字编辑有关的操作，输入的文字能够存储在计算机里等。总之，在学习上不必一次求全，采取一步步深入，边实践边深入理解的策略更好些。

本教材的教学理念是"立足基础、因材施教、强化实践"。对新入学的大学生，其基础教育内容包括了原理性的计算概论和程序设计基础两个部分。虽然在高中阶段，很多学生已经接受了计算机和因特网的软硬件以及二进制、文字处理、操作系统等知识，也包括基本的程序设计训练，但是只有少数学生真正理解计算和网络通信的基本特征。考虑到这些情况，本教材前 7 章包括了计算与网络通信的原理性讲解，后续 4 章则是程序设计基础。在课程教学上，建议可根据学生的不同知识层次，设计不同的教学重点要求，以满足学生的不同需求。其目的是争取让每个学生都能够在课堂中保持"新鲜"感，既能避免"跟不上"，也可以设法避免"嚼冷饭"、"进度慢"的现象。对于基础好、领悟力强的学生可以组成"实验班"教学，而大部分学生在普通班学习。原来没有基础的学生，初期还可以为其开设辅导班进行个别辅导。在授课中，一般采取基础训练（30%）、综合实践（40%）和创新培养（30%）相结合的培养模式。

在讲解程序设计基础时，要使学生通过较多的上机训练，掌握程序设计的基本方法。通过实践环节，逐步提高程序设计的技巧，建立良好的编制程序习惯，写出规范的程序代码，为后续课程打好基础。除了让学生掌握基本功之外，也要强调对问题求解的抽象能力的培养，学习如何把实际问题用数学的形式表示。为此，教材提供了一些经典的算法知识，例如递归、贪心算法和动态规划等，以开阔学生解题的思路。

在具体教学内容上，建议沿着计算机科学发展的主线，介绍重要的基本概念，不必面面俱到。同时，也要争取让学生了解当前计算机领域出现的新思想、新技术、新方法。为此，每一年都要争取在教学内容上做必要更新。为了配合实验教学，作者在教育网上提供了在线实验教学平台，即程序设计在线评测系统 POJ（http://acm.pku.edu.cn/JudgeOnline 和 http://poj.grids.cn），以及面向非计算机专业学生学习实践的编程网格系统 PG（http://programming.grids.cn）。它是一个开放的网络教学环境，为教师和学生提供在线的编程实践和在线考试环境，提供丰富的教学资源和教学辅导。该平台还能够与大学生程序设计竞赛结合，努力培养学生的创新能力。

该实验教学平台已经建设了一个能够适合各专业背景的、循序渐进的上机编程题库。利用 POJ/PG 系统，任课教师可以根据课程进度对学生程序设计实习内容进行编排（包括作业、练习和竞赛等）。学生可以通过网络在线提交程序设计的源代码，由 POJ/PG 系统自动对学生提交的程序进行验证并实时通知结果。POJ/PG 系统除了用于教学之外，还面向社会开放，吸引了大量的程序设计爱好者的参与和讨论。此外，该教学平台还提供一些大型程序设计练习，以便培养学生的团队合作能力。这种在线程序设计验证平台以及按照团队协作方式的在线实践活动，激发了学生的实习兴趣，提高了学生的学习积极性与主动性。

在教学辅导方面，建议采用助教制度。每个本科生小班（约 30 人）可以安排 1 名助教，进行全程的教学辅导。采用这种小班实践辅导和在线评估，可以保证教学效果，也提供了助教的考核依据。

目前，POJ 系统已经拥有注册用户 80 000 多个，在 PG 系统上也开设了 10 余门课程。

系统不仅在北京大学得到应用,在全国程序设计竞赛和一些兄弟院校已经采用 POJ/PG 系统进行教学实践。

　　本书是在 2005 年出版的《计算概论》(许卓群,李文新,罗英伟. 计算概论. 北京:清华大学出版社,2005)基础上编写的。这次教材编写工作被遴选为教育部普通高等教育"十一五"国家级教材规划选题、中国新闻出版总署"十一五"国家重点图书。许卓群编写第 1 章、第 6 章和第 7 章,罗英伟编写第 3 章至第 5 章,李文新编写第 8 章至第 11 章,汪小林编写第 2 章、第 12 章和 7.5 节。

　　和前述 2005 年《计算概论》相比,本书补充了近年来教学实践的经验总结以及信息技术新近发展的成果。但从教学理念来看,本书内容的很多方面源自于这些年和本书作者一起参与教学实践的教学组其他同仁,来自于他们的许多贡献。

作　者

2009 年 8 月

目 录

CONTENTS

第 1 章

计算机与信息社会

1.1 信息与信息服务

在社会经济生活中,人际交往关系形成了复杂的交际网络(如图 1-1 所示),其社会联络关系与信息交换关系两者紧密交织。社会经济生活的物流、银流和情感交流等,都离不开信息交换(信息流)。信息交换和信息共享会推动新知识、新价值的产生,并推动社会的发展。信息互联网络的发展使人类社会积累知识的过程极大地加速,四通八达的信息通道是推动现代社会发展和进步的重要一环。

带箭头的线描绘社会关系,周边围绕的一圈图标形象地表示社会上常见的业务活动或工作单位。复杂交织的网络反映出它们之间的密切联系。

图 1-1 社会关系网和信息交换网

1.1.1 信息服务

信息交换往往以信息服务(Information Service)的方式进行。例如,大学生为了获得学费贷款,先要和贷款办公室打交道,查询贷款详情。"贷款办"则是信息服务方,它随时和银行保持联系,并及时向客户(大学生)提供信息。可以看出,信息服务就是为客户(信息服务的消费者)及时提供对他们有价值的数据和知识。基本的信息服务由两个基本侧面组成,一是它的客户群,他们提出服务需求,而另一侧面则是信息服务的提供方,他及时地向有需求的客户提供信息。支持这种信息服务的计算机,其相关硬件和软件被称为服务器。信息服务的客户和服务提供方,这两者扮演的角色往往是相对的。例如对学生而言,学校贷款办扮演信息服务方,而在它和银行打交道时,则常常后者是信息服务方,提供银行所提供的贷款类型等有价值的信息。

和信息服务密切相关的,是信息的查询、信息的浏览以及信息的表达与含义理解等,这些问题都和信息的本质有关。

信息(Information)是一个不容易准确定义的基本概念,人的感官(眼耳鼻舌身,除内审感觉外)所感知的都可以被称为信息。可以举出很多直观的例子来说明信息这个概念,例如阅读短信、查阅天气预报等。获得信息使人们增添知识。当接收了天气预报信息以后,所增添的知识会帮助人们决定今天或以后几天的行动。可以认为,"信息"是任何能使人增加知识、帮助人做出判断,帮助人给出行动决策的东西。这个定义把接收信息的主体以及对他在接受信息后的影响联系了起来。消息是经由物质媒体所携带、所传播的信息,消息是信息的携带者。机器和机器之间发送的消息也携带信息,这是因为这些消息经过信息处理和信息"理解",它们能影响通信方的后续行为。从更广的含义来说,可以不必限制信息所含内容的有用性,可以不必把信息和它所引起的"后果"直接联系在一起。例如电视经过电磁波广播发布消息,就是一个典型的例子,人们听到和看到的东西并不都对自己有意义,往往只产生某种间接的、意义模糊的影响。当然,对于有明确功能的信息服务而言,客户要获得有针对性的、有价值的新数据和新知识。信息服务的价值主要不在于服务方为获取新数据和新知识所花费的费用和耗费在信息收集和整理上的功夫,而是在于客户对获取信息的使用价值,在于信息接受者如何理解其信息含义并使用它,从而显现信息的使用价值。

1.1.2 数据是编码的信息

数据(Data)是被编码的信息。下面举一个例子来说明数据表示及其信息含义的关系。从 2008 年 1 月发布的火车列车时刻表中摘取一段,火车车次、类型、时间和价格如图 1-2 所示。

车次	类型	发站	出发时	到站	到达时	总计时间	铺类/价格	铺类/价格
1363	普快	北京西	21:48	成都	05:06	31 小时 18 分	硬座/204 元	硬卧下/391 元
K117	快速	北京西	11:25	成都	17:45	30 小时 20 分	硬座/231 元	硬卧下/418 元
T7	特快	北京西	16:56	成都	17:59	25 小时 03 分	硬座/231 元	硬卧下/418 元
D123	动车组	北京西	09:47	汉口	18:30	8 小时 43 分	二等/371 元	一等/446 元

图 1-2 火车列车时刻表的一段

上述数据表格所包含的信息含义很容易理解。粗略地解释是,其中每一行代表了人们所关心的一个现实对象(一趟车次)、它的属性取值以及属性间的相互关系。例如其中的一项数据"硬卧下/418 元"是由北京西站到成都的特快列车 T7 的一个属性取值,代表的信息含义为:T7 的硬卧下铺价为 418 元。数据表格中也会表达现实世界中属性间的相互关系,

例如 T7 的出发时间、到达时间和总计旅程时间三者应该满足等式（16：56＋25：03）＝
（24：00＋17：59），这反映出同一车次在这三个时间上必须遵守的数据约束关系。显然，这种
信息含义及其语义的解释，归根到底是要由人来说明的。人的大脑虽然在信息的收集、查
询、浏览、挑选的信息处理速度方面远远不及计算机，但是人脑在信息的理解能力以及基于
知识的推理能力方面，其功能远远超过"电脑"。计算机的"计算"程序和各种软件归根到底
还是根据人们思想来编制的。

1.1.3　二进制信息编码

在人和人之间、人和机器之间或机器和机器之间，通信传输的消息都是信息。信息论
（Information Theory）的开山鼻祖香农教授（C. E. Shannon）在 1948 年发表了"通信的数学
理论"论文。他首次指出，通信的基本信息单元是符号（Symbol），而最基本的符号是二值符
号，或称为二进码，"0"或"1"代表了两种状态。某个命题的"真"或"假"，某个事件的发生或
未发生，代表了该对象的两种可能状态。某条线路的"接通"或"断开"的物理状态也代表两
种可能状态，它们皆可以用"0"或"1"符号来代表。某侦察员观察到闪动灯光，从这一预先约
定的信号，他知道"敌军已经开拔"。命题 P＝"敌军已经开拔"由"不知道"真假变为知道 P
为真。由此，这里的闪动灯光代表了一定的信息含量。香农提出，度量信息可以从这种基本
分析入手，将消息的最小信息含量定义为比特（b）：它使一个命题由原先的无知，能变为已
知，知道其真假。b 是度量信息的二进码基本单位。

在计算机内部的信息处理以及在因特网上发送数据和消息，全部是由"0"和"1"二进码
串所组成的二进制数据。任何复杂的信息都可以按照一定的信息编码规则，把它们分割为
更简单的成分，一直分割到最小的信息单位，最终被变换为一串由"0"和"1"二进码排列的数
据，简称为二进编码数据。不管是文字、数据、照片，还是音乐或讲话录音，都可以这样做，它
们都可以变为二进编码数据。

根据实际的需要，可选择的二进编码方法是多种多样的。它们都遵循一个共同特性：
编码方法应该尽量无损地保持信息原来所代表的含义，同时其长度要尽可能地短。信息编
码方法有时被简称为数字化方法，在下述各章还会结合实际说明它。这里举一个简单例子，
英文的大写小写字符以及一些常用键盘符号有一个国际标准 ASCII 编码制。每一个
ASCII 字符用 8 位表示。全部的英文字符、阿拉伯数字以及一些其他键盘符号 ASCII 编码
制都给出了二进码规定（具体请参照 ASCII 编码表）。举例来说，字母 T 的 ASCII 编码为
01010100，数字 7 的 ASCII 编码为 01010100，而图 1-2 中第 4 行第一列的车次符号 T7 就可
以把这两个 8 位拼接为 16 位二进码串 0101010001010100。常称 8 位为一个字节（B），字节
单位也是一个常用信息长度单位，被简写为大写的 B。T7 的二进码长为两个字节（2B）。注
意不要把字节 B 与比特 b 混淆了，它们之间的长度相差 8 倍。

对于汉字以及各种民族语言文字，国际上也制定了相关的编码标准。我国常用汉字国
标编码 GB2312，它的每一个汉字采用两个字节的二进编码。对于那些由西文和汉字组成
的，具有明确格式结构的信息，例如图 1-2 所表示的整个表格，也可以根据其格式组成类似
的二进编码。

对于声音和图片类的信息，其二进编码方法则复杂一些。人们针对每一种传播媒体的
特点，已发明了多种多样的编码方法。利用这些编码方法，电子设备厂家研制出对应的数字

化设备,它们能够接收消息并将其转换为二进码串。举例而言,一曲《春之声》(约翰·施特劳斯)5 分钟的管弦乐演奏,通过高保真数字化录音设备将其转换为 MP3 编码文件,其长度约为 400 余万字节(4.33 MB 字节)。

人和机器之间的信息交流被称为人机通信。它的一个重要特性是人和计算机之间的信息流动速度,简称"通信带宽(Information Bandwidth)",是指在单位时间内平均传输的信息量。例如,人通过屏幕阅读文字书报的信息流,统计平均大约是 300b/s。聆听 CD 音乐大约为 20Kb/s。当人和机器的通信管道的通信带宽不足时,人机界面的互动就会停顿,信息交流就会出现等待和时间延迟。对于观看电影一类的多媒体信息流,需要更大的信息带宽。这是因为人的视听需要大约每秒 20 帧的带宽,而每一帧彩色图像(一幅画面)的信息量比一页文字的信息量要大很多。DVD 电影由于使用了信息压缩方法,其每秒信息流量被压缩到 1.5Mb/s 左右。

1.1.4 信息编码长度

信息编码长度单位,如 MB(表示百万字节),在下列各章会经常遇到。这里依单位大小顺序,列出常用的编码长度单位。

- 位(bit):表示 0/1 的基本信息编码单位,缩写符号 b。
- 字节(Byte):8 位为 1 字节,缩写符号 B。人阅读文章信息浏览速度大约每秒 40 个字节。
- 千字节(KB):1024B=2^{10} 个字节,其数量近似 1000B,简称千字节。便携式 CD 机的音乐播放,其信息流速约每分钟 150KB。
- 兆字节(MB):1 048 576B=2^{20} 个字节,约百万字节。观看 DVD 视频流每分钟大约 10MB。
- 千兆字节(GB):1 073 741 824B=2^{30} 个字节,约十亿字节。存储 DVD 电影(2 小时)约需 1GB。
- 兆兆字节(Tera Byte):1 099 511 627 776=2^{40} 个字节,约万亿字节。万亿是一个非常大的数量,超过了全地球所有沙粒的总量。

粗略地,按十进制换算有 1KB=1000B,1MB=1000KB,1GB=1000MB,1TB=1000GB。

1.1.5 信息互联网络和国际互联网

国际互联网是人们目前用于信息交流的主要信息互联网络之一。国际互联网对人们日常生活和社会信息化产生了巨大的影响。人、计算机和信息网络三者的相互关系处于飞速演变之中。从日常生活来说,每一个人所看见的、听见的和通过其他途径获得的日常信息量是非常大的,只不过其中一大部分被人们忽略掉了,或者由于信息形式不便保存而遗忘了。只有很小的一个百分比,它们被计算机所获得,并进入信息互联网络而成为共享信息。

随着信息互联网络的发展和各种便携式计算设备的普及,信息共享的情况将会有根本地改变。信息互联网络将不仅被当作通信、传输信息的媒体,而是整个地被看作是信息社会的日常信息消费的市场,是生产信息、存储信息和处理信息的平台。信息互联网络本身就是一个存储信息和提供信息共享的海量信息库。不远的将来,所有的电子设备都会是数字的和无线连网的。为了生活和工作的便利,房屋中可以部署或隐蔽地部署一些能连接上网的数字感知设备,它们将扮演帮助主人收集信息、传输信息的角色。

信息互联网络的发展又进一步推动计算机的广泛应用。计算机的高速加工信息能力是非常惊人的,但如果没有足够的信息处理任务和大量的数据流入,计算机再好也是巧妇难做无米之炊,只能放在一边当摆设。信息互联网络扮演着信息源泉的角色,同时还扮演着为大众提供信息服务平台,通过互联网络向信息服务设备(服务器)提出各种各样的信息处理任务。

除了公众使用的国际互联网之外,信息互联网络也包括那些从属于企事业单位,为内部业务发展需要而建立的内部信息网络,还包括支持家庭生活的信息网络。信息互联网络的基础是计算机网络,它由如下三个主要部分组成:

(1) 互相连接的多台计算机或高级家电设备。

(2) 互联线路或无线通信介质。

(3) 网络通信设备与网络软件。

信息互联网络的建设采用了计算机互联网络技术和数字通信技术。它和电话通信、电视广播等传统的信息传播技术相比,有以下优点:

(1) 它采用数字式信息传递方式。和模拟式信号传输技术相比,数字式传输更为精确可靠,便于直接进入计算机。

(2) 由于计算机的参与,具有很强的能力来支持多种多样的信息传输要求。

(3) 让人可以双向交互地参与信息交流过程。

采用计算机互联网络技术,能够把各种各样有着自己特点的计算机,通过高速通信线路互相连接起来,互通信息。这些计算机为高速、可靠和互动式的信息交流奠定了技术基础。国际互联网就是在这种计算机网络技术上发展起来的。

国际互联网主要有两方面的优点。首先,在信息的传递和交流方面快速高效。过去也许要一个星期才能达到的远距离信件交换,现在几乎在一瞬间就能通过因特网上的电子邮件交换而实现。形象地用“地球村”来形容这种全球范围的高效信息交流能力是非常恰当的。其次,在信息共享能力方面,国际互联网的能力也在飞速发展。上面说的“信息传递”和这里的“信息共享”在概念上是有所不同的。前者主要指人们通过电子邮件或者文件传递的远程信息交流,互联网为他们提供信息传递服务。而后者“信息共享”则强调为公众在互联网上提供天气查询、交通查询、社区讨论以及娱乐服务等提供信息共享。多媒体信息的浏览和下载、电子商城购物等也都是信息共享。人们在互联网上组建自己的博客(Blog)网页,让读者共同享用。

国际互联网是一个提供信息服务和信息消费的市场,大致分为信息服务提供者和信息消费者两类群体:服务提供者是信息源(信息流动的源头),另一类则是使用信息的客户(信息流的到达点)。信息源负责收集数据、存储数据和维护数据,是一个或多个信息库的维护者。其中存储的信息很多是收集于在时间上和空间上分布的事件,在事件发生的当时,数据被实时地记录下来。

国际互联网的发展是基于开放的互联信息网络标准。任何计算机网络,只要符合国际互联网络组织(IETF)所制定的标准,(经过一定的注册手续)都可以申请连接到国际互联网上。国际互联网的英文词(Internet)直译的意思是网际网,也就是说,它是通过网络之间的互联而成的互联网络。它的基本单位是局域网(Local Network),位置相邻的多台计算机可以用局域网技术连接成计算机网络。粗略地说,局域网技术就是使用集线器(Hub)设备,把距离不太远的多台计算机用电缆或光纤连接起来。集线器是一种价廉的电子设备,它具有多个连接端口。通信线缆经过连接端口连接到计算机。集线器又被称为数据交换设备,其职责是按照标准的网络通信协议规定,支持计算机之间的互联通信,承担消息收发和数据交换工作。

国际互联网对可能连接的地域范围和通信规模是没有限制的。从室内的几台计算机互联形成局域网,组建家庭网、班组网、数字园区网络、政务办公网和公司商务网,一直到规模较大的城市紧急救援网、全国的教育科研网以及跨国公司的业务互联网等,这些网络允许它们同时存在,并互相连接在同一个国际互联网上。所以说,国际互联网是一种具有开放式发展能力的互联网络。从网络管理上看,基本上是自己建,自己管。这种开放型的管理模式,从好的方面来说,是没有谁来控制、干涉你,只要遵守互联互通方面的基本协议即可。但是从防止恶意破坏攻击方面来看,也意味着每一个参与网络建设和网络使用的人,从一开始使用国际互联网络,就必须自律,要遵循道德标准,并严防黑客攻击。

1.1.6　计算机发展的四代历程

在信息处理的历史上有若干里程碑式的技术发展,它们对社会发展的影响非常巨大。
- 发明文字。文字的发明使得信息能够跨越时间和空间而传播;
- 发明算术。计算是数字式的信息加工和变换;
- 发明活字印刷。印刷技术使得大量信息能够被批量地复制,被广泛地共享;
- 发明数字计算机和信息互联网络。计算机和高速通信网络的出现,从时间上和空间上都改变了信息传输、信息加工和信息共享的规模和尺度,使社会的各个方面更加开放和更为互相依赖。在及时共享信息的意义上,我们的星球真的变为了地球村。

有关计算机的发明历史可以讲一些有趣的故事。现代电子数字计算机的发明源于20世纪40年代。它的理论模型——图灵机的提出则还要更早(A. M. Turing,1936)。在第二次世界大战期间,美国政府资助了一项建造 EDVAC 计算机的工程项目。到 1947 年,新闻媒体发表了该机器的设计者之一冯·诺依曼博士(John Von Neuman,知名的数学家)和这台"新型的计算机" EDVAC 的照片。当时的报道说"这台机器能够在一秒内完成 2000 次乘法,一万次加减法,其惊人的存储能力,能够同时存储 1024 个数据(12 位数字精度)"(图 1-3 为 EDVAC 计算机的外形,整个一个大房间)。

冯·诺依曼博士为设计电子数字计算机提出的设计报告,描绘了这种新型计算机器的工作原理和设计方案,其基本原理直到现在仍然有效。当然,由于当时电子技术的局限性,技术上限制了当时建造的计算机的规模和能力。与 2008 年的个人计算机相比(在一秒内能够完成数十亿次乘法,主存储器能存储数十亿字节数据),EDVAC 计算机的计算能力仅仅是其百万分之一。而从计算机的体积和重量来看,EDVAC 计算机却比现

图 1-3　第一代计算机 EDVAC 的机房
(照片引自美国 IEEE 1997 计算机历史年报)

代个人计算机大了千倍以上。

通常按照电子数字计算机的建造所使用的电子元件类型,来划分计算机前期发展的4个阶段。

(1) 第一代(1946年—1957年):采用电子管作为主要元件,这个阶段的计算机很昂贵,主要应用于军事领域及相关的科学计算。

(2) 第二代(1957年—1964年):采用半导体元件——晶体管,它和前期的电子管相比,具有体积小、耗电省和寿命长等优点,计算性能有了很大改进。由于成本降低,计算机的应用范围进一步扩展。计算机已经出现在资金雄厚的科研院所和工业公司。在银行等数据处理和商业的事务管理方面,计算机也得到了部分应用。但当时它还不可能进入日常个人生活范围,这不仅由于价格很高,而且维护计算机的技术也是高难度的,令普通人无法涉足。

(3) 第三代(1964年—1970年):采用半导体集成电路代替了分立的晶体管元件。计算机性能更佳,价格也逐渐变得适合大规模应用。前期作坊式计算机生产(每一台机器都要进行特殊的工艺建造和设备调试)转变为真正的工业生产,提出了标准化、模块化、系列化的生产工艺要求。

(4) 第四代,大规模集成电路的时代(1970年至今):使用大规模集成电路芯片,其大小仅如指甲盖面积一般,如图1-4所示。由于高新技术的不断注入,其设计理念、方法、技术不断更新,制造工艺技术逐年更新,使得同样大小的芯片功能惊人地改善。大规模集成电路芯片的"性能价格比"以指数发展速度逐年上升。

图1-4 大规模集成电路芯片,实际尺寸如同指甲盖一般大小

1.1.7 大规模集成电路与摩尔定律

早期的大规模集成电路,例如在1971年推出的微处理器芯片Intel 4004,其元件集成度还很小,一个芯片上只包含了2300个晶体管,在计算能力上也是很初步的。这是跨出的第一步。美国Intel公司的创始人之一——摩尔(G. Moore)在1965年就预见到,在未来的数十年内,大规模集成电路生产技术将不断改善,可以使芯片上的元件集成度持续增加,计算速度相应地提高。他提出了一个经验规律:半导体存储芯片的性能会以每18个月改善一倍的力度发展。也就是说,人们可以期待在存储容量上,以同样的价格大约每隔一年半,就可以买到比过去容量大一倍的大规模集成电路存储芯片,如图1-5所示。

对于CPU芯片,历史的发展同样也证明了摩尔定律的经验性预测:1973年CPU芯片Intel 8080的晶体管数量为6000个,1980年Intel 80286包含13 400个,1984年的CPU芯片Intel 80386上升到275 000个晶体管……1993年奔腾芯片(Pentium)为310万个,2000年的Pentium 4首次采用纳米技术,芯片容纳了4200万个晶体管,2007年的Quad Core四核芯片已经达到58 200万个晶体管(如图1-6所示)。

由于资料来源有限,图1-6仅给出了Intel公司的芯片发展历史资料。该图的数据摘引自Intel公司网站的CPU芯片发展历史演示文档。这里需要强调说明的是,摩尔定律不仅适用于Intel一个公司的产品,也适合其他如PowerPC以及AMD等大规模集成电路芯片的发展历史轨迹。

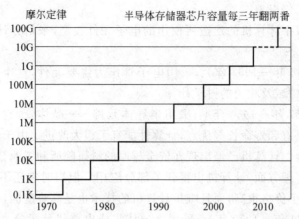

图的横坐标按年度,1970—2010 年,每 4 年统计一次;纵坐标是在同一芯片面积上的元件数量(按数量级标定)。半导体存储芯片上的晶体管数量的确是随年份按指数增长的,每三年翻两番,1975 年的芯片约有 1000 个晶体管,而到 1990 年已经达到约一百万个。2008 年已经达到 10 亿个晶体管。

图 1-5 摩尔定律

横坐标按年度,1970 年—2008 年,4 年一格;纵坐标是 CPU 大规模集成电路芯片上的元件数量。大规模集成电路 CPU 芯片的晶体管数量随年份指数性增长,摩尔定律的推测是每两年翻一番。2007 年的 Quad Core 四核 CPU 芯片已经达到 5.82 亿个晶体管。

图 1-6 摩尔定律(续)

1.1.8 微型计算机

　　20 世纪 70 年代中期,在技术和价格方面初步具备工业生产条件的时候,MAC 公司推出了第一台苹果(Apple)个人计算机。这种类型的机器随后被普遍称为个人计算机或微型计算机。它的工业生产和广泛应用始于 1981 年,那一年 IBM 公司推出了 IBM_PC。其后,由于大规模集成半导体芯片的发展,它奇迹般地遵循了经验性的"摩尔定律"发展趋势,并延续了 40 年的发展,导致了惊人的结果:计算机的性能价格之比以指数级按年增长。当时大概没有人会想到,40 年后的今天,全世界各式各样的微型计算机总量已经比全世界所有电视机的总拥有量还要多。

大规模集成电路工艺技术在物理上充分利用了时间、空间两个方面的电磁微观尺度,将信息的位表示深入到亚微米尺寸的半导体材料内部。从而使得信息处理速度、可靠性和价格,以及信息处理设备的尺寸大小和节能效率,还有设备的使用方便程度等,都有了显著的发展。

以上所说的计算机发展,是按照其构成元件类型和生产技术来划分的,有一定局限性。从计算机对社会的影响来说,可以把计算机发展的 60 年历史大致划分为两个时期。在前一个时期,计算机是昂贵的,只有政府部门、大型企业和重要的研究单位及大学才会购买,只有少数专业人员才能够使用,而广大平民百姓根本没有机会去接触它。直到大约 20 世纪 80 年代中期,微型计算机的诞生才逐渐使计算机走进了平常人家,开始了它的成熟期。

计算机的基本工作原理和基本结构在这 60 年里并没有发生革命性的变化。这些年不知有多少科学家和仁人志士想要突破这一思想巢穴,提出了不少非"冯·诺依曼"型的新型计算机模型,如量子计算模型等。但是直到目前,这种以"内储程序"和"顺序程序控制"为代表的自动计算机器,在技术上仍然占统治地位。

随着计算机芯片的日益微型化,信息处理能力强大的芯片被应用于日常生活,将芯片嵌入各种民用设备和军用设施内部。再加上无线通信技术的发展,使计算机和通信技术能够完美地结合在一起,新一代数字式灵巧电器的时代已经到来。高清晰数字电视、电视电话和无线连网的家用电器等,这些电器内部嵌入的计算机芯片能够支持高速的信息传输和无线互联互通。今后的发展将可能在非接触距离范围之外,为用户提供服务。数字式灵巧电器不仅功能更加灵活可变,而且允许根据主人的心愿定制其日常服务方式。计算机芯片和连接它们的互联网络的硬软件设备,将会隐藏于日常电器用具的内部,以不可察觉的方式随时随地发挥作用。计算机芯片和通信网络将无处不在,潜入平常百姓家,更大范围影响社会生活。

1.1.9 人和机器的双向互动

作为一个初学者,刚开始使用计算机的时候大概都稍稍带着复杂的心情。从使用计算机的心理来看,是一种担心和兴奋混合在一起的心情。对此,让我们分析如何摆正人和机器的相互关系。和老一代电影、电视和报纸等普通媒体的信息传播方式相比,计算机/互联网的明显优势是它为人提供了双向交互对话的能力。从电视屏幕的单纯接受、被动阅读观看,变成人和计算机网络互动(双向来往)的工作方式。这是革命性的变化,人能够对信息世界进行主动浏览,甚至给予一定程度的操纵控制。当然,由于这种与普通媒体的不同,而且由于计算机和互联网是非常复杂的系统,它们对初学者的心理会造成影响。从积极和消极两方面都会有影响。一方面,会为精彩的网络信息世界而激动;另一方面,也会为操纵复杂系统的难度和后果而担心。例如,担心这种先进而复杂的系统会不会由于人的错误操作而引起无法控制的故障或错误(实际上,这种担心是不必要的)。另一种常见的担心出自对人机交流信息的不理解。不理解机器的当前工作情况和工作状态,不理解它的反应的含义,以及它是否在正常工作。这些问题只能通过多练习和多学习来解决。

从一般的工程原理上讲,人机的用户界面是指人们所能够见到的那一部分系统,即当人和机器之间交换信息的时候,用户所直接感知并且在使用计算机时所必须涉及的那些部分。一个好的用户界面应该帮助用户有效地使用机器来解决问题,在对人的心理暗示和潜在作用方面,应该设法多从积极的方面影响人,并且帮助克服计算机的复杂性对人产生的负面心理影响。为了在心理方面帮助人机互动,应该尽量扬弃机器系统内部的复杂细节,而加强有利于相互理解的信息提示,多采用图示和声音提示等。

人机互动的要点是理解人和计算机两者的当前"状态"。理解机器系统的状态,也理解操纵者自己的状态,包括人大脑的思维状态。一旦你发现计算机能够听命于你,一旦能通过计算机在网上自由驰骋,那么人们就会感受到一种"主人"似的自由操纵感。在虚拟的信息世界中亲身感受到"自我"的力量是很愉快的。那是一种个人能力的表现,是运用一系列操作和命令来解决复杂问题的能力表现。通过操纵者恰当地组合一系列简单命令,最终达到预想目标,顺利地解决了复杂问题,这是能力的表现。

1.2　数字计算机的主要特征

计算机的全称是"通用电子数字计算机",它的主要特点是强大的信息处理能力。其强大能力源于其"通用性"和"数字化"的构成原理。计算机的"通用性",可以用普通电器设备和计算机的用途比较来说明。前者是专门用于一种特定用途(例如,电话只适用于交换话语,电视机仅接收电视节目),而计算机则可以服务于多种多样的用途。同一类型的计算机芯片可以在很多不同的环境发挥作用,无论在办公环境或家用电器中都能发挥作用,并使其成为自动化信息处理的核心部件。计算机的"通用性"源于图灵机(Turing Machine)计算模型。从历史上看,人类长久以来就梦想制造通用的自动计算机器,希望它们能够自动进行计算和自动进行推理。这些研究源自逻辑学和数学,它的近代发展大约经历了百年。到20世纪初期,在基础理论研究上有了突破。通俗地讲,就是在理论上对数字计算机器的通用性有了突破性地认识。其主要标志就是数学家和计算理论的开拓者图灵博士(A. M. Turing)发表的论文。1936年,他提出了通用计算的理论模型——图灵机。就计算机"通用性"而言,图灵机理论模型使人们认识到:计算机,从原则上讲,能解决任何具有"求解算法"的问题。"算法"是为了求解一种问题而设计的一串指令的序列,而计算机程序就是算法的一种具体实现。计算机能够按照程序(算法)的逐步执行,来实现对问题的求解。例如求最大公因子问题,辗转相除法就是解决此问题的一种算法。这个算法的输入是任意两个整数 n 和 m,而算法的输出是一个能够整除 n 和 m 的公因子,而且输出结果应该是这种公因子中最大者。程序设计的基本任务是理解这种问题求解算法,并最终变换为计算机所能够执行的一串指令序列。而计算机则按照程序,一步一步顺序执行指令,直到程序结束,并获得求解的结果。总而言之,虽然计算机执行的每一条指令所完成的工作非常简单,但是由于计算机能够以电子运动速度每秒执行成千成万条指令,使得计算机能够高速完成复杂信息处理任务。

计算机的数字化特性是指在计算机内部一切信息全用"0"和"1"两种符号来编码表示。在计算上也使用二进制数字的运算形式。二进制具有形式单纯、运算规则简单等优点。后面会进一步解释,在数据运算精度上也不会由于只有 0/1 两个基本符号而产生问题,因为精度很高的信息可以采用位数很长的二进制串来表示。数字计算非常灵活,运算精度可控,能够满足不同应用的要求。

1.2.1　计算机的基本组成

下面结合图 1-7 来说明计算机的主要组成部件。数字计算机的主要部件有中央处理器（Central Processing Unit，CPU）、主存储器（Main Memory Unit）和各种各样的外围设备（Peripherals）等。

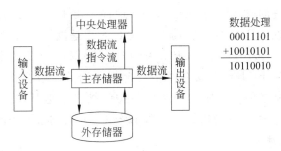

图 1-7　计算机的主要组成部件

在计算机的几个组成部件中，CPU、主存储器以及与 CPU 配套的芯片组（Chipset Unit）都是大规模集成电路芯片。这些部件的功能非常强大，但从外观上看，它们只不过是一块或几块封装好的半导体电路芯片。大规模集成电路工艺技术为大批量地生产价廉物美的计算机做出了基础性的贡献。计算机的一系列优点，如工作速度快、存储容量大、可靠性高、节能和价格合理等都主要源于此。

存储器用于存储二进制信息。在计算机中"存储"数据和大脑的"记忆"事情，在功能上有类似之处，其主要作用是备忘，让数据能够暂时存放，以便随后的工作利用它们。存储器的细致工作原理将在后续第 5 章讨论，所以在此仅讨论和图 1-7 有关的三个问题。第一个问题是为什么把存储器分为主存储器和外存储器两个部分。高速工作的 CPU 需要一个同样高速的主存储器来和它配合工作，以便高速读取和存储指令及数据。除了工作速度以外，存储器所能存储的数据多寡也是它的一个重要指标，这称为存储器的容量。要想制造一个存储容量很大而且工作速度又很高的存储器，价格一般会很昂贵。由此想到，不如把存储器分为两部分或者多个部分，在速度和容量两方面有所分工。目前的计算机都是这样，使用高速半导体存储器作为主存储器，容量大致在一个或几个 GB 左右，而外存储器则使用更廉价的存储介质，但其存取数据的速度则较慢。磁盘是外存储器常用的一种设备，其数据容量在 100GB～1TB。在同一台计算机中，主存和外存两种存储器同时存在，两者的数据容量相差 100 倍左右，而速度比也差不多达到 100 倍。它们分工不同，各自发挥着不可替代的作用。和 CPU 的外观尺寸相比，磁盘存储器以及输入输出设备的尺寸要大一些，不过它们也在不断微型化的过程中。

第二个要讨论的问题是在 CPU 和主存储器之间流动的数据流和指令流两者的关系。主存储器中存储的数据和程序都是采取以"存储单元"编址方式存储的。主存储器被顺序划分为一格一格的存储单元，这些存储单元就像房间一样被编以房间号码（称为存储地址）。存储地址在机器中也采用二进制整数编码，每一个存储单元对应一个"二进制地址"，不同的存储单元有不同的存储地址。主存储器以字节（8 位）为存储单元，例如图 1-7 右上方的两个二进制数据在 CPU 作加法，可以假设其加数或被加数之一是来自主存储器，而参与加法的另一个数据则位于 CPU 内。如果数据的编码长度超过一个字节,那就用一串顺序(地址相邻)的字节存储单元来存储,并称其为数据的存储容器。保存在主存储器中的数据和指令都有其约定容器长度,而容器在主存储器的位置则没有限制。无论存储容器的长度如何,一般约定用其容器开始字节的存储地址作为整个存储容器的地址。主存储器所存储的程序是由若干条指令组成的。"指令",例如加法指令,由两个主要部分组成:操作码和地址码,它们也都是二进制码。它的操作码为"加法",而其地址码用于指定参与加法的一个数据的主存储器地址。举例来说,CPU 执行这一加法指令的过程是机器根据指令的地址码从主存储器中取出一个数据 10010101,送往 CPU 去参与运算,和 CPU 中先前已经寄存的数据00011101 求和,结果为 10110011(如图 1-7 右上部所示),一般会将这个结果继续暂存在CPU 内,以备后续指令之用。程序的一条条"指令"被自动地从主存储器读出,形成流向CPU 的指令流。而每一条指令的执行过程都涉及主存储器的数据访问,从而形成在主存储器和 CPU 之间的数据流。

第三个问题是计算机的外围设备的作用。日常人们接触的文字、话语、图像和动画等多种多样的信息,其表现形式并不全是数字的。计算机外围设备包括输入设备和输出设备,它们的作用和信息的"数字化"有着密切的关系。输入输出设备负责信息的转换与传递,输入设备负责把外部世界的数据以及在我们身边的各种多媒体信息,包括人对计算机的控制命令等,转换为二进制的数字编码。这种数字化转换工作通常也要通过 CPU 的高速计算进行。输入设备的种类很多,键盘、鼠标、光盘和闪存卡等是目前常用的。输入设备的特点是它们需要人的操作配合,而且往往涉及机械传动部件,所以工作速度比较慢,无法和计算机内部的快速工作节拍相比。"输出设备"的特点和输入设备类似,把计算机加工后的数据(计算结果)逆向变换,将数字编码信息变换为人们便于理解、便于阅读和浏览的文字图形的可视形式。打印机、显示器和绘图仪等是常见的几种输出设备,其输出形式符合人的视觉、听觉习惯。

1.2.2 CPU 和主存储器

下面把讨论重心转到计算机的两个主要部件——中央处理器和主存储器,说明在计算机程序控制过程中,它们的作用及其相互关系(如图 1-8 所示)。

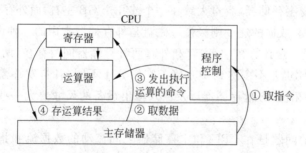

图 1-8 指令的执行过程

CPU 主要完成两个方面的任务。一是执行数据运算,这是由 CPU 内部的运算器完成的。运算器是完成算术运算、逻辑运算和其他运算的部件,在功能上类似于日常所用的计算器,不过它的速度更快,而且以极高精度完成加减乘除运算。运算器还能通过逻辑运算完成复杂的逻辑判断工作。一般而言,被加工的数据从主存储器流入运算器的寄存器,被加工处理后的结果数据或者暂时寄存在 CPU 内,或者流出 CPU 再存回主存储器。CPU 的另一方面的任务是执行程序控制,程序是由多条指令组成的序列,而程序控制的主要任务是顺序执行其指令。存储在主存储器中的指令发往 CPU 的程序控制器(图 1-8 中①),指令在那里被解释,并发出相应的执行运算命令。例如,加法指令意味着要向主存储器发出取数据的控制命令(图 1-8 中②),并将数据发往 CPU,然后向运算器发出加法运算的控制命令(图 1-8 中③),并指示运算结果放在何处(图 1-8 中④)等。这些控制命令的发出和最终完成完全是由计算机自动完成的。从 CPU 所完成的工作来看,它是不断往复地执行指令。也就是从主存储器取出一条指令到 CPU,根据指令规定的含义,CPU 进行解释并向计算机的其他部分发出命令,让它们执行相应的动作。一条指令的最后,会决定下一条指令的地址,以便从主存储器取出下一条指令。不断往复这一过程,计算机的所有部件都听命于 CPU 的程序控制,其工作方式和工作进度都受计算机程序的指挥。由此可见,CPU 是计算机的控制指挥中枢,而它所执行的程序就好比是用来指挥和完成任务的"行动计划书"。虽然每一条指令所完成的工作很基本、很简单,但是由它们所组成的程序却可以实现复杂的算法。

1. CPU 与它的指令

计算机程序就是让计算机自动解决信息处理任务而预先编制的执行方案。程序由指令组成,每一条指令所能完成的工作必须非常确定,不能含糊。从原本意义上说,这种"指令"本身当然不是数据,它是"指挥者"所使用的信息,而数据则是被处理加工的对象。在这一点上,现代计算机所采用的"内储程序控制"原理提出了新创见,在计算机器的工作原理上做出了实质性进展:计算机的"指令"也和数据一样,采用二进制编码方式;让程序和数据一样,也存放在计算机存储器中;并且把程序也看作一类数据,它们也能够被变换和加工处理。

这一思想源于图灵计算的理论模型。图灵着眼于计算机的通用性,提出了这种内储程序控制原理。计算理论指出,为了图灵计算模型的通用性,所提出的计算机不仅要能做算术运算,而且要能够进行"逻辑判断"(分支选择)。像处理数据一样,要让程序存储在计算机内,成为加工处理的对象。计算机能将已经编制的程序和数据自动变换为另一个程序,自动生成"新的"程序。

2. 内储程序自动控制

目前的计算机都是基于这种"内储程序自动控制"原理建造的。计算机的通用性意味着,虽然每一台计算机的硬件在制造出厂后是固定不变的,但在计算机中的应用软件(应用程序)可以随着应用而变化。计算机的硬件结构原理大致相同,但是这并不妨碍计算机有多种多样应用。同样,硬件结构的计算机能够在各种应用领域中依靠不同的应用软件,使其发挥千差万别的作用。计算机中的大规模集成电路芯片的详细结构在制造时虽然早已经固定下来(硬件是固定的),但存储器中的程序(软件)是可安装的,可以改变的。在程序执行中,随着所处理数据的不同,程序本身的指令流也是变化的。

从技术上说,CPU 和主存储器两个部件在工作上配合得恰到好处。主存储器轮流向程序控制器传递指令和向运算器传递数据,形成了 CPU 和主存储器之间的数据流和指令流。指令流和数据流在工作时间上能够很好配合。执行一条指令分为若干节拍:CPU 的程序控制器从主存储器取出指令;按照这条指令的含义,将其解释为若干更为细致的操作命令;这些命令包括从主存储器取出参与运算的数据,然后对运算器发出和运算有关的命令。运算结果寄存在 CPU 存放中间结果的寄存器中或者送往主存储器。这种指令执行的节拍安排,简称为指令周期的执行。计算机通过反复执行指令周期,形成了 CPU 的指令流和数据流。一旦某个程序被启动,计算机就可以按照程序自动地工作,以电子速度轮番执行指令。当启动某个程序时,例如启动一个 edit.exe 编辑命令,实际上就是让计算机按照上述方式执行该命令所对应的程序,执行其程序的指令序列。

1.2.3 数据——整数的二进制编码

当人们通过键盘往计算机内部输入十进制整数时,其击键序列会被机器内部的"键盘编码转换"程序自动转换为机器内部的二进制整数表示。

在计算机中参与计算的对象是"数值",简称为"数"。十进制、二进制等编码仅仅是数的表示形式,同样大小的数,既可以用十进制的形式表示,也可以用二进制形式表示。图 1-9 的 16 行共列出了 16 个最小的非负整数(0~15),每一行共列出了 4 个同等数值的编码,十进制、二进制、八进制和十六进制的编码表示。同一行整数的数值大小相同,而表现形式不同。例如,十进制整数 13(十进制数字 2 位),它的二进制表示为 1101(二进制数字 4 位),后者具有较长的编码长度。

从数学上说,整数是一种基本的数据类型,十进制编码是整数的一种表现形式。十进制整数的计数原则是逢十进一。在每一数位上,允许出现 10 个不同的计数符号 0,1,2,3,4,5,6,7,8,9 之一。例如整数 2008,表现为 4 个阿拉伯数字组成的数字符号序列。从数值来说,其中两两相邻的数位其权重值相差 10 倍。

$$2008 = 2 \times 10^3 + 0 \times 10^2 + 0 \times 10^1 + 8 \times 10^0$$

这里的 10 称为数的基数。上述十进制整数公式说明一个十进制整数,其数值等于它各数位的数字分别乘以该位权重的数值的总和。任何十进制整数都可以这样分解表现。

类似的,二进制整数的基数是 2,计数原则是逢二进一。每个数位只能出现两个不同的数字符号之一,一般借用阿拉伯数字符号 0 和 1 表示。与十进制类似,一个二进制整数表示成一串 0 或 1 组成的序列,其数值的相邻两个数位的权重值相差 2 倍。例如:

$$(11011)_2 = 1 \times 2^4 + 1 \times 2^3 + 0 \times 2^2 + 1 \times 2^1 + 1 \times 2^0$$

由这个二进制整数公式可计算出数值 27,即这个二进制整数的数值是和十进制表示的 $(27)_{10}$ 相等的。

十进制整数可以通过"数制转换"算法,转换为二进制整数表示(如图 1-10 所示)。除十进数制和二进数制外,其他常见进位计数制还有八进制和十六进制。八进制采用 8 个数码 (0~7),基数是 8,计数方法为逢八进一。整数 $(27)_{10}$ 的八进制表示为:

$$(33)_8 = 3 \times 8^1 + 3 \times 8^0; \quad (33)_8 = (011011)_2 = (27)_{10}$$

十六进制采用逢十六进一的计数方法,用 16 个计数符号(0~9 以及 A~F),其中 A,B,C,D,E,F 这 6 个符号分别代表除 10 个阿拉伯符号 0~9 外,补充的 6 个计数符号。它们分别对应计数值 10,11,12,13,14,15。十六进制的基数是 16。整数 $(27)_{10}$ 的十六进制表示为

$$(1B)_{16} = 1 \times 16^1 + 11 \times 16^0$$

数值 27 的 4 种编码如下:

$$(1B)_{16} = (11011)_2 = (33)_8 = (27)_{10}$$

图 1-9 中给出了 16 个(0~15)非负整数的十进制、二进制、八进制和十六进制编码。

十进制	二进制	八进制	十六进制
0	0	0	0
1	1	1	1
2	10	2	2
3	11	3	3
4	100	4	4
5	101	5	5
6	110	6	6
7	111	7	7
8	1000	10	8
9	1001	11	9
10	1010	12	A
11	1011	13	B
12	1100	14	C
13	1101	15	D
14	1110	16	E
15	1111	17	F

图 1-9　16 个十进制整数和它们每一行所对应的二进制、八进制和十六进制整数

　　每一行从左到右所列出的 4 个数有相等的数值,而表现形式不同。例如,十进制 13 的二进制表示为 1101(4 位,长度较长),它的八进制表示为 15,十六进制表示为 D ,D 是二进制 1101 的简写符。

　　1. 二进制、八进制、十六进制的互相转换

　　在计算机内部采用的二进制数,在涉及和人打交道,输入输出数据时,二进码串不便阅读,且码串长度太长。为此,可以用八进制和十六进制将其简便地转换,缩短码串长度。例如,由二进制整数 $(10011)_2$ 变换为八进制如下。$(10011)_2$ 先从该二进码的最右边出发,每三位用逗号隔开,直到它的最左边,最左边不够三位时可以在左边补 0。例如,10011 被分为 010,011 两组。每三位一组,其二进码替换为对应的 0~7,去掉逗号就变成 23,即得等值的八进制整数 $(23)_8$。

　　同样,由二进制整数变换为十六进制也有类似算法。$(10011)_2$ 先从该二进码的最右边开始,每 4 位用逗号隔开,直到它的最左边,最左边不够 4 位时在左边补 0。10011 被分为 0001 和 0011。每 4 位一组,其二进码用对应的 0~F 替换。最后,将隔开的逗号去掉,它被变换为 13,即得等值的十六进制整数 $(13)_{16}$。

　　这个算法对于任意长度的二进制整数都是适用的。反过来,用类似原则可以给出由八进制和十六进制转为二进制的算法。读者不妨一试。

　　可以看出,八进制和十六进制只是二进制的一种缩写,它们之间的转换很简便。不过请注意,刚才所叙述的转换算法对十进制整数是不适用的。请参看下面举例给出的十进制整数转换为二进制的算法。

　　2. 十进制到二进制的数制转换举例

　　图 1-10 给出了 10→2 转换的算法举例,已知十进制整数 253,求它等值的二进制整数。图左上角的整数 253 被 2 除,得商 126(在 253 的下一行),余数为 1(在 253 的右边);然后继

续除 2,126 被 2 除得 63(在 126 的下一行),余数为 0(在 126 的右边)。仿此继续,直到商为 0。最后的结果是二进制数 11111101,这是由刚才除法计算的一串"余数"拼接而成的。由下往上,将各次除法的余数(二进制的 0/1)自左至右排成一串,为 $(11111101)_2 = (253)_{10}$。

$$
\begin{array}{ll}
2\underline{\;|\;253} & \text{余} \cdots 1 \\
2\underline{\;|\;126} & \text{余} \cdots 0 \\
2\underline{\;|\;63} & \text{余} \cdots 1 \\
2\underline{\;|\;31} & \text{余} \cdots 1 \\
2\underline{\;|\;15} & \text{余} \cdots 1 \\
2\underline{\;|\;7} & \text{余} \cdots 1 \\
2\underline{\;|\;3} & \text{余} \cdots 1 \quad \text{按余数,由下至上} \\
2\underline{\;|\;1} & \text{余} \cdots 1 \quad A_7 A_6 \cdots A_1 A_0 = 11111101 \\
\text{商} \; 0
\end{array}
$$

$$11111101 = 1 \times 2^7 + 1 \times 2^6 + 1 \times 2^5 + 1 \times 2^4 + 1 \times 2^3 + 1 \times 2^2 + 0 \times 2^1 + 1 \times 2^0$$

图 1-10 用 2 为除数,把十进制数 253 转换为二进制的编码表示 11111101

从图 1-10 的例子,并配合二进制整数公式(图 1-10 的下部所列),可以理解 10→2 转换算法的正确性:将该公式的右部除以 2,得到余数 1。每次除 2 所得到的余数(0 或 1)就是对应某一位的数码。除 2 的次数越多,则 2 的幂次越高。保证了该算法能够保值地将十进制转换为二进制整数,即十进制正整数 253 等值于二进制正整数 11111101,也等值于八进制正整数 375,也等值于十六进制正整数 FD。

$$(253)_{10} = (11111101)_2 = (375)_8 = (FD)_{16}$$

对于负整数、小数以及实数(浮点数),也有类似的机器编码表示问题,在后续章节会遇到。

为了适合高速运算的需要,CPU 采取固定字长的运算方式。它要求参与运算的数采取固定的二进制编码长度。市场上常见的 32 位或 64 位字长的 CPU,就是指参与运算数据的字长。从应用来说,64 位字长的 CPU 也可以应用于字长更小的场合。不过,为了减少耗电等需要,有些微型移动设备也会特殊选用更加节能的 16 位的 CPU,作为其嵌入的信息处理部件。

在进行二进制整数的算术运算时,参与运算的两个固定字长的数会自然地对齐各位,小数点被约定在最右边。要注意的一个问题是,对于这种固定字长的整数,其算术运算(加法)的结果会出现溢出问题,也就是说,运算结果的数值大小超过了固定字长所能表示的范围。例如,16 位字长的表示范围,其最大正整数是 $65\,535 = (2^{16} - 1)$。采用 32 位或 64 位虽然可以扩大其表示范围,32 位表示范围为 $0 \sim (2^{32} - 1)$,其最大整数达 40 亿(>4GB)。64 位字长表示范围则更大。但从理论上分析,虽然 $(2^{64} - 1)$ 极大,但 64 位字长还是无法避免算术运算溢出现象,即整数运算结果会超过表示范围的问题。这是因为整数的加减法在数学上是定义在无限的整数集上,而计算机中有限字长的二进制编码表示范围仅仅是无限整数集的一个有限子集。计算机中的整数加减法运算无法回避溢出问题。

计算机和人的大脑不同。当计算机接收到信息符号(0 和 1 的串)时,它并不能直接"理解"这些数字符号(数据)的含义。8 个"0"和"1"符号排列为一串数字 01000010,如果简单地问,在计算机内它的含义是什么?对这个问题实际上无法给出简单的回答。因为这串数码的意义要看它是在什么地方使用,以及对这种编码有什么约定。共同的"约定"决定编码的含义。没有共同的"约定",就无法确定编码所代表的内容。这一串数字可以是一个整数、一个字符、一条运算的指令或者其他的含义。这就好像要解读一段密码,只有搞到约定的密码本才行。通信双方之间的约定,在通信技术领域被称为"通信协议"(Protocol)"。通信协议包括通信媒体和通信编码等多个方面,它是通信双方实现通信的基础。发送方为了发送信息,要根据双方约定,经媒体发出"数据包";而通信的另一方则根据约定,从通信媒体接收数据,并根据协议对所收到的数据包进行解读等。这些工作都涉及数字符号的各种信息处理工作。从数学上来说,无非是一些函数计算,而计算机的 CPU 非常擅长这种函数计算。由此可以看出通信技术和计算机的密切关系。

1.2.4 程序——汇编程序语言及高级程序语言

计算机程序通过 CPU 执行机器指令来实现。一条机器指令是一个或多个字节的二进制编码。请注意,机器指令随其类型不同,其指令的长度是不同的。下面举一个简单的程序段作为例子。程序从地址 010A(用十六进制表示的地址)开始,它的前三条机器指令的存储情况为:第一条指令"送数"占 3 字节;第二条指令"送数"从地址 010D 开始也占 3 字节;第三条指令"求和"从地址 0110 开始占 2 字节。这 3 条指令的十六进制编码如下。

地址(十六进制编码)	指令(十六进制编码)	汇编程序
010A	BE0010	MOV SI, 1000H
010D	B84000	MOV EAX, 0040H
0110	0304	ADD EAX, [SI]
0112	...	

这 3 条指令的缩写(表中第三列被习惯称作"汇编语言")及其对应的含义为:

(1) BE0010:把十六进制的地址常数 1000 送往 CPU 寄存器 SI。

汇编缩写为 MOV SI, 1000H

(2) B84000:把十六进制数 40(十进制整数 64)送往 CPU 寄存器 EAX。

汇编缩写为 MOV EAX, 0040H

(3) 0304:把寄存器 SI 中的内容作为地址,用它作为地址访问存储器该地址的数据,把它和寄存器 EAX 的内容相加,放回寄存器 EAX 中。

汇编缩写为 ADD EAX, [SI]

(4) ...

上述(1)~(3)的汇编缩写符号,如 MOV 和 ADD 表示"送数"和"加法",这种符号能帮助人对指令含义的记忆。汇编程序设计语言(简称汇编语言)是一种系统地提供指令缩写、助忆符号的"程序语言"。它不仅能帮助程序设计人员记忆各种指令的操作码的含义,而且能用字符串的"变量名"来代表指令中的地址码部分。上述(1)~(3)的三行就是用汇编程序设计语言书写的三条机器指令的程序片段。和这种汇编程序语言配套,还提供汇编语言的编译软件,它能自动将汇编程序转换为二进制机器指令组成的程序。

高级程序设计语言比汇编程序语言有了进一步发展,力图让程序更加易于理解,书写风格更加接近于数学公式的书写方式。例如,用高级程序语言书写的程序语句:

SI=4096; 含义为把整数 4096 写入整数变量(存储单元)SI 中;

SUM=SI+SJ; 含义为将两变量 SI,SJ 相加,暂存储到变量 SUM 中;

...

注意,其中的变量名 SI、SUM 等,取代了计算机中存储单元的二进制地址。数学公式的一般写法(如 SUM = SI + SJ;)代替了机器指令的汇编缩写。

20 世纪 60 年代,首批发明的高级程序语言,包括 Fortran 程序设计语言,很快被广泛用于科学工程计算中。C 语言是在 20 世纪 70 年代发明的,它具有简单、效率高的优点,一段时期内成为世界上最流行的程序语言之一。很大一部分计算机软件,包括 UNIX 操作系统软件,都是用 C 语言编制的。20 世纪 80 年代,C 语言经过改进、扩充成为 C++ 程序语言,其特点是面向对象的程序设计语言。20 世纪 90 年代,由于国际互联网的发展,发明了一种能够适应网络应用的程序语言——Java 语言,它也是一种面向对象的程序语言,初步满足了网络应用需要。

图 1-11 是利用高级程序设计语言——C 语言所编写的一个简单的程序 SquareSum。

$$amount = \sum_{i=1}^{N} i^2$$

上述公式 amount 是它的计算任务,即自动计算由 1 到 N(一共 N 个自然数)的平方和。这个程序(如图 1-11 所示)连括号算上,一共 6 行语句,是比较容易理解的。

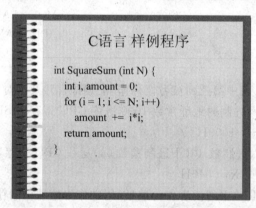

图 1-11 用高级程序设计语言——C 语言编写的求平方和程序 SquareSum

目前在计算机上使用的软件比这个例子要复杂得多,大型软件由几十万行语句组成,其复杂性不是单人能够全部理解的,也无法由单人来承担其程序设计任务。很遗憾,目前计算机还无法完全独立于人、代替人来自动进行程序设计。被称为电脑的计算机,目前还仅仅是一种机械性的计算机器,它比其他机器的长处主要是能更快速地执行指令,通过人们编制程序适应多种计算任务需求。计算机完成任务的灵活性和通用性,完全取决于程序(软件)的设计,而这种设计还主要靠人的大脑来完成。

从软件的大规模生产来说,一种软件产品的设计及程序编码工作是最花费功夫的。一旦软件产品完成以后,它就可以被简便地大规模复制生产并被共享。随后的工作主要是为用户提供支持性服务和软件的维护更新。

在这一点上,软件与硬件的特性有些不同。计算机硬件的生产,如大规模集成电路、磁盘存储器以及像显示器、打印机等输入输出部件等,其每一件东西都需要消耗物质资源。虽然按照同样的图纸可以多次生产,但同一种硬件部件的每一次生产都要消耗物质材料,如半导体材料或磁介质材料等。只有软件才能多次复制使用而不再消耗物质资源。

以后会常常将软件与硬件的特性做对比。从计算机信息处理的角度看,为了向用户提供有价值的信息服务,需要占用一定的资源,包括硬件资源和软件资源。例如,CPU 的运行时间及其使用的电能,它们是一种消耗性的资源,用完了就无法再生。而程序和数据(软件)本身作为一种资源却不是消耗性的,它们可以被多次复制,而且允许重复使用。当然,硬件和软件同作为资源,其共性也不少。例如,硬件和软件都需要有效地管理以提高其资源利用效率;它们在工作中都可能出现故障,需要维护;它们作为设计产品,都需要知识产权的保护等。

1.3　国际互联网的构成

国际互联网是由下列三大类计算机网络互相连接而组成的"网际网络(Internet)"。

(1) 跨越国家和省市地域的计算机网络,被称为"广域网(Wide Area Network, WAN)"。例如国家教育科研网(CERNET)、电信通信服务网络以及支持国家金融业务的基础网络等,它们是国际互联网的主干网络。

(2) "企业内部网(Intranet)"。它们是公司、企业单位为了内部业务需要所组成的互联网络。企业内部有很多局域网,它们之间也被连接,成为互联互通的信息网络,便于单位内部的信息流通。这种企业内部网,如果是国际型的企业,可能要租用跨国跨洲际的光纤通信,把同一个企业分布在全世界的分支机构都连在一起。

(3) "局域网(Local Area Network,LAN)"。利用以太网技术把近距离的计算机连接成局域网,例如几间房屋的实验室中全部计算机用局域网连在一起。以太网技术所采用的网络设备和连接线路简便易行,但连接距离不远,一般在一两千米范围内。多个办公室的局域网之间也可以用补充的互联设备,将这些局域网再连接在一起。

1.3.1　局域网和广域网

据不完全统计,国际互联网在全球范围所连接的网络总数,大大小小的网络已经超过一亿个。它们是如何互相连接的呢? 总体上看,其互联结构大体上是按地域形成的层次型结构。在最底层,是所谓的"接入网络",每一个接入网络涉及的地域范围不大,其任务是把所涉及地域、单位或住宅小区的计算设备连接到网络上,也包括把移动设备连接上。简而言之,接入网络担任着"最后一公里"的互联任务。使用的连接技术主要有光纤局域网(以太网技术)、用电话线的拨号网络(ADSL 技术)接入技术以及无线局域网(IEEE 802.11)等技术。这些覆盖范围有限的接入网络能够再连线,接到网络运营商所提供的主干网络上。网络运营者承担着大区域通信干线和网络设备的管理和维护,地理覆盖范围更大。网络互联的方式经过这样一层层地,从最底层的接入网络往上,通过主干线路逐步把国家范围或者全球范围的网络全部连接到主干网上。这种层次型的互联结构具有易于扩展的优点,在每一个层次上都允许添加新的网络,最终接到全球互联网络中。

在我国,近年来高速互联网络的基础设施获得了飞速发展,已经成功建设了全国范围的网络互联主干线路,包括具有极高通信带宽的光纤主干线路。所铺设的光缆和中继配套设备已经使31个省市自治区,以及各个大中城市都能够高速地互联互通。在地理上覆盖了东西南北,拉近了人们的距离,使远隔关山和重洋的信息交换得以在几乎一瞬间实现。目前电信业和广播业也已经广泛采用计算机互联网络技术,将其作为主干通信网络。

光纤通信缆线是由单芯或多芯的光学玻璃纤维制成的(如图 1-12 所示)。光学玻璃纤维简称光纤,它具有在长距离传输激光信号不衰减的特性。直径 $1\mu\mathrm{m}$ 左右的单模光纤可以在 50 公里距离保持激光通信传输。这种光通信主要具有三个优点:通信带宽极大,适合远距离的高速数据传输。并且通信可靠性很高,和微波通信、短波无线电通信相比,它具有明显优势。此外,它的建设成本和维护费用也相对较低,配套的电子通信设备具有完善的品质,设备价格也在迅速下降。很多大的电信公司都不惜巨额投资,建设上千公里横跨大洋和国界的光通信基础设施。光学纤维的两端有激光发射器和接收器,在洲际和全国性的主干通信、城市主干通信线路以及校园范围的通信网路,都使用光纤缆线。其长度最长可达上千公里,非常适合长距离通信,中间无须建立或只需建立少数几个中继站。在建筑物内部,在几个房间的范围内,则一般铺设电缆,也有铺设光缆的。

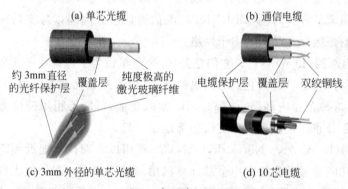

(a) 单芯光缆　　　　　　　　(b) 通信电缆

约3mm直径　覆盖层　纯度极高的　　　电缆保护层　覆盖层　双绞铜线
的光纤保护层　　　激光玻璃纤维

(c) 3mm 外径的单芯光缆　　　(d) 10芯电缆

图 1-12　光纤缆线示意图

1.3.2　局域网与路由器

组成计算机网络的基本网络单位是局域网,而两个局域网或多个局域网之间的连接则经由路由器(Router)设备。一般用光缆或电缆将多个局域网连接到路由器的端口上,局域网之间的通信都经由路由器转发。路由器是网际互联互通的桥梁,拿高速公路网来比喻,路由器好比立交桥枢纽设施,其端口是桥的进出路口。路由器收发的数据包,就好像进出立交桥的一辆辆汽车。车流的速率对应网上数据包的传送速率(通信带宽)。当然,这种路由器在功能上比立交桥要复杂,它利用标准的网络通信软件,根据数据包上所记载的目的地,帮助数据包自动选择路由,并把数据包自动地传递到下一选定的中继站。

采用以太网技术建造的局域网如图 1-13 所示。以太网技术有很多优点:适合用于实验室或小型建筑范围的互联,价格比较低廉,网络通信速度快。而且,多个计算机可以同时接入局域网,每一台计算机都可以随时撤出连接或重新连接。在通信时,允许多个通信方共享同一通信线路,而且在不收发数据包时基本不占用线路通信带宽。发数据包之前那一瞬间,计算机会自动检测局域网上是否有其他数据包在传递,避免在时间上争抢,并合理利用网络线路的空闲时间。

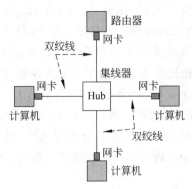

采用高速交换集线器设备(Hub)为中心的星型连接方式。每一台计算机的网卡(旁边的小方块)直接连线到 Hub。图的上部画了一个路由器,它的任务是把局域网和外部互联网世界相连接。

图 1-13　局域网示意图

建造局域网的过程实际并不复杂。首先,每一台计算机要安装一块网卡(以太网卡,如图 1-13 所示)。一般采用双绞线或其他缆线将端口与 Hub 的一个端口连接。图中心的Hub 集线器是局域网的互联中心和数据包的交换中心,它有多个外部连接端口,能够提供和其他计算设备的连接。在数据通信中,计算机的操作系统和通信网卡配合,会对每一个需要转发的数据包进行检验、分析和转发的工作。以太网技术能保证,一旦计算机接入到局域网端口,就能马上和网上其他计算机实现互联互通。为了理解这一特点,读者不妨可以试一试:故意从端口拔出你的计算机的网线插头,等待一会儿再插回去。你可以看到,由于计算机和以太网的配合,它能够及时发现计算机暂时脱离网络,随后察觉网线的重新插入,并自动重新连上局域网。这种连接动作并不会影响以太网上其他计算机的工作。

1.3.3　无线网

无线通信技术是与有线通信技术互为补充的另一大类通信技术。它的主要特点是无须铺设有形缆线,利用电磁波在我们周围空间的信息传播特性来实现通信。由于它可以让通信的双方摆脱连线束缚,满足了移动通信和无线通信的基本要求,所以非常受欢迎。目前其相关技术的改进极快,无线通信新技术层出不穷。

近距离的无线通信技术分为室内用(家用或办公用)、移动用(室外和室内)和车载用三大类,它们在通信距离、通信速率、环境干扰程度、电源耗费以及设备投资费用等方面有很大不同。下面简略地介绍其中主要的几种,它们都是担任"最后一公里"接入任务的无线通信技术。

(1) 蓝牙技术(BlueTooth)。配备蓝牙技术的电子设备可以甩掉原来的通信线缆。蓝牙通信技术适用于多台设备在 10 米到几十米范围内的无线互联,而且不容易被障碍物遮挡。例如近旁的打印机、手持计算设备、手机和投影仪等,均可通过蓝牙技术互通信息,且其数据传输速率可达 1Mb/s，基本上能满足室内电子设备互通信息的需求。

（2）红外（IrDA）无线通信技术。和蓝牙技术相比，IrDA 技术传输速率较高（16Mb/s），并具有无线设备体积小、功率低和价格便宜的优点。IrDA 技术的缺点是不允许传输路线中间有阻挡物，接收角度不能超过 120°等。

（3）WiFi 无线局域网技术（Wireless Local Area Networks，wLAN），其学名为 IEEE 802.11x。它是由美国首先推荐的技术标准。WiFi 技术的数据传输率可望达到每秒几十兆比特，能够满足电影等视频实时传输的需要。这种技术的通信覆盖距离在 100m 左右，而且目前还在提高中。它很适合多个移动用户无线连接，形成办公室无线局域网。无线接入设备 AP（或称接入器 Access Point，如图 1-14 所示），大小和电话机差不多。它的功能为：一方面通过光缆或电缆连到有线的计算机网络中；另一方面通过电磁媒体，它能够和近距离的 WiFi 电子设备进行无线通信。凡是具有内置的 WiFi 无线网卡的计算机和其他电子设备，都可以在一定地理范围内通过 AP 互联互通。所以，AP 是组成无线局域网并实现数据交换的关键设备。

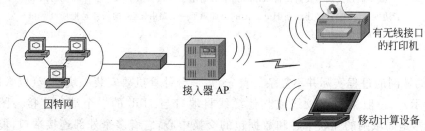

无线通信覆盖范围的设备只要具有 WiFi 无线通信能力，都能接入无线局域网。

图 1-14　无线局域网示意图

（4）GPRS 技术和 TD-SCDMA 技术。它们是手机所使用的无线通信技术。GPRS 是蜂窝移动通信技术的改进，数据传送速度可以达到 2Mb/s，适合家庭上网。TD-SCDMA 是我国自主开发的新一代无线通信技术的简称，它能够胜任视频流移动通信所要求的高速通信要求。

1.4　CPU 的二进制算术运算和逻辑运算

CPU 的强大功能表现在它丰富的指令系统。它的指令系统包含了几百种指令类别，其运算指令包括算术运算和逻辑运算指令两大类。

CPU 是按照固定字长原则设计的，它的运算器和寄存器都是固定字长的。目前个人计算机采用的 CPU 的字长是 32 位（也有采用 64 位的），这意味着在一个指令周期内，能够完成对两个 32 位数（或 64 位数）的运算。

本节将按固定字长来说明二进制算术运算和逻辑运算的特点。算术运算主要包括＋（加）、－（减）、×（乘）、÷（除）4 种，其运算功能类似于日常计算器的对应运算功能。

1.4.1　定点数与浮点数

CPU 有两类算术运算指令：一类是定点数，即固定小数点的二进制数；另一类则是科学计算常用的浮点数。浮点数采用科学表示法：

$$x = m \times 10^{J}$$

一个浮点数 x 由 m 和 J 两部分组成，m 称为尾数，而 J 称为阶码。例如 $pi = 0.31416 \times 10^{1}$，其阶码为 1。它的大小反映了小数点在尾数上的移动，因此被称为浮点数。尾数一般限制为小数，$0 \leqslant |m| \leqslant 1$。

定点运算指令对 CPU 中参与运算的两个二进制数 x, y，假定了其字长固定并且小数点位置固定，一般假定小数点在最左边（小数）或在最右边（整数）。其实，认为小数点固定在其中间的某一位也是可以的，主要的假定是：x, y 的各个二进位已经对齐，计算可以从低位到高位，对应的两个数字逐位运算，并将进位（或借位）传到相邻高位。

$$x = a_0 a_1 \cdots a_k$$
$$y = b_0 b_1 \cdots b_k$$

对于二进制定点乘法，则采用常见的乘法运算规则，取乘数的各位乘以被乘数，乘法结果作为部分和，右移后累加，求得两个定点数乘法的乘积。定点除法类似十进制除法，求每一位商，都需要用减法做试探，决定其是否够减，然后上商左移。以上所说的定点二进制算术运算规则，其实 CPU 作为计算机硬件，内部已经制造好了这些算法。CPU 在执行这些算术运算指令时，能够自动地按上述运算规则进行运算，对于用户来说，其工作细节不需过问。

对于浮点数的算术运算，其运算规则比定点运算要复杂许多。首先，上述浮点数的科学表示法在计算机中采用二进制浮点表示，如下：

$$x = m \times 2^{J}$$

也采用阶码和尾数两部分，但阶码 J 的底数为 2，而不是 10。这意味着浮点数的小数点的移动是对二进制尾数的。尾数 m 和阶码 J 则都是二进制表示，分别是二进制小数和二进制整数。浮点算术运算首先要注意两个浮点数的阶码。对于浮点加减法，当两个浮点数的阶码部分不相等时，首先要设法对齐小数点。为此，将其中一个浮点数的小数点移动（将阶码小的那个尾数右移若干），对齐小数点后才能做加减。对于乘除法则无须对齐小数点：两尾数作乘除，而两个阶码则作加减。以上这些运算规则虽然比定点运算复杂不少，但是 CPU 硬件制作时其内部也已经制作好了这些算法，使用 CPU 的用户无须关心其实现细节。

1.4.2 负数的表示法

对初学者而言，理解计算机中正负数的表示方法是有一定难度的。人们习惯了日常采用的正负符号 +/- 的表示法，而计算机却愿意采用更适合机器进行算术运算的补码表示法。

首先分析一下人和机器进行减法步骤的主要区别。其主要区别在于人可以通过观察，比较出参与减法的两个数的大小，如果不够减，调换减数和被减数。而作为机器运算的 CPU，为了要看出两个数的大小，必须做一个试探性的减法。

具体来说，以减法 $768 - 875 = -107$ 为例，CPU 为了看出这个被减数究竟够减与否，需要硬性地做减法（此处为了直观说明，用十进制整数运算），即：

$$00\ 768 - 00\ 875 = 99\ 893$$

当 CPU 发现最高位出现了借位（即不够减了），为了求得结果 -00107，必须将被减数和减数的位置掉换一下，再做一次减法，这次才是求得 -00107 的真正减法。可见，CPU 在最坏情况下要做两次减法:先试探性地去减,发现不够减,再掉换位置做另一次减法。

早在电子数字计算机出现以前,这个试减问题(导致两次机械减法)就已经被前人注意到了。在珠算口诀以及齿轮计算机(欧洲人在 17 世纪发明的)中,已经引入了新观念——补数。用刚才的例子来说,99 893 是 -00 107 的补数,即 99 893 = -00 107 + 10^5。这个公式在数学上指出:(99 893)和(-00 107)是同余的。相对于"同余模"10^5 而言,这两个数可以看作是等价的。

回到计算机中的二进制数。为了表示正负数,计算机内一般将二进制数的首位(最左边)作为符号位,并用 0 和 1 来区分正负。符号位的右边其他各位,则用于表示该数的数值。为了适合 CPU 算术运算的需要,计算机中的负数会采取多种不同的表示法。

下面以 16 位定点二进制整数为例,来说明计算机中常用的 4 种负数表示法:原码、补码、反码以及移码。其实,不管是整数还是小数,对于固定字长的定点数,这几种表示法的思路是类似的。

(1) 原码表示法。

当 $x = +a_1 a_2 \cdots a_{14} a_{15}$ 为正整数时,$[x]_{原} = 0a_1 a_2 \cdots a_{14} a_{15}$,后 15 位未变。

例如,x = +110011011111001,对应的 $[x]_{原} = 0110011011111001$。

当 $x = -a_1 a_2 \cdots a_{14} a_{15}$ 为负整数时,$[x]_{原} = 1a_1 a_2 \cdots a_{14} a_{15}$,后 15 位未变。

例如,$x = -110011011111001$,对应的 $[x]_{原} = 1110011011111001$。

除符号位外,右边其他 15 位二进制代表数 x 的绝对值。

在 CPU 中一般不采用上述原码表示法,而是采用下面的补码表示法。其原因就是为了避免在做减法时,原码表示多做一次(试探性)减法的弊端。

(2) 补码表示法。

当 $x = +a_1 a_2 \cdots a_{14} a_{15}$ 为正整数时,$[x]_{补} = 0a_1 a_2 \cdots a_{14} a_{15}$,后 15 位未变。

例如,$x = +110011011111001$,对应的 $[x]_{补} = 0110011011111001$。对于正数,它的补码和原码一样。

当 $x = -a_1 a_2 \cdots a_{14} a_{15}$ 为负整数时,则 $[x]_{补} = 1b_1 b_2 \cdots b_{14} b_{15}$。

例如,$x = -110011011111001$,对应的 $[x]_{补} = 1001100100000111$。即对于负数,其补码的右边 15 位和原 $a_1 a_2 \cdots a_{15}$ 不同,用 2^{16} 去加 x(负数),实行绝对值的减法,当 $x = -110011011111001$,则 $1b_1 b_2 \cdots b_{14} b_{15} = 2^{16} + (-a_1 a_2 \cdots a_{14} a_{15})$,得到 $[x]_{补} = 1001100100000111$。即 $[x]_{补}$ 按照 x 的正负,分别为

$$\begin{cases} x, & \text{当 } x \geqslant 0 \\ (2^{16}) + x, & \text{当 } x < 0 \end{cases}$$

从数学上看,补码表示是一种"同余表示法",采用同一个模的余数。在这个例子中,它采用的模为正整数 2^{16}。

实际上,任何两个数(两个非负整数)做减法,可以不管够减还是不够减,机械做减法,其结果就是该减法结果的补码——差的补码。

负二进制数的补码还有另一种转换方法:将其二进码(x 的绝对值)每一位求反,然后在末位加 1。在首位(符号位)的 1 表示其负号"-"。

例如,$x = -110011011111000$,对它的每个二进码求反,得 001100100000111,然后在末位加 1。并在首位补 1,即可求得 1001100100001000。

注意,在补码表示法中,整数($-000\cdots01$)被表示为补码 1111111111111111,除首位符号位 1 外,其右边跟着的一串 1,代表整数 -1 的补数。对于小的正整数,它的左边二进码很多都是 0;而对于负整数,由于采取补码表示,绝对值小的整数,其补码的左边很多二进制位都是 1。补码 10000000000000000,除首位符号位 1 之外,其右边跟着 16 个 0,却表示一个绝对值很大的负整数 -2^{16}。从以上例子可见补码和原码的不同(更多内容如图 1-15 所示)。

补码表示法的主要优点就是适合 CPU 做机器算术运算。在加减法中两个补码二进制数可以像无符号整数一样直接进行加减,无须做试探减法。

补码表示法有一套很完善的加减乘除补码运算规则,CPU 硬件内部制作的算法保证了运算结果的正确性。

(3) 反码表示性。

反码表示法和补码表示法有些相似。对正数,反码表示和原码一样;而负数的反码表示,则是直接将各位二进码求反(0 变 1,1 变 0)。

$[x]_反$ 按照 x 的正负,分别表示为

$$\begin{cases} 0a_1a_2\cdots a_{14}a_{15}, & \text{当 } x = + a_1a_2\cdots a_{14}a_{15} \\ 1\bar{a}_1\bar{a}_2\cdots \bar{a}_{14}\bar{a}_{15}, & \text{当 } x = - a_1a_2\cdots a_{14}a_{15} \end{cases}$$

上述公式指出,负数 x 的反码就是将它的二进码逐位求反,0 变 1,1 变 0 就可以了。不必像补码还要末位加 1。从数学上看,反码表示也是一种同余表示法,它采用的模为整数($2^{16}-1$)。

$[x]_反$ 按照 x 的正负,也可以表示为

$$\begin{cases} x, & \text{当 } x \geqslant 0 \\ (2^{16}-1) + x, & \text{当 } x < 0 \end{cases}$$

和补码表示法相比,反码表示法没有独特优点,目前在计算机上已经很少采用。

(4) 移码表示法。

在浮点表示法中,其阶码(整数)常采用移码表示法。这样表示的好处是浮点运算常常需要计算两个阶码的差,并决定浮动小数点的移动位数,用移码进行计算更为简便。具体原因这里不赘述。

$[x]_移$ 按照 x 的正负分别表示为

$$\begin{cases} 1a_1a_2\cdots a_{14}a_{15}, & \text{当 } x = + a_1a_2\cdots a_{14}a_{15} \\ 2^{15} - (a_1a_2\cdots a_{14}a_{15}), & \text{当 } x = - a_1a_2\cdots a_{14}a_{15} \end{cases}$$

它的符号位特点是,首位符号位和补码表示是相反的,正数的符号位为 1,负数的符号位为 0。移码表示法不属于同余表示法之列。

图 1-15 列出了 8 位定长原码、补码和移码机器表示的全编码集(举例给出)及它们对应的整数数值。第 1 列(应该有 256 行)二进制原码,共对应了 255 个整数(真值),整数 0 对应着两个原码(00000000 和 10000000),正负整数编码各有 127 个。第 4 列(应该有 256 行)二进制补码,共对应 256 个整数(真值),正整数 127 个,整数 0(真值)对应着唯一的补码 00000000;负整数 128 个,其中补码 10000000 对应着负整数 -128(真值)。第 7 列二进制移码,共对应了 256 个整数(真值),正整数 127 个,整数 0(真值)对应着唯一的移码 10000000;负整数 128 个,而移码 00000000 对应着真值 -128。

定点二进制小数也有类似的原码、补码、反码以及移码表示法,其基本原理和上述论述一致。主要不同是小数点位置不同。从数学上说,是同余模不同,所有模 2^{16} 都要改为模 2^1。

原码	原码真值	对应十进制整数	补码	补码真值	对应十进制整数	移码	移码真值	对应十进制整数
00000000	+0000000	0	00000000	+0000000	0	00000000	−10000000	−128
00000001	+0000001	+1	00000001	+0000001	+1	00000001	−1111111	−127
00000010	+0000010	+2	00000010	+0000010	+2	00000010	−1111110	−126
00000011	+0000011	+3	00000011	+00000011	+3	00000011	−1111101	−125
...	...	...	...	...	...	...	...	...
...	...	...	...	...	...	...	...	...
01111110	+1111110	+126	01111110	+1111110	+126	01111110	−0000010	−2
01111111	+1111111	+127	01111111	+1111111	+127	01111111	−0000001	−1
10000000	−0000000	0	10000000	−1000000	−128	10000000	0000000	0
...	...	...	...	...	...	...	...	...
...	...	...	...	...	...	...	...	...
11111100	−1111100	−124	11111100	−0000100	−4	11111100	+1111100	+124
11111101	−1111101	−125	11111101	−0000011	−3	11111101	+1111101	+125
11111110	−1111110	−126	11111110	−0000010	−2	11111110	+1111110	+126
11111111	−1111111	−127	11111111	−0000001	−1	11111111	+1111111	+127

图 1-15 8 位二进制整数的原码、补码和移码的机器表示法

1.4.3　CPU 的二进制逻辑运算

除了算术运算之外,CPU 的逻辑运算也做进一步说明。下面给出 4 种主要的逻辑运算:逻辑非、逻辑或、逻辑与、逻辑异或(图 1-16 左边第一列)。逻辑运算和算术运算的一个重要区别是,其参与运算的二进制数都是按位的二进制运算,不像算术运算要涉及相邻各位之间的进位或借位。逻辑运算仅限于同位的两个位,是单纯的按位运算(如图 1-16 右部的运算规则所示)。逻辑非是对单个数的运算,被称为"单目运算"(算术运算中求负数也是一种单目运算),而其他三个逻辑运算都是两个数之间的,称为"双目运算"。

逻辑运算	运算符号		类型	运算规则	
非	!	¬	单目运算	!1=0	!0=1
或	|	∨	双目运算	0|0=0 0|1=1	1|0=1 1|1=1
与	^	∧	双目运算	0^0=0 0^1=0	1^0=0 1^1=1
异或	⊗	⊕	双目运算	0⊗0=0 0⊗1=1	1⊗0=1 1⊗1=0

图 1-16 4 种常见逻辑运算及其运算规则

- 逻辑非(运算符!,也常用¬符号):将二进制码反过来,1 变 0,0 变 1。
- 逻辑或(运算符|,也常用∨符号):参与运算的两个二进码,当其中一个为 1,或者两者皆为 1,则运算结果为 1;否则,当参与运算的两个二进码皆为 0 时,结果为 0。
- 逻辑与(运算符^,也常用∧符号):参与运算的两个二进码,当其中一个为 0 或者两者皆为 0 时,则结果为 0;否则,当参与运算的两个码皆为 1 时,结果为 1。

- 逻辑异或运算(运算符 $\otimes$,也常用 $\oplus$ 符号):当参与运算的两个二进码不等,即一个为 1,一个为 0 时,则逻辑异或的结果为 1;否则,当参与运算的两个二进码相同时,运算结果为 0。

以 16 位的二进码串 $A = a_1 a_2 a_3 a_4 \cdots a_{12} a_{13} a_{14} a_{15} a_{16}$ 来说,CPU 对参与运算的 16 个二进制码各位进行相同的逻辑运算,各位之间没有干扰,各位是完全独立的并行计算。

在程序设计中,逻辑运算常常用来对二进码串进行各种变换。配合逻辑运算,再利用逻辑尺常数和移位操作,能够把一个二进码串 $A = a_1 a_2 a_3 a_4 \cdots a_{12} a_{13} a_{14} a_{15} a_{16}$ 分割为几部分,或者截取其中一部分,也可以把截取的结果拼接到其他部分中。举例来说,把 A 的最右边 5 位二进码左移到最左边,然后和它原来最左边 3 位二进码 $a_1 a_2 a_3$ 拼接在一起,就是将这 3 位摆放到后 5 位 $a_{12} a_{13} a_{14} a_{15} a_{16}$ 的右边,并且让其他的二进码部分皆补 0。做法是:

(1) 先用一个常数 $0000\cdots011111$(称为一个逻辑尺)来截取 A 的一段二进码,即把 A 的 16 个位的后 5 位和这个逻辑尺进行逻辑与运算,从而截取出最右边 5 位。

$$
\begin{array}{r}
a_1 a_2 a_3 a_4 \cdots a_{11} a_{12} a_{13} a_{14} a_{15} a_{16} \\
\wedge)\quad 0\ 0\ 0\ 0\ \cdots\ 0\ \ 1\ 1\ 1\ 1\ 1 \\
\hline
0\ 0\ 0\ 0\ \cdots\ 0\ a_{12} a_{13} a_{14} a_{15} a_{16}
\end{array}
$$

(2) 用另一个逻辑尺常数 $1110\cdots0000$ 截取高位的 3 位二进码,即把 A 的左 3 位和这个逻辑尺进行逻辑与运算,截取出最左 3 位。

$$
\begin{array}{r}
a_1 a_2 a_3 a_4 \cdots a_{11} a_{12} a_{13} a_{14} a_{15} a_{16} \\
\wedge)\quad 1\ 1\ 1\ 0\ \cdots\ 0\ 0\ 0\ 0\ 0\ 0 \\
\hline
a_1 a_2 a_3 0\ \cdots\ 0\ 0\ 0\ 0\ 0\ 0
\end{array}
$$

(3) 把它右移 5 位,得到

$$0\ 0\ 0\ 0\ 0\ a_1 a_2 a_3 0\ \cdots\ 0\ 0\ 0\ 0$$

(4) 把第(1)步的结果左移到最左边,即将 $0000\cdots a_{12} a_{13} a_{14} a_{15} a_{16}$ 左移 11 位后得到

$$a_{12} a_{13} a_{14} a_{15} a_{16} \cdots 0\ \ 0\ \ 0\ \ 0$$

(5) 用逻辑或把它们两个拼接在一起。

$$
\begin{array}{r}
0\ 0\ 0\ 0\ 0\ a_1 a_2 a_3 0\ \cdots\ 0\ 0\ 0\ 0 \\
|)\quad a_{12} a_{13} a_{14} a_{15} a_{16} 0\ 0\ 0\ 0\ \cdots\ 0\ 0\ 0\ 0 \\
\hline
a_{12} a_{13} a_{14} a_{15} a_{16} a_1 a_2 a_3 0\ \cdots\ 0\ 0\ 0\ 0
\end{array}
$$

结果是,把二进码串 $A = a_1 a_2 a_3 a_4 \cdots a_{12} a_{13} a_{14} a_{15} a_{16}$ 分割、截取两部分,把截取结果移位拼接,成为完全不同的另一个二进码串。

此外,利用逻辑尺及逻辑与和逻辑或操作,还可以把二进串的某些位置的子串设置为 0 或 1。利用逻辑尺和逻辑异或运算,可以把二进串的子串逐位求反,让它们的每一位反过来,0 变 1、1 变 0。

在第 9 章的程序设计的分支条件计算中,读者还可以看到逻辑运算的其他重要作用。

1.5　习　　题

1. 回答问题

课堂认知统计。

请每个学生根据自己当前情况,按编号如实填写以下问题(多选):

(1) 从来没用过计算机

(2) 玩过计算机游戏

(3) 做过文字编辑

(4) 发过电子邮件

(5) 上因特网浏览网页

(6) 上因特网下载 MP3 等文件

(7) 组装过个人计算机

(8) 使用语言进行程序编制

2. 练习题

(1) 手算下列二进制正整数的乘除运算。

① $10011 \times 1101 =$

② $110101 \times 1011 =$

③ $10001111 \div 1101 =$

④ $11100111 \div 10101 =$

(2) 手算下列二进制正整数,将其化成十进制数。

① $101001 =$

② $1101110 =$

(3) 手算下列十进制正整数,将其化成二进制数。

① $317 =$

② $509 =$

(4) 机械地进行下列二进制正整数(定点 16 位)的减法,并验证其机械减法和手算减法的结果(负数)的互补性。

① $0011111100111100 - 0011111111000001 =$

② $0000000000000001 - 0000000000000010 =$

(5) 将上述第四题的二进制正整数,先全部转换为十进制正整数(定点 8 位十进制),之后再机械地进行十进制整数的减法,并验证其机械减法和手算减法的结果(负数)的互补性。请简述其数学原理。

(6) 用计算机,先打开它附件中的"计算器",然后用它进行两个巨大正整数的乘法,观察并分析科学计算法中数的浮点表示。

(7) 在下述计算任务中需要进行逻辑运算和移位运算,请为 CPU 给出计算步骤:把 16 位二进制数 A 的最左边 6 位二进码右移到最右边,然后把它和原来最右边的 10 位二进串拼接在一起,也就是说,将原来左边 6 位摆放到原来右边 10 位的右边。

(8) 根据自己的知识和经验,挑选下面比较了解的一个或多个题目,在计算机上作练习。

① 请在自己的计算机上建立一个目录(以自己的学号命名)。

② 请用画图程序(Paintbrush)画一幅图,并把该图片文件保存在你的目录下(自己命名)。

③ 请在当前目录下新建一个文本文件,命名,并在该文件中用文字介绍自己(姓名、简历和爱好等)。大约 200 字左右。

④ 请将该文件复制到桌面上,然后把它改名为 study.txt。

⑤ 请把文件 study.txt 的属性改为"只读",并了解该文件属性的其他具体内容。

⑥ 打开"我的电脑",熟悉菜单栏及使用方法,重点放在查看方式上。

第 2 章

互联网与信息共享

互联网已经成为人们生活中不可缺少的一部分。但你知道互联网是怎样工作的吗？怎样才能够上网？网上各种应用又是如何工作的？本章将介绍互联网的历史发展、互联网的通信协议以及互联网上多种多样的应用。同时,本章还将简要地介绍如何使自己的计算机上网,如何构建一个宿舍内或家中的局域网。

2.1 互联网的历史发展

互联网(又称因特网、国际互联网)技术的发展历史可以追溯到 20 世纪 60 年代 ARPANET 网络研究项目的前后。那时,欧美若干先驱者提出计算机网络的概念。麻省理工学院(MIT)的一些学者以及欧洲一些学者都提出了计算机互连通信和计算机网络应用等设想,并开展了数据包交换的通信可行性研究。

当时在通信方面,可兹利用的传统技术是采取端对端连接:用电线连接计算机的输入输出端口,同步地进行两端口间数据的收与发。这类似于电话通信,"一次一线"的线路交换方式(Circuit Switching)。MIT 的 L. Kleinrock 在 1961 年为探索新的计算机通信方式,发表了第一篇采取包交换(Packet Switching)通信的论文。他提出了计算机参与数据包异步收发,让同一互连线路上容纳多个计算机同时提出交换数据包的要求。在技术原理上,这样做可以更高效地利用计算机及其互连线路。

1967 年,美国政府支持了著名的 ARPANET 计算机网络研究计划。在当时这算得上是一个相当宏伟的研究计划:把横跨大陆的若干大学和若干国家级研究所内建立的计算机网络远距离地连接起来。当时远距离连接手段还很局限,ARPANET 网的通信带宽指标当时仅为 50Kb/s(数据包交换)。当时直接的应用目标是让研究所的科学家们受益,他们通过计算机网络可以使用远端的计算设备和科学实验数据等信息资源。远距离的信息交换也能加强科学家在相关领域的合作。到 1969 年,已经有 4 个大学的计算机和计算机网络参与进来,使 ARPANET 成为名副其实的 Internet(即因特网,其字面意义为网络之间的网络)。到 1972 年,为了让因特网能够开放式地接纳更多的计算机网络,把技术规格不同的计算机网络在因特网名义下互连互通,需要为它制定互连扩展的技术路线。

很幸运的是,因特网在开始阶段就有了一个非常开放的设想。卡恩(Kahn,1972)提出了网际互连互通的通信协议设想,尽量不对参与互连的各种可能的计算机网络类型做技术限制,既不限制其组成的通信线路和通信设备类型,也不对网络的运行技术细节作过多限制。三十余年来,ARPANET 的发展历史说明其基本设想是成功的,虽然也经历了一些曲折,但其目标一直得到政府的坚定支持和工业界的积极参与。正是这数十年坚持不懈的投资和孜孜以求的研究工作产生了全球互联网历史性发展和世界范围的应用。

在 20 世纪后期,计算机网络经历的重要发展有:70 年代发明电子邮件(1972),在随后 10 年间它是网络最为显著的应用;发明以太网技术(Ethernet,施乐公司),它最终发展为局域网的主流技术(局域网标准 IEEE 802.3);1974 年,Cerf 和 Kahn 发表了里程碑式的论文,提出了 TCP/IP 通信协议,其中很多思想是现代 IP 网络的基础。20 世纪 80 年代是微型计算机和局域网大发展的年代,美国 NSF 基金会支持建立了全国范围的高速主干网。大约在此前后,我国也开始了由国家支持的科学教育网络实验,逐步扩展为分布在若干大城市的网络基础设施,和国际互联网连通。1989 年,T. B. Lee(MIT)发明了网页浏览技术(World Wide Web,WWW,又称万维网),发明了应用层通信协议 HTTP 和相关的网页语言 HTML。20 世纪 90 年代,各国兴起了建设国家信息基础设施的潮流。

随着因特网应用的日益广泛,在技术上寻求互联网络与电信、电视以及家用电器联网等的融和,无线通信网络和光纤通信网络的融合。人们的日常生活中,计算机互联网络将无处不在。

2.2　互联网的通信协议

互联网的通信协议也称因特网通信协议(Internet Communication Protocol),它是一组通信协议的统称,这些协议规定参与通信各方的计算机及其上的软件,如何在互连互通中遵循通信规则和行动规则。因特网通信协议由国际互连网标准组织负责,该组织的学名为因特网工程任务组(The Internet Engineering Task Force,IETF),它的工作几乎囊括了因特网建设的所有标准。

2.2.1　通信协议栈

IETF 把因特网通信协议的框架分为 5 层(如图 2-1 所示),从底向上分别是物理层(Physical Layer)、数据链路层(Data Link Layer)、IP 层(Internet Protocol Layer)、传输层(Transport Control Layer)和应用层(Application Layer)。它们合在一起统称为 TCP/IP 协议栈,或简称为 TCP/IP 协议。

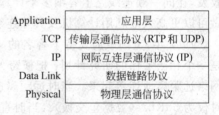

图 2-1　TCP/IP 协议栈的 5 层结构

可以用一个小故事来说明为何 TCP/IP 协议栈是分层设计的。传说古时,一个王子在外征战,心中十分挂念身在国都的母后,就写了一封书信问候。那么王子如何把这封信交给母后呢? 显然王子不能只身返回国都。于是王子想到了他的部下李将军,就把信放入一个信封,上书母后收,然后交给李将军。李将军拿到这封书信后,就放入一个专用木函,上书呈皇上,把木函交给军情官。军情官收到木函,放入送回国都的军情袋,立即派人飞马,把军情袋送往回京的驿站。军情袋经过一个个驿站,终于送到国都,国都的军情官打开军情袋,发现是呈给皇上的木函,立即把木函呈送给皇上,皇上打开木函,看到是给皇后的信,就把信送给皇后,王子对母后的思念终于传到了母后心中。

对比网络通信协议的五个层次,王子和皇后就是应用程序,书信和信封就是应用层协议;李将军和皇上则在传输层,木函就是传输层协议;军情官、驿站官则在网络层,军情袋则是网络层的 IP 包;驿站、快马则在数据链路层和物理层,负责具体的运输转运任务。每个层次都不必了解上层和下层协议的具体内容,只要了解相邻层之间的接口,数据从源端发出时,从应用层到物理层,层层数据加上包装;到达目的端后,从物理层到应用层,层层解包。两端对应层次相互了解对方,就能正确地包装解包,最终双方的应用层可以相互通信了。

在互联网应用一节中将介绍部分处于最上层的应用层协议。对处于底层的数据链路协议和物理层通信协议,因为涉及很多硬件知识,这里就不做介绍了。下面将着重介绍部分传输层和网络层的协议。

2.2.2 网络层协议

TCP/IP 的网络层协议中最重要的是 IP(Internet Protocol),它负责因特网地址的使用并规定网络路由器设备所完成的工作。因特网地址简称 IP 地址,每个联网设备(包括计算机和路由器)都必须有自己的 IP 地址。IP 协议规定了这种地址的格式。现在常用的 IP 地址的格式为 3 个点分隔的 4 个不大于 255 的整数,例如 162.105.131.113 是北大网站的 IP 地址。IP 地址由 IETF 统一管理。北大向 IETF 申请了从 162.105.0.0~162.105.255.255 整个 162.105 网段供北大内部使用。

网络层主要负责 IP 数据包的路由与传递,IP 协议则规定了网络层设备如何正确地路由并传递 IP 数据包。如图 2-2 所示,两台计算机 A、B 间进行网络通信,上层协议内容被封装在一个一个的 IP 数据包中,A 根据自己的路由表发现 B 的 IP 地址不在局域网 LAN1 上,则把 IP 数据包发送给路由器,由路由器负责转发给 B。路由器收到 IP 数据包,解析出目的 IP 地址,查找路由表,发现 B 的 IP 地址在局域网 LAN2 上,就将该数据包转发到 LAN2。B 收到转至 LAN2 上的数据包,发现目的 IP 地址和自己的一样,则收下该数据包,把内容取出并转交给上层协议处理。

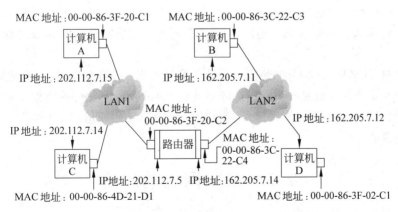

图 2-2　局域网互连及其 IP 地址分配的示意图

2.2.3 传输层协议

TCP/IP 的传输层中最重要的两个协议是 TCP(Transmission Control Protocol)协议

和 UDP (User Datagram Protocol)协议。

UDP 协议是一种无连接的面向消息的协议。在两个计算机间发送 UDP 包,就像是在两台计算机间邮寄信件。在 UDP 协议中,每个 UDP 包都是一个独立消息,就像邮局并不关心一封信是两人间的第一封信,还是一封回信。一个 UDP 包最多可携带 65 535 字节的数据,当 UDP 包较大,无法封装在一个 IP 包中时,则会被分隔成多个 IP 包发送(在以太网中,一个 IP 包最多可携带 1500 字节的数据)。接收端计算机的 UDP 协议处理程序会把收到的多个 IP 包重新组装成 UDP 包。如果传送的过程中,任何一个 IP 包丢了,则整个 UDP 包也就丢了,UDP 协议处理程序不会去修复网络层这种丢包错误。如果 UDP 包丢失了,UDP 协议并不会感知到,也不会向上层报告,就像邮寄普通信件丢失,邮局不会通知寄信人一样。在实际应用中,大多数 UDP 包都很小,可以完全封装在一个 IP 包中传送。

TCP 协议是一种有连接的面向流的协议。采用 TCP 协议在两台计算机间通信,首先要建立连接。通信发起方 C 向接收方 S 发起 TCP 连接请求,S 收到请求后发送应答给 C,告知 C 的连接请求被允许或拒绝。如果 S 允许 C 的连接请求,则 C 还要发送一个确认给 S,表示已经准备好数据通信了。建立 TCP 连接的过程被称为三次握手,通过三次握手后,TCP 连接才真正建立起来。

建立好 TCP 连接后,C 和 S 都可以主动地发送数据给对方,数据是以数据流的方式双向发送和接收的,也就是说,数据发送的顺序和接收的顺序是完全一致的,就好像是双方在打电话,所说的话不会被颠倒次序一样。虽然在建立 TCP 连接的双方看来,连接上的数据始终按顺序流动,但在网络层,数据还是要被封装在 IP 包中,一个 IP 包一个 IP 包地传送。传送过程中可能发生丢包,发送端发出的 IP 包接收端根本没有收到;还可能发生乱序,后发的 IP 包比先发的 IP 包更早地到达了接收端;也可能发生差错,收到的 IP 包中的数据发生了差错。TCP 协议通过给 IP 包编号的方式保证数据包顺序的正确性,只有当前面所有的 IP 包都正确到达后,才会把当前 IP 包的内容放入 TCP 数据流。同时,通过向发送端反馈所收到的 IP 包编号,让发送端了解是否发生了丢包和差错,以便重新发送这些 IP 包。

当双方完成数据通信后,还要通过 4 次握手关闭 TCP 连接。C 首先发送关闭连接的通知给 S,S 发送确认告知 C 收到了通知,S 发送关闭连接的通知给 C,C 再发送确认告知 S 收到的通知。

从上面对 TCP 协议和 UDP 协议的介绍很容易看出:进行 UDP 通信非常简单快捷,但发送的数据并不能保证被接收到;进行 TCP 通信非常烦琐,但发送的数据一定会被接收者正确地收到。UDP 提供的是不可靠的无连接的面向消息的通信;TCP 提供的是可靠的有连接的面向流的通信。

2.3 互联网上的应用

当前互联网上的应用非常丰富,传统的应用,如电子邮件、文件传输和网页浏览;新兴并不断发展的应用,如即时通信、P2P 文件共享等。这里对这些应用及其涉及的部分协议做简要的介绍。

2.3.1　电子邮件收发

收发电子邮件主要涉及两种应用层通信协议：SMTP(Simple Mail Transfer Protocol)和 POP3(Post Office Protocol)，这两种协议都基于 TCP 协议实现。SMTP 被用于发送邮件，POP3 被用于接收邮件。当写好一封邮件，单击邮件客户端（如 Foxmail、Outlook 等）的"发送"按钮，邮件客户端就会连接所设定的 SMTP 服务器，通过权限验证后，邮件就被传送到该 SMTP 服务器上。SMTP 服务器收到邮件后，会分析邮件接收者的地址，如果邮件接收者不是本地账户，则连接接收者的邮件服务器把邮件传送过去。在这个过程中，使用的仍然是 SMTP。当单击邮件客户端的"接收"按钮时，邮件客户端会和所设定的 POP3 服务器连接，通过身份验证后，服务器会把收到的邮件依次传送给客户端，于是就在收件箱中看到了新邮件到达。邮件收发的过程如图 2-3 所示。

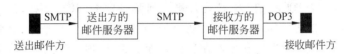

图 2-3　电子邮件系统工作示意图

收发电子邮件是互联网上最早的应用之一，但也是一种最富有生命力的应用，现在很多人的生活工作中已经离不开电子邮件。

2.3.2　远程文件传输

传输远程文件主要使用 FTP(File Transfer Protocol)。它的连接建立过程通过 TCP 实现，数据传输过程一般通过 UDP 实现。FTP 主要用于本地计算机与远程计算机间的文件上传和下载。在远程计算机上，需要安装 FTP 服务软件（如 FileZilla Server），使远程计算机成为 FTP 服务器。在本地计算机上，则需要运行 FTP 客户端程序（如 LeapFTP），以访问远程的 FTP 服务。如图 2-4 所示，在 A 处的用户通过 FTP 客户端界面输入服务器地址（并提供用户名及口令后），FTP 客户端就会登录到 B 处的 FTP 服务器。经过允许后，远程的 FTP 服务器（B 计算机）会响应 A 处客户端的请求，显示 B 上的文件目录，并根据用户请求向 B 计算机上传或从 B 计算机下载文件。

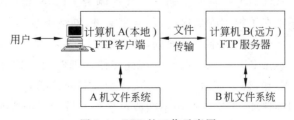

图 2-4　FTP 的工作示意图

目前还在使用 FTP 方式传送文件的人（主要是系统管理人员）已经不多了。当前多数因特网用户都通过 P2P 软件来共享因特网上的文件资源。

2.3.3 网页浏览

第一次接触因特网时,一般人做的第一件事情就是用浏览器(例如微软的 IE 浏览器)访问万维网(WWW)上的某个网站,所以网页浏览对大多数人也许并不新鲜。网页浏览所使用的协议一般是 HTTP(HyperText Transfer Protocol,超文本传输协议),它是一种基于 TCP 实现的应用层协议,也是万维网的基础。通过浏览器上网,需要在地址栏中输入网页地址(简称网址),网址的一般形式为 http://www.awebsite.com/awebfile.ext,其中的 http 就是指 HTTP。其实网址的学名为 URL(Uniform Resource Locator,统一资源定位符),它一般由前面的协议部分(如 http)、中间的服务器域名(如 www.awebsize.com)和后面的文件在服务器上的位置(如/awebfile.ext)三部分组成。

浏览器根据 URL 访问网页的过程中,首先根据 URL 中的协议部分确定采用怎样的协议通信,如果是 HTTP,则根据服务器域名建立到服务器的 TCP 连接,然后向服务器发送 HTTP 请求,请求中指明了所要访问的文件。服务器收到 HTTP 请求后,根据所请求的文件在服务器上查找该文件,如果文件存在并且允许访问,则把文件内容返回给浏览器。在返回浏览器文件内容前,服务器还插入一段 HTTP 应答头,说明对 HTTP 请求的应答状态以及文件的大小、类型等信息。

通过浏览器可以访问各种类型的文件,例如音乐文件(.mp3)、照片文件(.jpg)和 Flash 文件(.swf)等,但访问最多的还是网页文件(.htm/.html)。浏览器收到返回的网页文件后,图文并茂的网页即展示在浏览器窗口中。网页文件都是用 HTML 语言(HyperText Markup Language,超文本标记语言)书写的。

2.3.4 即时通信

即时通信(Instant Messaging,IM)是一种允许两人或多人使用网路即时的传递文字信息、档案、语音与视频交流的终端软件。因特网上最早流行的即时通信软件是 ICQ,ICQ 是英文中 I seek you 的谐音,意思是"我找你"。腾讯的 QQ 是在中国影响最大的即时通信软件,特别是在学生等青年人群中最为流行。微软的 MSN Messenger 则在上班族中流行,公司内部员工间常常用 MSN Messenger 相互交流。

早期的即时通信软件只能提供文字输入方式的聊天。而今,即时通信软件不仅支持语音聊天、视频聊天,还扩充了很多附加应用,如共享文件、网络硬盘和个人空间等。

即时通信给人们之间的交流带来了便利,但也引入了一些安全问题。即时通信的安全威胁包括 ID 被盗、隐私威胁和病毒威胁等。因此在使用即时通信软件时,应该注意不随意泄露即时通信的用户名和密码;谨慎使用未经认证的即时通信插件;在即时通信设置中开启文件自动传输病毒扫描选项;不接收来历不明或可疑的文件和网址链接等。

2.3.5 P2P 文件共享

P2P(Peer-to-Peer)文件共享是当前因特网上最主要的文件共享方式。P2P 文件共享产生的流量大约已经占到因特网总流量的一半以上。BT(BitTorrent)和 eDonkey(含 eMule)是当前最流行的 P2P 文件共享协议。与 FTP 从 FTP 服务器下载文件不同,P2P 文件共享更多的是因特网用户之间直接共享文件。

以 BT 为例,当某个用户把一个视频文件制作成 BT 种子放到因特网上共享,并且很多用户都来下载该视频文件时,BT 并不是从头到尾向每个用户传送数据,而是把视频文件划分成无数小块,每个用户都随机地按块下载。当一个完整的块下载到某用户处后,其他用户可以从该用户处下载该块数据,而不必都从源头下载。正是由于能够相互之间下载,所以大家所能获得的下载速度会很高,很快该文件就会被好多用户完整下载。在 BT 上,很多完成下载的用户并不会马上离开,它所拥有的完整文件还可以供后来者下载。BT 不仅是因特网上传播视频文件的好方式,而且很多软件公司也开始通过 BT 方式来分发软件。

2.4 接入互联网

当你买了一台新计算机回来,你一定会迫不及待地想打开它上网,享受一下它为你带来的全新上网体验。但如何才能让你的计算机连接到互联网呢?解决这个问题,需要了解三个方面的知识:上网方式、所需硬件和相应的软件配置。一般来说,目前最常使用的上网方式有:通过小区宽带或校园网接入互联网、通过 ADSL 接入互联网、通过拨号方式接入互联网等,这里将对前两种方式进行简单介绍。

2.4.1 通过小区宽带或校园网接入互联网

在校园网铺设到宿舍的学校里,只需在宿舍的墙壁上找到网线接口,用网线一端插入计算机网卡、一端插入墙壁上的网络接口,你的计算机在"物理上"就已经和校园网(进而和互联网)连接在一起了。在有宽带服务的住宅小区,每家室内的墙壁上也会找到网线接口,通过它也可以接入互联网,如图 2-5 所示。

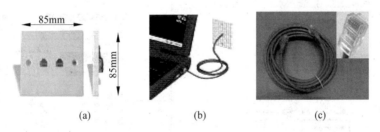

(a)   (b)   (c)

图 2-5 墙上的网线接口、网线和网线接头

用网线把计算机的网卡与网线接口连接,只是在硬件上把计算机和校园网连接在一起。要访问校园网(进而通过校园网访问互联网),还需要进行必要的软件配置。这些软件配置包括:

(1) 配置网络连接。确保计算机通过网卡或其他网络设备连接到因特网。

(2) 配置 TCP/IP 协议。确保计算机获得一个有效的 IP 地址并有正确的网关。

(3) 配置 DNS 服务器。确保能够通过域名访问因特网上的网站和其他各种服务器。

(4) 网络登录。接入因特网一般都是收费的服务,服务提供者必须确认你的身份后才会让你访问因特网资源。

计算机一般都会自动完成上述配置(除网络登录外)。但掌握了网络配置过程,在网络连接出现问题时,就能判断问题出现在哪个环节。下面以安装了 Window XP 的计算机无

法访问因特网为例,逐步分析网络配置的各个环节。

当计算机无法上网时(例如无法访问新浪网),首先应该多尝试几个网站(如百度、网易等门户网站)。只有当所有的网站都无法连接时,才能初步判断是这台计算机的网络连接出现了问题。这时就需要按网卡配置、TCP/IP配置到DNS配置的顺序检查网络配置是否正常。

打开"控制面板"的"网络连接"窗口,窗口中显示了当前的网络连接配置及连接状态。如果网络连接处于"已连接"状态,则网络的物理连接应该没有问题。否则,应根据状态提示重新启用设备、检查网络线缆连接或重新连接网络。如果没有任何网络连接,则可单击窗口左侧的"创建一个新连接",按照新连接创建向导的指示创建一个新连接,如图2-6所示。

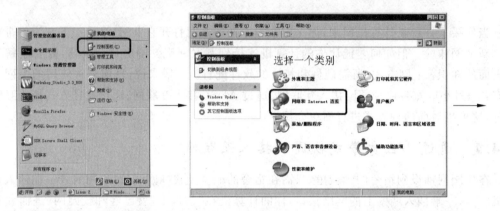

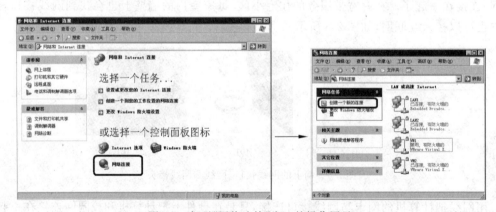

图2-6 打开"网络连接"窗口的操作图示

在确保网络连接正常后,可右键单击查看网络连接的"状态"对话框,其"支持"页中会显示连接状态信息,包括IP地址、子网掩码和默认网关。单击"详细信息"按钮会显示更多的配置信息,包括实际地址、IP地址、子网掩码、默认网关和DNS服务器等。如果你的IP地址是由DHCP服务器指派的,则其配置还包括DHCP服务器及租约等配置信息,如图2-7所示。

计算机连接因特网,必须有一个有效的IP地址,这里看到的就是计算机的IP地址。计算机发送的信息要通过网关才能传送到因特网上,因特网上的信息也必须通过网关转发给计算机,所以网关在连接因特网过程中十分重要,必须保证默认网关配置正确。

图 2-7　查看网络连接详细信息的操作图示

　　计算机的 IP 地址和默认网关的地址之间一般都有一定的关系,如图所示,IP 地址和默认网关地址前面三个数字相同,仅最后一个数字不同。两者地址前面数字相同保证了默认网关和计算机处在同一局域网中,只有这样,计算机和网关之间才能进行直接通信。细心的读者也许已经发现,子网掩码与二者地址之间也存在一定的关系。事实上,子网掩码一般都配置成 255.255.255.0 或 255.255.0.0,分别表示局域网内计算机和网关的 IP 地址前三个数字或前两个数字应该相同。

　　如果计算机的 IP 地址和默认网关配置都没有问题,则可以在命令提示符窗口中输入"ping <网关地址>"来检查计算机和网关之间的网络连接,如图 2-8 所示,正常情况下会显示如图所示的内容,表明两者之间网络连接正常。

```
Microsoft Windows [版本 5.2.3790]
<C> 版权所有 1985-2003 Microsoft Corp.

C:\Documents and Settings\wxl>ping 192.168.1.1

Pinging 192.168.1.1 with 32 bytes of data:

Reply from 192.168.1.1: bytes=32 time<1ms TTL=64
Reply from 192.168.1.1: bytes=32 time<1ms TTL=64
Reply from 192.168.1.1: bytes=32 time<1ms TTL=64
Reply from 192.168.1.1: bytes=32 time<1ms TTL=64

Ping statistics for 192.168.1.1:
    Packets: Sent = 4, Received = 4, Lost = 0 (0% loss),
Approximate round trip times in milli-seconds:
    Minimum = 0ms, Maximum = 0ms, Average = 0ms

C:\Documents and Settings\wxl>_
```

图 2-8　在"命令提示符"窗口中执行 ping 命令

　　如果计算机的 IP 地址和默认网关配置有问题,可单击"修复"按钮进行重新配置。如果无法修复,则多数情况下是局域网配置的问题,需要找有经验的人帮助解决。但当别的计算机都能上网,仅自己的计算机不能上网,可以手工在网络连接属性页中配置"Internet 协议(TCP/IP)"的属性。如图所示。一般情况下"Internet 协议(TCP/IP)"的属性配置都配置成自动获得 IP 地址和自动获得 DNS 服务器地址。这样的配置允许计算机自动在局域网上找到一个称为 DHCP 服务器的网络设备(一般的网关都提供 DHCP 服务),请求它给计算机分配 IP 地址,并正确配置网络,如图 2-9 所示。

图 2-9   手工配置计算机的 IP 地址、网关和 DNS 的操作图示

　　DHCP 服务出现问题会导致无法为计算机自动分配 IP 地址,还可能因 DHCP 服务指派给计算机的地址已经被其他的计算机通过手工配置的方式占用了,导致计算机无法上网。这时可通过手工的方式配置 IP 地址信息和 DNS 服务器地址信息。除 IP 地址外,其他信息均可从同局域网的其他正常计算机上抄录过来。IP 地址则一定要选一个没有其他计算机使用的地址,这可能要多尝试几次才能找到。

　　所有的网络配置都正常,计算机也能和局域网中的其他计算机通信,这时如果还是无法上网,则可能是因特网接入服务相关的问题。例如在北大校园内,任何计算机都可以非常容易地接入到校园网。但要访问校外或国外的网站,则必须通过 IP 网关登录,选择相应的 IP 网关服务。

2.4.2　通过 ADSL 接入因特网

　　在没有校园网、没有小区宽带服务的地方,如何上网呢?目前最常用的上网方式是通过 ADSL 接入因特网。

　　ADSL 是 DSL(Digital Subscriber Line,数字用户线路)的一种。DSL 是以铜质电话线为传输介质的传输技术组合,它包括 HDSL、SDSL、VDSL、ADSL 和 RADSL 等,一般称之为 xDSL。它们的主要区别就是体现在信号传输速度和距离的不同以及上行速率和下行速率对称性的不同这两个方面。ADSL 一般提供较高的下行速率和相对较低的上行速率。这和普通人上网习惯比较吻合,例如访问网站时上行数据很少,网页和图片都是下行数据。

　　ADSL 接入类型包括两种:专线入网方式,用户拥有固定的静态 IP 地址,24 小时在线;虚拟拨号入网方式,并非是真正的电话拨号,而是用户输入账号、密码,通过身份验证,获得一个动态的 IP 地址。

　　通过 ADSL 接入因特网,一般要到当地的电信公司申请 ADSL 接入服务,电信公司会派专人来安装和调试。ADSL 安装包括局端线路调整和用户端设备安装。在局端由电信公司将用户原有的电话线串接入 ADSL 局端设备;在用户端只要将电话线连上滤波器,滤波器与 ADSL Modem 之间用一条两芯电话线连上,ADSL Modem 与计算机的网卡之间用一条双绞线连通即可完成硬件安装。在计算机上可安装相应的 ADSL 上网应用程序,运行程序并输入用户名和口令,程序一般会自动配置计算机的 IP 地址、网关和 DNS 服务器。这样计算机就可以上网了。

　　有时一般不直接把 ADSL Modem 和计算机连接在一起,而是把 ADSL Modem 接在一个宽带路由器的 WAN 端口上,计算机通过网线连接到宽带路由器的 LAN 端口上。一般的宽带路由器都支持 ADSL 上网,在其配置页面中输入用户名和口令并确定,宽带路由器就可自动通过 ADSL Modem 连接到因特网。

但是通过宽带路由器连接 ADSL Modem 时一定要注意一个问题。一般的 ADSL 服务分为包月型和计时型两种,如果你选择的是计时型的 ADSL 上网服务,则一定要在宽带路由器上设置空闲时断开 ADSL 连接;否则宽带路由器一直用着 ADSL 连接,即使你的计算机没有开,也会为此按时间支付 ADSL 上网费用,如图 2-10 所示。

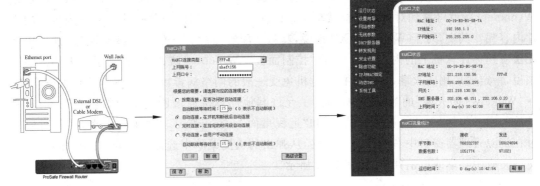

图 2-10 宽带路由器的连线与路由器上网配置图示

2.5 组建自己的局域网

在学校宿舍或小区家中,一般只有一个接入因特网的接口,如果多个人想同时上网,该怎么办呢? 答案就是建立自己的局域网,通过局域网把每个人的计算机连接起来,再通过路由器或交换机连接到因特网接口。有了自己的局域网,大家就能同时上网,而且还可相互共享文件。那么该如何组建自己的局域网,要购置哪些必要的设备,又该如何配置呢? 下面就简单介绍一下组建局域网的相关知识。

一般来说,组建一个共享上网的局域网,最方便的方式是购置一台带多个 LAN 端口的宽带路由器,如图 2-11 所示。

这种路由器上有一个 WAN 端口和多个 LAN 端口。WAN 端口和墙上的因特网接口相连,或是连接到 ADSL 设备,多台计算机分别通过网线连接到其 LAN 端口上,此时,这些计算机就通过宽带路由器构成了一个小的局域网,而这个局域网上的计算机都能通过路由器访问因特网。

图 2-11 带多个 LAN 端口的宽带路由器

计算机上网必须有自己的 IP 地址。一般来说,宽带路由器上都带有 DHCP 服务,连接到宽带路由器的计算机,只需要配置成自动获取 IP 地址,就可自动地从宽带路由器获得一个 IP 地址。这个 IP 地址一般都是以 192.168 开始的(在因特网 IP 地址分配规范中,特地把 192.168.0.0~192.168.255.255 这个区间的地址专用作构建局域网时内部使用的 IP 地址)。在访问因特网时,宽带路由器自动把这些计算机的局域网 IP 地址改写为 WAN 端口广域网 IP 地址,同时又保证把从因特网返回的信息正确地分发给局域网内的计算机。

宽带路由器必须经过正确的配置才能访问因特网。要配置宽带路由器,一般都是在局域网内的计算机上通过浏览器进行的。宽带路由器在局域网中的 IP 地址一般为 192.168.0.1(或 192.168.1.1),在浏览器地址中输入"http://192.168.0.1",根据提示输入正确的管理员用户名和口令(初始状态下一般用户名为 admin,口令为空),就进入了路由器的管理界面。根据说明书,结合 2.4.2 中的内容,正确地配置路由器就可以上网了。

在局域网中的计算机之间还可直接共享和交换文件。如果对方计算机的 IP 地址为 192.168.0.8 或计算机名为 homepc,则在资源管理器窗口中输入"\\192.168.0.8"或 "\\homepc",就可看到对方计算机共享出来的文件。那么如何控制不让别人看到自己的文件内容呢? 其实,对于 Windows XP 来说,其默认配置并没有开放文件共享服务,别人也就无法看到你计算机上的内容。因为,在"控制面板""Windows 防火墙"启动了防火墙。一般来说,一定要启用防火墙,这可保护计算机免受一般的网络病毒攻击,增强计算机的安全性。在"Windows 防火墙"的"例外"中,列出了允许其他计算机通过网络访问的本机服务,最常开放的服务包括"文件与打印机共享"和"远程桌面"。在开放了文件共享服务后,还可以通过在资源管理器窗口中右键单击文件夹,从弹出的快捷菜单中选择"共享与安全"命令,对该文件夹应用共享或取消共享,如图 2-12 所示。

图 2-12　Windows 防火墙的设置过程图示

现在笔记本式计算机被更多地使用,无线网卡也逐渐成为笔记本式计算机的标准配置,因此人们更喜欢通过无线局域网上网。这时需要的是一台无线路由器。当前市场上家用无线路由器多是在宽带路由器的基础上增加了无线接入功能,这样的无线路由器比一般的宽带路由器多一个发射和接收无线信号的小天线,如图 2-13 所示。

图 2-13　无线宽带路由器

　　配置无线局域网要比配置有线局域网麻烦不少。首先,通过有线网络连接到路由器,在路由器配置界面中找到"无线参数"的"基本配置"。为无线网络选择一个 SSID 号(任意字符串,帮助手工识别无线网络),任意设置一个频段(1~13),并选择其工作模式(11Mb/s 802.11b 或 54Mb/s 802.11g),如图 2-14 所示。一般开启无线功能的同时还应开启允许 SSID 广播,这会方便计算机自动找到该无线网络。为防止无关人员的计算机进入自己的无线网络,还可开启安全设置,可简单配置安全类型为 WEP,共享密钥,64 位十六进制密钥,并根据自己的喜好写下密钥内容(密钥内容最好不要让别人容易猜出)。在保存设置后,路由器的无线网络就设置好并开启了,如图 2-15 所示。

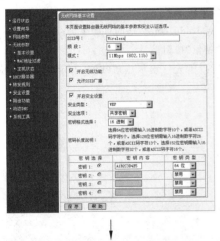

图 2-14　无线路由器的无线接入设置

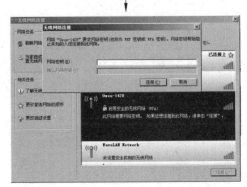

图 2-15　连接无线网的设置过程图示

为连接无线网,右键单击无线网卡在状态栏中的小图标,从弹出的快捷菜单中选择"查看可用的无线网络"命令,在弹出的窗口中会看到当前可用的无线网络,这些网络的名字就是为每个网络所设置的 SSID 号。选择一个无线网络并单击"连接"按钮,就可连接上此无线网络,但对于启用了安全的无线网络,还需要输入网络密钥(即在配置无线路由器时设置的密钥)。

在连接过一次无线网络后,你的计算机会记住你所做的选择,在下次开机或无线网络中断恢复时,计算机会自动连接到所选的可用无线网络中。

2.6 习　　题

1. 回答问题

(1) 简述计算机网络的常用通信协议。

(2) 采用数据包进行数据通信时数据包内含有谁的地址信息?

(3) 因特网是网际互联的公共信息网,对吗? 为什么?

(4) 通过网络能够传送照片和共享打印机,对吗? 为什么?

(5) 万维网是一种特殊的计算机网络,对吗? 为什么?

2. 上网作练习

用搜索引擎查找漫画《丁丁历险记》中的《神秘的雪人》,步骤如下:

(1) 在 Internet Explorer 的地址栏里输入"http://www.baidu.com/"访问百度主页;

(2) 在编辑框里输入"丁丁历险记 神秘的雪人",单击"搜索"按钮;

(3) 在(2)的搜索结果页面中单击"丁丁历险记:神秘的'雪人'(埃尔热)"(http://book.o138.com/man/dingding/snowman/),把第 8 页漫画保存到硬盘中。

第 3 章

计算机的基本组成

今天,计算机系统已经深入到人们生活的各个角落,在实验室、在研究所,在家里、在办公室,在汽车里、在飞机上……甚至是在大街上、在人们的手中。计算机系统可谓是五花八门,无论在尺寸、功能还是价格上,都存在着千差万别的变化。但不管存在着怎样的差别,所有的计算机系统都是由计算机硬件系统和计算机软件系统两大部分组成。

计算机硬件系统是计算机系统工作的基础,包括计算机本身和外围设备两部分(硬件),前者提供最基本的计算能力和输入输出、存储能力,后者则主要用于扩展输入输出和存储能力。计算机硬件系统本身并不提供人们直接需要的功能,为了使计算机硬件系统具有使用价值,还需要计算机软件系统的配合:软件驱使计算机硬件进行计算、处理数据,完成各种工作。

没有计算机软件系统的计算机硬件系统,就像没有电视节目的电视机一样,人们能看到的只是一个冷冰冰物体。当然,计算机软件系统和计算机硬件系统之间的关系远不止电视机和电视节目那样简单。计算机系统是一个设计精巧的软硬件协同工作的系统,这种协同不仅仅是软件和硬件之间的协同,同时也包括硬件与硬件之间的协同,软件与软件之间的协同。这正是我们说计算机系统是由计算机硬件系统和计算机软件系统组成的原因,而不是简单地说计算机系统是由硬件和软件组成。就像人一样:硬件系统如同人的身体,软件系统如同人的思想与认知。

一般情况下,根据计算机硬件系统的处理能力,可以将计算机系统按照其处理能力从低到高划分为个人计算机(Personal Computer,PC,也称微型计算机)、小型计算机、大型机和超级计算机(巨型机)这 4 类。一台计算机将被划归哪一类,主要由它的技术、功能、物理尺寸、性能和成本等因素决定。当然,随着计算机硬件技术的发展,这些类别之间的界限将变得很模糊。不管是哪一种计算机系统,它们都包含有输入、处理、存储和输出设备。本章主要从宏观上介绍个人计算机的硬件和软件组成及其性能指标;部分主要硬件设备的结构和具体的工作原理,将在第 4～第 6 章中详细介绍;而主要的软件系统——操作系统,将在第 7 章介绍。

3.1 计算机的硬件组成

本章将以个人计算机为例来介绍计算机的硬件组成。个人计算机通常包括台式机(桌面型)、笔记本式计算机和个人数字助理(Personal Digital Assistant,PDA)这三种类型(如图 3-1 所示)。

图 3-1　个人计算机

图 3-1 中右下角是 PDA,它的尺寸比一般的手机要大一些,携带非常方便,很适合手持使用。右上角是笔记本式计算机,它的尺寸比一般办公用的纸笔记本要大一些,但很适合移动办公使用。台式机的尺寸则要大得多,它主要用于固定地点的办公。

3.1.1　计算机的逻辑结构

不管个人计算机的外观、体积与能力如何,其逻辑组成都是遵从"冯·诺依曼"结构:计算机是由控制器、运算器、输入设备、存储器以及输出设备 5 个部分相互连接而组成的(如图 3-2 所示)。这 5 个部分相互协同完成计算任务:在控制器的统一协调下,待处理的数据以及处理数据的程序通过输入设备进入计算机,存储在存储器中;运算器再从存储器中取出程序运行,并对存储器中的数据进行处理;最后,在输出设备上将数据展示出来。这个过程体现了冯·诺依曼提出的"存储程序"思想——程序与数据预先存入存储器,工作时连续自动高速顺序执行。

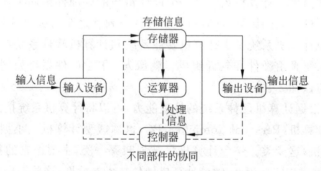

图 3-2　个人计算机的逻辑结构

与计算机的逻辑结构一样,构成个人计算机硬件系统的真实物理设备也都是一样的,都是由主机(运行设备和存储设备)和外围设备(基本输入输出设备、通信设备及其他外围设备)组成。这些设备相互连接,相互补充,在软件的驱动下协同工作,为计算机系统提供物质基础(如图 3-3 所示)。

相互连接是计算机结构的主要特点。无论是主机与各种外围设备之间,还是主机内部各部件之间,都是用总线连接起来的。总线是一组为系统部件之间传送数据的公用信号线,具有汇集与分配数据信号、选择发送信号的部件与接收信号的部件、总线控制权的建立与转移等功能。总线的数据交换能力往往用总线宽度来衡量。总线宽度指的是同一时刻能够传

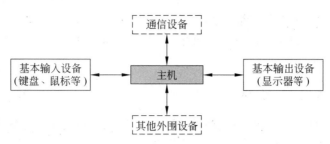

图 3-3　个人计算机的真实硬件结构

递的二进制位数。在同一时刻能够传递 8 个二进制位的总线称为 8 位总线,传递 16/32/64 个二进制位的总线分别为 16/32/64 位总线。在计算机内部有各种不同的总线在使用着,它们的用途和性能各不相同,分别用来连接不同的设备部件。不同总线的数据通道宽度、传输速度等差别非常大。当然,总线只是设备部件之间的信息通道,而设备部件之间的连接控制,是通过芯片(包括 CPU 和其他芯片组)来完成的。而为了更方便各种设备部件之间的连接扩展,在总线的两端,往往还会提供各种物理电路接口(也称为适配器),以规范不同设备和不同类型的总线之间的连接(如图 3-4 所示)。

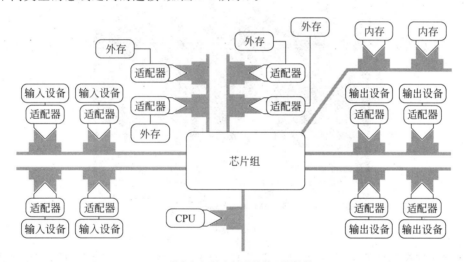

(a) 设备与部件之间连接的逻辑结构

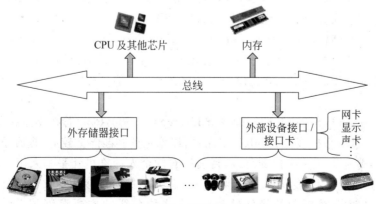

(b) 设备与部件之间连接的真实硬件

图 3-4　计算机设备与部件之间的连接

在实际的计算机中,为了安装方便,往往将一些总线、控制芯片和接口等集成在一块电路板当中,这就是主板(Main Board)。因此,有关设备和部件之间连接的更详细情况,将结合"主板"这一部件进行介绍。

3.1.2 计算机的主要部件

组成个人计算机的设备和部件主要包括主板、中央处理器、存储设备、机箱和电源、基本输入输出设备以及通信设备等。

1. 主板

主板(Mother Board,Main Board,System Board,主机板、系统板)是个人计算机的主体所在。主板是一个集成的电路板,主要完成计算机系统的管理和协调,它通过总线将 CPU 和各种运行控制芯片、存储设备以及输入输出设备等各种部件连接集成起来,同时还提供了多种接口,以便将更多的存储设备和输入输出设备(外围设备)连接到主机中来(如图 3-5 所示)。

图 3-5 主板

根据所连接部件的运行速度不同,主板中也集成了各种不同的总线,既有速度很快的总线,用于连接 CPU、内存等快速设备;也有速度相对较慢的总线,用于连接鼠标、键盘及硬盘等设备。常见的总线有 ISA 总线、PCI 总线和 USB 等。

工业标准体系结构(Industrial Standard Architecture,ISA)总线开发比较早,1984 年提出,只包含一个 16 位宽度的数据总线,速度比较慢,对于今天高性能图形用户界面、高速度硬盘都已经不能适用。ISA 总线目前仍然使用在个人计算机中,作为与低速设备的标准连接方式。

外设部件互连(Peripheral Component Interconnection,PCI)总线不直接与 CPU 相连,与 CPU 中间经过一个桥接器(Bridge)电路,所以稳定性和匹配性较好,提升了 CPU 的工作效率。PCI 总线为 32 位/64 位的总线,目前所有的个人计算机几乎都采用 PCI 总线,这种总线已经成为一种应用广泛的工业标准。PCI 总线是目前连接高速硬盘、高性能彩色图形显示卡、高速计算机网络卡的最佳选择,基于这种总线的主板已经成为今天市场上的主流。

通用串行总线（Universal Serial Bus，USB）是由 IBM、Intel 及 Microsoft 等多家公司共同开发的新型外围设备连接技术。USB 解决了串行设备和并行设备的连接复杂性问题，大大简化了计算机与外围设备的连接过程，同时连接的设备可以达到 127 个。USB 支持即插即用、热插拔、多设备并联，可提供较大的带宽，同时耗电量较低，这使得通过 USB 连接的设备安装简单，使用方便。目前，USB 已经成为个人计算机的标准配置。

其他总线还包括媒体总线（Media Bus）、电力总线（Power Bus）、IEEE 1394 总线和 3D 图形加速接口 AGP（Accelerated Graphics Port）总线等。

前面讲过，总线的作用只是负责将各设备部件连接起来，是各设备部件之间的信息通道。而设备部件之间的连接控制，是通过芯片来完成的。为此，主板中还集成了多种芯片组，芯片组就是把复杂的电路和元件最大限度地集成在几个芯片内。芯片组用于配合 CPU 的工作，提高总线的性能和进行辅助的信息加工。主板中集成的芯片组包括"南桥"芯片组和"北桥"芯片组，其中"南桥"芯片组用于控制 CPU 和内存、内存与 AGP 之间的数据交换，而"北桥"芯片组则用于控制内存和硬盘以及各种外围设备的数据交换。芯片组是主板辅助电路的核心，一定意义上讲，它决定了主板的级别和档次（更详细的内容参见第 6 章）。

除南北桥芯片组之外，主板中还集成有用于控制和管理整个计算机系统的芯片，常见的有 BIOS 芯片和 CMOS 芯片。

基本输入输出系统（Basic Input/Output System，BIOS）芯片是一个只读存储器，具有固件（硬件＋软件）结构，其中的软件控制着整个系统基本的输入输出，是整个计算机系统的灵魂。没有它，整个系统的电路就像一堆废铜烂铁，无法运行。BIOS 芯片也是软件与硬件、主机与外围设备连接的桥梁：开机时，CPU 立即会奔向 BIOS 芯片，去读取一些信息，领取控制整个系统的指令，并开始执行第一条指令以及其后的一连串操作，如主机系统的自检、CMOS 设置的检查、系统的初始设置、中断的设置、与外围设备的连接以及把操作系统载入内存等。

互补金属氧化物半导体（Complementary Metal Oxide Semiconductor，CMOS）芯片是计算机硬件参数的设置芯片，里面有实时时钟（Real Time Clock，RTC）和硬件参数存储器。存储器用于保存实时时钟的数据、当前系统的硬件配置参数信息和用户设定的某些参数等。计算机在开机进入操作系统以前，可以进入的 Setup 程序主要涉及的就是这个 CMOS 芯片中存储的信息。CMOS 芯片平时由主机的电源供电，关机后由主板的小电池供电，它的耗电量非常小，是一块永不停息的芯片。计算机平时显示的当天日期/时间信息就存储在 CMOS 芯片中，所以即使是计算机关掉电源停机很长时间，日期/时间还能继续正确无误地指示，各种硬件设置数据也能保存着不丢失。

总线和芯片组分别用作设备部件之间连接的信息通道和控制，但为了能够连接各种具体的设备部件，主板还提供了各种物理电路接口。主板上的接口主要包括内部接口、扩展插槽和外部接口三类，有些设备是直接焊接在主板上，有些则可以插拔更换，体现了计算机硬件系统的可扩展性。

内部接口包括 CPU、芯片组、主存储器和磁盘等的接口。在过去的个人计算机主板上，磁盘接口由一块称为"多功能卡"的接口卡提供。当前采用 PCI 总线的主板大都把磁盘接口直接集成在主板上。由于磁盘接口情况比较简单，仅仅是高速数据传输，没有复杂的操作，所以集成在主板上的方式已经被广泛采用。

　　根据连接磁盘的总线不同,个人计算机磁盘接口也有不同的系列。常见的包括在一般个人计算机中广泛使用的 IDE(Integrated Device Electronics)接口(使用 IDE 总线)以及在高性能工作站和网络服务器上广泛使用的 SCSI(Small Computer System Interface)接口(使用 SCSI 总线)。SCSI 总线具有更高的数据传输速度,但采用这种方式的各种设备(磁盘等)以及接口部件的价格都比较高。目前的个人计算机多采用扩展的 IDE(Extended IDE)总线连接硬盘,这种方式能够连接最多 4 个硬磁盘,理论传输速度也能达到每秒 16.7M 字节。光盘存储设备(光盘驱动器)也是通过 IDE 接口或 SCSI 接口与计算机系统相连的。SATA(Serial Advanced Technology Attachment,串行高级技术附件)总线及接口则是近年来广泛使用的高速磁盘连接方式,其传输速度最高可以达到每秒 600M 字节。

　　个人计算机主板上还有一组扩展插槽,这些插槽中可以插入各种插卡,包括前面提到的"多功能卡"以及作为计算机基本配置的显示卡、磁盘接口卡、网络适配卡或者各种扩展卡,如调制解调器(Modem,用于将数字信号转换为模拟信号,以便通过一般通信线路传输,例如通过电话线)、声音卡(用于输入输出音频信号)和解压缩卡(用于恢复经过压缩的视频信号)等。这些卡本身又提供了自己的外部接口,用于连接相应的外部设备或网络(参见3.1.3 节的内容部分)。

　　不同总线的扩展插槽各不相同。ISA 扩展插槽是一种比较粗大的插槽,主要用于连接低速外围设备,如声音卡、Modem 和传真卡等。PCI 扩展槽接线细密,插槽比较短,主要用于高速设备连接,如高速磁盘、高性能彩色显示卡等。

　　目前广泛使用的 PCI 主板上,除了提供若干 PCI 扩展插槽外,还提供几个 ISA 扩展槽,供连接 ISA 设备使用。不同主板的扩展槽数目也不相同,一般在 5～8 个之间。

　　还有一些接口,也都是直接或间接安装在主板上,但它们都暴露在个人计算机的机箱后面或前面,供一些输入输出和外围设备连接到主机中来,称为外部接口,主要包括:

- 电源插口:用于外接"市电",220V 电源通过电缆接到计算机内部的电源盒。
- PS/2 键盘和鼠标接口:是一个具有 6 个针孔的圆形插口,是慢速、单向接口,其特点是直接和人手的手指动作有关。和计算机相比,人的反应速度很慢(<100 次/秒),不过,人一旦击键或移动鼠标,就希望计算机快速反应,为此,PS/2 接口需要直接中断 CPU 的正常工作以及时响应(参见 7.2.3 节关于"中断"的有关内容)。
- RS232C 标准串行 COM 接口:使用 RS232C 通信协议的专用接插口,因为是一位一位地串行通信,连接线缆只需要包含很少几条连接线,包括公共地线、数据线和控制信号等。主要用于连接鼠标等数据传输速度要求低的设备,还可以用于与其他计算机的互连通信。
- 并行通信接口(Parallel Port,并口):是一个 25 针大型插口,也称为 IEEE 1284 双向并行口,其数据传输速度比串行接口高些,通常用于连接打印机等设备。
- USB 接口:有很多优点,是价廉、标准、可扩展、热插拔的高速串行接口,适合用于键盘、鼠标、打印机、扫描仪、外存储设备和摄像头等各种设备。原来用的串行 RS232C 接口、并行接口、PS/2 键盘鼠标接口基本上都已被 USB 接口所替代。
- 标准 PCMCIA 接口:在笔记本式计算机上都使用的微型插槽和互联接口,PCMCIA 接口是由 Personal Computer Memory Card International Association 协会建立的一种硬件软件标准,PCMCIA 缩写由来于此。

- 数码摄像 IEEE 1394 接口：主要用于高速视频设备，例如数码摄像机 DV 和计算机之间的大数据量、双向数据交换。

此外，还有一些主板将声音卡、Modem、传真卡、网络适配卡和显示卡等也集成在板上，因此，外部接口中还会包括这些部件的插接口。

- 显示器插口：用于外接液晶显示屏幕或 CRT 显示器。
- 音箱和麦克风插口：用于连接声音采集设备和发声设备。
- 局域网网线插口：用于插接网线，请参看第 2 章。
- 电话线插口：用于插接电话线，进行拨号上网或收发传真，请参看第 2 章。

从上面的描述可以看出，影响主板的性能因素主要包括其总线类型、芯片组、接口类型和数目。并不是所有的 CPU、主存储器（内存）都能无条件地插接到主板中来，因此，在购买主板时，还要考虑主板与 CPU 的兼容、主板与主存储器的兼容等问题。

2. CPU

中央处理器（CPU）是计算机系统的核心设备，其基本功能就是按照程序执行指令。指令系统决定了 CPU 的功能。一条指令规定了一个基本操作（例如访问存储设备、算术运算、条件判断和输入输出控制等，都有相应的指令），并且有相应的物理电路来支持。指令和 CPU 物理电路之间对应，就是计算机硬件和软件之间最基本的连接，也是硬件和软件协同的基础。计算机以 CPU 为中心，输入和输出设备与存储器之间的数据传输和处理都通过 CPU 及集成在主板上的辅助芯片组来控制。有关指令系统、CPU 的具体结构和工作原理将在第 6 章中讲述。

CPU 是人类生产的最复杂、最精细的产品之一，它是采用最先进技术生产的超大规模集成电路芯片，在这种芯片中通常集成了数以百万计的元器件。CPU 的种类很多，个人计算机的 CPU 通常也被称为"微处理器"。比个人计算机性能更强的各种计算机，例如用于网络服务器的"高性能处理器"则具有更强的计算能力。还有安装在各种现代化仪器设备和通信设备内的"嵌入式 CPU"，目前几乎所有的高档电器内部都装备了一片或几片这种"嵌入式 CPU"。

CPU 的厂商有很多，如 Intel、ADM、Cyrix 和 IBM 等。目前人们使用的个人计算机中绝大部分安装的都是 Intel 和 AMD 公司的微处理器。在过去几十年里，Intel 的微处理器发展经历了 8086、80386、80486 和 Pentium 系列以及 Celeron 系列等阶段。而 AMD 也同样经历了不同系列的发展阶段。今天，随着人们对 CPU 性能的不断追求，人们又开发了一种具有新型体系结构的 CPU——多核 CPU。所谓多核，指的是在一个芯片上集成多个物理的 CPU 运算内核，这些 CPU 运算内核可以并行、协同地工作。多核 CPU 的出现，使得计算机的处理能力大大增强。Intel 和 AMD 都已经推出了各自的多核 CPU。从外观上看，多核 CPU 和以前的单核 CPU 并没有太大的区别，但其内部结构已是大不相同了。图 3-6 是 Intel Pentium 4 单核处理器、Intel Core 2 Duo 双核处理器和 AMD Athlon X2 双核处理器的外观，而图 3-7 则是双核处理器的结构以及揭开顶盖的双核 CPU。可以看到，在外观上，单核处理器和多核处理器并无太大的区别，但是其内部结构已经发生了巨大的变化。

从技术角度来看，CPU 的处理能力可以从两个方面来衡量。一是 CPU 的工作频率，即通常所说的 CPU 主频，它是 CPU 内时钟的频率，可以说明 CPU 每秒钟处理的指令数量，即 CPU 的处理速度。CPU 的处理能力基本上与其处理速度成正比。也就是说，同一型号

图 3-6　单核处理器和双核处理器的外观

图 3-7　双核处理器的结构

的 CPU，其主频越高，则处理能力越强。另一个是 CPU 一次处理数据的能力，通常以二进制位数来衡量，称为 CPU 字长。早期的 CPU，如 Intel 8086，一次只能处理 16 位二进制数据，因此其字长为 16 位，也称其为 16 位 CPU。CPU 字长越长，则处理能力越强。现在常用的 CPU，其字长已经达到 64 位。

此外，CPU 所执行的指令是从主存储器中得到，因此，CPU 与主存储器的数据交换方式也非常重要。CPU 和主存储器之间是通过总线来交换数据的，包括数据总线、地址总线和控制总线三类（具体工作原理参见第 6 章），其中总线的宽度也是影响 CPU 处理能力的因素之一。数据总线宽度越大，CPU 与主存储器的数据交换速度越快；地址总线宽度越大，则 CPU 所能访问的主存储器容量也越大。但为了与 CPU 字长相匹配，总线的宽度往往和 CPU 的字长相同。另外，由于 CPU 的处理速度要大大高于从主存储器中获取数据的速度，因此，为了保证 CPU 的实际处理效率，在 CPU 内往往还设置有高速缓存（高速缓存发挥作用的原理，参见下面的"存储设备"介绍及第 5 章）。所以，高速缓存的大小也是影响 CPU 处理能力的因素之一。

总的说来，决定 CPU 性能的主要因素包括 CPU 执行指令的速度（主频）、一次处理数据的二进制位数（字长）、数据总线的宽度、地址总线的宽度、指令系统（复杂指令系统和精简指令系统）的处理能力以及 CPU 内高速缓存的容量等。在实际购买 CPU 时，则主要从 CPU 的制造商、CPU 型号、主频和高速缓存的容量等几个方面考虑。

3. 存储设备：主存储器（内存）和外存储器

CPU 进行工作、执行指令、处理信息时，其所需要的指令和信息都是保存在不同的存储设备上的。计算机内部的这些存储设备，它们的作用、存储原理、存储容量和存取速度都各不一样，详细内容将在第 5 章介绍。这里先来看看这些存储设备到底有哪些种类。

在 CPU 内部，有自己的快速存取设备——寄存器，用于存放即将执行的指令和处理的数据；而大量要执行的软件和要处理的数据都是存放在磁盘和其他外存储器上。外存储器的工作速度比较低,种类包括磁盘、软盘、磁带和光盘等。CPU 中寄存器的存取速度非常快,和 CPU 的处理速度相当,但容量很小。因此,CPU 执行指令和处理数据时,要即时从外存储器上将有关数据和指令(软件)通过总线传输到寄存器中。外存储器的存储容量虽然很大,但它们的存取速度显然是不能与 CPU 执行指令和处理数据的速度相匹配的。为了缓解这种矛盾,在这两者之间,人们又增加设置了两种存储设备——高速缓存和主存储器。其中,主存储器(简称主存,也称内存)的存取速度比外存储器快得多,但容量也有限。主存是计算机的工作空间,用于存放计算机将要执行的软件和处理的数据(BIOS 芯片、CMOS 芯片中的一些数据和软件,在计算机启动后,也是要存放在主存中)。而高速缓存的工作速度又比主存的存取速度要快很多,接近 CPU 的速度,但容量比主存又要小得多。高速缓存的作用好像一个缓冲池,让往来于 CPU 的高速数据流经过这个缓冲池,再流向较慢速但具有较大容量的主存储器。这对于提高主存到寄存器的数据传输效能非常有帮助。这些存储设备之间的数据往来关系如图 3-8 所示,图中由左到右,设备的工作速度在数量级上逐级递减,但存储容量则逐级增加。

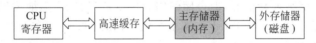

图 3-8　不同级别存储设备之间的数据交换

　　主存储器是用大规模集成电路的半导体芯片组成的,它利用半导体储存高电位和低电位信号来表示 0 和 1。它是一种随机存取存储器(Random Access Memory,RAM),也是一种具有"易失性"的存储设备。所谓易失性,是指只有在正常供电的情况下才能保存信息,一旦停止供电,保存在其内部的信息就会消失。

　　RAM 采用超大规模集成电路芯片制成,若干芯片安装在一个小电路板上,构成一个存储模块,称为内存条。内存条的外形如图 3-9 所示。内存条插接在主板的主存储器接口里,可以根据需要灵活选择合适容量的一个或多个内存条,构成整个系统的主存储器。RAM 芯片一般都采用 SIMM(Single Inline Memory Module,单内联内存模块)或者 DIMM (Double Inline Memory Module,双内联内存模块)两种方式进行封装。其中,SIMM 是一种小型电路板,所有芯片均集成在电路板的一侧;而 DIMM 的芯片则在电路板的两侧都有。

图 3-9　内存条

RAM 种类比较多，生产的厂家也很多。DRAM（Dynamic RAM，动态 RAM）是 RAM 的基本形式，其电路特性是随着时间的推移，DRAM 内的电荷会衰减，所以必须连续对其进行充电，才能保证其中的信息不会丢失。SRAM（Static RAM，静态 RAM）则相反，一次加电后，信息在其中是永久保存的，不需要持续充电。SRAM 的存取速度比 DRAM 快 5～6 倍，但成本相当高，SRAM 技术通常用于高速缓存的实现。当前主存储器使用的新型 RAM 技术还包括 EDO DRAM（Extended Data Out DRAM，扩展数据输出 DRAM）、SDRAM（Synchronous DRAM，同步 DRAM）、DDR SDRAM（Dual Date Rate SDRSM，双倍速率 SDRAM，又简称 DDR）和 DRDRAM（Direct Rambus DRAM）等。每种类型的 RAM 都各有特点，在购买时要注意权衡选择。

主存储器（内存）是计算机系统里重要的部件之一，它的容量多少、质量好坏直接影响着整个系统的性能以及稳定性。

前面讲到的 CMOS 芯片内的存储器，也是随机存取存储器。而 BIOS 芯片内的存储器则是另一种半导体存储类型，它是只读存储器（Read Only Memory，ROM），所存储的信息是不能改变的，也不能写入新信息，但存储的内容可以被多次、高速地读出。与 RAM 相反，即便是在电源掉电的情况下，ROM 也能够永久保存信息（非易失性存储）。ROM 也有很多种类型，第 5 章会有进一步的介绍。

相对于主存储器，外存储器的容量要大得多，但存取速度却低很多。外存储器主要通过数据接口与主板相连，一般由驱动器和存储介质组成。外存储器的主要种类包括磁盘、软盘/软盘驱动器、磁带/磁带机和光盘/光盘驱动器等，其中软盘/软盘驱动器已经被淘汰。从物理工作原理来看，它们是利用物质的光、电、磁等物理特性来表示 0 和 1 的。

磁盘是计算机系统的主要外存储器。磁盘的内部由磁盘驱动器和存储盘片组成，这两者是封装在一起的。磁盘的存储盘片是用硬质金属做的，它的驱动器是一块集成电路板，可以通过 IDE 接口或 SCSI 接口与主板相连。目前，还有一种比较流行的、可以通过 USB 接口与主板相连的移动磁盘，其工作原理与一般的磁盘是一样的，只不过它与主机的连接方法不同而已。

磁带/磁带机、光盘/光盘驱动器和磁盘不同，其驱动器和存储介质是分离的。人们随身携带的只是存储介质。

对于所有的存储设备来说，其主要性能指标就是存储容量和存取速度。当然，便携性和兼容性也是在购买存储设备时要考虑的因素。

有关外存储器的结构和工作原理，将在第 5 章中详细介绍。从某种意义上讲，外存储器也可以看作是一类输入输出设备。

4. 机箱与电源

个人计算机（台式机）的机箱主要有卧式和立式两种（如图 3-10 所示）。标准卧式机箱一般是由箱体架、前面板、开关式稳压电源及上盖板 4 大部分所组成的。机箱内部一般都有光盘驱动器的安装位置，以及 2～4 个安装硬盘的空间。立式机箱的组成与卧式机箱基本相同，但它的内部空间较大。

稳定的电源是计算机稳定运行的关键。电源的作用是把市电（220V 交流电）进行隔离和变换为计算机需要的低压直流电，它是计算机系统的动力系统。电源一般是把一套开关

(a) 卧式机箱　　　　　　　　　(b) 立式机箱

图 3-10　机箱

电源变换器件装配在一个单独的铁盒内,它是一种标准化、通用化的个人计算机部件(如图 3-11 所示)。

　　电源的输出功率应该选择较大一些的,以便计算机在添加新的外围设备而增加了电源功耗的条件下,依然可以保证输出电压的稳定。目前多数计算机都具有节能的电源管理功能,可以让计算机在不工作时自动控制降低功耗。

　　对用户来说,比较关心的是如何在突发的停电时刻保住正在处理的资料。UPS(不间断电源系统)能够在突然停电时,支持整机供电工作 1 分钟左右,以便把关键数据保存到硬盘中。不过,UPS 需要配备蓄电池,这增加了费用,维护起来也比较麻烦。

图 3-11　卧式机箱与电源

5. 基本输入输出设备

　　基本的输入设备是键盘和鼠标,基本的输出设备是显示器。

　　键盘和鼠标是计算机最常用的输入设备,它们可以通过主板提供的专门接口与主板相连,也可以通过串口和 USB 接口等与主板相连。

　　键盘主要用于输入数字符号、英文符号和一些控制符号,每个符号在键盘上都有一个按键与之对应,常用的键盘共有 104 个按键。每一个按键都对应于一定的物理电路,每次敲击一个按键,都会产生一个二进制数字序列,以标识该按键所代表的符号(每个符号都对应一个二进制序列,具体情况参见 4.3.6 节)。常用键盘的按键布局是 QWERTY 布局,这 6 个符号顺序排列于键盘的左上方。这种布局是在机械打字机的年代规定的,其目的是要减缓人们的打字速度,以和机械打字设备配合。虽然现在有人设计了能够提高打字速度的按键布局,但人们已经习惯了传统布局的使用方式,新的、能够提高速度的键盘反而不能得到推广。图 3-12 是两种流行的键盘,右边的键盘形状有助于减轻常年在计算机前面工作的人的肌肉疲劳,其设计体现了人体工学原理。

图 3-12　两种外形不同的键盘

图形用户界面(Graphic User Interface,GUI,参见第 4 章)使人与计算机的信息交互方式产生了巨大的变化。图形用户界面的主要特征可以用 4 个字母 WIMP 来说明。W 是 Window(窗口)的缩写,在屏幕上可以通过切换窗口来改变用户的当前工作环境。I 是 Icon (图形符号)的缩写,图形符号用来表示计算机内的各种资源。M 是 Menu(菜单)的缩写,用户利用"菜单选取"来向计算机发出命令。通过键盘操作来选取窗口、图形符号和菜单显得很不方便,于是"指点设备"便出现了。P 是 Pointing Device(指点设备)的缩写,它使人们除了键盘之外,添加了一种通过手指指点向计算机表达意见的途径。鼠标便是这样一种指点设备,它的主要功能就是按键和移动。利用鼠标,可以操纵屏幕上的一个鼠标光标,在屏幕区域内移动,通过按键,选择图形符号,从而达到操纵计算机内部资源、向计算机发出操作命令的目的。鼠标的按键和键盘的按键相类似,通常有两键鼠标和三键鼠标(左键、右键、中间键),有些鼠标的中间是一个滑轮,用于控制屏幕滚动。鼠标的位置移动能力,则是靠机械装置或者光学装置来探测的。市场上销售的鼠标有机械鼠标和光学鼠标之分。光学鼠标对工作环境有些特殊要求,它需要一个带细网格的特殊垫板(这是由于它的工作原理决定的)。对笔记本式计算机来说,为便于携带,通常会使用一些其他的指点设备,如跟踪球(轨迹球)、跟踪键(轨迹键)和触摸板等,它们的工作原理基本相同(如图 3-13 所示)。

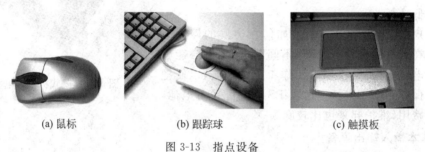

(a) 鼠标　　　　　　　(b) 跟踪球　　　　　　　(c) 触摸板

图 3-13　指点设备

显示器以及和它配套的显示卡是计算机系统的基本输出设备,两者一起协同完成计算机的信息显示工作。显示卡的任务主要是从 CPU 和内存中获得要显示的数据,先保存起来,然后再传送到显示器中显示;显示器是发光设备,它根据显示卡发来的数据将内容展示出来。

目前个人计算机使用的绝大多数都是彩色显示器,因此相对应也需要彩色显示卡。由于显示卡/显示器工作时信息传输量非常大,尤其是对于采用图形用户界面的系统,在 CPU 和显示卡/显示器之间需要提供高速数据连接。通过 ISA 总线的连接速度比较慢,不能满足快速图形显示的需要,目前的显示卡一般都采用 PCI 总线。为了满足更高的图形显示速度,则需要采用 AGP 总线,此时,CPU、内存和显示卡之间的传输控制是由"南桥"芯片组来协助完成的。

显示卡一般是插接在主板扩展槽上。有些主板也直接将显示卡集成进去,以提供更多的能力,但如果显示卡坏了,无法进行更换,缺乏灵活性。当然,这种情况下,人们还可以在扩展槽中插入新的显示卡。显示卡安装在主板上后,它在机箱后面会露出有一个 15 孔的显示器连线接口,供连接显示器用。

在显示卡上安装有专门用于存储显示信息的存储器,称为显存。显存容量的大小对显示卡的能力有巨大影响,它是显示卡的主要性能指标之一,直接影响输出信息的颜色数和精细程度。

新型的彩色图形显示卡带有显示芯片或图形处理器(Graphic Processing Unit,GPU),提供图形加速功能。它们能够直接处理程序的标准图形显示命令,这种功能使图形显示速度大大加快,对于运行 Windows 一类系统,完成复杂图形操作非常重要。有些具有更高性能的显示卡还提供了支持三维图形显示、动画等的功能。

常见的显示卡规格包括视频图形阵列(Video Graphics Array,VGA)、超级视频图形阵列(Super VGA,SVGA,超过 VGA 640×480 分辨率的图形模式称为 SVGA)和增强图形阵列(Extended Graphic Array,XGA)等,它们支持的显示存储器大小从低到高,能力越来越强。

在图 3-14 所示的显卡中,中部风扇下面安装有显示芯片。卡的左边缘安置的接口用于连接显示器,卡的下部边缘有一排插头,用来插接到主板的扩展槽上。

图 3-14　显示卡

显示器根据其工作原理,主要分阴极射线管(Cathode Ray Tube,CRT)显示器和平板显示器,如图 3-15 所示。CRT 显示器的工作原理与一般的电视机相同(参见第 4 章),输出速度非常快。平板显示器的耗电量比 CRT 显示器要少。最常见的平板显示器是液晶平板显示器(Liquid Crystal Display,LCD),其屏幕厚度不超过 1 英寸,内部填充液晶材料,使光线能够穿透它们。早期 LCD 显示器比较昂贵,显示质量也不好,主要用作笔记本的显示器。但近年来,LCD 的显示质量大大提高了,但其价格却有大幅的下降,个人计算机也已基本上都会配备 LCD。

(a) CRT 显示器

(b) LCD

图 3-15　显示器

根据显示器的输出效果,又可以分文本显示器和图形显示器。文本显示器将屏幕分成若干个矩形格子,每格可以显示一个字符。整个屏幕所能显示的字符数是不变的,所以不能显示大小不同或风格不同的字符。图形显示器将屏幕分成小点(Pixel,像素)矩阵,要显示的字符或图形必须由这些像素点构造而成。实际上,文本显示器在每个矩形格子里显示字符也是采取将矩形格子分成小点矩阵的方式,只不过在图形显示器中将这种方式扩展到整个屏幕上,这样一来,显示器的表示能力就大大增强了。显示器的这种像素矩阵显示原理与图形图像在计算机内的表示方法是密切相关的,有关内容可以参阅 4.3.5 节部分。屏幕可显示的像素越多,其分辨率就越高。分辨率高的显示器可以得到更高质量的显示效果。

显示器的主要技术指标包括以下几个方面：

- 尺寸：显示屏幕的大小，单位一般为英寸，目前市场上常见显示器有 15 英寸、17 英寸和 21 英寸等。尺寸越大，价钱也越高。

- 点距：显示屏幕的像素间距，是以毫米为单位。点距越小，意味着单位显示区内可以显示更多的像素点，显示的图像就越清晰。目前，多数彩色显示器的点距为 0.28mm 或 0.26mm、0.25mm，当然，点距越小价格也就越高。

- 分辨率：是指屏幕上可以容纳的像素个数，分辨率越高，屏幕上能显示的像素个数也就越多，图像也就越细腻。显然，分辨率受到点距和屏幕尺寸的限制。

- 刷新频率：即每秒刷新屏幕的次数，单位为赫兹(Hz)。一般情况下，显示使用刷新速率为 60～90Hz 之间。对于显示器刷新频率来讲，范围越大越好。

- 水平刷新频率：电子束每秒在水平方向的扫描次数，扫描的方式分为逐行扫描和隔行扫描，也称为行频，用 kHz 表示。如 14 英寸彩色显示器的行频通常为 30～50kHz，行频的范围越宽可支持的分辨率就越高。

此外，显示器的辐射性和绿色环保能力也是人们购买显示器要考虑的因素，前者会影响到使用者的视力及身体健康；后者则指在计算机处于空闲状态时，能够自动关闭显示器内部部分电路，使显示器降低电能的消耗，以节约能源和延长显示器使用寿命。

6. 通信设备

计算机网络可以将地理位置不同并具有独立功能的多个计算机系统通过通信设备和线路连接起来，在功能完善的网络软件支持下实现彼此之间的数据通信和资源共享(参见第 2 章)。对于单个的计算机来说，要想将它接入到计算机网络中，需要有特殊的网络接入通信设备，常用的包括：

- 网络适配卡，简称网卡：用于将计算机连接到局域网，如图 3-16(a)所示。

- 无线网卡：用于将计算机连接到无线局域网络，如图 3-16(b)所示。

- GPRS 卡：用于通过移动电话网络与计算机网络建立连接，如图 3-16(c)所示。

- 调制解调器(Modem)：用于通过普通公用电话网络与计算机网络建立连接，也包括 ISDN 接入和 ADSL 接入，如图 3-16(d)所示。

- 电缆调制解调器(Cable Modem)：又名线缆调制解调器，它可以让计算机利用有线电视网进行数据传输，如图 3-16(e)所示。

网络接入设备可以通过主板上的扩展槽与计算机系统连接，如网络适配卡、调制解调器；也可以通过外部接口(如串口、USB 口和 PCMCIA 接口等)与计算机系统连接，如无线网卡、GPRS 卡和外置的 Modem 等。目前也有很多种主板本身也集成了网络接入设备，如网卡、无线网卡和 Modem 等，不必再附加网络接入设备。网络接入设备的性能指标主要是数据传输速度，当然，这也与网络环境(网络基础设施)有关。

3.1.3 计算机外围设备

外围设备(Peripheral Devices)是指那些可以附加到计算机系统中用来加强计算机功能的设备。外围设备主要用于扩充计算机的输入、输出以及存储能力。外围设备与计算机系统的连接是通过主板上提供的外部接口和扩展槽来实现的。对于通过扩展槽进行连接的外围设备，还需要有相应的设备扩展卡。这些扩展卡一方面完成一些信息处理功能，另一方面

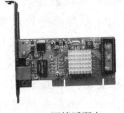
(a) 网络适配卡

(b) 无线网卡

(c) GPRS卡

(d) 调制解调器

(e) 电缆调制解调器

图 3-16　通信设备

还提供了相应的接口使计算机与外围设备连接(例如,显示卡把显示器与主机连接起来,这里显示卡是设备扩展卡,显示器就是外围设备)。

基本的输入输出设备、通信设备以及一些存储设备,如鼠标、键盘、显示器、光盘驱动器/光盘和磁带机/磁带等,也可以看作是外围设备。

大多数外围设备的设计都可以让用户自行安装。当购买一个外围设备时,通常附有安装指南和专门设计的软件(包括设备驱动程序以及能够使用该设备输入、输出或存储等的应用软件,有关概念参见 3.2 节)。应当仔细地阅读并严格按照指南来安装设备及其软件。有些设备是"即插即用"的设备,无须安装设备驱动程序,这是因为这些设备符合统一的标准,操作系统中已经包括了它们所需的驱动程序。在安装外部设备时,从计算机插拔外部设备要小心,弄不好会损坏设备。因此,一般建议先关机再插拔外围设备。

下面介绍几类常用的外围设备。

1. 投影仪/打印机/绘图仪

教学和演示过程希望能把计算机显示器上显示的东西转接展示到一个大银幕上。数字液晶投影仪(Projector,参见图 3-17)就是这样一种重要的输出设备。利用缆线,它能和计算机显示卡的输出端口相连。从工作原理上讲,它的作用和常规的计算机显示器类似,扮演另一个显示器的作用。它的特点是使用了液晶材料作为光学投影镜头的主要成分,并利用液晶的光学过滤能力,控制每一个图像像元的明亮、灰度和色彩。这样,显示卡上存储的显示信息本来仅仅传送到计算机显示屏上,现在也被传送到数字投影仪内,经过光学过滤和投射,显示到大屏幕上或一面墙壁上。液晶投影仪一般体积不大(比一般的显示器要小,携带方便),但价格比普通显示器昂贵一些。它的投影显示面积比一般显示器的屏幕要大得多,非常适合在固定的公共场所,如多功能电化教室、演示厅、办公室中使用。液晶投影仪的主要性能指标与显示器相类似,主要考察它的分辨率、光流明强和色彩保真度等。

打印机是能将输出信息以字符、图形和表格等形式印刷在纸上的输出设备,它为计算机

58

的用户提供可直接阅读、保存的信息输出。按照印字方式的不同,打印机分为击打式打印机和非击打式打印机两类。击打式打印机也叫机械式打印机,其工作原理都是通过机械动作打击浸有印字油墨的色带,将印色转移到打印纸上,形成打印效果。常见的击打式打印机有字符击打式打印机和点阵打印机。非击打式打印机的印字过程不是靠机械方式完成,而是利用其他化学、物理方式。常见非击打式打印机有喷墨打印机和激光打印机等(打印机更具体的结构和工作原理,参见 4.3.5 节)。图 3-18 是一种喷墨打印机。由于早期只有击打式印字设备的缘故,这类印刷型机器被沿用称为"打"印机。

图 3-17　数字液晶投影仪

图 3-18　喷墨打印机

早期打印机是通过并口与计算机连接的,而现在更多是利用 USB 口连接。购买打印机时,需要考虑的因素包括:

- 打印的分辨率和打印幅面宽度。点阵打印机常见的打印分辨率为每英寸 180 或 300 个点(180dpi 或 300dpi,dot per inch),幅宽为 80 字符或 132 字符;常用的小型激光打印机、喷墨打印机通常具有每英寸 300~600 点的打印分辨率,打印幅面一般为标准 A4 型号(210mm×297mm)的标准纸张。有些高级的打印机还可以允许切换使用多种幅面规格和不同材料质量的打印介质。
- 打印速度。点阵打印机速度以每秒打印的字符数计,一般每秒钟打印 300 个字符左右(每秒字符数用 cps 表示,character per second)。激光打印机则以页数计算,每分钟输出几页到十几页(每分钟页数用 ppm 表示,page per minute)。高级的高速行式打印机每分钟可以输出数千行,高速的激光打印机可以达到每分钟 200 页,但其价格非常昂贵。
- 颜色数。有些打印机可以打印彩色图形,有些则只能打印黑色、灰色图形。当然,彩色打印机的输出效果要好得多,但其打印机本身的价格、耗材的价格也就要贵得多。
- 日常打印的成本。包括耗材成本,例如色带、墨水、硒鼓、墨粉和纸张等,以及打印机日常维护费用等。不同类型的打印机其日常费用不同,使用的耗材价格也有相当大的不同。购买打印机时需要注意计算一下。

绘图仪分为笔式绘图仪和其他绘图仪两类,与打印机功能相似(包括购买绘图仪要考虑的技术因素也与打印机基本相同),但它的输出幅面要大得多。绘图仪通常是通过外部接口与计算机连接。除笔式以外的绘图仪有喷墨式、静电式和热敏式等,它们的工作原理与喷墨打印机等类似(参见第 4 章),都是通过某些技术以点阵形式生成纸面上的图。实际上,这些设备产生图的过程都不是"绘"而是"印",但人们通常还是把它们叫做绘图仪。

下面简单介绍笔式绘图仪的原理,其中提到的绘图仪都是指笔式绘图仪。

笔式绘图仪曾经是一种常见输出设备(现在它更多地为喷墨式绘图仪所替代),主要用于在纸张上绘出由点和线段构成的图形,例如建筑图、机械设计图等。在绘图仪上有一个可以纵向和横向(可以在 X 方向和 Y 方向上)运动的绘图头部件,称为绘图笔架,笔架上可持有一支绘图笔,还可以根据计算机的命令更换其他不同颜色的绘图笔。在计算机的控制下,绘图笔可以抬起或落下,可以落在纸面上移动划线,逐步画出所需的图形。

绘图笔的移动由两个分别在 X 方向和 Y 方向上驱动的步进电机控制,通过在这两个方向上的正反向"步进"动作与不动,可以合成绘图笔在 8 个方向的运动(如图 3-19(a)所示)。通过许多小的连续步进动作的组合,可以在纸上绘出直线或者曲线。实际上,由绘图仪绘出的"曲线"是由一些小的直线段作成的近似折线(如图 3-19(b)所示)。绘图仪产生的每个基本线段越短,曲线的近似就越精确。绘图仪的精度由步进电机每步移动的距离(步距)确定,步距越小绘出的折线就越光滑。一般绘图仪的步距都在 0.1mm 以下,绘出的图形看起来相当精细、光滑。

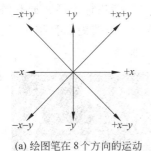 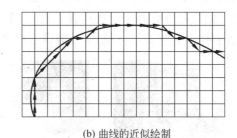

(a) 绘图笔在 8 个方向的运动   (b) 曲线的近似绘制

图 3-19　绘图笔的移动(8 个方向)及曲线的近似绘制

笔式绘图仪在形式上分为平板式和滚筒式两种。平板式绘图仪有一个大的平面板,纸放在平板上,绘图笔架犹如机械工厂厂房里的天车,安装在一个活动托架上,托架可以沿平板两边的导轨往复移动(形成绘图笔一个方向的活动),笔架则能沿托架上的导轨滑动(形成另一个方向的活动)。滚筒式绘图仪上笔架的托架是固定的,绘图纸紧紧地卷在一个滚筒上,可以随滚筒在笔架下面纵向卷动(如图 3-20 所示)。在绘图过程中,绘图笔在一个方向的移动通过笔架在托架导轨上的移动完成,而滚筒的卷动带动绘图纸,改变绘图笔与纸的相对位置。滚筒式绘图仪具有占地面积比较小、能够使用很长纸张的优点,大幅面纸张的绘图仪大都是滚筒式。

图 3-20　滚筒式绘图仪

2. 手写板/图形输入板/数字化仪

与键盘和指点设备不同,另一种常见的输入设备是图形输入设备,包括手写板、图形输入板和数字化仪。

手写板(如图 3-21 所示)的工作方式与下面要介绍的扫描仪相类似,将手写入的内容存储成图像,进一步,需要识别软件来识别出字符和图形(有关计算机内图形/图像以及字符的表示方法,参见第 4 章有关内容)。手写板的幅面一般比较小,一般都是写下一个字符或输入一个图形单元(如点、直线段和矩形等),就进行一次识别。现在有些键盘上也集成了手写板,一些 PDA 也主要以它为输入设备。

图 3-21　手写板

图形输入板和图形数字化仪的工作原理相同,只是幅面大小不同而已(如图 3-22 所示)。它们由一块较大的平板和一个手持"游标器"(类似鼠标,或者是笔式的)组成。把游标器(其上的十字交叉点为准星)在平板上移动,其准星在平板上的坐标位置(X,Y)作为输入数据将依次被采集。在这种平板上可以铺上工程设计图或地图等图纸,通过移动游标器,对准图纸上的点、线和区域边界,形成的轨迹可以作为一串输入数据。用这种方法可以输入整张图纸,将有关信息存储在计算机内。数字化仪的主要性能指标包括幅面和游标器的按键数目,通常数字化仪的游标器按键数据有 4 键、8 键和 16 键,按键数目越多,通过数字化仪所能进行的控制操纵也越多,给使用者也能带来更多的便捷。

图 3-22　图形输入板和图形数字化仪

这些输入设备和键盘、鼠标一样,都是由人直接操作,一点一点通过人的操作输入信息,最终可形成矢量方式表示的图形数据(参见第 4 章)。

3. 扫描仪/数码照相机/数码摄像机

与一点一点通过人的操作输入信息的输入设备不一样,有些输入设备可以一下子把一批信息输入计算机,这些设备中典型的例子是图像(影像)输入和声音输入的设备。这种设备,通常也称为自动输入设备,它们不需要人过多地参与。

通过扫描仪(如图 3-23 所示,其功能和用法就像传真机一样)可以把整幅的纸质图形或文字材料,如图画、照片、报刊或书籍上的文章等,快速地输入计算机。扫描仪是最常用的图像输入设备,其功能是把实际的纸质图形或文字材料划分成成千上万个点,变成一个点阵图(这与前面讲到的图形显示器的工作原理是相似的),然后给每个点编码,得到它们的灰度值或者色彩编码值(有关编码的详细内容,将在第 4 章讲述)。也就是说,它把整幅的材料通过光电部件变换为一个数字信息的阵列,使其可以通过计算机主板上的接口(SCSI 口或 USB 口)将信息传入计算机并通过相关软件存储起来并进行处理。这样经过数字化的图形信息通常称为"图像(Image)"。

需要注意的是,扫描仪扫描原始材料得到的图像信息,即使原始材料中包含有字符,它

图 3-23　扫描仪

们也只是以图像编码的方式保存在计算机中,不能把它们看作是字处理软件中能直接处理的字符,因为图像的编码和字符的编码是完全不同的(参见第 4 章)。要想将这些字符变成字处理软件中能直接处理的字符,则需要一种特殊的光学字符识别软件(OCR 软件)来将这些字符图像转换为字符编码。前面提到的手写板识别软件,就是这样一种软件。

　　数码照相机和数码摄像机是另外两种非常流行的图像/影像输入设备(如图 3-24 所示)。数码照相机的工作原理与普通照相机相同,但是它内部又增加了一些光电部件,可以直接将照相结果转为图像(这与扫描仪的工作原理是相似的);同时,数码照相机内部还增加了一块闪存卡(Flash RAM,参见第 5 章)用于保存图像。同样,数码摄像机的工作原理也与普通摄像机相同,在数码摄像机内部也增加了一些光电部件,可以直接将摄像结果转为连续的图像和数字化的声音信息,形成影像(当然,连续的图像和声音信息如何变成影像,这涉及影像的编码,将在第 4 章讲述)。但是,由于影像数据内容非常大,用闪存卡来保存影像是远远不够的,因此,数码摄像机中是用更大容量的磁带来保存影像信息的(有关磁带的存储原理,参见第 5 章)。数码照相机和数码摄像机都可以通过 USB 口与计算机连接。实际上,计算机只是把它们当作一种特殊的外部存储设备而已。数码摄像机还有另一种形式,那就是摄像头,它没有存储设备,而是需要在工作时就与计算机连接,将摄像结果即时保存到计算机中去。

(a) 数码相机　　　　　　　(b) 数码摄像机　　　　　　　(c) 摄像头

图 3-24　数码相机、数码摄像机和摄像头

　　对于扫描仪、数码照相机和数码摄像机来说,它们的主要技术指标就是分辨率及支持的颜色数(对于扫描仪来说,还有扫描幅面,数码照相机和数码摄像机也有类似的参数——取景范围)。现实世界是多彩多姿的,能够更加精彩地表现现实世界,是人们对计算机系统的基本要求。计算机系统的处理能力是非常强大的,而要满足人们的这种要求,更多地要靠输入和输出设备。前面讲过的显示卡、显示器、打印机和投影仪等,也都有两个相同重要的技术指标,那就是分辨率和颜色数,其含义都是相同的。

4. 声卡/麦克风/音箱

　　声音是重要的信息表现手段,计算机中用于声音信息的输入输出设备主要包括声卡、麦克风和音箱(如图 3-25 所示)。

(a) 声卡　　　　　　　　　(b) 音像　　　　　　(c) 麦克风　　(d) 录音笔

图 3-25　声卡、音箱、麦克风和录音笔

　　声卡的作用就是将由麦克风采集的声音信息变为电信号,经过数字化编码后(有关声音的编码,请参阅第 4 章)送入计算机内部,同时,也能够将数字化编码的声音信息变为电信号,然后送到耳机或音箱等发声设备,播放出声音来。声卡主要通过主板上的扩展槽与计算机相连,因此,根据总线的不同,声卡相应也有不同的类型。声卡的主要性能指标包括:

- 复音数量。声卡中 32、64 的含义是指声卡的复音数,而不是声卡上的 DAC(数模变换)和 ADC(模数变换)的转换位数。它代表了声卡能够同时发出多少种声音。复音数越大,音色就越好,播放 MIDI(一种声音编码格式,参见第 5 章)时可以听到的声部就越多、越细腻。如果一首 MIDI 乐曲中的复音数超过了声卡的复音数,则将丢失某些声部,但一般不会丢失主旋律。目前声卡的硬件复音数都不超过 64 位。
- 声音表示的采样位数。是将声音从模拟信号转化为数字信号的二进制编码位数,即进行 A/D、D/A 转换的精度。目前有 8 位、12 位和 16 位三种,将来还有 24 位的 DVD 音频采样标准。位数越高,采样精度越高。
- 采样频率。即每秒采集声音样本的数量。标准的采样频率有 11.025kHz(语音)、22.05kHz(音乐)和 44.1kHz(高保真)三种,有些高档声卡能提供 5～48kHz 的连续采样频率。采样频率越高,记录声音的波形就越准确,保真度就越高,但采样产生的数据量也越大,要求的存储空间也越多。

　　声卡的这些性能指标,与声音的编码是密切相关的,有关内容请参阅第 4 章。

　　声卡上提供了接口以连接麦克风和音箱。麦克风的作用就是采集声音信息,送入声卡;而音箱则是发声设备,根据从声卡送来的声音电信号,发出相应的声音。除音箱外,常见的发声设备还包括扬声器、耳机等。不同的发声设备,获得的声音效果是不同的,这也是衡量它们好坏的标准之一。

　　还有一种声音录入设备——录音笔,它可以采集声音并存储成声音文件,其作用有点类似于数码照相机,只是采集的对象不同而已。

　　和扫描仪等输入的图像信息一样,进入计算机内的声音信息,虽然其原始含义可以包含文字信息,但它们也只是以声音编码的方式保存在计算机中,不能把它们看作是字处理软件中能直接处理的字符。要想将这些具有文字含义的声音信息变成字处理软件中能直接处理的文字,则需要一种特殊的语音识别软件来完成,这样可以大大减轻人们的文字输入工作。此外,人们还能通过声音合成软件,合成文字的声音编码,以供特殊情况下播放,如打电话时经常听到的“请播分机号码”等声音,常常就是由计算机合成的声音。

　　今天人们经常提到的“多媒体计算机”,就是指那种能够输入、处理和输出多种信息形式的计算机。显然,文字、图形、图像、声音、动画和影像等是信息载体(媒体)的最常见形式。

因此,"多媒体计算机"就应该包含那些能够输入、处理、输出诸如文字、图形、图像、声音、动画和影像等信息的设备。一般的计算机,如果包含光盘驱动器、声卡、音箱、打印机、具有图形加速功能的显示卡、具有多媒体扩展指令集(Multi-media Extension,MMX)的 CPU,就可以称为"多媒体计算机"。当然,如果再配备手写板/图形输入板/数字化仪、扫描仪/数码照相机/数码摄像机、麦克风、绘图仪等,那就更厉害了。只是,人们在实际应用中可能并不需要那么多设备,而且要配备这么多的设备,价钱也非常昂贵。

5. 更多的外围设备

还有很多特殊设备可以连接到计算机中,如商场中广泛使用的条形码阅读机,它能判读特殊的线条,即条形码(这是一种由光学符号组成的图案),不同的商品有不同的条形码,然后通过软件系统就可以识别该商品,得到它的价格等信息,并进而对同类商品的数量等信息进行管理。又如全球定位系统(Global Positioning System,GPS)接收机,可以依据太空中工作的卫星,确定 GPS 接收机当前所处的位置及时间,输入计算机内与地理信息系统软件(Geographical Information System,GIS)一起,广泛应用于飞机、汽车和轮船等的导航。

一台计算机要接入一些什么样的外围设备,这需要根据实际的应用需求来定。

3.1.4 网络计算机

网络计算机(Network Computer,NC)概念是在 1995 年由 Oracle 公司提出的。20 世纪,由于受到网络基础设施、尤其是网络带宽的限制,网络速度不够快,使网络计算机的应用受到了阻碍。近年来,随着信息产业的高速发展,带宽的问题已经基本解决了,客户端/服务器的应用结构也重新成为一种主流的应用模式,网络计算机又得到了快速的发展。

NC 是专用于高速网络环境下的一种计算机终端,与 PC 不同的是,它通过调用服务器的资源来进行工作,其所需的应用程序和数据都存储在服务器上,NC 本身只处理键盘、鼠标的输入和视频、音频的输出。

由于运算和存储的任务都通过服务器来完成,NC 的结构非常简单,不需要强大的CPU、大容量的内存和硬盘,也不需要光驱等外围设备。因此,它要比 PC 便宜一半左右,而且比 PC 更安全,更适宜集中管理,非常适合开展电子政务、电子商务等信息化建设。

NC 支持多种工作模式,它可以运行浏览器,支持 B/S 模式(Browser/Server),适应Web 服务的潮流;可以作为 Windows 的终端(Windows Base Terminal,WBT),使用服务器运行的 Windows 应用程序;可以作为 X 终端,使用 Linux 或 UNIX 服务器上的应用程序。

北大众志 NC(如图 3-26 所示)是基于北大众志系列 CPU 芯片和 Linux 操作系统、具有完全自主知识产权的计算机产品。北大众志 NC 仅需两个主要芯片(北大众志-863 CPU 系统芯片和显示控制芯片)。北大众志 NC 只包含必要的人机交互设备(如显示器、键盘和鼠标、音视频等输入输出设备),无须更多的外部存储设备,而且用户可以定制其他的扩展口以接入特殊的设备。北大众志 NC 还拥有独有的国家认证的安全加密模块以及双网口设计,保证信息安全,满足电子政务、电子商务等应用需求。目前,北大众志 NC 已经在电子政务等领域得到了广泛的应用。

图 3-26 北大众志 NC

3.2　计算机的软件组成

个人计算机系统是通过它的硬件和软件系统的协同工作来完成信息处理任务的。在这一节,主要介绍计算机软件系统的作用及其组成和分类,而3.3节将分析硬件和软件系统的协同工作原理。

为了让计算机能够完成各种各样的事情,人们开发的计算机软件也是多种多样。通常,不同的工作是由不同的计算机软件来完成的。但是不同的工作之间,相互的联系是很密切的:有些工作是基础性的,其他的工作都是基于它们来完成的;而有些工作则需要很多其他的工作来配合才能完成……为了让计算机软件系统能够更加精巧,人们在开发软件时将计算机软件分成了两大类:系统软件和应用软件。应用软件协助人们完成一项具体的任务,例如人们想利用计算机来画一幅图,帮助人们完成此项任务的绘图软件就是应用软件;系统软件则协助计算机执行基本的操作任务,例如为应用软件的运行提供支持,管理硬件设备,在硬件设备和应用软件之间建立连接接口等。

图 3-27 给出了计算机软件系统常见的分类体系。其中,系统软件又可以分为操作系统、设备驱动程序、数据库系统、工具软件以及程序语言和开发环境 4 大类;而应用软件则涉及人们工作和生活的方方面面,对其分类则可以根据不同的应用来进行,可选用的规则非常多,在这里就不详细介绍了。

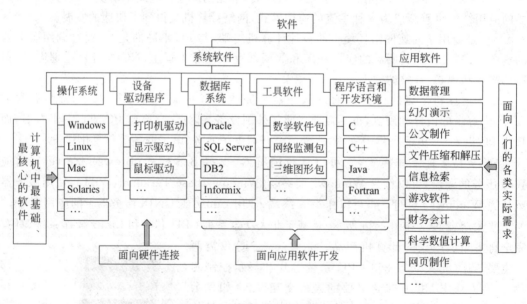

图 3-27　计算机软件系统的组成

系统软件和应用软件协同工作,完成信息的输入、存储、管理、处理、传输和输出等功能。软件功能多种多样,但各软件之间有一个明显的层次化特点(如图 3-28 所示):操作系统和设备驱动程序是处于底层的软件,它们负责软硬件的协同,并向高层软件提供运行支持。数据库系统、工具软件以及程序语言和开发环境则处于中间层次,它们除了有时可以单独使用外,更多的则是底层软件和高层应用软件之间的桥梁,它们并不涉及具体用户应用的细节,但会提供一组命令,供开发高层应用软件的软件开发者使用。这些中间层次软件的特点是,它们一方面需要得到底层软件的支持,另一方面又对更具体的应用软件的开发和运行提供支持。高层软件是应用软件,面向人类思维。不同的软件层次之间分工明确且相互配合。当然,在这个软件层次图中,计算机硬件系统是其核心。

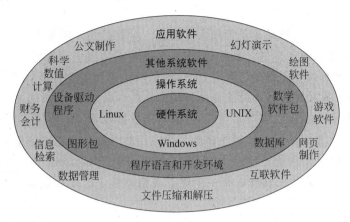

图 3-28　计算机硬件系统和软件系统的层次关系

3.2.1　系统软件

相对于应用软件而言,系统软件离计算机系统的硬件比较近,而离用户关心的具体问题则远一些,它们并不专门针对具体的应用问题。

1. 操作系统

操作系统(Operating System,OS)是最重要的一类计算机系统软件。如果没有操作系统的功能支持,人们就无法有效地在计算机上进行操作。实际上,操作系统是计算机系统能够有效工作最基础的、必不可少的软件,没有操作系统的计算机硬件系统可以说是毫无用处。因此,所有计算机制造公司在出售计算机时总是伴随着提供该计算机上的操作系统软件。

操作系统软件的主要任务是管理计算机系统的硬件资源和信息资源(程序和数据)。此外,它还要为计算机上各种硬软件的运行及其相互通信提供支持,并为计算机的用户和管理人员提供各种服务。

在第 7 章中,将对操作系统的功能及其工作原理进行详细的介绍,同时还将介绍几种常用的操作系统。

2. 设备驱动程序

当将一个新的设备连接到计算机上时,通常需要安装相应的软件以告诉计算机如何使用这个设备。协助计算机控制设备的系统软件就称为设备驱动程序(Device Driver)。设备驱动程序中包括了所有与设备相关的代码。每个设备驱动程序只处理一种设备,或者一类紧密相关的设备。

笼统地说,设备驱动程序的功能是从与设备无关的软件中接收抽象的请求,并执行之。这些设备无关的软件,往往就是应用软件。当然,设备驱动程序的运行以及与应用软件之间的通信,是需要靠操作系统来支撑的,设备驱动程序本身是不能直接运行的。

3. 数据库系统

数据库系统是对数据进行存储、管理、处理和维护的软件系统,是现代计算机环境中的一个核心成分。数据库系统由一个相互关联的数据集合和一组用以访问这些数据的程序组成,这个数据集合通常就称为数据库。数据库系统的基本目标是要提供一个可以方便地、有效地存取数据库信息的环境。

设计数据库系统的目的是为了管理大量信息。对数据的管理既涉及信息存储结构的定义,也涉及信息操作机制的提供。另外,数据库系统还必须提供所存储信息的安全性保证,即使在系统崩溃或有人企图越权访问时,也应该保障信息的安全性。如果数据将被多个用户共享,那么,数据库系统还必须设法避免可能产生的异常结果,如访问冲突。

对大多数组织来说,信息都非常重要,这决定了数据库系统的价值。数据库系统可以单独运行,以管理一个组织的信息。但更多的是为应用软件如企业管理信息系统,提供数据管理服务。常见的数据库系统有 Oracle、SQL Server、DB2、Informix 和 Access 等。常用的 Microsoft Office 办公自动化软件中有一个电子表格软件 Excel,就包含了数据库系统的一些简单功能。

4. 工具软件

与数据库系统相类似,工具软件也是向应用软件提供服务的,但它们往往不能单独运行。工具软件其实只是一个统称,实际应用中有很多工具软件,它们所提供的服务也是多种多样的。工具软件并不涉及具体用户应用的细节,但是能为应用软件的开发提供支持。它们可以认为是一种"中间件"。如图形界面软件包可以用于支持开发应用软件的图形用户界面;三维图形软件包可以用于支持游戏软件和三维可视化应用软件的开发;数学软件包可以支持科学数值计算软件的开发;网络及其监测软件包则可应用于互联软件的开发,等等。

5. 程序语言和开发环境

人们都希望能够编制自己的程序让计算机去执行。要想方便地完成这项任务,就要使用程序语言。程序语言也称程序设计语言,或者编程语言。现在人们使用的程序语言一般都是高级程序语言,当然,它们并不比人类的自然语言更高级。常用的高级程序语言有 Basic、Pascal、C、C++、Fortran 和 Java 等。人们使用这些语言编写的程序通常称为源程序或源代码。高级语言源程序都是用字符来表达的,计算机是不能直接理解它们的。执行这些语言编写的程序时,计算机要使用另外的软件来解释或翻译这些程序的源代码,把它们转换成计算机能够理解的机器语言——指令。将源程序翻译转换成指令的软件称为解释器(Interpreter)或编译器(Compiler),编写程序时用到的编辑器,以及调试程序的辅助工具一起,构成了程序语言的开发环境。

对于计算机来说,所有的信息都是用二进制来表示的,数据是这样,指令也是这样(参见第 4 章)。因此,早期的计算机用户,那时还没有高级程序语言,他们只能用指令的表示方法——二进制数 0 和 1 来进行编程,那真是一件非常麻烦的事情,当然也是很了不起的事情。后来,为了提高编程效率,人们提出了汇编语言及其相应的汇编指令,使用指令助记符,类似于 ADD(加)、SUB(减)这样的汇编符号指令来编写程序,这就是汇编程序。指令助记符是用 ASCII 字符(参见第 4 章)表示的。显然,汇编程序是需要一个汇编器来将用 ASCII 字符表示的汇编程序转换成二进制表示的机器指令。可以想象得出,第一个汇编器肯定是用指令来编写的。再后来,又出现了高级程序语言,为人们编程提供了极大的方便。人们可以完全不懂计算机硬件，也能编写程序。

应该说，程序设计语言及其开发环境的出现及其发展，是计算机发展史上重大的、里程碑式的事件，它大大地提高了计算机的使用效能。当前，计算机科学家也正在研究更高级的程序设计语言，也许在不久的将来，人们甚至可以用自然语言来进行程序开发。

在第 8 章中，将对当前成熟的程序语言和开发环境进行详细的介绍。

3.2.2 应用软件

应用软件通常是指那些能直接帮助个人或单位完成具体工作的各种各样软件，它涉及人们工作和生活的方方面面，如文字处理系统、计算机辅助设计系统、企事业单位的信息管理系统、教育培训软件系统、游戏软件系统和因特网应用系统等。应该说，应用软件面向的是计算机的最终用户，每个用户一般都有自己工作中必须的或者喜爱使用的应用软件。但是，应用软件在计算机上的运行必须有系统软件的支持，应用软件一般不能独立地在计算机上运行。支持应用软件运行的最基础的系统软件就是操作系统。如果一种应用软件需要在分布在不同位置的多台计算机上运行，则还需要计算机网络的支持，这些支持包括通信硬件设备和支持网络通信与监测的系统软件。

微软的系列办公软件（Microsoft Office）如文档处理软件 Word、幻灯片制作软件 PowerPoint、电子表格软件 Excel，图片处理软件 Photoshop，影像播放软件 Media Player，Web 浏览器 Browser，客户端电子邮件接收与处理软件 Outlook 等，都是日常生活中经常使用的应用软件。

3.3 计算机硬件与软件的协同工作

前面讲过，CPU 是通过执行指令来完成其功能的。指令有多种类型，不同的指令可以完成不同的基本操作，包括算术运算、逻辑运算、条件判断、访问主存储器和输入输出控制等（更详细的解释，参见第 6 章）。每个指令操作的实现，都有一个对应的物理电路来支持。指令和物理电路之间的对应，是计算机硬件和软件之间最基本的连接关系，也是硬件和软件协同的基础。

计算机程序就是为完成某种特定工作而实现的、由一系列计算机指令构成的序列。指令一般由操作和操作数两部分组成。操作就是由与指令对应的固定的物理电路来完成的，而操作数则是该操作所处理的数据，体现为该物理电路的输入。而该物理电路的输出则是操作的结果。通常，指令的操作数并不指具体的数据，而是数据在主存储器中的存放位置。CPU 在执行指令时，按照数据在主存储器中的位置，即时从主存储器那里得到指令操作数。通常所说的软件，指的就是人们通过程序设计语言设计得到的计算机程序（指令序列）和程序所操作的数据。按照冯·诺依曼的"存储程序"原理，程序与数据都是预先存入存储设备中，工作时，CPU 自动、顺序地从存储设备中取出指令及其操作数，高速地执行，并最终得到处理结果（进一步的内容，参见第 6 章）。

除了 CPU 内的指令和物理电路之间的对应关系外，计算机系统中的其他硬件设备也都有类似的对应关系，而这种对应关系都是由相应的接口卡（适配器，如显示卡、网卡和声卡等）来实现的。设备驱动程序正是依据这种对应关系而设计实现的。不同的设备，由于其功能和对应关系不同,所以都需要有不同的驱动程序。另一个方面,处理器(CPU)要完成对所有设备的融合——从设备中获取数据、往设备中发送数据,是通过主存储器(内存)来辅助完成的。主存储器被划分成很多个存储单元,每个存储单元都有其唯一的地址,处理器向不同的设备发送不同的命令,告诉它们将数据送到主存储器中的指定位置,或者从指定位置取数据。而处理器则只是从主存储器中特定位置获指令和取数据并将处理结果存放在主存储器中的特定位置即可。正是主存储器的这种地址机制,保证了处理器的数据处理的有序性和正确性。图 3-29 描述了计算机硬件和软件的对应关系。

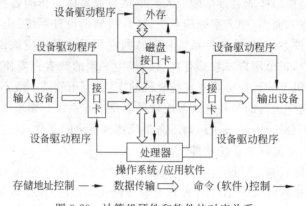

图 3-29　计算机硬件和软件的对应关系

进一步,以图像处理为例,从更宏观的角度来说明计算机硬件和软件以及整个计算机系统是如何协同工作的(如图 3-30 所示)。

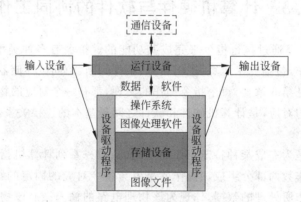

图 3-30　计算机系统的协同工作

在存储设备中,人们可以事先准备并存储计算机运行所需要的数据和软件(例如操作系统、设备驱动程序和图像处理软件等)。计算机系统的工作是从运行设备——CPU 开始的,它从存储设备中获得能够完成一定功能的软件和相关的数据,进行处理。在计算机系统的工作过程中,首先被执行的软件就是操作系统。操作系统运行起来后,再反过来管理 CPU 和其他硬件设备以及软件的运行。例如,一个图像处理软件,在其运行过程中,可能需要输入一些新的图像数据,这时,该图像处理软件就会向操作系统发出请求,需要使用图像输入设备——扫描仪来输入新图像。操作系统接到请求后,就会去检查是否有扫描仪连接主机上,并找到扫描仪的驱动程序,通过驱动程序来驱使扫描仪进行图像扫描。扫描仪获得的图像数据实际上只是一些二进制格式的数据,当然,这些二进制数据是有特殊含义的,它们形成了对被扫描图像的数字化描述(这就是信息的编码与表达,将在第 4 章进行详细的解释)。通过操作系统和设备驱动程序的协助,图像处理软件就可以获得所需图像的数字化描述,显然,图像处理软件是要能理解这些数字化描述的。进而,图像处理软件就可以对这些二进制数据进行各种处理:或者在操作系统的协助下,通过网络设备及其驱动程序,将这些二进制的图像数据发送到网络上的其他计算机上(参见第 2 章);或者在操作系统的协助下,形成一个图像文件,存储到存储设备中去(有关文件及存储相关的概念,参见第 5 章和第 7 章);或者在操作系统的协助下,通过输出设备及其驱动程序,将这些二进制的图像数据按照人们普遍能够理解的形式在输出设备中展现出来(这就是信息的输出,将在第 4 章进行详细的解释)。

3.4 购买自己的计算机

购买自己的计算机,一般包括三个步骤:选择硬件、安装操作系统、安装应用软件。下面就这三个步骤给大家一些说明和建议。

3.4.1 选择硬件

计算机硬件的发展速度非常快,而且同一时期,也会有很多不同品牌、不同型号的硬件选择,购买时,需要根据自己的需要以及自己的维护能力加以选择。

购买计算机,有三种方式:

(1) 选择购买有品牌的整机。不同的时期会有不同的整机提供商,如国内品牌联想、方正等,国际品牌戴尔(DELL)等。这些整机提供商通常会面向不同的用户需求(如家庭用、办公用和开发用等)提供各种型号的整机,也可以根据用户的特殊需求配置不同的部件(如对 CPU 有特殊要求、对内存有特殊要求、对显示卡有特殊要求等)。用户可以根据自己的需要选择购买某个型号的整机。这种方式,花费会高些,但计算机的品质比较高,自己可以省很多事情,而且日常的维护也有保障,因为整机提供商通常会提供不错的售后服务。

(2) 选择购买无品牌的组装机。这可以通过一些硬件销售代理商来完成。用户可以根据自己的需要对各个部件的配置提出自己的要求,由硬件销售代理商提供部件并最后组装成整机。通常,硬件销售代理商也会提供一定期限的售后服务。相对于第一种方式,这种方式的花费会低一些,而且计算机部件的配置也更灵活,但计算机的品质可能会差些,因为其整机的组装比较自由、随意。

(3) 自己购买各种部件,自己组装。这种方式一方面可以节省一些成本,另一方面可以享受自己动手的乐趣,但这要求有一定的硬件互连的基础知识。随着硬件技术的不断发展,这种方式所能节省的成本也有限。所以,建议通过第一或第二种方式购买计算机。

在硬件部件的选择上,如果只是个人用,并不涉及较复杂的软件开发、复杂的软件应用及测试,则建议选择市场上流行的配置即可。如果在某个方面有特殊的需要,则只需提高某个(些)部件的配置即可,如要玩三维游戏,可以选择高性能的显示卡。

3.4.2 安装操作系统

通常,通过上面第一或第二种方式购买得到的计算机,都会预装操作系统软件的,并且各种设备的驱动程序也都会同时安装,计算机系统能够正确地进行工作。但一旦计算机软件系统出现故障,如受病毒侵袭,不能正确工作了,这时就需要修复或重装系统了。

修复系统相对比较简单,通常有两种修复操作:一是系统修复,这通常是操作系统所需的一些文件受损需要恢复。一般操作系统都提供了相应的修复命令,只需指定安装盘(安装软件所在的位置、光盘或硬盘中的某个文件夹),然后运行修复命令即可。另外也有一些系统修复工具可以帮助人们更好地进行修复系统。二是漏洞修复,这通常是由于操作系统的设计本身存在缺陷而需要进行的修复,通常是通过"打补丁"的方式来完成。对于这类修复,操作系统提供商会提供相应的"补丁软件",用户只需运行这个补丁软件即可实现修复。如 Microsoft 的 Windows 系列操作系统,经常需要运行各种补丁软件来防止各种病毒的攻击。

而重装系统就要谨慎了。重装系统通常要对硬盘进行新的格式化或重新分区(参见第5章),这会破坏硬盘中已有的软件和数据,因此,在重装系统之前,一定要对有用的内容进行备份。此外,在重新安装了操作系统之后,有些外部设备还要进一步安装驱动程序才能正确工作。当然,现在的很多外部设备都是"即插即用"的设备,它们的功能接口已经标准化了,其驱动程序也标准化了,操作系统的安装软件中已经带有这些设备的标准化驱动程序,在安装操作系统时,安装软件会自动加载这些设备的驱动程序,从而使得设备能够正确工作,无须安装人员的参与。

3.4.3 安装应用软件

操作系统以及应用软件,要注意从正当的渠道购买正版产品。购买正版的产品在法律上支持了知识产权的保护,同时能够有好的售后服务,安装维护软件的支持比较好。在新的软件安装时,要注意产品的安装盘和说明书,安装盘会提供安装软件所需的各种程序和数据。

在安装软件之前,首先要确定它与所用的计算机系统是否是兼容的。所谓兼容,就是指软件必须针对所用的计算机类型和安装在计算机上的操作系统而编写的。同时,还要确定所用的计算机是否满足要安装软件的需求(包括软件的和硬件的),通常,说明书中都会提供待安装软件的软硬件需求说明。

一旦确定了软件的兼容性后,就可以进行软件安装了。安装软件中会有一个安装启动程序来启动软件的安装。软件的安装相对来说还是比较容易的,尤其是对于图形用户界面来说,安装过程就更简单、更统一了。在软件的安装过程中,用户只需按照安装程序的提示进行安装即可。安装软件实际上是将应用软件向计算机的操作系统注册。通过一个软件安装过程,把软件所包括的可执行程序和有关数据全部存放到指定的文件目录中去。

3.5 有关计算机发展的人物和组织

3.5.1 图灵和图灵奖

阿兰·麦席森·图灵(Alan Mathison Turing),1912 年生于英国伦敦,1954 年死于英国曼彻斯特(如图 3-31 所示)。他是计算机逻辑的奠基者,许多人工智能的重要方法也源自

图 3-31 阿兰·麦席森·图灵

于这位伟大的科学家。

1936 年,图灵向伦敦权威的数学杂志投了一篇论文,题为"论数字计算在决断难题中的应用"。在这篇开创性的论文中,图灵给"可计算性"下了一个严格的数学定义,并提出著名的"图灵机(Turing Machine)"的设想。"图灵机"不是一种具体的机器,而是一种思想模型,可制造一种十分简单但运算能力极强的计算装置,用来计算所有能想象得到的可计算函数。"图灵机"与"冯·诺依曼机"齐名,被永远载入计算机的发展史中。

1950 年 10 月,图灵又发表了另一篇题为"机器能思考吗"的论文,成为划时代之作。也正是这篇文章,为图灵赢得了"人工智能之父"的桂冠。在这篇论文里,图灵第一次提出"机器思维"的概念。他逐条反驳了机器不能思维的论调,做出了肯定的回答。他还对智能问题从行为主义的角度给出了定义,由此提出一个假想:即一个人在不接触对方的情况下,通过一种特殊的方式,和对方进行一系列的问答,如果在相当长时间内,他无法根据这些问题判断对方是人还是计算机,那么就可以认为这个计算机具有同人相当的智力,即这台计算机是能思维的。这就是著名的"图灵测试(Turing Testing)"。当时全世界只有几台计算机,根本无法通过这一测试。但图灵预言,在 20世纪末,一定会有计算机通过"图灵测试"。终于,他的预言在 IBM 的"深蓝"身上得到彻底实现。当然,卡斯帕罗夫和"深蓝"之间不是猜谜式的泛泛而谈,而是你输我赢的彼此较量。

在短暂的生涯中,图灵在量子力学、数理逻辑、生物学、化学方面都有深入的研究,在晚年还开创了一门新学科——非线性力学。

他杰出的贡献使他成为计算机界的第一人,现在人们为了纪念这位伟大的科学家,将计算机界的最高奖定名为"图灵(Turing)奖"。

"图灵奖"是美国计算机协会(Association for Computer Machinery,ACM)于 1966 年设立的,专门奖励那些对计算机科学研究与推动计算机技术发展有卓越贡献的杰出科学家。图灵奖是计算机界最负盛名的奖项,有"计算机界诺贝尔奖"之称。图灵奖对获奖者的要求极高,评奖程序也极严,每年只奖励 1～2 名计算机科学家。截至 2008 年,获此殊荣的华人学者仅有一位,他就是 2000 年图灵奖得主姚期智教授。姚教授因其在算法和计算复杂性领域的突出贡献而获此殊荣。目前,姚教授任职于清华大学。

3.5.2 冯·诺依曼

约翰·冯·诺依曼(John Von Neumann),美籍匈牙利人(如图 3-32 所示),1903 年生于匈牙利的布达佩斯,1957 年在美国华盛顿去世。冯·诺依曼对人类的最大贡献是在计算机科学与技术、数值分析和博弈论方面的开拓性工作。被誉为"计算机之父"和"博弈论之父"。

ENIAC(Electronic Numerical Integrator And Computer)被认为是世界上第一台电子计算机,它由美国科学家研制,于 1946年 2 月 14 日在费城开始运行。ENIAC 证明了电子真空技术可以大大地提高计算技术,不过,ENIAC 本身也存在两大缺点:没有存储器;它用布线接板进行控制,甚至要搭接几天,计算速度

图 3-32 约翰·冯·诺依曼

也就被这一工作抵消了。

1945 年,冯·诺依曼与其合作者在参与 ENIAC 研制工作的基础上,以"关于 EDVAC 的报告草案"为题,起草了一份长达 101 页的总结报告,提出了一个全新的"存储程序通用电子计算机方案——EDVAC(Electronic Discrete Variable Automatic Computer)"。报告广泛而具体地介绍了制造电子计算机和程序设计的新思想。这份报告是计算机发展史上一个划时代的文献,它向世界宣告:电子计算机的时代开始了。

EDVAC 方案明确规定了新机器由 5 个部分组成,包括运算器、逻辑控制装置、存储器、输入和输出设备,并描述了这 5 部分的职能和相互关系。报告中,冯·诺依曼对 EDVAC 中的两大设计思想作了进一步的论证,为计算机的设计树立了一座里程碑。

设计思想之一是二进制,他根据电子元件双稳工作的特点,建议在电子计算机中采用二进制。报告提到了二进制的优点,并预言二进制的采用将大大简化机器的逻辑线路。

存储程序是冯·诺依曼的另一杰作。通过对 ENIAC 的考察,冯·诺依曼敏锐地抓住了它的最大弱点——没有真正的存储器。ENIAC 只有 20 个暂存器,它的程序是外插型的,指令存储在计算机的其他电路中。这样,解题之前,必须先想好所需的全部指令,通过手工把相应的电路联通。这种准备工作要花几小时甚至几天时间,而计算本身只需几分钟。计算的高速与程序的手工存在着很大的矛盾。

针对这个问题,冯·诺依曼提出了存储程序的思想:把运算程序存在机器的存储器中,程序设计员只需要在存储器中设置运算指令,机器就会自行计算,这样就不必每个问题都重新编程,从而大大加快了运算进程。这一思想标志着自动运算的实现,标志着电子计算机的成熟,已成为电子计算机设计的基本原则。

1946 年七八月间,冯·诺依曼及其合作者在 EDVAC 方案的基础上,为普林斯顿大学高级研究所(Institute for Advanced Study,IAS)研制 IAS 计算机时,又提出了一个更加完善的设计报告"电子计算机逻辑设计初探"。冯·诺依曼提出的这两份既有理论又有具体设计的文件,首次在全世界掀起了一股"计算机热",它们的综合设计思想便是著名的"冯·诺依曼机",其中心就是存储程序和程序控制,这也是现代计算机的基本工作原理。"冯·诺依曼机"被誉为"计算机发展史上的一个里程碑",它标志着电子计算机时代的真正开始,指导着以后的计算机设计。冯·诺依曼也因此被称为"计算机之父"。

3.5.3　计算机界具有影响力的两大国际学术组织

1. ACM

1947 年,即世界上第一台电子数字计算机 ENIAC 问世的第二年,美国计算机协会(http://www.acm.org)就成立了,这是世界上最早和最大的计算机科学教育组织之一。它的创立者和成员都是数学家和电子工程师,其中之一是约翰·迈克利(John Mauchly),他是 ENIAC 的发明者之一。ACM 成立的初衷是为了计算机领域和新兴工业的科学家和技术人员能有一个共同交换信息、经验知识和创新思想的场合。几十年的发展,ACM 的成员们为我们今天所处的"信息时代"作出了贡献。ACM 举办了大量的国际会议及印刷了大量的学术刊物,供它的成员们发布他们所取得的成就。同时,也为在各种领域中取得杰出贡献的成员颁发各种奖项,其中最著名、也最重要的奖项就是图灵奖。

ACM 的成员今天已遍布世界各地,他们大部分是专业人员、发明家、研究员、教育家、工程师和管理人员。其中绝大多数的 ACM 成员,又是属于一个或多个专业组织(Special Interest Group,SIG),他们都对创造和应用信息技术有着极大的兴趣。很多大的、领先的计算机企业和信息工业组织也都是 ACM 的成员。

ACM 就像一个伞状的组织,为其所有的成员提供各种最新的信息,包括最新的尖端科学的发展,以及从理论思想到应用的转换。

2. IEEE Computer Society

电气和电子工程师协会(Institute of Electrical & Electronic Engineers,IEEE)计算机学会(IEEE Computer Society,http://www.computer.org)成立于 1946 年,也是世界上最早和最大的计算机科学教育组织之一,是 IEEE 下 37 个专业学会中最大的一家。学会会员来自 140 多个国家,其中 40%以上来自美国以外地区。

IEEE 计算机学会致力于发展计算机和信息处理技术的理论、实践和应用。通过其会议、应用类和研究类的期刊、远程教育、技术委员会和标准制定工作组,学会在它的成员中间不断推动活跃的信息、思想交流和技术创新,是全球计算机专业人士的技术信息和服务的顶尖提供者。

3.6 习 题

1. 问答题

(1) 简要说明存储程序原理的主要含义,它和其他机器工作原理的主要区别。

(2) 阐述并图示出计算机系统的逻辑结构。

(3) 结合当前市场情况,列出当前流行配置的计算机的硬件组成、技术指标及其厂商、型号和价格。

(4) 阐述计算机软件系统的组成及其层次关系。

(5) 简要阐述计算机硬件系统之间、软件系统之间以及软硬件系统之间的协同。

2. 上机练习题

(1) 在关闭电源的情况下,打开机箱,熟悉计算机内部的硬件及其连接。

(2) 练习开机与关机,学习使用 Windows 的帮助系统。

(3) 你所使的机器上安装的操作系统是什么? 包括它的类型和版本。尝试通过其帮助使用之,并写出你的体会。

(4) 学习使用 Windows 的资源管理器,查看浏览计算机的各种软硬件资源。

(5) 列出一些你使用过的应用软件,并说明它们的用途。

(6) 尝试在计算机上安装一个或多个应用软件,通过其帮助系统学习并使用它们。

第 4 章

信息表示与信息输入输出

计算机的信息处理过程由信息的输入、信息的存储与处理、信息的输出这三个基本步骤组成。作为开始，本章首先讨论信息在计算机内部的表示，以及信息如何输入到计算机内部、又如何展现输出。然后，在第 5 章中讨论信息在计算机内部的存储；在第 6 章中讨论信息在计算机内部的处理；第 7 章则会涉及计算机内部信息的组织与管理。

最早的计算机，只能帮助人们进行科学计算，人们通过非常原始的手段与计算机进行交流：在纸带上打孔（对纸带按位置进行划分，打孔的位置表示 1，没有打孔的位置表示 0），以二进制数据的方式告诉计算机它的操作指令以及它的操作数据，然后，计算机再在纸带上打孔，再以二进制数据的方式告诉人们它的计算结果（如图 4-1 所示）。

图 4-1　在纸带上打孔，表示二进制数据（110100111010…）

（注意这种方式，这是计算机存储介质进行信息存储的基本原理——如何在介质上表示"0"和"1"，这里纸带是存储介质，用打孔和不打孔来表示"1"和"0"。在第 5 章中将深入讨论计算机中的信息存储技术）

这种与计算机进行交互的方式，无疑是十分费劲的。在那个时候，计算机也仅仅是少数专业人员的工具。计算机发展到今天，尤其是个人计算机和因特网的出现，它已经走进了人们生活的方方面面，正在广泛而深刻地影响着人们的生活。

4.1　计算机能帮我们做什么

现在，人们不仅可以利用计算机来进行各种科学计算，还可以让计算机做许许多多其他的事情。

4.1.1　阅读与写作

在人类发展的历程中，人们撰写了无数的文章和书籍。传统的阅读和写作方式主要是通过纸张来完成的：人们将文字等用手写在纸上，记录自己的思想；再通过印刷，形成纸质书籍进行传播，供人们阅读。

现在有了计算机，情况就有了很大的变化，人们的阅读和写作有了新的选择。所有的文章、书籍都可以进行数字化,存入计算机内部(通常用文件来存储管理,有关文件的概念,请参阅第7章),通过相应的阅读软件,人们就可以在计算机屏幕上进行阅读了。常见的阅读软件如 Microsoft Word、WPS 2000 和 Adobe Acrobat Reader 等。当然,不同的阅读软件,它们对文章、书籍等数据组织管理要求是不同的。

在计算机软、硬件的帮助下,人们也可以利用计算机来写作。人们可以通过键盘写,也可以通过手写板写,甚至可以用嘴"写"——通过声卡/麦克风采集人们叙述的声音,再在声音识别软件的协助下转换成文字。写入计算机内的文章、书籍可以立即存储在计算机内的文件里,在需要的时候可以随时取出来,方便地进行修改、编辑、排版,可以直接供人们通过计算机进行阅读。进而,还可以通过计算机网络发布出去,进行广泛的传播,而不需要像传统的方式那样,需要通过印刷、出版和发行等渠道。

现在,计算机内有太多数字化的文章、书籍等数据可供人们阅读,人们可以从不同的渠道得到这种数字化的资料,如从光盘上、从网上,等等。人们可以直接通过计算机屏幕进行阅读,当然,也可以将它们打印出来,以传统的方式供人们阅读。随着计算机技术的进一步发展,人们以后还可以"听书",计算机可以根据文章、书籍的内容,自动合成声音信息,通过声卡/音箱(耳机、扬声器)将文章、书籍的内容"读"出来。

4.1.2　音乐

当计算机正确安装了声卡和发声设备(音箱、耳机和扬声器等)、并且安装了音乐播放软件后,人们就可以利用它来欣赏美妙的音乐了。当然,与阅读一样,也需要事先将音乐数字化,保存到计算机里。

音乐(声音)的数字化工作通常是由专业公司利用高质量的录音设备录音,并经数字化转换得到的。比之文章、书籍资料,数字化音乐需存储的内容(容量)要大得多,而且制作好的音乐内容一般也不需要进行编辑修改,因此,人们一般将数字化的音乐内容存储在只读光盘里,这就是通常所说的 CD。这样,人们在欣赏 CD 中的音乐时,往往也需要光盘驱动器。当然,数字化的音乐内容也可以存储在其他类型的外存储器里,如硬磁盘、移动闪盘和磁带等(有关外存储器的内容,将在第5章介绍)。

此外,随着网络技术的发展,人们可以从网上获取更多的音乐资源。在网络上的某一台机器里,通常称它为服务器,提供了很多数字化的音乐歌曲,可以供大家在线听歌——数字化的音乐内容通过网络实时传送到人们的机器里,再由音乐播放软件将音乐播放出来;或者可以将这些音乐资源通过网络下载软件,下载到人们机器的硬盘里,永久保存下来,随时欣赏。当然,在线欣赏或者是将音乐资源下载到本地,都要求人们的机器要与计算机网络相连。

音乐资源的组织管理方式也有很多种,当前比较流行的 MP3 音乐,就是一种音乐资源的压缩存储管理方式(参见 4.3 节、4.4 节)。其他的音乐资源组织管理方式还包括 WAV、MIDI 等,大部分音乐播放软件都能够同时支持这些音乐文件的播放。常见的音乐播放软件包括 Windows Media Player、Winapp 等。目前流行的一种称为 MP3 播放器的小设备,就是移动闪盘、MP3 压缩格式的音乐文件、音乐播放软件和耳机等的集成体,通过它就可以直接欣赏音乐。

除了欣赏音乐之外,还可以通过相关的应用软件(录音软件、声音编辑软件等,如 Sound

Recorder、Audio Recorder 和 MIDIsoft 等),利用声卡/麦克风,将人们的声音记录下来,保存到计算机里,进一步,还可以对音乐(声音)文件进行后期编辑处理:或者编辑修改,或者合并两个不同的音乐(声音)资源(如配乐诗朗诵,将一个朗诵文件和一个音乐文件融合起来),或者转换它们的组织管理方式。4.1.1 节讲到的用嘴"写"书,其实也是录音的一种,只不过它更往前走了一步——将声音转换成了文字。更进一步,人们还可以通过声卡、麦克风、音箱,在相应的应用软件的控制下来唱卡拉 OK。为了达到高质量的声音效果,还可以将功放等音乐设备也连接到计算机中。

4.1.3　图片

很多精彩的照片,以前只能印在照相纸上保存、欣赏,随着时间的推移,这些照片可能会遭到破坏、颜色变质等,失去原先的光彩。现在,人们不用为此担心了,所有的照片都可以以非常高的质量存储到计算机内,并永久保存,不会再因为环境的变化、保存媒体变质而出现损毁,即使是一百年以后,它们也会风采依旧。

有两种渠道可以将照片保存到计算机中来,一种是利用扫描仪将已有的纸质相片扫描到计算机中,另一种则是通过数码照相机照相,再将照相结果保存到计算机中(参见第 3 章及本章 4.3 节的有关内容)。

保存在计算机内的图片,人们可以通过图片编辑软件很方便地进行编辑、修改,使图片呈现出更加有意义、有趣的效果。例如,可以在图片上添加文字信息(诗文、照片说明和题字等),可以在图片上添加自己的图案(连线、符号和突出标记等),等等。还有的图片编辑软件,甚至可以让人们将一系列图片串起来,并且录制图片解说词(背景声音),再融入背景音乐,合成一个可以连续播放、展示的电子相册,这也是 4.1.4 节要介绍的数字电影的一种。

图片资源的组织管理方式也有很多种,与音乐资源一样,它也有几种标准的组织管理方式,如 BMP、GIF 和 JPEG 等,大部分图片编辑软件都能够同时支持这些类型的图片的显示、编辑和修改等。常见的图片编辑软件包括 Microsoft Paint、Adobe Photoshop 和 ACDSee 等。

4.1.4　动画与电影

现在,人们可以不用去电影院看电影了,利用计算机就可以随时观看电影,而不用受电影院的时间限制了。

与欣赏音乐相类似,当计算机正确安装了声卡和发声设备(音箱、耳机、扬声器)、并且安装了影像播放软件后,人们就可以利用它来欣赏电影了。当然,也需要事先将电影数字化,保存到计算机里。

电影的数字化工作通常也是由专业公司利用高质量的录像、录音设备并经数字化转换得到的。比之数字化音乐,数字化电影所需存储的内容(容量)又要大得多,因为它本身就包含了声音,同时还包含大量的数据量更大的图像信息。制作好的数字化电影,一般也不需要进行编辑修改,将它们存储在只读光盘里,这就是通常所说的 VCD(现在更多的则是用容量更大的 DVD 来替代 VCD)。VCD 和 DVD 的差别不仅仅是容量上的,而是体现在多个方面。首先是制作方式不同,VCD 是传统的(非数字)电影制作的后期光盘,而 DVD 则是全程数字化制作出来的。另外,在内容质量以及内容的组织管理方式上也有很大的不同。

网络上也有很多数字化电影资源,可以通过在线和下载两种方式提供。由于数据量比较大,在线欣赏一般都要求有比较高的网络带宽。为此,人们设计了很多压缩算法来减少数字化电影的存储容量(参见 4.4 节),因此也就出现了不同的影像资源的组织管理方式。常见标准的组织管理方式包括 MPEG、AVI 和 RM 等,大部分影像播放软件都能够同时支持这些电影文件的播放。常见的影像播放软件包括 Windows Media Player、Real Player 和 Cyberlink PowerDVD 等。

当然,用计算机来看电影,受显示器、音响等的影响,视听效果肯定不如在电影院好,但是它更自由、更便捷,而且还可以使用更好的外部设备来改善效果,如使用投影仪来放大可视区域,使用功放和更好的音箱来改善声音效果。

数字化电影实际上是时间上具有连续关系的一系列数字化图片再加上数字化声音的有机合成体。前面讲的电子相册,则是将一系列在时间上不一定连续的图片和声音融合到一起的,它也可以算是数字化电影的一种。还有一种能够将时间连续或不连续的图片、矢量图形以及声音融合到一起的技术,称为数字动画(有关原理请参阅 4.3.7 节)。数字动画是目前相当流行的一种技术,使用最多的制造动画的应用软件就是 Macromedia Flash,网上有大量的 Flash 动画供人们选用、欣赏,人们还把制造 Flash 动画的爱好者称为"闪客"。

除了由专业公司制作数字电影之外,数码摄像机(人们常说的 DV)则可以帮助普通人随意记录感兴趣的影像信息。还有一种屏幕录像软件,它可以在人们操作计算机时,将计算机屏幕上的内容以及人们说话的声音记录下来,形成影像文件。这种软件在人们制作软件产品说明、操作指南时非常有用。常见的屏幕录像软件有 IBM Lotus ScreenCam、Screen Demo Maker 和 HyperCam 等。

人们还可以通过影像编辑软件来剪辑、修改数字电影,或者进行文件格式转换,常见的影像编辑软件有 Windows Movie Maker(前面讲的数字相册就可以通过它来编辑)、Adobe Premiere 和 Realproducer Plus 等。

4.1.5 游戏

近年来,计算机游戏越来越受到人们喜爱,尤其是年轻人。以前,人们往往是使用电视机以及专门的游艺机、游戏卡之类的东西来玩游戏,使用起来显得比较麻烦。现在,使用一台普通的计算机就可以来玩游戏,当然,如果再加上好的声卡、音箱和游戏操纵杆等外围设备,游戏效果就会更好。

要在计算机中玩游戏,当然需要游戏软件才行,这是一种应用软件。一般游戏软件从运行环境的角度来看,可以分为两种——单机游戏和网络游戏。如果要从功能角度划分,那游戏种类就多彩多姿了,可以说想玩什么,就有什么样的游戏软件。既有一个人独自玩的游戏,也有以计算机为对手的游戏;既有多人竞争玩的游戏,也有多人协作玩的游戏。很多传统的游戏,都有计算机版,如打牌、下棋等,既有单机版,也有网络版。Windows 操作系统通常都带有一些简单的游戏,如纸牌、红心大战、空当接龙、扫雷和桌上弹球等,这些游戏有的既支持单机玩,也支持几个人一起玩。

从游戏产业角度来看,游戏主要分成两种,一种是独立游戏软件,由软件开发商开发并销售给游戏爱好者,游戏爱好者购买后,可以在一台或联网的多台机器上安装,一个人或与几个伙伴一起玩;另一种则是网络游戏,它是由一些游戏运营公司的游戏站点提供,其运行要完全依赖于计算机网络,构成了一个虚拟的游戏空间。这种游戏,要求人们的计算机要连接到因特网上才能进行,不同种类的游戏,人们可以在其中得到不同的游戏效果。当然,在玩游戏时,应注意不要沉溺其中。

进一步,随着因特网的出现,计算机能为我们做的事情更多了。因特网上已经提供了种类非常繁多的信息和服务,供别人浏览和使用。人们通过因特网,可以浏览新闻、搜索资料(包括论文、学习材料、音乐和电影等)、看网络电视、打网络电话、建网络虚拟社区、网络聊天和网络短信等。

可以看到,计算机能表示和处理的信息多种多样,计算机让人们的生活更加轻松、精彩。但这些丰富的信息在计算机内是如何表示和处理的呢?

4.2 信息表示及信息输入输出

4.2.1 二进制信息编码

信息论(Information Theory)的开山鼻祖香农教授(C. E. Shannon)在1948年发表了"通信的数学理论"的论文。他首次指出,通信的基本信息单元是符号(Symbol),而最基本的信息符号是二值符号。"数码1或0"代表了两种状态,某个命题的"真或假"也是该命题的两种可能状态。某条线路的"接通或断开"等物理状态也有两种可能状态,它们皆可以用来表示二值符号。例如,某侦察员看到了闪动的灯光,从这一预先约定的信号,他知道"敌军已经开拔"。有关命题 P"敌军是否已经开拔",他由不知道 P 的真假变为知道 P 为真。由此,这里的闪动灯光代表了一定的信息含量。香农提出,度量信息可以从这种基本的分析入手,信息的最小单位是:它使一个命题由原先不知变为知道其真假。他把这个信息的最小单位称为比特(b)。比特是度量信息的基本单位:任何复杂信息皆可以根据其结构和内容,按照一定的编码规则被分割为更简单的成分,一直分割到最小的信息单位,最终被变换为一包由"0"和"1"组成的二值(binary)数据。不管是文字、统计数据、照片,还是音乐、讲话录音或电影,都可以这样被数字编码为一组二值数据,并能基本无损地保持其代表的信息含义。信息的二值形式被称为它们的"二进制编码",或称为"二进制表示"。这种信息的"二进制编码"方法通常称为"信息的数字编码方法",或简称为"数字化方法"。

事实上,计算机硬件的物理特性也决定了它能方便地存储二值形式的数字信息,并能够对这种二值信息高速度地进行复杂的处理。这就形成了一个非常有趣的现象:虽然世界上信息的表现形式多种多样,但在计算机里它们的形式得到了统一。任何信息在计算机中都以二值的数字形式被存储、被处理,还通过各种通信媒体被传输和接收。

计算机内部的信息主要包括两个方面:程序和数据。通常,数据被分为数值型数据和非数值型数据两大类。数值型数据是指能进行算术运算(加、减、乘、除四则运算)的数据,即通常所说的"数"。非数值数据是指文字、声音和图像等不能直接进行算术运算的数据。在第3章曾经讲过,程序就是一系列指令的集合,所以从本质上看,程序本身也是一种非数值型数据。

受硬件水平以及输入输出设备的限制,早期的计算机只是用来进行数值处理,因为二进制方式可以很自然地表示数值,数值型数据的算术运算的硬件实现也比较容易,同时人与计算机也可以直接通过二进制数据的方式进行交互。当然,这种以二进制数方式进行的交互对人来说是非常痛苦的事情。现在的计算机,里面的软件各种各样,被处理的数据也有着许多不同种类,外部的表现形式也是千差万别。例如前面所说的各种娱乐软件、文字、声音、图形、图像和影像等。虽然计算机内的信息都是用二值形式来表达,但是要同时清晰地表达现实生活中这些纷繁复杂的信息(数值、文字、声音、图像和指令等),该按照怎样的规则将它们表示成怎样的二进制数字编码才能加以区分呢?

当计算机接收到信息符号(0 和 1 的串)时,它并不能直接"理解"这些数字符号(数据)的含义。例如有 8 个"0"和"1"符号排列为一串数字 01000010。如果简单地问,在计算机内它的含义是什么? 对这个问题实际上无法给出简单的回答。因为这串数码的意义要看它是在什么地方使用,以及对这种编码有什么约定。共同的"约定"决定编码的含义。没有共同的"约定",就无法确定内容。这一串数字可以是一个整数、一个字符、一条运算的指令,或者另外什么含义。人们在生活中也经常会有类似的经验,如一个相同的手势"V",可以表示"胜利",也可以表示数值"2",具体是哪个含义,这就要看做手势时的环境了。

显然,对信息含义的这种解释,归根到底仍然离不开人。人的大脑对信息的理解能力,以及对信息的浏览挑选和思考推理等能力,目前还远远超过"机器"。计算机的"计算"是根据人们对信息的理解,一切按照人们对信息处理的要求来展开计算。

4.2.2 信息输入输出的本质

信息被转换为对应的二进制形式的过程被称为"编码"过程,这是信息输入要解决的问题之一。相反地,其反方向的转换过程则称为"解码",这是信息输出要解决的问题之一。编码和解码是互相对应的一对操作。

计算机存储和处理信息时都采用二进制数字形式,但是,客观世界的信息却不全是数字的,更不是以二值形式存在的。客观信息具有丰富多样的形式,并且多数是连续变化的。为使它们都能够由计算机处理,就必须将它们输入计算机。信息输入过程要解决的主要问题就是把这些形式纷繁、丰富多彩的信息形式统统转化为计算机内部二进制数字形式,这就是计算机输入工作的实质。

而输出工作的实质则正好与输入工作相反。在计算机中用二进制形式表示和存储的信息,人通常是无法直接接收和使用的。"输出"过程要解决的最重要问题是进行信息表示形式的转换,使其符合信息发送和接收两方对交换的信息表现形式的协议或约定。特别是当信息的接收方是人的时候,就需要把信息由计算机内部表示和存储所采用的二进制形式变换为人们易于接受和理解的视听形式(或者其他形式)。例如,一篇文章、一幅照片,在计算机的存储器里都表现为一个很长很长的二进制序列,无法想象人能直接阅读或观看这个二进制序列,即使面对这个长长的二进制序列,也根本无法得到读文章或看照片时的感受。可见,虽然在这些二进制序列中"蕴涵"着文章或照片的信息,但这些信息是以人无法理解和使用的形式存在的。设法把计算机中以二进制形式存在的数据所蕴涵的信息提供给人使用,这就是计算机系统的输出过程需要解决的问题。

从某种意义上说,计算机系统信息处理的二值特性以及信息的编码方式(参见 4.3 节),决定了硬件的输入输出设备的基本原理。不同的输入设备,根据其输入信息的编码特点,利用其自身的物理电路特性,完成需采集信息的二进制编码采集,并通过缆线传输到计算机内部。而输出设备,则从计算机内部获得二进制编码数据,将这些二进制数据进行解码,形成相应的电信号,驱动输出设备的物理电路,以人们能够接受的形式将信息展现出来(如图 4-2 所示)。

图 4-2　信息输入输出的本质

整个信息的输入和输出过程,实际上是一个计算机系统的软件和硬件一起协作的过程(如图 4-3 所示)。通常,人们是通过应用软件来启动信息的输入工作的。应用软件首先向操作系统发出请求,需要使用某种输入设备来输入新的信息。操作系统接到请求后,就会去检查该设备是否连接到主机上,并找到该设备的驱动程序,通过驱动程序来驱使该设备进行信息输入工作。输入设备根据自身的能力,采集待输入信息,并在驱动程序的协助下转换成二进制编码数据,通过缆线发送到计算机内部。在计算机内部,则通过操作系统和设备驱动程序获得输入信息,并将输入的信息存放在主存储器(内存)中应用软件可操作的特定存储空间(存储地址)中,供应用软件处理使用。进而,应用软件就可以对这些二进制编码数据进行各种处理:或者在操作系统的协助下,通过网络设备及其驱动程序,将这些二进制编码数据发送到网络上的其他计算机上;或者在操作系统和磁盘驱动程序的协助下,形成一个二进制数据整体,存储到磁盘中去(第 5 章将会介绍存储设备的存储原理);或者在操作系统的协助下,通过输出设备的驱动程序,将这些二进制编码数据发送到输出设备中,由输出设备完成对二进制数据的解码工作,并按照信息的本来面貌,以人们能够理解的形式在输出设备中展现出来。

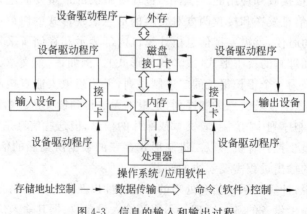

图 4-3　信息的输入和输出过程

不同的东西应当以什么形式输出,需要怎样进行转换,是根据人的需要确定的。同样的信息在不同时刻也可能要做不同的转换,以不同方式呈现出来,以满足人(或者其他方面)的不同需要。例如,同样的数值信息,有时候需要以 ASCII 字符的形式呈现出来就可以了,有时候则需要用图形的方式来表现。又如文字信息,既可以以 ASCII 字符的形式呈现出来,又可以用声音的方式输出来。这种转换工作,主要是由软件来完成的。比之输入过程,计算机的信息输出过程有着很大的不同,计算机软件的作用更加重要了。

计算机系统的输出并不都是给人看的,有些输出也可能送到其他设备,服务于其他目的,或者送到其他计算机。进行这些传输时同样也可能要做信息形式的转换,设备驱动程序在输出过程中是软件和输出设备之间能够互相配合的桥梁。此外,信息在输出过程的不同阶段还可能需要做多种不同转换,相关的硬件和软件之间的配合可能很复杂。

4.2.3 计算机系统的信息交换环境

计算机系统的信息交换环境如图 4-4 所示。信息由外部进入中央处理部件(由中央处理器及主存储器等组成)是计算机系统最基本的输入活动。中央处理部件一方面与计算机的外存储器,如磁盘、光盘及磁带等连接;另一方面也与各种外围设备连接。某些设备(例如磁盘、磁带)具有和中央处理部件双向交换信息的能力。但情况并不都这样,有些外围设备只能单向地交换信息,仅做输入或输出。常见的输入设备,包括字符输入设备(如键盘)、指点设备(如鼠标)等是单向的。也有一些单向输出设备,用于把计算机内部信息输送到外面(输出)。特别是那些可直接被肉眼观察到的媒体方式输出信息的设备,如屏幕显示设备、打印设备等,也为每台计算机所必备。

如果把视野扩大一些,把计算机及其外围设备看成一个系统,把计算机系统作为一个整体放在一个更大的工作环境中,这时计算机与外部进行信息交换的对象是使用系统的人,以及其他一些可以与之建立通信联系的设备。例如,一个人通过敲击键盘向计算机系统发出信息,这时计算机键盘把人的击键动作转换为一系列的数字信号,传送给计算机内部。计算机在接收到这些信息后,一般把它们存储在主存储器中,然后再进行处理(如图 4-5 所示)。其他输入过程都以与此类似的方式进行。

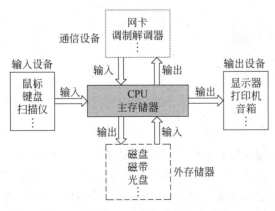

图 4-4　计算机系统的信息交换环境

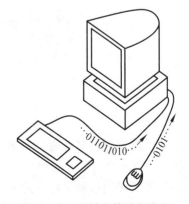

图 4-5　通过键盘等设备输入

在计算机工作过程中,计算机与人之间常有往复的信息交换。人给计算机输入数据,也给它发出操作命令。计算机系统在计算过程中有时要向人提出请求,要求提供处理的中间数据、提供对处理过程如何进展的指示以及对处理方式的确认等。在这些时候,使用计算机的人员都需要给系统以适当的响应。在复杂的处理过程中,计算机系统必须能按照人的需要,把信息处理过程的一些中间情况以适当的形式展现在使用者面前,使人可以了解工作的进展情况,决定如何指挥计算机系统进行下一步工作。当整个计算过程结束,得到问题处理的最终结果时,计算机应该把结果信息变换为人们易于理解的形式输出给人,使人能够比较容易理解这些结果的内在意义。由此可见,交互式的信息交换方式是人和机器共同协作解决问题所必须的。

今天,许多计算机连接在计算机网络上,或者通过电话线连接在公用通信网上。通过网络从其他计算机那里得到信息,或者发送信息到其他计算机,也是一种输入输出方式。如果不考虑最终的通信对象及其具体位置,只从一台计算机内部的角度看,这种通信可以简单地认为是中央处理部件对于网络连接部件(通信接口部件)的输入(或者输出)操作。此外,一台计算机也可能被嵌入在一台更大的实际设备中,例如安装在一台机床上、一架飞机或者一个正在飞行的导弹中。在这种情况下的计算机,其工作环境就包括了与其外部各种设备的连接。在工作过程中,计算机要通过一些检测元件(称为传感器)接收外来的信息(这是输入),也可能需要向某些机电执行部件发出信息(这也是输出)。

综上所述,从计算机核心部件中央处理部件的角度看,输入输出操作是在它与外部设备之间的信息传输(如图 4-6 所示)。由外部设备来的信息传输就是输入,向外部设备去的信息传输就是输出。有些外部设备只能够向计算机提供信息,它们是单纯的输入设备;有些设备是单纯的输出设备,它们只能接收计算机传送去的信息。当然,也有既能够输入也能输出的双向设备,例如各种外部存储设备、网络通信接口设备等,这些设备统称为输入输出设备。输入输出的英文词分别是 INPUT 和 OUTPUT,因此也常把输入输出简称为 I/O,其他如"I/O 设备"、"I/O 操作"等也是常用的缩写。

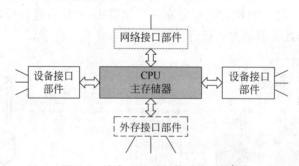

图 4-6　从中央处理部件看输入输出

输入输出操作按照其通信方式可以分为两种:串行 I/O 操作和并行 I/O 操作。串行 I/O 操作是以单个二进位为单位进行的,一次传递一位。计算机与一些慢速 I/O 设备之间的通信联系常采用这种串行方式。例如,键盘输入信息就是以串行方式传输的。串行通信像是一种单车道的公路,信息只能一位位地通过。串行通信的优点是通信设备之间所需要的连接比较简单,缺点是传输速率不够高。

并行 I/O 操作像是一条多车道的公路,每个步骤可以同时传输多位的信息。为了在两个设备之间进行并行通信,就需要有平行的多条互连线路。并行通信的优点是速度比较快,缺点是互连多条连接线成本比较高,因此常被用在物理距离接近的设备之间,例如在中央处理部件与外存储器之间的通信。中央处理器和主存储器之间通信的速度对计算机的性能影响非常大,自然也采用并行方式互相传递信息。对于并行通信方式,称同时可以传送的二进位数为"通信宽度"。目前常见的并行通信宽度有8位、16位、32位或64位等。第3章中讲到的总线,就是这样的并行传输线路。

应该注意的是,每一次通信本身实际上是一个相当复杂的过程。在信息传输过程中,参与通信的两个设备之间需要有应答通信,就像是说:"准备好了吗"、"准备好了"、"传输信息"、"收到了",如此等等。当接收方发现收到的信息中存在问题时,还会要求对方重新发送。这样自然也提出了另一个问题:在每一次应答之间究竟能够传送多少信息?这方面常用的基本方式也有两种:单项传输或成块传输。单项传输方式在每一次应答间只进行一步数据传送,其传送数据的信息量等于通信线路的宽度;而成块传输则在每次应答之间进行多步传输,传输的一批数据称为一个信息块。采用成块传输方式的目的是为了减少花费在应答上的时间,提高总的信息传输效率。例如在硬盘等外存储器和主存储器之间,由于采用了并行的成块传输方式,传输速率可以达到每秒几百万字节,甚至更高。这个速度指标对于计算机的总体性能有很大影响。

4.3　信息的编码及其输入与输出

目前,人们已经对一些基本信息,包括数值、指令、字符、颜色、声音、图形/图像和影像/动画等进行了标准化的二进制编码,使得在计算机内部能够方便地表达处理它们。如果需要表示更多的基本信息,也需要进行进一步的二进制编码,如4.5.2节中所提到的"触觉"信息。另外,还有一些复杂的信息编码,可以通过对这些基本信息进行组合得到。

4.3.1　数值的表示范围和精度

计算机中的数值计算基本上分为两类:整数和浮点数。例如,16个二进制位如果用来表示非负整数,可表示的范围是 $0 \sim 65\,535$,在这个范围内共有 2^{16} 个整数。采用32位表示整数则可以表示的最大整数达到大约40亿,这个数虽然很大,但还是有限的。这里值得注意的一点是,数学中的数有无限多个,而计算机中则通常用固定长度(二进制位数)的二进制数来表示数,所以计算机内所能表示的数的范围是有限的,它们只是数学中所有实数的一个子集。任何数值计算都必须把计算机仅有固定的数值表示范围这一重要事实考虑在内。此外,计算机内用二进制数来表示信息的一个常用的规则就是用 $2^N(N \geqslant 0)$ 个二进制位来表示信息,如1个二进制位可以表示两种状态,2个二进制位可以表示4种状态,4个二进制位表示16种状态,8个二进制位表示256种状态,16个、32个、64个二进制位……之所以采用这种规则,这是与二进制表示本身密切相关,同时也可以使得硬件的实现更加容易。

除了自然数(0和正整数)的二进制编码外,还要考虑负数在计算机内部的表示。计算机经常用一种具有符号位的"补码"表示方法(有关"补码"表示,参见1.4节,感兴趣的同学可以自己在课后进一步查阅学习)。举例来说,用16位二进制表示带正负号的整数,若采用补码表示方法,则其表示范围是 $-32\,768 \sim 32\,767$,最左的二进制位0/1区分整数的正负。

用 32 位的补码,可以表示整数范围大约为 -20 亿 $\sim +20$ 亿($-2^{31}\sim 2^{31}-1$)。

在科学与工程计算中,人们常采用数的科学表示法(计算机中对应的是浮点表示法),即用 $m\times 10^{j}$ 两部分的乘积形式表示任一个数 x,其中 m 称为数 x 的尾数(也称为小数部分),它包含了数 x 的有效数字(一般还规定 m 的变化范围,其绝对值大于 0.1,且小于 1),10^{j} 被称为数 x 的指数部分,其中 10 称为底数,是不变的常数,而称 j 为数 x 的阶(也称为幂次部分),可正可负。科学表示法可以表示较大范围的数,特别是对于绝对值特别小或特别大的数,在书写上可以很简短,省去重复的 0。在计算机内,对浮点数的表示也是采用科学表示法,小数部分和幂次部分分别用固定长度的二进制数表示,由于统一采用二进制,底数则改为 2 或 16。

有关整数和浮点数在计算机内的表示,参见 1.4 节。

当人们给计算机输入十进制数时,将这个击键序列的编码转换为内部的二进制数的转换工作是由输入过程当中的工作软件完成的。另外,还有一个值得注意的问题:假设看到计算机里有一个 16 位的数据,其二进制序列为 1000 0000 0000 0000。它究竟表示了什么?是表示一个正整数(无符号整数,其数值为 32 768),还是一个负整数(注意它的第一位是 1,也许代表负号)?这个问题的正确解释是,一个二进制序列本身不足以说明任何问题。它本身表示的是什么东西,属于哪一类,应该根据该数据的使用环境来确定,也就是说,要由数据使用者来解释。这个数据本身简单地就是一个二进制序列,问题应该反过来问:当有了一个二进制序列时,根据“约定”,应该把这个二进制序列解释成什么?如果在某个约定的环境中,把这一二进制序列看成是一个无符号整数,那么它表示的就是正整数 32 768;如果约定是作为有符号整数的表示,那么它表示的是一个负数(其值为 $-32 768$)。计算机内所有其他二进制数据的使用,也同样都要根据当前使用环境来确定它的类型。

4.3.2　指令编码

前面讲过,每一类 CPU 指令都由一个具体的物理电路来实现。指令的编码,其实就是用一个唯一的、确定的二进制数来代表一类 CPU 指令。计算机的 CPU 规定了指令系统,给出了它的全部指令的类型和编码规范(有关指令系统,在第 6 章中还会进一步介绍)。指令编码包括指令的“操作码”和“地址码”等几个相对独立的部分。操作码用于区分指令类别,如存储访问指令、算术运算指令、条件判断指令和输入输出控制指令等,不同的指令类型有不同的操作码(二进数)。指令的地址码部分是给出指令操作的数据或操作的其他参数,通常操作的数据是由其在主存储器中的存放位置来描述的。

下面是指令操作码的一个简单示意:不同类型的指令用不同的二进制数来表示,如加法、减法等。每一个二进制数都对应一种类型的指令,这种对应关系是一一映射的。CPU指令的类型是有限的,可以用一个固定长度的二进制数去分别表示它们。具体用多少个二进制位进行编码,要看有多少种不同类型的指令。例如下面示例的指令编码中,采用了 8 个二进制位来表示,最多可以表示 256 种指令。

加法：00000001

减法：00000010

乘法：00000011

除法：00000100

跳转：00000101

与 0 比较：00000110

⋮

指令类型和具体的操作数一起，才构成一条实际运行的指令。而操作数，或者是一个具体的数值(称为"立即数")，或者是存放操作数的地址(包括 CPU 的寄存器和内存)，因此实际的指令编码是和数值编码、存储编码(包括 CPU 的寄存器编码以及内存的地址编码，具体内容可参阅第 6 章)密切相关的。下面是几条指令实例：

1+3：可以表示为 00000001 00000001 00000011

2 * 4：可以表示为 00000010 00000011 00000100

上面两条指令是对两个立即数(8 个二进制位)进行运算，运算的结果会存放在 CPU 的一个寄存器中。而下面这条指令则是从两个不同的内存地址(16 个二进制位，用中括号加以区别)取出某种类型的数值(32 个二进制位)相加，运算的结果会存放在第一个内存地址中(覆盖原先的内容)。

[0000000000000000] 00000001 [0000000000000100]

下面这条指令只有一个操作数，是一个内存地址，其功能是比较内存中的数值是否和 0 相等。

00000110 [0000000000001000]

可以看到，一条指令的二进制编码长度一般不必是固定的，因为有些指令只有一个操作数，有些指令则有两个；而操作数也有不同类型，其编码长度也是不同的。因此，CPU 指令系统允许变长的指令格式，短指令可以仅 1 个字节(1B=8b)，也允许 2 个字节或 4 个字节的指令。甚至用更多的字节来表示一条指令，原因是数据和数据的地址编码必须是很灵活的。指令系统和指令编码的例子请参看第 6 章。不同制造厂商的 CPU 的指令系统有很大的不同。

4.3.3 声音编码及其输入与输出

从数值编码和指令编码可以看出，在计算机内二进制编码的本质就是每种现象(一个数值，一种指令)都用一个唯一的二进制数来表示。但是，现实生活中的很多现象是连续的、无穷无尽的，而在计算机内部，表达数据的二进制位数是有限的，因此不可能像指令种类那样对连续的现象进行穷举，需要对有关现象的连续特性进行离散化采样，以减少现象的数量，从而能够用有限位数的二进制数来一一描述它们。

所谓离散化采样，就是把连续现象划分为有限的离散区段，把每一个区段内这些相近的现象看作一种现象，称为离散现象。这个过程称为"采样"过程，采样是将连续的表示变为离散表示的重要手段，连续事物的离散化是计算机表示现实生活中事物的基本手段(在计算机的专业基础课中，有一门《离散数学》的课程，就是从数学的角度对"采样"给出严密的定义)。这些有限的离散区段，可以用固定的二进制位数据来表示，并且每一个离散现象都可以用一个特定的二进制数来表示。其实，数值编码也是一个离散化采样的过程，只不过它限定的是数值的范围(包括整数或小数)。对于连续现象，这种离散现象的数量通常称为二进制编码的精度。显然，离散现象越多，需要的二进制位数也越多，也越接近连续现象，即精度更高。

现实生活中的声音都可以以模拟声波波形的形式进行记录，声音是随时间连续变化的声波波形,要在计算机内表示声音就需要对其进行离散化采样。声波的离散化采样是在时间和波形高度这两个维度上分别进行的(如图 4-7 所示)。在时间维上进行时间的离散化(按一定的均匀时间间隔采样);同时,每一个采样点的波形高度值(声波的振幅)也是经过离散化,记录为若干个二进制位的整数编码。两者合在一起形成了声音波形的编码。这种记录声音的方式称为声音的波形编码。

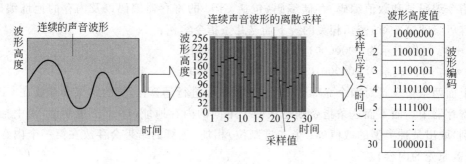

图 4-7 声波及其采样

到底用多少二进制位来表示采样点的高度值,要根据实际需要来确定。采样数据位数也称为量化级,指每个采样点在模/数(模拟信号和数字信号)转换后所表示的数据范围。常用的采样数据位数有三种:8 位、12 位和 16 位,8 位量化级表示每个采样点可以表示 256 个(0~255)不同的量化值,而 16 位量化级可表示 65 536 个不同的量化值,量化级的大小决定了声音的动态范围,即被记录和重放的声音最高与最低之间的差值,16 位的量化级足以能够表示出从人耳刚刚能听得见的极细微的声音到感觉难以承受的巨大嘈声这么大的声音范围。量化位数越高音质越好,数据量也越大。

从图 4-7 可以看出,采样点的时间间隔越小,就与原始波形越符合。声音编码中另一个重要的概念就是"采样频率",指的就是在记录声音的过程中,每秒钟对波形的采样次数。采样频率以 Hz 为单位,每秒钟采样 500 次即为 500Hz。采样频率越大,记录的声音的质量就越好,但需要的存储空间就越大。通常听到的音乐 CD,其采样频率为 44 100Hz,即每秒钟进行 44 100 次采样。如果用 32 位(4 字节,双声道,每声道采用 16 位量化级)存储每个采样点的高度值,这样 1s 的音乐就需要 $44\,100 \times 4 \approx 160$KB,一首 4 分钟长的歌曲,就需要 $4 \times 60 \times 160 \approx 36$MB。可见,需要的存储容量是非常大的。为了节省空间,对于质量要求不高的声音,还可以降低采样频率。当然,如果仍想保存高质量的声音,但又希望用较少的存储空间,这就要用到声音的压缩编码了,有关内容可参阅本章 4.4 节。

声音的离散化采样是通过麦克风、声卡及相应的软件来完成的。麦克风采集声音,声卡和软件完成离散化及波形编码记录。当然,仅仅记录声音的波形是不够的,要想听到声音,还需要有相应的发声设备,这就是音箱、扬声器等设备。计算机及声卡根据声音的波形编码数据,指挥发声设备产生相应的声音(如图 4-8 所示)。回顾第 3 章 3.1.3 节中关于声音的输入输出设备的描述,可以看出,声音的编码决定了这些设备的工作原理及其性能。

为了减少声音的存储量,人们还提出了另一种声音的编码方式——MIDI(Musical Instrument Digital Interface,音乐设备数字接口)编码,它是一种电子乐器之间以及电子乐器与计算机之间的统一交流协议。它是通过存储电子乐器(MIDI 乐器)和特定声卡(MIDI 声卡)用来重构声音的指令来表示声音的。MIDI 编码并不像波形编码那样记录乐曲每一

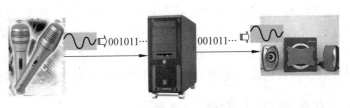

图 4-8　声音的输入与输出

时刻的声音变化,它只是将要演奏的乐曲信息表述下来。例如在某一时刻,使用何种乐器,以什么音符开始,以什么音调结束,加以什么伴奏等,它并不包含任何可供直接播放的声音信息。在进行声音播放时,需要通过 MIDI 声卡根据 MIDI 编码序列进行声音的合成处理,形成波形编码(这是一项非常复杂的技术,需要软硬件的密切配合,这里就不详细介绍了)。一首 4 分钟左右长度的 MIDI 编码音乐,其需要的存储容量只要百余 KB。目前,大部分声卡都支持 MIDI 合成。

4.3.4　颜色编码及其展示

现实生活中的颜色也是连续的、无穷无尽的,因此,也需要对颜色进行离散化处理:根据颜色的连续光谱及其和视觉有关的连续特性进行离散化采样,选取那些近似的颜色划分为同一种颜色,每种颜色与一个不同的二进制数进行关联。这与声音的编码是相同的。

但是,哪些颜色需要表示,这涉及两个方面的因素,一方面是人们期望用尽可能多的颜色来表示现实世界,这样用于表示颜色的二进制位数就要多;另一方面,也与相关硬件设备的存储能力和颜色显示能力有关(例如磁盘的存储容量、显卡/显示器的能力、投影仪的能力和打印机的能力等,参见本章 4.3.5 节)。通常把挑选出来的颜色集合及其二进制编码称为计算机的颜色系统。

一般颜色系统分为单色颜色系统和彩色颜色系统两种。最简单的单色颜色系统就是黑、白两种颜色,它只需一个二进制位就可以进行编码,即"1"表示黑,"0"表示白。好一些的单色颜色系统中,颜色可以有介于全黑到全白之间的许多不同状态,这些可能状态数决定了该颜色系统所需要的二进制编码位数。例如介于全黑到全白之间有 16 种不同状态(称为 16 级灰度,如图 4-9 所示),需要用 4 个二进制位编码;256 级灰度,则需要 8 个二进制位编码。

与单色颜色系统不同,彩色颜色系统中的颜色可以有彩色颜色的存在。常见的彩色颜色系统有 16 色系统(需要 4 位编码,如图 4-10 所示)、256 色系统(需要 8 位编码)、64K 色系统(需要 16 位编码)、16M 色系统(需要 24 位编码)。其中 16M 色颜色系统又称为真彩色系统,这时每个颜色由三个字节(24 位)表示,各字节(8 位)分别代表红、黄、蓝三种基色之一的强度,三色混合总共可以产生约 1600 万种颜色,为表现真实世界的色彩提供了足够多的种类。这种颜色系统在需要高质量图形的领域(例如动画或电影制作生产方面)得到了应用。

图 4-9　16 级灰度

图 4-10　16 色(4 位)彩色颜色系统

前面说过,颜色系统与颜色的采集和展示设备是密切相关的。其实,计算机内可以表达的颜色数是任意多的(增加颜色编码的二进制位数就可以了)。但是,颜色采集设备,如数码相机、扫描仪等,其感光能力将决定计算机内实际能够获得的颜色数;而颜色展示设备,如显示器、投影仪和打印机等,其色彩发生能力将决定计算机所能展现的实际颜色数。

4.3.5 图形/图像编码及其输入与输出

图形/图像是人与计算机通过视觉方式进行信息交互的基本形式。把图形存储在计算机中同样必须用二进制数字编码的形式,同时还要与颜色编码结合起来。

对于一幅图片或屏幕图形,最直接的表示方式是"点阵表示",即对图片和屏幕图形进行空间上的离散采样。在这种方式中,图形由排列成若干行和若干列的像元(pixels)组成,形成一个像元的阵列(这与声音的波形编码是相类似的,只不过波形编码是从时间维上进行离散采样的)。阵列中的像元总数决定了图形的精细程度。像元的数目越多(即采样数越多),图形越精细,其细节的分辨程度也就越高,但同时也必然要占用更大的存储空间(如图 4-11 所示)。对图形的点阵表示,其行列数的"乘积表示"称为图形的分辨率。例如,若一个图形的阵列总共有 480 行,每行 640 个点,则该图形的分辨率为 640×480。这个分辨率与一般电视机的分辨率差不多。

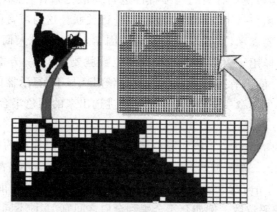

图 4-11　图形编码

分辨率只是图形表示的一个空间特性。再一个问题是每个点(像元)本身怎样表示。每个像元的表示是基于前面讲述的颜色编码来进行的,即该像元的颜色值。分辨率表示和像元的颜色值一起,就形成了图形的数字化编码(如图 4-12 所示)。

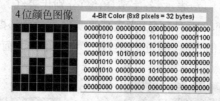

图 4-12　基于颜色编码的图形编码(参考图 4-10)

最简单的情况是纯黑纯白两色颜色系统,一个 640×480 的像元阵列需要 640×480/8＝38 400 个字节。由纯黑纯白两色颜色系统构成图形一般都不能使人满意,而采用灰度颜色系统,图形的表现力增强了,但同时存储一幅图形所需要的存储量也增加了。例如,采用 256 级灰度颜色系统表示一幅 640×480 的图形就需要大约 30 万个字节(300KB)。采用彩色颜色系统,图形的表现能力就更加强大了,但存储空间也会大大增加。不难计算,要表示一个 640×480 的"真彩色"点阵图形,需要将近 10^6(640×480×3)字节(1MB)的存储空间。图 4-13 是相同分辨率、不同颜色系统的同一幅图形的效果情况。

黑白色
(1位)

16色
(4位)

256色
(8位)

真彩色
(24位)

图 4-13 不同颜色系统的同一幅图形的对比(分辨率相同)

可以看到,不同分辨率、不同颜色编码的图像,其图像质量差别非常大。对于同样一幅原始图像:

- 如果对其离散化后的像元点越多,即分辨率越高,则图像越精细,质量越好;
- 如果颜色编码所采用的二进制位数越多,即所能表示的颜色数越多,则图像质量越好。

当然,图像质量越高,其所需的存储空间也是非常大的。

图形的点阵表示法的缺点是图形中的对象和它们之间的关系没有明确地表示出来,图形中只有一个一个的点。点阵表示的另一个缺点是如果取出图形点阵表示的一个小部分加以放大,图的每个点就都被放大,放大的点构成的图形实际上更加粗糙了(如图 4-11 所示)。

需要说明的是,上面介绍的点阵表示方法并不是唯一的图形表示方法。如果在一张空白图纸上勾画了几个机器零件,为了表示这些零件,显然最好是直接记录能够勾画这些零件形状的边界线及其相对位置(与声音的 MIDI 编码相类似),而不是把整张图纸用密密麻麻的黑白点阵来表示。与很少的表示零件线条的黑点对应的是图纸上大片空白区,存储的主要数据是"0"(白色用"0"表示,也占用存储),浪费了存储空间。而真正需要精细表示的零件形状却不精确。实际上,日常应用中经常遇到工程图、街区分布图和广告创意图等,基本上都是用线条和一些图形元素,如矩形、圆等基础元素构成的,因此人们考虑了其他图形表示方法。目前,按照这种思路进行图形编码的方法很多,其目标是既要节约存储空间,又要适合图形信息的高速处理。这些方法的基本思想是在一个特定的坐标体系下,用直线来逼近曲线,用直线段两端点位置表示直线段,而不是记录线上各点。这种方法简称为矢量表示方法。使用这类方法,往往只需要很少的存储量就可以表示一个图形。此外,采用解析几何的曲线公式也可以表示很多曲线形状,这称为图形曲线的参数表示方法。由于存在着许多不同的矢量图形表示方法,矢量图形数据的格式互不相同,应用时存在数据不"兼容"的问题,不同的矢量图形编码体制之间必须经过转换才能被享用。

图 4-14 就是图形的矢量表示方法的一个示例。图中有三种图元(点、线、面),在一个平

面直角坐标系下,它们的轮廓可以用一系列的坐标点对来表示,如点(3,3),线(1,7)、(3,5)、(5,5)、(5,3)、(6,1),面(5,6)、(6,9)、(7,10)、(10,7)、(9,5)、(5,6)。除了要表示图元的轮廓外,还需要表示图元的颜色。通常情况下,一个图元具有一种颜色。

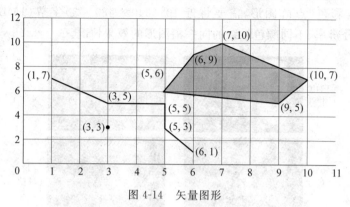

图 4-14 矢量图形

通常将点阵表示方法得到的图称为图像,这种编码方式称为图像编码;而矢量表示方法得到的图称为图形,这种编码方式则称为图形编码。

图像输入设备数码相机、扫描仪得到的是点阵表示的图像,这些设备将图片或一个场景进行空间离散化,划分成一个个像元,然后按照对应的颜色系统采集像元处的颜色,得到它们的灰度值或者色彩编码值,最终得到图片的二进制表示。而数字化仪等图形输入设备,则是对图形的图元(点、线、面等)轮廓点进行采样,得到一个个点的坐标,再加上图元的颜色,就形成了矢量表示的图形。

现有的图形输出设备,大多数都是按照点阵的方式显示图形的,如显示器/投影仪、打印机等。点阵表示的图像数据可以很容易映射到这种图形输出设备上来。而矢量表示的图形数据,则需要将输出设备的展现区域映射成一个平面直角坐标系,每个像元点就是一个坐标点,输出时在图形数据的坐标系和输出设备的坐标系之间建立坐标映射,将矢量数据转换成点阵数据展现出来。另一种图形输出设备——笔式绘图仪,则可以直接输出矢量的方式输出图形,其工作原理参见第 3 章。

下面简要介绍显示器及打印机的工作原理。

1. 显示器的工作原理

计算机用显示器从工作原理上看可以分为两种,一种是阴极射线管显示器,另外一种是半导体平板显示器。

阴极射线管显示器里最重要的部件是一个显像管,这种显像管的工作原理与电视机的显像管类似。显像管(如图 4-15 所示)具有玻璃外壳,长长的尾部末端有一个电子枪,前部略有弧度的表面是荧光屏,荧光屏内面上涂有特殊的荧光材料。在控制电路的作用下,电子枪射出的电子束在荧光屏上扫描,打击荧光材料形成显示光点。文字或图形的显示就是由这些显示光点组成的,这种情况与前面介绍的图像的编码和后面将要介绍的点阵打印机和喷墨打印机用墨点构成文字图形的情况是一样的。

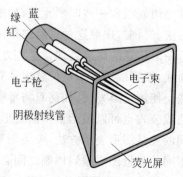

图 4-15 显像管的结构

屏幕上的一个画面称为一帧,一个显示帧由许多扫描线构成,目前常用显示器的一帧包含480或者更多的扫描线。每条扫描线又由许多显示点构成,每个点称为一个像元。平板式显示器的工作原理与阴极射线管显示器不同,但是其显示屏也是由排成阵列的像元构成,显示文字和图形的机制也相同。构成显示帧的行列数是显示器的一个重要技术指标,被称为显示器的分辨率,如果一帧有480行640列,就说这个显示器的分辨率是640×480。今天,计算机使用的大都是高分辨率图形显示器,常见分辨率有640×480、1024×768和1280×1024等多种。

计算机中与显示器一起完成基本输出功能的是显卡,显卡插在主板的扩展槽上,通过电缆与显示器连接(参见第3章)。在这个显卡上有一个帧存储器(也叫显示缓冲存储器,简称"显存"),显示帧的所有像元都存放在这个存储器里,以一个像元作为一个单位进行存放。在系统工作过程中,显示卡不断读出帧存储器里的像元信息,传送到显示器,显像管则根据像元信息内容控制扫描过程中光点的颜色和亮度,在屏幕上形成视觉合成效果。目前个人计算机常用的显卡上帧存储器通常有2MB、4MB、8MB或者更大。帧存储器的大小是显示卡的一个重要功能指标,大的帧存储器能够支持更高分辨率和更多色彩的显示方式。

最低级的单色图形显示器的每个像元只能是黑或白两种状态,好一些的单色显示器其像元可有灰度,即像元可以有不同的亮度等级,可以有介于全黑到全白之间的许多不同状态。常见的灰度显示标准有黑白两色(需要1位存储一个像素)、16级灰度(4位)等。更好的彩色显示器,每个像元可以显示彩色颜色,能显示的颜色数也有很大的不同。常见的彩色显示标准有16色(4位)、256色(8位)、64K色(16位)、16M色(24位)等彩色显示标准(参见4.3.4节)。

由于显示帧的像元信息存储在显卡上的帧存储器里,所以,显示器支持的分辨率和颜色数、显卡支持的分辨率和颜色数,这两者的含义是有微妙联系的,它们要相互配合才能达到好的显示效果。显示器所采用的显示标准和能支持的分辨率自然就决定了对帧存储器容量的要求。例如,显示器支持的分辨率为1024×768,颜色数为256(8位,即1字节),但显卡的帧存储器容量有限,存储不了一帧完整的信息(1024×768×1=768KB),这样,由于显卡的原因实际上显示器是达不到1024×768这样分辨率的显示效果的。反过来也一样,即使帧存储器容量很大,最终的显示效果也超不出显示器本身支持的分辨率和颜色数。

计算机显示技术最近几年发展很快。制造高分辨率、大屏幕显示器的成本大大下降,原来的低分辨率和中分辨率、颜色数少的显示器已经基本被淘汰。

2. 打印机的工作原理

在第3章曾讲过,按照印字方式的不同,打印机分为击打式打印机和非击打式打印机两类。其中常见的击打式打印机又分字符击打式打印机和点阵打印机两类,而常见的非击打式打印机则分喷墨打印机和激光打印机两类(有关打印机的一些信息,还可以参阅第3章中的有关介绍)。下面分别介绍它们的工作原理。

1) 字符击打式打印机

字符击打式打印机和图形/图像的数字化编码没有关系,与普通打字机类似,其工作原理就是我国的四大发明之一"活字印刷"。这种打印机中有一组或多组用金属或其他硬质材料刻成的字符模型(字模),当字模隔着色带撞击纸张时,色带上的印色就转移到纸上形成印刷字符。字符击打式打印机的工作过程比较简单:当需要输出一个字符时,打印机把相应字模移到纸的对应位置,然后启动击锤打击纸张,字符就被印在纸上。

字符击打式打印机的主要缺点是只能打印固定数目的字符,如只能打印所有 ASCII 码可见字符。用这种打印机无法打印汉字(常见汉字就有上万个,试想需要怎样的字轮或字带,才能把这些汉字字模组织到一起),也无法打印图形,所以其应用范围受到很大限制。

2) 点阵打印机

点阵打印机是通过"打印针"打击色带产生打印效果,由此它们也被称为针式打印机。顾名思义,点阵打印机的工作原理与图形的点阵表示相似。打印针错落(或成一排)排列,安装在一个打印头里,常见的有 9 针单排排列的(称为 9 针打印机)和 24 针双排排列的(24 针打印机)两种。在打印头中电磁装置的驱动下,这些打印针打击色带和纸张。每个打印针的一次打击可以在纸上形成一个小墨点。在打印一个输出行(例如字符行)的过程中,打印头沿着一个导轨做横向移动,使打印针排扫过一行的整个区域,在所需要的地方打出墨点,由这些墨点形成输出效果,参见图 4-16。一行打印完成后,打印机移动纸张,将纸张下一行移到与打印头对应的位置,继续打印。用这种方法实际上可以在纸张上打印出由小墨点组成的任何输出式样,不仅是文字。有些打印机允许安装多条不同颜色的色带,那么就可以进行彩色输出。

由于点阵打印机既可以打印普通字符,也可以打印汉字或图形,而且价格便宜,所以使用非常广泛,许多应用部门都采用点阵打印机。由于点阵打印机采用机械击打方式,并可以在打印范围中任何部分打印,因此也被广泛用于打印票据、报表等具有特定形式或者需要多份备份的文字材料等。点阵打印机的缺点是打印速度比较慢,一般每秒钟能输出 300 个字符左右。点阵打印机在纸上打印字符的情况如图 4-16 所示,可以看到字符被逐渐印出的过程。9 针打印机由于打印针排成一排,打印效果比较粗糙;24 针打印机的针错落排列,可以形成较好的打印效果。

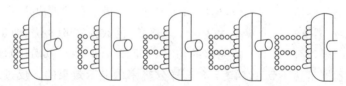

图 4-16 点阵打印机打印字符"E"的过程

点阵打印机每个打印针的动作都可以单独控制,只要通过专门软件产生打印机的控制命令,就可以打印各种图形或汉字。在打印复杂输出情况下,计算机必须首先准备好要打印输出的行或整个页面,然后逐行地向打印机发送控制打印针头击打的信号,打印机则把这些信号变为打印针动作。在计算机系统里专门控制打印机工作的软件模块称为"打印机驱动程序"。不同的打印机由于控制命令不同,使用时需要有相应的驱动程序。

但对于基本字符集合(如 ASCII 字符集),点阵打印机打印就非常简单:计算机把字符编码(参见 4.3.6 节)送到打印机,在点阵打印机接收到编码后,自动形成一系列打印针动作,产生打印效果。

3) 喷墨打印机

喷墨打印机在印字方式上与点阵打印机类似,也是用大量小墨点产生输出效果,但是它形成墨点的机制不同。喷墨打印机的打印头上有数十到数百个小喷孔,打印过程中液体墨水从这些小喷孔喷出,附着在纸上形成墨点和墨迹。与打印针相比,这些喷孔直径小得多,数量也更多。微小墨滴的喷射由压力、热力或者静电方式驱动。由于没有击打,喷墨打印机工作过程中几乎没有声音,而且打印纸也未受机械压力,打印效果比较好,尤其是在打印图形、图像时(与点阵打印机相比)效果更明显。喷墨打印机要求质量比较高的纸张,在低质量纸张上墨滴可能洇开,使输出质量大大降低。

小型喷墨打印机价格便宜,现在已被广泛使用,输出质量很好。与点阵打印机相比,喷墨打印机价格相当,输出质量稍高,但运行费用高一些,墨水的价格远高于点阵打印机使用的色带。大型喷墨打印机被用于输出大幅面的工程图纸、图像和地图等,价格比较昂贵(如第3章讲到的喷墨式绘图仪)。有些喷墨打印机可以产生彩色输出,通过把三四种不同颜色的墨水喷射混合,可以输出质量非常好的彩色图。

4) 激光打印机

激光打印机的基本原理与静电复印机类似,也是通过静电吸附墨粉后转移到纸张上。激光打印机的工作方式如图 4-17 所示,它用接收到的信号控制激光束,使其照射到一个具有正电位的硒鼓上,被激光照射的部位转变为负电位,能吸附墨粉。激光束扫描使硒鼓上形成了所需要的结果影像。在硒鼓吸附到墨粉后,再通过压力和加热把影像转移到一页打印纸上,形成输出。由此可见,激光打印机的输出是按页进行的。由于激光束极细,能够在硒鼓上产生非常精细的效果,所以激光打印机的输出质量很高,可以达到与普通印刷相当的水平。常用的激光打印机的颜色系统是多级灰色系统。目前小幅面(A4 及更小幅面)激光打印机的价格已经大大降低,使用越来越广泛。激光打印机的主要缺点是耗电量大,墨粉价格比较昂贵,因此运行费用高。大幅面激光打印机、彩色激光打印机,市场上并不多见,价格也非常昂贵。

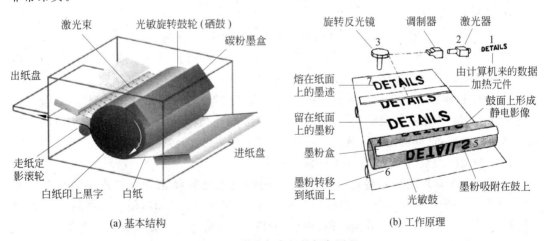

(a) 基本结构　　　　　　　　　　　　　　　(b) 工作原理

图 4-17　激光打印机的打印原理

4.3.6　字符编码及其输入与输出

在计算机处理的各种形式的信息中,文字信息占有很大的比重。对文字的处理即是对字符的处理。为了能够对字符进行识别和处理,各种字符在计算机内一律用二进制编码表示,每一个字符和一个确定的编码相对应。本节主要介绍西文字符的 ASCII 编码以及汉字字符的编码,同时也包括字符的输入和输出。

1. 西文字符编码:ASCII 码

文字(书报、文章等)信息如何在计算机中存储和使用呢?当然,它们也被转化为二进制形式。这一节要介绍的是关于它们的编码的一些原理性知识。在英语等拼音文字中,整个语言文字所使用的符号(拉丁字母、数字符号和标点符号等)数目很有限,通常仅仅有几十个符号,被称为该语言的字符集合。为使计算机能处理一种语言的文字信息,而且尽可能不发生歧义,就需要一种有系统的方法。首先需要为该语言的字符集合中的每个字符确定一个二进制编码,不同的字符应当有不同的编码,以便在处理中能区分它们。

确定字符集合的编码方法实际上很简单:首先确定需要编码的字符总数有多少个;然后把这些字符按照一定的顺序排队,这样每个字符就有了一个确定的顺序编号。可以认为这个编号就是字符的编码。也就是说,字符编码不过是为每一个字符确定一个对应的整数值(以及它对应的二进制编码)。不同的字符对应不同的整数值,反之亦然。为了在计算机中使用的方便,字符的编码都是从 0 开始,连续排列的。实际上,由于字符(包括拉丁字母)与整数值之间没有什么必然的联系,某一个字符究竟对应哪个整数完全可以人为地规定。为了信息交换中的统一性,人们已经建立了一些字符编码标准,其中使用最广泛的就是美国国家标准局提出的美国标准信息交换代码(American Standard Code for Information Interchange,ASCII)字符编码标准。

字符编码的基本问题就是考虑到整个字符集合,编码应采用多少二进制位表示。ASCII 编码字符集采用 7 个二进制位,一共可表示 128 个不同字符(2^7)。前面讲过,二进制编码一般都采用 2^N 个二进制位进行编码,所以,计算机内一般都用一个 8 位的“字节”表示一个字符,其中,最高的一个二进制位用 0 填充(如图 4-18 所示)。从图 4-18 中给出的 ASCII 编码表可以看到,其中编号为 00100000(对应的十进制数为 32)的是空格字符,00100001(对应的十进制数为 33)~01111110(对应的十进制数为 126)一共 94 个不同的编码对应着字母、数字和各种标点符号。这些字符通常称为“可见字符”(或“可打印字符”,由于它们可以实际看到和打印出来)。在这些字符中,从 0 到 9(对应十进制数 48~57)、从 A 到 Z(对应十进制数 65~90)、从 a 到 z(对应十进制数 97~122)都是顺序排列的,其余可见字符位于其间。当击打键盘的字符键时,键盘(硬件本身)会产生一个与该字符相应的二进制码送给计算机,这样就完成了从“字符”到对应“字符编码”的转换任务。

图 4-18 给出了一个完整的 ASCII 编码表。

这里有几个常用键码需要记住:字符“0”的编码不是整数 0,而是二进制的 00110000(十六进制 30,或十进制的 48)。字符“a”的二进制编码是 01100001,用十六进制表示是 61(十进制 97)。字符“A”的二进制编码是 01000001,它对应十六进制的 41(十进制 65)。由于数字和字母都是顺序排列的,掌握了这几个开始字符的编码,就可以算出后续字母数字的 ASCII 编码。另外,键盘上几个特殊键的编码(例如 Esc 键)最好也记忆一下。

2. 汉字编码

中文信息处理对华人的日常社会生活已变得越来越重要。在 20 世纪 70 年代,计算机中文信息处理的初期,有人还认为中文信息不便于计算机存储和处理,因而认为应当抛弃方块字,赶快考虑取代汉字的拼音化途径。二十多年的实践说明,情况并不是这样。经过许多学科的科技工作者的共同努力,我国已经建立起了一整套中文信息处理方案,并将它们应用

H L	0000	0001	0010	0011	0100	0101	0110	0111
0000	NUL	DLE	SP	0	@	P	`	p
0001	SOH	DC1	!	1	A	Q	a	q
0010	STX	DC2	"	2	B	R	b	r
0011	ETX	DC3	#	3	C	S	c	s
0100	EOT	DC4	$	4	D	T	d	t
0101	ENQ	NAK	%	5	E	U	e	u
0110	ACK	SYN	&	6	F	V	f	v
0111	BEL	ETB	,	7	G	W	g	w
1000	BS	CAN	)	8	H	X	h	x
1001	HT	EM	(	9	I	Y	i	y
1010	LE	SUB	*	:	J	Z	j	z
1011	VT	ESC	+	;	K	[	k	{
1100	FF	FS	,	<	L	\	l	|
1101	CR	GS	—	=	M	]	m	}
1110	SO	RS	.	>	N	^	n	~
1111	SI	US	/	?	O	_	o	DEL

图 4-18　ASCII 编码表

到社会生活的各个方面。对于正在走向现代化信息社会的我们,正确理解和熟练应用中文信息处理的原理和方法已经成为日常生活的必需。

用计算机处理汉字,首先要解决汉字在计算机里如何表示的问题,即汉字编码问题。这里,汉字(方块字)就是要进行编码的一部分符号,由需要编码的汉字符号以及其他符号(如标点符号等)等构成一个基本符号集合。需要处理的中文信息就是由这个集合中的符号组成的句子、段落、文章。那么汉字符号的总数到底有多少? 这个问题至今没有一个统一的答案。在著名的《康熙字典》中收入了近五万个不同的汉字,新近出版的某些字典中搜集了约有六万个汉字。根据统计,在人们日常生活交往中,包括社会生活、经济、科学技术交流等方面,经常使用的汉字约有四五千个。无论如何,汉字集是一个很大的符号集合,用一个字节($2^3 = 8$ 位)无论如何也无法表示,根据二进制信息编码位数的 2^N 规则,至少需要用两个字节($2^4 = 16$ 位)作为汉字编码的形式。原则上,两个字节可以表示 $256 \times 256 = 65\,536$ 种不同的符号,作为汉字编码表示的基础是可能的。但考虑到汉字编码与其他编码(如国际 ASCII 西文字符编码)的关系,我国国家标准局采用了加以修正的两字节汉字编码方案(每个字节只用低 7 位)。这个方案可以容纳 $128 \times 128 = 16\,348$ 个不同汉字,对于表示经常使用的汉字集合来说是足够的。

今天,世界上汉字编码的标准并没有完全统一。目前我国大陆使用的中文处理系统一般都采用 1981 年国家标准局公布的汉字交换码标准《信息交换用汉字编码字符集基本集(GB2312-80)》,简称国标码。在我国台湾地区、港澳地区以及世界其他地区的汉语圈中也存在一些其他的汉字编码方案。总体来说,汉字的编码方案仍然处在发展过程中。

国标码的字符集包括 3755 个一级汉字和 3008 个二级汉字,还包括各种符号 682 个,共计字符 7445 个。每一个汉字或符号皆用两个字节表示,其中每一个字节的编码取值范围都是 33~126(十进制写法,与 ASCII 编码中可打印字符的取值范围一样,共 94 个)。因此,这样两个字节可以表示的不同字符总数为 94×94＝8836 个。由于国标码字符集共有 7445 个字符，所以在上述编码范围中实际上还有一些空位。国标码只规定了两个字节低 7 位的编码，对于字节的最高位没有做规定。汉字系统常见的用法是将两个字节的最高位设定为 1（低 7 位采用国标码），目的是便于与国际通用的 ASCII 码（其最高位为 0）相区分，这种编码方式称为汉字的机内码（如图 4-19 所示）。汉字机内码对国际通用性（如 UNICODE 编码）以及 ASCII 码的加奇偶通信传输（利用"奇偶校验"，最高位用于辅助检查数据的正确性。有关"奇偶校验"，参见第 6 章）都是不利的，人们正在研究改进。

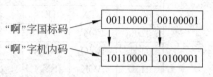

图 4-19　汉字的国标码和机内码

3. 字符的字体和字型

这一节讨论字符信息的显示问题，特别是以汉字的输出作为例子。实际上，英文字母及符号在这方面的问题与汉字是一样的。前面已经介绍了汉字的存储方式，通常采用国标码（机内码），用两个字节编码的方式存储一个汉字。这样的编码形式人无法直接阅读使用。要使计算机里存储的汉字能够被人所看到，还必须把它们显示出来，或者打印出来，输出的形式必须符合人的需要，应该具有方块汉字的形式。汉字输出要解决的就是由汉字的存储编码到汉字显示/打印形式的转换问题。

要输出汉字，就必须在计算机里存储每个有编码的汉字的显示形式，通常称为汉字"字型"，或者称为汉字"字形码"。汉字字型究竟如何存储是下面将要讨论的一个重点。首先假定现在已经为汉字字型确定了一种存储方式，按这种方式每个汉字都有一个确定的字型，为了存储这些字型，就需要在计算机里放一个很大的表格，表目中存放汉字字型信息，每个汉字（按照其编码）在这个表格里有一个对应的表目。当需要输出一个汉字时，计算机按该汉字的编码从表中查出对应字型，把这个字型输出，于是人就在计算机屏幕看到了这个汉字。这种编码和字型对照表一般称为字型库或字库，字库是计算机显示打印汉字时必不可少的。

实际上，一个汉字字型就是一个小的图形，它通常要占据屏幕上（或者纸面上）一个小的矩形区域。要存储这个小图形，正如前面讲图形/图像编码时所讲的一样，有两种基本方式：点阵表示方式和矢量表示方式。

构造点阵式汉字字型的方法非常简单，只要把每个汉字放在一个矩形分格框里，设法标出哪些格是黑的哪些是白的（见图 4-20 中的示例），对这些黑白小格按顺序用 0/1 编码，把这样形成的一个二进制序列存储起来，就得到了汉字的点阵字型。当需要显示一个汉字时，把它的字型对应的二进制码序列放入显示存储器中适当的地方，汉字就会被显示在屏幕上。打印的情况也类似。

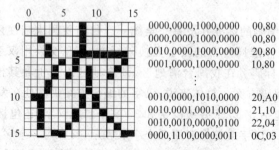

图 4-20　汉字字型的示例

点阵字型表示的优点是编码、存储方法简单,使用非常方便,每个二进制位直接对应屏幕上(或纸面上)的一个点。分格的多少决定了汉字字型的细致程度,在实际计算机系统里经常可以看到 16×16 和 24×24 点阵的字型。存储一个 16×16 点阵的字型(黑白两色)需要 32 个字节(16×16/8),存储所有国标汉字的 16×16 点阵字型的字库大约需要 270KB 存储量。这里的 16×16 也就是字型的分辨率。早期人们大多采用这种字型表示方法。

点阵表示有很多缺点。在实际工作中人们常常需要多种不同分辨率的字型,例如书籍中的各种标题需要比较大的字体,如果输出大字体也采用与小字同样分辨率的字型,产生的字就显得非常粗糙,不能满足印刷对质量的要求。采用点阵表示方式时,多种不同分辨率的字型就需要有多个不同的字库。而且点阵字型的分辨率越高,字库所需要的存储量也越大。例如一个 64×64 的国标汉字点阵字库需要 4MB 以上空间,而要生成达到印刷质量的汉字输出(例如,要用激光打印机或专用的印刷制版机器生成高质量的大号汉字),可能需要 1024×1024 以上分辨率的字型,这样每个汉字的点阵字型信息量就非常大,一个字库就需要成百兆字节存储空间。此外,汉字(其他文字也一样)有许多不同的印刷字体,常见的有宋体、楷体和黑体等,每种字体又都可能需要一系列不同分辨率的字库。这样,为印刷出版所需要的一整套汉字字库要占用的存储容量就会大得无法容忍(也许有的人还要问彩色字怎么办? 这比较简单,只要在输出时将黑色变成所需要的颜色,如红色即可)。20 世纪 70 年代,人们开始研究汉字印刷技术的计算机化问题时,面临的一个重要问题就是字型信息存储,在当时数以千兆计的存储容量根本没有办法解决。

针对上述情况,人们考虑另辟蹊径,不是以实际点阵形式存储字型,而是设法存储汉字输出形式的某种描述。字型的矢量化表示就是这样的一种方法,它实际上是图形矢量方法的一个应用。字型的矢量化表示能够描述汉字字型,且与汉字实际输出的大小无关,它描述的是汉字字型的有关信息。在真正需要输出汉字点阵时,通过计算机的计算,由这种汉字字型描述生成出所需要大小和形状的汉字点阵。矢量字型描述与最终文字显示的大小、分辨率无关,任何时候都能根据需要产生出高质量的汉字。采用矢量方法,每种字体就只需要一个字库,一套完整的汉字库只要对每种字体有一个字库,存储问题就比较容易解决了。今天,计算机系统内都采用了矢量形式的汉字字型和其他字型字库。

用矢量方法描述汉字字型,实际上是描述汉字的轮廓特征。由于字型信息的特殊性,人们可以设计出特殊方法去刻画这些特征,实际上对汉字(或者其他字符)可以有许多不同的矢量方法(一种字型矢量方法可以称为一种"矢量编码")。由描述方法不同,一个汉字的矢量字型描述大约需要一百到几百字节,因此一种字体的国标汉字库大约一兆到几兆字节大小,这对于今天个人计算机的外存储器也已经不是很大的负担了。在研究汉字字型技术方面,我国科技人员首先取得了突破。我国汉字信息处理的先驱之一王选教授,在汉字字型表示方面就取得了突出的成就。近年来,国外也陆续提出了一些通用的字型描述方法。人们已经用这些方法建立了一些标准的汉字字型库,汉字字型信息存储的难题已经解决了。

采用矢量字型方法的另一个问题是在显示/打印时,需要由汉字字型描述生成实际的汉字点阵。这个工作通常称为字型恢复或字型生成。这个工作实际上是由字型的一种表示形式(矢量字型形式)产生汉字的另外一种表示形式(点阵字型形式)。字型恢复的主要问题是变换的速度和精度,这些都直接影响字型库的使用效果。个人计算机上的字型恢复工作由专门的软件完成,为了能够高速度地产生高质量的汉字输出,满足印刷行业的实际需要,人们也设计实现了一些汉字恢复的专用硬件或芯片。

由上面的讨论可以看出,要实现高质量汉字的输出,采用矢量字型更合适。这样做需要解决两方面问题:一是汉字字型信息的有效存储方法(有效的矢量编码方法),二是有效地实现由这种存储方式到输出字型的转换(有效的字型恢复)。这两个方面互相联系又互相制约。编码方式应当能很好地刻画汉字字型的轮廓特征,否则就不可能由它产生好的汉字输出;字型存储方式应当有利于汉字字型的恢复。另一方面,汉字恢复技术本身的优劣(恢复速度,生成字型的质量)又直接影响字型的实际使用和最终输出质量。

矢量字型的主要缺点是在显示打印之前必须进行字型恢复,要花费时间,不如点阵字型的使用那么直截了当。因此,今天在许多汉字系统中同时提供两套字型库。当需要进行快速输出而字形质量要求不是主要问题时,例如在编辑过程中进行普通的屏幕显示时,系统就直接使用点阵字库;而在要求高的输出质量时使用矢量字库,例如需要用高分辨率的打印机输出,或者在屏幕上显示大汉字时。

4. 中文信息的输入

前面介绍了汉字信息的内部处理和输出这两个环节,主要涉及汉字的机内码和字形码。事实上,汉字处理过程还包括另一个重要的环节,那就是输入,即如何将汉字信息输入计算机内部。下面就来讨论汉字的输入方法。

首先回到针对英文字符集的键盘:在每个按键上表面印着字符的名字,表示了按键与字符的对应关系。为了不使键盘过大,这里提供了"组合键"的办法,一键多用,使一个键在不同状态下可对应不同字符。例如,用 Shift 键区分英文的大小写字母,就可以方便地让同一个键 A 在两种不同的状态下分别代表大小字母 A 或 a。容易看到,在考虑英文输入时所做的这些巧妙的键盘设计顺利地解决了问题,但汉字的字符集太大,类似地采用这种把键与字符(这里就是中文字)直接对应的方案就不合适了。

今天,当人们说"汉字输入方案"时,所指的是针对上述标准键盘,设法系统地给出一套输入汉字的击键方案。当人想要输入一个汉字时,他应能根据这一输入方案做出反应,用一次或一组击键步骤输入键码,而计算机能通过接收击键的键码,得到人想要输入的那个汉字。为了弄清楚这个问题,下面更仔细地分析一下汉字输入方案要解决什么。人们在用键盘输入单个汉字、汉字词组时,一边是一个只包含了几十个键的(相对很小的)键盘,而另一边则是一个包含成千上万个汉字的大字符集。显然,通过一次击键输入一个汉字根本不可能,只能考虑设法通过多次击键来输入一个汉字的方法。假设键盘上总共有 40 个可以用于输入汉字编码的键,通过一次击键就可以区分 40 种不同情况,两次击键就可以区分 $40 \times 40 = 1600$ 种不同的情况,三次击键可以区分出 64 000 种不同情况。因此,从理论上说,只要经过适当安排,用标准键盘通过三次击键,区分所有汉字是完全可能的。但实际上问题并不像所讲的那么简单,其中还涉及许多与人有关的因素。

汉字输入方案中,最重要的问题是解决各个汉字与击键序列的对应关系。当人要输入一个汉字时,输入者眼中出现的是要输入的汉字,他(她)如何迅速地做出反应,决定应使用的击键序列。如果每个汉字所对应的击键序列都必须让人死记硬背,没有其他方法可以帮助他(她)记忆,那么这种输入方案就很难被人接受。这方面的典型例子是电报码,在那里每个(常用)汉字对应一个 4 位数编码(汉字的机内码也是这样)。要从汉字确定电报码(或者反过来,由电报码确定汉字),只能靠记忆或者查手册。无法想象普通人使用计算机时能够接受这种输入方案。

为了汉字输入过程对人比较自然友好,就要求在汉字与它所对应的输入击键序列之间建立一种自然的能够"帮助记忆"的关系,例如利用"普通话"的标准发音,或者方块字形的偏旁字首建立与击键的联系。在这方面,人们提出了许多方案。汉字输入方案有时也被人们叫做"编码方案",但绝不能把它们和前面所说的汉字编码方案相混淆,这里讲的编码可以称为"输入码",也就是为输入汉字而要敲击的键盘击键序列。前面说的汉字编码方案是指汉字输入计算机后以什么形式存储在计算机中(这称为汉字的"机内码"),而另一种汉字"字形码"则是汉字输出时的表现方式。

目前已有的汉字输入方案丰富多彩、千差万别,其基础依据都是汉字的读音或字形,因此也常被区分为"音码"和"形码"两类,另外也有一些采用音形混合方式的方案。

1) 汉字输入编码方案的实用性

汉字输入方案尚未标准化,原因之一是使用汉字输入的人很多,不同人对汉字输入有许多不同的要求,而且有些要求是互相冲突的。理解了这些需求能够帮助我们理解汉字输入中的问题。下面是对汉字输入编码方案的一些最基本的要求:

- 方便性。应当使输入者能够由汉字出发自然地联想到输入码(击键序列)。不同汉字输入者对方便性的要求和评价方式不同。对专业录入人员,他们能接受技巧性和熟练性要求高的输入方案(如果能达到的高的输入速度);一般使用者则希望不需要很多前期训练就能够使用,借助于已有的知识技能就比较容易掌握的方案。从这里也可以看到,"写作者"和"录入者"要求有很大差别。

- 有效性。这首先是指输入一个汉字的击键次数要少,过长的输入序列太麻烦,记忆和掌握都困难。但是也应该注意另一个方面,击键次数并不是决定输入效率的唯一因素。如前面已经论述的,另一个重要因素是输入方案要容易掌握。此外,还有一个需要考虑的问题:输入编码方案是否有利于实现"盲打"。所谓"盲打",就是输入者在基本上不看键盘和屏幕上的响应情况下,只看着待输入的材料而连续击键输入。对于英文,实现"盲打"比较容易,汉字输入实现盲打则比较困难。

- 较少的思维负担。对于用计算机进行写作的人,他希望使用计算机输入不要成为自己的一个思维负担,输入击键本身的问题不要打扰他的正常思维,以便能把绝大部分精力集中在写作内容本身的有关问题上。

- 广泛适用性。从世界上的整个汉语圈的情况看,使用汉字的人情况千差万别,不同人对汉字输入编码方案的要求也会不同。一个输入编码方案如何满足更多人的需要? 例如生活地域差别会带来口音,知识背景差别带来是否能熟练掌握汉语拼音,等等。

在实践中,这些要求有时互相矛盾。从一方面看比较适合,但又可能会削弱了另一个方面。正因为如此,同时存在的许多不同的汉字输入方案,至今看不到统一的可能性。因此,所有支持输入和处理汉字信息的计算机系统都同时支持使用若干种不同的输入方式。下面介绍一些常用汉字编码方案的基本情况。

2) 音码

利用汉字读音特征规定汉字输入方式的方案称为"音码"。我国在20世纪50年代以后,在小学教育中普及了汉语拼音,这实际上给出了一种自然的汉字输入方案,即直接按照汉语拼音的字母击键输入汉字。用这个方案输入如同按字母输入英文词,使用者基本上不需要新记忆什么东西,有汉语拼音的知识就可以了。另一方面,实验研究的结果也表明,人们思考问题的同时实际上也在使用声音,采用拼音输入对人思考问题影响不大。因此,拼音方案比较适合在构思和写作的过程中使用。

从输入编码的角度讲,拼音方案的最大缺点是"重码"。六千多个常用汉字中存在许多同音字,同样的拼音(甚至考虑其音调)对应不同的汉字。今天最常用的重码解决方法是通过屏幕显示和选择,即击键输入拼音字母之后,在屏幕某处会显示出具有相同拼音的全部汉字,让人再击键选择其中之一。有时待选的汉字数量大,在屏幕上不便全部显示,它们还要被分成若干"页",可以用几个特殊键翻动这些页,寻找要输入的汉字,这是一个很惹人厌烦的问题。反复翻页很浪费时间,而且有的音节对应的同音汉字特别多,输入这些音节的汉字时,翻页和用眼睛选定汉字的负担就更重。为了缓解这方面的问题,人们考虑了一些方便输入的方法,具体请参见后面"4)基于词语和联想的输入"部分的内容。重码的另一个不良后果是阻碍了"盲打",因为它迫使人注视屏幕、翻页和选择,这样就无法实现"盲打"了。

音码还有一些其他问题。中国地域广阔,方言众多,但汉语拼音是以普通话为基础编制的,说方言的人使用比较困难。这个问题在一定程度上阻碍了音码的推广普及。

在汉语拼音的输入方案中,直接采用标准拼写方式(完全的汉语拼音)的方案被称为"全拼"方案,它的缺点是很多音节的击键次数较多,最长的输入码为6(6 次击键才输入一个汉字)。为了缓解这个问题,根据拼音字母在音节中出现的特点,人们还定义了"双拼方案"、"紧缩拼音方案"等缩减方式编码,使每个音节只对应两次或三次击键。表 4-1 是一种双拼码的对照表,列出了组合声母和韵母所对应的字母键。不过,在现在的一些音码输入法中,并没有采用"双拼方案"。

表 4-1　双拼码对照表

组合声母/韵母	对应字母键	组合声母/韵母	对应字母键
zh	A	ao	k
ch	I	en	f
sh	U	eng	g
ai	L	ing	y
an	J	ong	s
ang	H	ü	v

3) 形码

不言而喻,"形码"是基于汉字字形的一类输入编码方案,其基本想法是针对方块字形进行分解,有基于笔画的方案和在笔画的基础上再规定汉字部件的方案。直接用汉字笔画顺序的方案在实用上存在一些缺陷,包括输入码较长、笔画顺序不规范等,为此,人们设计了许多改进方案,其中使用较广泛的有五笔字型输入法、郑码输入法等。

字形编码方案把汉字看成由一组基本成分组合而成(笔画是一个级别的基本成分)。这些方案大都采用扩充汉字偏旁部首概念的方法,定义一组基本汉字部件,认为每个汉字都是由这些部件构造起来的,一些输入法把基本部件叫"字根"。只要为每个字根分配一个键,输入组成一个字的字根就能输入这个汉字。

形码的目标是能够"见字识码",希望从一个汉字形状立即确定它的输入编码,即使输入者不能正确读出该汉字的读音,不认识这个字。通过形码设计,有可能较好地处理重码问题,使重码尽量减少,从而达到支持"盲打"的目的,因此可能更适合汉字录入人员使用。现在,五笔字型等形码在汉字录入工作中正在大量使用,在推动出版印刷技术的应用和其他行业的中文信息管理方面起了很大作用。

形码的主要问题是汉字的部件分解没有很好的科学依据或被大众接受的标准,必须通过反复训练和记忆才能达到比较高的熟练程度。汉字本身并不是一种部件文字,因此,将汉字分解的各种方法都隐含着很大的随意性,很多时候只能死记硬背其对应形码。另外,人们在使用形码时需要开动脑筋分解汉字字形,这会干扰人们对自己写作内容的思考,引起思维不协调。总而言之,形码还需要进一步研究和标准化,并且要和中国语言文字的研究相结合。

下面主要介绍一下五笔字型输入法。

五笔字型是出现较早、使用面很广、影响较大的一种形码汉字输入方案。在五笔字型方案中,汉字的基本部件被称为"字根"(字根图如图 4-21 所示)。每个字根有一个对应的字母键,但一个键对应着多个字根。五笔字型输入法口诀如表 4-2 所示。

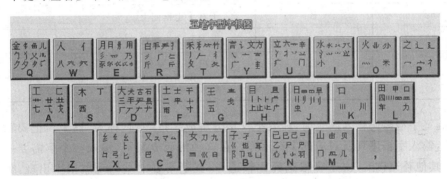

图 4-21　字根图

表 4-2　五笔字型输入法口诀

区位	字母	记 忆 口 诀
11	G	王旁青头戋(兼)五一
12	F	土士二干十寸雨
13	D	大犬三(羊)古石厂
14	S	木丁西
15	A	工戈草头右框七
21	H	目具上止卜虎皮
22	J	日早两竖与虫依
23	K	口与川,字根稀
24	L	田甲方框四车力

区 位	字母	记 忆 口 诀
25	M	山由贝,下框几
31	T	禾竹一撇双人立,反文条头共三一
32	R	白手看头三二斤
33	E	月彡(衫)乃用家衣底
34	W	人和八,三四里
35	Q	金勺缺点无尾鱼,犬旁留儿一点夕,氏无七(妻)
41	Y	言文方广在四一,高头一捺谁人去
42	U	立辛两点六门疒
43	I	水旁兴头小倒立
44	O	火业头,四点米
45	P	之字军盖道建底,摘礻(示)衤(衣)
51	N	已半巳满不出己,左框折尸心和羽
52	B	子耳了也框向上
53	V	女刀九臼山朝西
54	C	又巴马,丢矢矣
55	X	慈母无心弓和匕,幼无力

　　用五笔字型编码输入汉字时,需要把汉字分解成字根序列(称为"拆字",把要输入的汉字拆开),输入字根序列所对应的字符序列。在这种编码方案下,输入一个字需要4次击键(字母或其他补充键)。由于字根选择比较适当,五笔字型中重码现象很少出现,很适合盲打,因此这种输入法被许多汉字录入专业人员使用。

　　要熟练使用五笔字型进行汉字输入,首先要熟记五笔字型字根表以及每个字根的对应字母。一共有一百多个字根,其中不少字根并不是汉语中规范的偏旁部首。此外,还需要学习五笔字型的拆字和形成编码(字母序列)的方法,其中有些字拆字方法很特殊,初学时不容易掌握,需要一段时间的实践,需要死记才能比较熟练。这些困难使非专业人员对五笔字型望而却步,在输入过程中拆字也是不小的思维负担,对写作过程有干扰。

　　虽然五笔字型输入法有上面这些缺点,但总的来说它仍然是一个很成功的汉字输入方案。实际上,它的缺点很大程度上是由汉字本身的特点和形码的本质带来的,不是编码设计的问题。由于五笔字型输入方案的成功,后来又有了一些改进方案和类似的形码方案。

　　由上面的讨论可以看到,虽然人们已经提出了数以百计的汉字输入编码方案,关于这方面的研究仍未有穷期。由于汉字的复杂性,其形式和读音丰富多彩、富于变化,由汉字到输入键序列的更科学合理的映射方式(输入编码)仍然是需要进一步研究的问题。另外,还有一个问题也很值得注意,这就是计算机技术及应用对于汉字本身演化的影响。例如,考虑到规范形码的需要,有些极特殊的汉字书写形式是否也应当有所改变?今后在汉字简体化和减少异体字的过程中,是否应该注意中文信息处理计算机化的要求?我们相信,语言文字工作的发展方向会受到计算机技术发展和人们在计算机发展过程中对中国语言文字反思的影响。

4）基于词语和联想的输入

汉字输入往往是在成句、成段的篇章文字环境中进行的，考虑到多个汉字经常以词组出现，人们也提出了许多以中文词或词组作为输入对象的方案。这类"词语"方法是在一般音、形码的基础上提供进一步的功能，以达到方便运用、加快输入速度的目的。

采用词语方式输入有许多优点：

（1）可减少重码。词语输入使出现重码的可能性减少。

（2）可加快汉字输入速度。例如，汉语的词"键盘"，其拼音为 jianpan，当人们把这两个汉字当作整体词语时，输入键序列不一定是 jianpan 这 7 个字母，可能采用更短的序列，如用两个首字母键"jp"作为该词的输入。这样，输入速度就可能加快。

（3）人们在写作时常把词语作为语言叙述的基本单位，用词语方式输入正好能满足写作者的需要。词语方式的输入系统需要特殊的软件支持，如当前常见的"智能 ABC"软件等。

联想式汉字输入方法也是在音、形码的基础上，增加了方便词语输入的功能。其基本想法是自动在屏幕上提示下一个可能的汉字集合，把所有与刚输入的汉字能构成词语的那些字提示性地放在屏幕上，通过人的简单选择，就可以完成下一个汉字的输入。如刚刚输入了"联"字，接下来就有可能要输入"想"（联想）、"系"（联系）、"机"（联机）、"盟"（联盟）等。这样依靠词语联想及常用汉字之间的接续搭配关系，就可以减少击键次数，加快输入速度。今天，许多汉字输入系统都提供了"联想"功能，输入者应当注意利用这种功能。

为了支持基于词语和联想式输入功能，汉字输入软件都必须存储许多词语或汉字之间接续搭配关系信息。由于汉语的复杂性，这些信息难以十全十美，这种情况会影响使用的效果。有些汉字输入软件，如"智能 ABC"，能够从人的实际输入中自动提取词语，把得到的词语知识记录下来，在后面使用。这种功能是很有用的，输入中再次遇到同样的词语时，软件就能够取出已经记录的信息，使人可以不必重复复杂的击键序列。

下面简单介绍一下"智能 ABC"的输入方法（现在常用的一些输入方法，如微软输入法、紫光输入法和搜狗输入法等，其功能均与此相似）。

"智能 ABC"是一个基于词语的汉字输入系统，它已经被挂接在许多中文系统上，如中文 Windows 系统。"智能 ABC"附带了一个比较大的词库，它允许以字的方式或词的方式，或者混合方式输入。对于汉语的词，可以采用各种简缩方式输入，例如要输入词语"也是"，它允许输入"ys"、"yes"或"yshi"等。可以只输入词中几个汉字的第一个拼音字母，也可以对其中一些字增加更多的字母。在击键完毕后，要求"智能 ABC"软件进行编码转换（按空格键或 Enter 键皆可）。"智能 ABC"软件会把能够确定转换的部分转换为汉字，剩下的还不能转换的字母列在后面。每次输入的汉字个数也可以灵活掌握，可以输入一个汉字或一个很长的词。如果碰到重码词，也就是说一个击键字符序列对应多个词的情况，那么"智能 ABC"将显示出所有所匹配的词（词太多时也需要分页），请用户选择。例如，输入"yes"并要求转换，"智能 ABC"将显示：

① 也是 ② 野生 ③ 野兽 …

输入的编码越完全，与之匹配的词就越少，选择也就越容易，但这样一来击键次数也增加了。如何取得好的输入效果可以由用户根据自己的经验确定,不同人可以采用不同的输入习惯。"智能 ABC"这种比较宽容的方式特别适合对汉语拼音掌握不太好的人,例如南方人汉字读音不标准,使用"智能 ABC"就比较方便。

"智能 ABC"的另一个特点是能够自动记录用户输入的在词库里没有的新词。它为用户建立一个用户词库,这个词库能够像系统词库一样被使用。用户也可以利用"智能 ABC"提供的功能专门定义一组自己的词汇。这些功能对专业写作者特别有用,如在撰写科技论文和著作时,专业人员经常要使用一些特别专业的词汇,这些词汇数量不太多,而使用频率却很高。通过自动地或者专门地建立一组专业词汇,写作效率能够大大提高。

基于词语的汉字输入系统也有自己的问题。中文常用的词语非常多,无论如何搜集都难免有许多遗漏。增加词库的词语,那么能与用户输入编码匹配的词也就必然增多,翻页选择花费的时间也会增加。另一方面,对任何一个作者而言,写作中能够用到的词汇总是比较有限,如何处理好这两者的关系也是值得研究的问题。现在一些输入法中增加了"词频"的概念,将那些最近经常使用的词列在最前面,这样可以进一步提高输入效率。

上面这些讨论的主要目的是给每个读者一个全貌性的正确观念,而并不希望一开始就引导读者进入操作技术的细节,造成陷入细节中不能自拔、反而看不清全局的状况。当然,这绝不是说熟练的操作技术是无足轻重的,恰恰相反,今天已经有许多人每天都在使用计算机处理文稿、准备报告和书写信件等。使用计算机,特别是使用中文信息处理软件正在成为每一个脑力劳动者的必备技能。应该说,每一个中国人都应该有熟练的汉字输入技能。有关各种汉字输入方法的具体操作步骤和相关软件的使用方法,请参考有关的参考书,根据具体需要选用。

5) 汉字输入的转换过程

根据前面的描述,每一个汉字的编码都包括输入码、内部码和字形码这三个组成部分。在汉字信息处理系统中,需要对这三种编码进行适当的转换(如图 4-22 所示)。

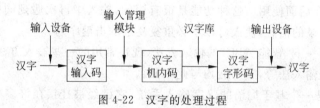

图 4-22　汉字的处理过程

在汉字输入的过程中,虽然输入是通过标准键盘进行的,但键盘本身不能完成将击键序列变换为汉字机内码(国标编码)的工作,它只能把击键信息送进计算机。后续的机内码以及字形码的变换工作需要由专门软件(即汉字输入管理软件模块)来完成。图 4-23 说明了采用拼音方案输入一个汉字"特"的输入和转换过程。

这里实际上又提出一个新的问题:使用同一个标准键盘,既要输入英文,又要输入中文信息,接受信息的软件如何知道接收到的是什么?是普通英文字母数字?还是汉字的编码?请回想一下前面介绍标准键盘时有关输入状态的问题讨论,例如,通过 Caps Lock 锁定键可以切换键盘的输入状态(键盘右上侧的大写锁定灯反映了这个状态),使同样字母键可以对应一个字母的小写或是大写。汉字输入过程中也采用一种输入状态记录机制,它记录着当前的输入状态是英文输入状态还是中文输入状态。处理输入的软件按照这个状态记录确

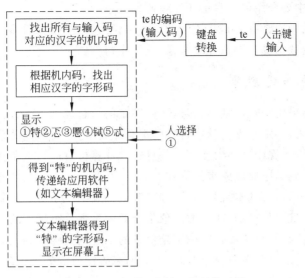

图 4-23 汉字"特"的输入与转换过程

定用户输入的是什么,是否需要按汉字的方式进行转换。状态切换通过键盘的功能键进行(就像用锁定切换键切换大小写字母输入状态一样),具体怎样切换由当时正在工作的(汉字输入)软件模块规定。不同输入软件模块用于切换的功能键可能不同,使用时需要参阅有关手册。许多软件允许多种汉字输入方式,因此提供了多种输入状态。总之,在进行中文输入的过程中,必须注意状态切换问题。这里顺便提一下,在计算机应用中,系统的当前"状态"是一个非常重要的概念。一个复杂的系统可能有多个"状态变量",可在多个可能状态之间切换,这些状态会影响系统很多方面的特性和行为。每个计算机用户都应当注意:对于当前工作的软件,有哪些状态是用户必须关心的?当前系统正处在哪一种状态之中?如何在不同的状态之间切换?这些问题对于用好计算机和每一个软件都非常重要。

4.3.7 动画/影像编码

在本章 4.1.4 节介绍利用计算机来看电影时,就曾经说过,数字化电影其实是时间上具有连续关系的一系列数字化图片再加上数字化声音的有机合成体。通常也将数字化电影称为影像。实际上,影像是对现实生活中的活动场景进行时间和空间上的离散采样,同时对声音进行时间上的离散采样而得到的数字化信息。组成影像的图片是对某一时刻的场景的空间离散采样结果,它是静止的图像,通常称它为影像帧。在一段时间内对活动场景进行连续的影像帧采样,合在一起就形成了影像。对人眼来说,要达到好的视觉效果,通常一秒钟需要采样 25 帧左右。每秒钟采集的影像帧越少,视觉上就会有断续感,效果就越差;但反过来并不是这样,因为人眼的分辨能力是有限的,多于 30 帧/秒,对人眼来说,基本上都没有什么区别了。但即使是这样,存储影像所需要的存储空间已经是非常大了。

前面已经谈过,存储点阵图像要占用大量存储空间。存储一段 10 分钟的 640×480 的真彩色连续影像,按照每秒钟 25 帧计算,不包括声音信息,需要(640×480×3Byte×25 帧/秒×10 分钟×60 秒/分钟)个字节,大约 13 800MB。这样大的数据量,用计算机存储或传输都是非常困难的。为了缓解这个问题,人们研究开发了许多图像/影像数据压缩方法,这就是在本章 4.4.2 节中要介绍的信息的压缩编码。

与影像相比,动画通常并不是将连续的静止图像组合在一起,更多的是将矢量图形组合在一起。这样,动画数据的存储量比之影像,就要小得多。

4.3.8 基本的编码规则

所谓编码,是指采用约定的基本符号,按照一定的组合规则,表示出复杂多样的信息,从而建立起信息与编码(一定长度的基本符号的组合序列)之间的对应关系。一切信息的编码都包括基本符号和组合规则这两大要素。信息送入计算机后以二进制数字编码的形式进行处理,从计算机输出后又还原成原来的形式。

信息的二进制编码,其基本符号为"0"和"1",组合规则就是要确定要编码的离散对象集合及其表达所需的二进制位数。而离散对象集合的元素数目决定了表达这些离散对象所需的二进制位数,因此,离散对象集合的确定是信息的二进制编码中的关键。

下面来看看在确定了离散对象集合之后,如何来确定所需的二进制编码位数。

假设离散对象集合的大小为 C,若

$$C \leqslant 2^k$$

则最小 K 即为所需的二进制编码位数。

例如,需要对 26 个大写字母 A、B、C、D、⋯、X、Y、Z 进行二进制编码,则有

$$26 \leqslant 32 = 2^5$$

于是,大写字母集合就需要 5 位二进制数来编码。然后再将 00000～11001 这 26 个二进制数分别与大写字母 A、B、C、D、⋯、X、Y、Z 进行一一映射,则整个编码工作就完成了。

但是,在二进制数与离散对象进行映射时,应注意首先要一一映射,即不同的离散对象要对应不同的二进制数;其次要注意如果离散对象是有顺序的,那么与之对应的二进制数据之间也应该有相似的顺序。例如,前面讲到的大小字母编码,若"00000"对应大写字母"A",则"00001"对应大写字母"B","00010"对应大写字母"C",其余依此类推。

4.3.9 复杂编码

仅仅表达了信息是不够的,在计算机内部,还要将这些信息存储和管理起来。相同类型的信息或者不同类型的信息可以按照一定的规则组织在一起,作为一个整体进行管理,这就是计算机中非常重要的概念——文件。文件是信息的载体,而这种将信息组织在一起的规则,就是本章 4.1 节中提到的资源组织管理方式,称为复杂编码,或者也可以称为数据结构。有关文件的概念,将在第 7 章中进行详细的介绍;而数据结构,则是程序设计中重要的概念,在第 10 章中会涉及。

在计算机内,单独的字符、图像、声音和影像等基本信息组织方法,由于人们对它们的认识比较统一,虽然可能也会有多种形式,但这些形式往往都是为了减少信息存储量的需要而设计的(参见 4.4.3 节信息的压缩编码),它们的本质都是一样的。因此,这些形式往往都是公开的,而且是大家都达成了共识的,换句话说,它们是一些标准的格式。

将不同类型的基本信息按照一定的规则组织起来,可以形成含义更加丰富的复杂数据。这种组织形式往往是一些软件厂商或个人设计的特殊格式,它不公开,为这些厂商或个人所独知。

对于具有标准格式的文件,往往有很多应用软件可以识别使用;而对于具有特定格式的文件,则只能用特定的应用软件才能识别使用。例如大家熟悉的.doc文件,只能用Microsoft Word打开它;而.ppt文件,则需要用Microsoft PowerPoint打开它。

前面曾经说过,程序是一系列指令的集合,这种指令集合的构成,其实也是一种复杂的编码。

4.4　多媒体技术

长期以来,计算机信息媒体的交互方式仅局限于文字和文本。计算机的出现实现了文字和文本计算机化,给人们提供了不少方便,大大减轻了人的劳动,提高了效率。但是,仅文字和文本方式的交互与人的自然交互相距很远。

4.4.1　多媒体技术的基本概念

在人的感知系统中,视觉所获取的信息占60%以上,听觉获取的信息占20%左右,另外还有触觉、嗅觉、味觉、脸部表情和手势等占其余部分。

虽然只靠文字、文本传输和获取信息也能表达信息内容,但直观性差,不能听其声、见其人。因此,多媒体技术的出现,首先是语音和图像的实时获取、传输及存储,使人们获取和交互信息流的渠道豁然开朗,既能听其声,又能见其人,千里之外,近在咫尺,改变了人们的交互方式、生活方式和工作方式,从而对整个社会结构产生重大影响。

国际电报电话咨询委员会(International Telephone and Telegraph Consultative Committee,CCITT),目前已被国际电信联盟(International Telecommunication Union,ITU)所取代,曾对媒体作了如下分类:

- 感觉媒体(Perception Medium)。指能直接作用于人的感官,使人能直接产生感觉的一类媒体。如人类的各种语言、音乐,自然界的各种声音、图形、图像,计算机系统中的文字、数据和文件等都属于感觉媒体。
- 表示媒体(Representation Medium)。是感觉媒体数字化后的编码,是为了加工、处理和传输感觉媒体而人为研究、构造出来的一种媒体。表示媒体有各种编码方式,如前面介绍的字符编码、颜色编码、声音编码和图像编码等。
- 显示媒体(Presentation Medium)。是指感觉媒体传输中电信号和感觉媒体之间转换用的一类媒体。它又分为输入显示媒体和输出显示媒体,输入显示媒体如键盘、摄像机、麦克风、数字化仪和扫描仪等;输出显示媒体如显示器、音箱、打印机和投影仪等。
- 存储媒体(Storage Medium)。又称存储介质,用于存放表示媒体(即把感觉媒体数字化以后的信息代码),以便计算机随时处理、加工和调用的物理实体。这类媒体有硬盘、软盘、磁带及光盘等。
- 传输媒体(Transmission Medium)。用来将表示媒体从一处传送到另一处的物理载体。它有双绞线、同轴电缆、光纤、电磁波和各类导线等。

在多媒体计算机技术中,主要是以感觉媒体为出发点,但以上所有媒体类型都要涉及。多媒体就是利用计算机技术,把多种媒体综合在一起,使之建立起逻辑上的联系,并能对它们进行各种处理。它既表示媒体的多样化(包括数字、文字、声音、图形/图像、动画/影像等各种媒体的有机组合。当然,进一步还应包括触觉、嗅觉、味觉、表情和姿势等),又表示传播、处理和使用多媒体的各种技术和方法。

通常所说的多媒体,往往不是指多种媒体本身,而是指处理和应用它们的一整套技术,即多媒体技术。多媒体在实际应用中常常被当作多媒体技术的同义词。多媒体技术就是利用计算机综合处理多媒体信息——文本、图形/图像、声音和动画/影像等,使其建立逻辑连接,并集成为一个交互式多媒体系统的技术。多媒体技术是计算机技术、通信技术、文字处理技术、音频(声音)技术、图形/图像技术、视频(动画/影像)技术和压缩技术等多种技术的融合,具有集成性、实时性和交互性等基本特征。

- 集成性。一方面是多种媒体信息的集成,另一方面是显示或表现媒体设备的集成。
- 实时性。多媒体技术的一个基本特征就是能够综合地处理带有时间关系的媒体,如声音、影像/动画,甚至是实况信息媒体。这就意味着多媒体系统在处理信息时有着严格的时序要求和很高的速度要求。当系统应用扩大到网络范围之后,这个问题将会更加突出。
- 交互性。多媒体技术可以让用户参与到媒体的加工和处理工作中来。

“多媒体”这个术语既表示了信息媒体的多样化,又表示了传播、处理和使用多媒体的各种技术和方法。从狭义上讲,它是指人类社会用计算机或类似设备交互处理和应用多媒体信息的方法和手段;从广义上讲,则指的是一个领域或多媒体产业。

多媒体技术中一些常见的术语包括:

- 文本(Text):指字符,含字体、大小和格式等变化。
- 图形(Graphics)/图像(Image):图像也称照片(Picture)。
- 分辨率(Resolution Response):图像和显示器的离散采样精度(点数)。
- 像元(Pixel):图像的一个采样点(显示器的显示点)。
- 动画(Animation)/影像(Video):影像也称视频。
- 影像帧(Frame):组成影像的静止图像。
- 音响(Sound):即任何一种能发出声音的设备,包括其辅助设备。
- 音乐(Music):即各种歌声、乐声和乐器的旋律等。
- 对话(Interaction):指人机交互的问答、按钮、指示、感应和触控等。
- 音频(Audio):数字化的声音。
- 采样频率(Sampling Rate):指声音在一秒内离散采样的次数。
- 背景(Background):动画中为其他图像作衬底的图像。
- 前景(Foreground):在放映中,位于其他图像之前而显示的图像。
- 课件(Courseware):为讲述一门课程或一般教学内容所需要的软件或支持材料。
- CD-ROM(Compact Disc Read-Only Memory):只读型光盘。
- CD-DA(Compact disc Digital Audio):数字音频光盘。光盘的一种存储格式,是专门用来记录和存储音乐的。
- MIDI 文件(Midi File):一种保存 MIDI 乐曲的文件格式。在多媒体中,MIDI 文件的扩展名为 MID。
- AVI(Audio-Video Interleaved):音频、视频交互格式,是一种不需要专门硬件参与就可以实现大量视频压缩的视频文件格式。AVI 格式是由美国 Intel 公司制定,并被 Microsoft 所认可、并积极推广的视频文件格式。

• 多媒体平台:计算机、音响系统和图像系统的集成,可提供对多种信息格式的存取。

4.4.2 多媒体信息的压缩编码

文字、声音、图形、图片、动画和影像等信息的编码可以有效地将它们保存到计算机中来,但是,存储这些信息的文件可能十分巨大,在前面介绍声音、图像、影像的编码时,就已经提到这个问题。大量的信息就需要大量的存储空间,同时,进行网络传输时,更加耗费时间。

压缩编码是对信息进行重新编码,它并不是一种现实生活中信息在计算机中表达的方法,而是一种纯粹的计算机技术,删除信息编码中一些不必要的字节,以减少信息所需的存储空间。经压缩编码后得到的信息,已经失去了其原始含义,不能直接使用。要使用这些信息时,需要进行解压缩,添加适当的字节才能恢复信息原来的编码。下面来看看各种信息的压缩编码方法。

1. 文字信息的压缩

文字信息中包含有很多重复的字符组合,以英文文字信息为例,一篇文章中,有很多重复的单词,也有很多单词具有相同字母组成的音节(如 main、plain、rain 等单词,都有 ain),因此,人们便使用指针和模板替换之类的技术来减少文字信息的存储空间。

先来看看模板替换。它是在文字信息中寻找出现多次的两个或以上字母组成的音节——这里称为模式。当发现一个这样的模式,就用一个在文字信息中没有出现的字符来代替这个模式,并创建一个字典条目。图 4-24 是一个模板替换的示例。这里,the 和 ain 是两个模板,分别用字符 ♯ 和 @ 来替代。压缩前,需要 89 字节来存储(每个字符 1 字节,包括空格),压缩后只需要 67 字节,再加上建立字典条目所需要的 10 字节,总共也只需要 77 字节。

图 4-24 文字信息压缩:模板替换

再来看看指针技术。它是在文字信息中寻找重复的单词,当一个单词的出现次数多于一次时,那么第 2 次以及以后该单词出现的地方都可以用该单词第一次出现的位置值来代替。该位置值当作该单词的指针,这里并不需要维护一个字典条目。再解压缩时,利用位置值所在的单词替换回来就可以恢复原来的信息了。图 4-25 是指针压缩的一个示意。这里,单词 spatial、metadata、database 都重复出现了多次,spatial、metadata、database 在全文中分别是第 2 个、第 3 个、第 4 个单词,因此后面出现的 spatial、metadata、database 可以分别用 2、3、4 来代替(这里假设 2、3、4 等在文字信息中没有出现,若出现了,可在数字前加一个特殊的字符,如 ♯、& 等)。压缩前,需要 231 字节来存储,压缩后只需要 158 字节就够了。

| The spatial metadata database as shown in above Fig can be divided into three levels: aa is global spatial metadata database, bb is district spatial metadata database, cc is general spatial metadata database about spatial database. | 压缩 → | The spatial metadata database as shown in above Fig can be divided into three levels: aa is global 2 3 4, bb is district 2 3 4, cc is general 2 3 4 about 2 4. |

图 4-25　文字信息压缩：指针压缩

2. 声音、图像/影像的压缩

在目前世界上非常活跃的关于多媒体技术和信息高速公路的研究领域中，声音、图像/影像压缩和恢复是一个非常重要的研究问题。

多媒体系统具有综合处理声、文、图的能力，要求面向三维图形、立体声音、真彩色高保真全屏幕运动画面，为达到满意的视听效果，要实时处理的数字化图像、影像、声音信号数据量极大，对计算机的处理、存储、传输能力要求很高。

例如，一幅中等分辨率（640×480 像元）的真彩色（24 位/像元）图像数据量约为 0.922MB，为使影像画面连续，播放速度至少每秒 25 帧图像，一秒钟的活动影像约占 23MB，而一分钟则要占 1380MB，约合 1.3GB。单片 CD-ROM（存储容量约为 600MB）也仅能存储播放 20 多秒钟的数据量。这还没有加上声音信息。

如果在未压缩的情况下，要实行全动态的视频及立体声音的实时处理，则需要高达每秒上亿次的操作速度和几十个 GB 的存储容量，这对目前的个人计算机来说是无法承受的。所以对声音、图像/影像信息进行压缩和解压缩是十分必要的。

当然，声音、图像/影像信息的压缩也是可能的，主要原因包括以下两个方面：

（1）原始信息源数据存在着大量冗余。这种冗余又包括两个方面：

- 空间相关（或空间重复）：单张图像（静态图像）中的很多像素点往往有相同的颜色，或者局部图斑是相同的，这种相关性称为空间相关，可用少量数据表示这些空间相关数据。

- 时间相关（或时间重复）：在动画或影像（动态图像）中，相邻的两帧图像之间产生的变化往往很小（连续节目中活动目标的瞬间变化不大），存在大量重复数据。

这种静态和动态画面帧内像元的空间相关和帧与帧之间的时间相关存在大量数据冗余，可以进行数据压缩。此外，颜色和声音的基本编码的二进制位数在特定的图像和声音中也可以适当减少。

（2）人类视觉/听觉器官的不敏感性。如人对边缘剧变不敏感，以及对亮度信息敏感而对颜色分辨力不敏感，基于这种不敏感性，可对某些原来并非冗余的信息进行压缩，从而大幅地提高压缩比。

不过，根据上面的思想而设计的压缩算法，很多是有损压缩算法，即信息经压缩后再解压缩，所得到的信息与原始信息会有所差别，但并不影响总体效果，因而它们是可用的。

常见的图像格式即压缩方法包括：

- BMP：未做任何压缩的图像文件。
- TIF：使用 TIFF（Tag Image File Format）保真压缩算法。
- PCX：DOS 时代的图像格式，保真图像压缩算法。

- JPG：按照 JPEG（Joint Photographic Experts Group)标准,非保真压缩算法。
- GIF：使用 GIFF(Graphics Interchange File Format) 保真压缩算法。
- PNG：可移植的网络图像文件格式(Portable Network Graphic),结合了 GIF 和 JPEG 的优点。

影像压缩标准主要是 MPEG(Moving Picture Experts Group),它可以将两个小时的影像压缩成几个 GB。MPEG 包括以下不同的版本：

- MPEG-1 标准：用于数据传输率为 1.5Mb/s 时数字存储媒体运动图像及其伴音的编码。
- MPEG-2 标准：主要针对高清晰度电视(HDTV)所需要的视频及伴音信号,传输速率为 10Mb/s,与 MPEG-1 兼容,适用于 1.5~60Mb/s 甚至更高。
- MPEG-4 标准：超低传输率运动图像和语音的压缩标准,原计划用于传输率低于 64Kb/s 的实时图像传输,也有消息说,它准备向高带宽发展。这是目前电话网上传送多媒体的有效压缩标准,该标准在 1998 年正式推出。
- MPEG-7 标准：其目标是为各种媒体描述提供手段,以支持多媒体基于内容的检索。

常见的影像文件格式包括 AVI 文件(未经压缩的影像文件)、MPG(MPEG)文件,以及采用其他压缩算法的 RM 文件、MOV 文件等。

MP3(MPEG Audio Layer3)是最流行的声音(音乐)压缩标准,它是应用于 MPEG 的一项有损音频压缩技术标准。对于既定的声音质量,Layer3 能提供最低的比特率(相对于 Layer1 和 Layer2),它是 MPEG 音频编码家族中最有力的成员。如果说数字化让我们听到更干净的音乐,让音乐更容易保存的话,那么 MP3 的诞生则让音乐能在不同地域、不同国界的音乐爱好者之间更方便、更快捷、更自由地传递。

前面讲过,一首 4 分钟长的歌曲,按照波形编码就需要约 36MB 的存储空间,如果改用 128kb/s 的 MP3 格式来压缩的话,只需 128kb/s×60×4≈3.6MB,大小比约为 10：1。而且 128kb/s 的 MP3 也基本能让人满意。正因为 MP3 能让音乐文件大幅压缩,从而使音乐在 Internet 普及后大范围传播和在线收听变得可能。现在的因特网上,有无数的 MP3 歌曲可供收听和下载。

常见的声音文件格式包括 WAV 文件(未经压缩的波形文件)、MID 文件(MIDI 音乐)、MP3 文件,以及采用其他压缩算法的 AU 文件、RA 文件等。

3. 一般文件的压缩

还有一些压缩算法,它并不是针对某种特定的信息进行压缩,而是可以针对任何信息进行压缩。这些压缩算法,主要是从一个文件信息的二进制值存储特征出发而进行压缩的,如大量连续的 0 或连续的 1,就可以用一个数值加一个标记来表示。这种压缩方法是无损的压缩,即解压缩后与原始的信息是一模一样的。这类压缩算法的软件常用的有 ARJ、WinZip 和 WinRAR 等。这些压缩软件在平常的工作中会经常使用,应该尝试去使用并掌握它们。这里就不详细介绍它们的原理和使用方法了。

4.4.3 多媒体应用软件

在 4.1 节介绍计算机能帮我们做什么时,也简单地介绍了一些对文字、声音、图形和影像等进行处理的应用软件,这些软件就是人们常说的多媒体应用软件。多媒体应用软件种类非常多,同一种类型的应用软件也有非常多的不同厂商提供的不同版本。多媒体应用软件的功能涵盖了文字、声音、图形、图像、动画和影像等各种媒体的录入、编辑、修改、输出等各个方面。目前,网络上有很多免费的多媒体应用软件,人们可以通过网络方便地获得它们。有关这些软件的具体获取和使用方法,这里就不详细介绍了。

接下来,简要介绍一种非常实用的、尤其是在教学过程中广泛使用的多媒体应用软件——幻灯制作软件。

幻灯制作软件能够集成文字、声音、图形、图像、动画、影像和资源链接等多种媒体信息,将它们融合到一个展示平台中来,进行统一的播放。在幻灯制作软件里,通常以幻灯片的方式来组织各种媒体信息,在播放时幻灯片可以一个接一个展示,也可以在不同的幻灯片之间建立链接,直接就可以跳转到所链接的幻灯片。幻灯片的播放可以自动进行,也可以由人进行控制。在一个幻灯片内,可以直接将文本、图形、图像、声音和动画/影像等信息放在幻灯片里,也可以将其他的应用软件链接进来,在播放时就能直接启动这些应用软件。集成声音信息时,可以是已有的声音文件,幻灯制作软件本身也提供录音的功能,可以用声音对文字、图像、影像等信息进行讲解。在一个幻灯片内,还可以设置各种媒体信息的播放顺序和播放方式。同一个幻灯片内的这些媒体信息相互配合、相互说明,形成了一个有机的整体,对于教学和示范应用非常有帮助。

最常用的幻灯制作软件是微软的办公软件之一 Microsoft PowerPoint。IBM 公司也有一个类似于 PowerPoint 的产品,但影响要小得多,更多的只是在 IBM 公司内部使用。

4.5 人 机 交 互

4.5.1 图形用户界面

图形用户界面(Graphical User Interface,GUI)技术的发展是近年计算机领域发展的一个主要方面。正是由于这方面的技术进步,计算机变得越来越容易使用,因此也逐渐被社会更广泛地接受,逐渐由一种科学和技术设备变成一种高级的家用电器。计算机图形用户界面技术既与计算机的输入过程有关,又与计算机的输出过程有关。显然,图形用户界面技术依赖于基本图形硬件:高分辨率的显示器、高性能的图形接口部件(显卡)等。在这些设备部件都已经成为计算机的普通配置后,主要的问题就是需要有支持和建立图形用户界面的软件系统。经过二十多年的努力,图形用户界面的主要技术和基础软件系统已经逐渐成熟。

从观念上说,计算机图形用户界面的基本思想是尽可能在屏幕上用形象的图标和窗口来代表有用的资源和可以启用的对象。在信息处理领域,"对象"是指任何可以与之通信的东西,例如计算机里各种能够与之通信的设备、各种可以被启用的程序,等等。根据对象的特性不同,可以把它们划分为一些类别。每一类对象有它们自己独特的"属性"、它们独特的信息处理方法、与外界交换信息的工作方式等。建立图形用户界面的目的,是使计算机的用户和机器交流信息时,可以通过指点、操作图标(Icon)或窗口(Window)等图形符号的方式与各种对象通信,以代替传统的文字形式的命令行通信方法。在屏幕上排布的各种图形符号,它们占据着人的"视野",以视觉信息的方式刺激人的思维。人可以一面看着这些图标形象，一面思考问题，直观形象地感受到计算机正在进行的信息处理活动。

在图形用户界面上，对象按照它们的工作关系组织成窗口。这些对象之间用"消息（Message）"发送和接收的方式互相进行通信和协调工作。在图形用户界面管理软件（例如Windows 95 系统）里的窗口、菜单（Menu）、按钮（Button）、对话框（Dialog）和鼠标的箭标（Arrow）等，皆是以图形符号表示的"对象"（如图 4-26 所示）。程序模块也可以与图形符号相联系，成为能够被启动并执行信息处理工作的对象。在计算机中存储的各种信息也可被规定为资源对象，它们可以是被程序模块进行信息处理的对象，同时也可能是图形对象改变可视状态（改变样子）的根据。

图 4-26　Windows 95 图形用户界面系统

通常，在每一个时刻，计算机上只有一个对象处在活动状态（正在 CPU 上执行），正是该活动对象当时在处理信息，并且和用户打交道。对象之间的"消息"传递所起的作用，正是为了能够在计算机和它的用户之间交换信息、两个程序对象之间传递数据，或者用户简单地发出一个启动信号等。当消息送给某个对象（例如某个窗口）时，该对象根据收到的消息做相应的处理工作，而这个处理信息过程又可能要启动另一个程序对象。例如，当用鼠标选定了某一个窗口，并指点了它的主菜单栏中"文件"项，那么这就是发出了一个消息，要求该窗口变为活动窗口，然后要求它弹出它的文件"菜单"。作为计算机用户的人也应当把自己看作信息处理整个过程中的一个"对象"，上面所说的那些操作，不过是人（通过鼠标等设备）给其他对象发送消息，要求它们处理这些消息而已。

图形用户界面管理软件在这个消息传递过程中扮演什么角色呢？它的责任就是管理各

种图形对象以及它们在屏幕上的相互关系(对象的管理员);监视各种"事件"的发生(监察员);并负责实现这些对象之间的实际消息传递工作(邮递员)。

图形用户界面管理软件使用户能够定义各种图形对象,如窗口、菜单、按钮和对话框等,并且能够为这些对象定义可以进行的操作,把这些操作(各菜单项)与实际可以执行的程序联系起来。这样,每当用户选择一项操作,单击一项菜单时,图形界面管理系统就去激活相应的对象,使它活动并开始处理信息。为了使人能够明确分辨对象是否被激活,界面上还设法使被激活对象是可以明显地看出来。例如激活的窗口被放在其他窗口的最上面,不被其他对象遮盖,并具有明亮的颜色,光标的形状改变了,等等。作为用户,在观察屏幕时应该注意两个问题:在当前时刻,哪一个对象处在活动状态;正在活动的对象所执行的操作是什么,它还能执行的其他操作,这些操作的意义,等等。

关于对象的激活,人需要关心的问题还会出现在许多不同层次。例如在一个当前被激活的窗口内,可能有许多不同对象,例如菜单栏、编辑区等。一个窗口还可能有几个子窗口。在这些对象中同样也只能有一个处在活动状态。这个当前活动的对象与用户进行消息通信,用户输入总是发给当前的活动对象。用户是通过鼠标和键盘与图形对象打交道。当用户发出一个信号时(移动鼠标、按动鼠标键或键盘键都是给计算机发出信号),图形用户界面管理软件认为出现了一个"事件(Event)",它根据这个事件发生时的状态,例如某一个窗口处于活动状态、屏幕箭标所处位置等,生成一个"消息",并把它发送出去。消息接收者可能是当前活动对象,也可能是刚才箭标所指的对象,这取决于消息的类别。当一个对象接受了消息之后,就会转去执行所要求的信息处理工作。

由以上讨论可以看到,Windows 系统这类图形用户界面管理软件的基本工作模式,这就是:"消息"是发生了某种"事件"的标志,消息被送给相关的"对象",对象用自己处理信息的相关操作(程序)处理收到的消息,在处理过程中可以要求图形用户界面管理软件提供各种服务。而图形用户界面管理软件负责监视事件的发生,根据消息的类型和界面状态确定接收消息的对象,并把消息发送出去。图形用户界面管理软件还提供了很多界面服务工作和内部管理工作,使用户(或程序)能够比较方便地构建自己喜爱的屏幕使用方式。

图形用户界面管理软件通常是由操作系统来提供(参见第 7 章),目前应用比较广泛的图形用户界面管理软件有微软的 Windows 系列、IBM 公司的 OS/2 图形界面系统,苹果公司 Mac 机器上的 Mac OS 图形界面系统以及 UNIX 和 Linux 上提供的 X-Window 系统等。X-Window 系统注重支持在高性能局域网上的图形工作方式,网络中任何一台计算机上的程序都可以把自己的图形显示到另一台计算机上。对于在网络工作环境下的远程协同工作方式,上述功能非常有用。

4.5.2 人机交互技术的发展

今天,人们越来越重视开发计算机在新型信息媒体上的处理能力。计算机不仅应该能输出文字信息,还可以用听觉、触觉、三维图形、动画、甚至伴以嗅觉等多种媒体形式与人交换信息,这就是前面所说的多媒体技术。这方面的研究和应用是当前很活跃的一个领域。"人性化"交互是多媒体技术的研究重点,人们一直在投入大量的人力物力进行与人体习惯相符的输入输出技术研究,包括多语言的支持、手写体、语音、触觉、味觉、姿势和表情的识别,语音、触觉、味觉、姿势和表情的表达等。发展这些技术的目的,并不仅仅是作为一种信息输入手段,而是与计算机进行交互,通过手写、语音、接触、味道、姿势和表情等向计算机发出命令,计算机能够理解并执行相应的操作,同时也能够以同样的方式向人们展示结果。

科学家开发虚拟触觉感应技术,体会隔洋"握手"的感觉

相隔在美国波士顿和英国伦敦的科学家联手进行了一次合作试验,展示他们是如何在远隔4800公里的情况下,通过网络实现相互"握手"并合作完成一些简单任务。

科学家使用一种力量反馈装置,它由一台计算机和一个小型机械臂构成,机械臂的一端有一个像粗笔一样的装置,实验者握住它后,可直接感受到大洋彼岸的人推、拉或利用计算机在共享的虚拟空间中移动物体等动作,同时也可以将自己的动作传给对方。

此次试验中,美方麻省理工学院小组与英方伦敦大学小组一起合作,双方试验者可以看到同一个虚拟房间,里面有个大黑盒子,他们共同完成在虚拟空间将这只黑盒子抬起的动作。

在试验中,不仅能感觉到对方施加的压力,还能感觉出所"触摸"物体的质感,如这个物体是否柔软或坚硬,是否像木头或像皮肤。触感是虚拟环境中最难模拟的。但是如能模拟触感,就可以使人们虽远隔千里,却感觉在一起。

目前虚拟触摸技术急需解决的技术难题是通过网络传输数据的时间差。如果动作与反应之间出现长时间差,试验者之间的协同就会有很大的问题。

多媒体技术方面发展出的一种非常诱人的新输出形式被称为"虚拟现实(Virtual Reality)"。感受"虚拟现实"输出环境的人需要戴上一个特殊的头盔(包括目视器等传感设备,它们与计算机相连,在视觉方面提供一种三维模拟),并配备其他传感设备,例如触觉手套(计算机和人通过手套交换触觉信息)等。这些设备形成计算机向人传递信息的多种途径。人在"虚拟现实"系统中会感觉到自己完全置身于另一个世界(由计算机产生的三维虚拟世界)中。当人移动脚步、转动头部、伸出手臂,计算机会使人感到自己像是置身于一个虚拟的世界中。这种技术的一种应用是利用计算机进行复杂危险环境的模拟。模拟复杂危险环境可以为被训练者提供不同级别难度的训练,以使他们能够在接触真实环境之前就熟悉可能遇到的情况,熟练掌握工作技巧,尽量避免伤害和各种损失等。

利用计算机进行真实环境的模拟也是计算机应用的一个重要方面,这方面也需要丰富的输出形式。人们用计算机模拟飞机的驾驶舱,用这样的环境训练飞行员;用计算机模拟大型发电厂、核电站的控制室,用于训练操作人员;采用计算机及网络进行虚拟手术,来模拟、指导或实施医学手术所涉及的各种活动(如图4-27所示)。这类模拟环境可以为被训练者提供不同级别和不同难度的训练,使他们在不接触真实设备的情况下反复练习。被训练者还可以经历各种复杂情况,做排除故障的练习,体会各种正确或错误操作的后果,等等。这些练习往往是无法在真实世界中进行的。

另一个与高性能计算机输出技术密切相关的应用叫做"科学可视化(Scientific Visualization)"。在这个领域中,人们设法把自然界的自然现象和发生的物理过程,科学实验中很多难以实际观察的现象(如分子结构,如图4-28所示),或者原本就不具有视觉效果无法观察的东西(如引力场),通过计算机计算绘制,用显示设备展现在人的面前。研究人员能够更深刻地认识自然的本质,更好地认识物质运动过程,分析和理解其实质。科学可视化已经成为开展研究工作的有力工具。

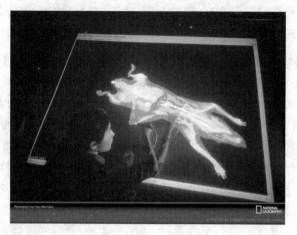

图 4-27　虚拟手术

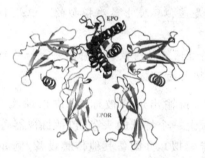 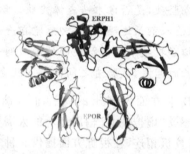

(a) EPO 与 EPOR 的复合物结构　　　(b) 设计蛋白 ERPH1 与 EPOR 的复合物结构模型

图 4-28　分子结构示例

4.6　习　　题

1. 问答题

（1）有一个大小为 30GB 的样本集合，如果对它们编码，需要使用多少个二进制位？试写出其计算过程。

（2）试总结一下各种信息的编码方法，比较它们的异同。

（3）简要介绍汉字的编码及其输入过程。

（4）简要阐述计算机信息输入与输出的本质。

（5）图形显示设备的分辨率影响到显示的像元总数。对吗？为什么？

（6）有一种影像，人们对它的要求很高：影像的播放速度是每秒 32 帧图像，每帧图像的分辨率为 2048×1536 像素，其颜色系统是 512 色；而声音的采样频率则要达到 65 536Hz，采用双声道，每声道用 4 字节存储采样值。请问，要保存 10 分钟这种原始影像，需要多大的存储空间？

（7）请举例说明，微软拼音输入法（或其他任何一种拼音输入法）三个重要的功能。

（8）中文输入法为南方口音提供了什么支持？

（9）用 Microsoft PowerPoint 制作演示文稿时，可以粘贴三维多媒体图像。对吗？为什么？

（10）简要阐述声音、图像/影像的压缩可能性。

（11）畅想一下未来计算机与人的交互方式。

2. 上机练习题

（1）上网查找并列出下列各种多媒体应用软件，选择下载安装其中一个，并尝试使用它们，写出你的经验和心得、体会。

- 图像处理软件
- 录音软件
- MIDI 音乐编辑软件
- 音乐播放软件
- 影像播放软件
- 屏幕录像软件
- 影像编辑软件

（2）从网上下载一些经典的 MP3 音乐（如"蝴蝶泉边"、"我的祖国"等），存放到自己的计算机中，并播放。

（3）上网查找并列出中文输入软件。尝试安装并使用它们，写出你的经验和心得、体会。

（4）学习使用 Microsoft Word，用它写一个介绍你自己的简历（包括文字、照片等信息），并做适当的排版。同时，统计一下你所写的字数（为了统计一个 DOC 文档文件所包含字符总数，可以通过使用 Word 软件的"工具"下拉菜单，选择"字数统计"菜单项）。

（5）学习使用 Microsoft PowerPoint，根据第 4 题中的内容，制作一个介绍你自己的 PPT。

（6）练习使用 Windows XP 操作系统，总结其中的图形用户界面元素及其作用。

第 **5** 章

信息存储

人类在长期的社会生活、生产活动和科学研究过程中积累了大量信息。在计算机广泛应用之前，信息主要是以文字形式书写在纸张上或印刷在书本中存储起来，以便能够被人们传播、共享和保存。这种方式使用了相当长时间，对人类进步起到了极其重要的作用。但是它也有许多缺点：一方面，信息传播只能通过信息载体(纸质媒体)的实际运输来完成；另一方面，信息的复制、修改和查询工作所耗费的工作量大，这是纸质媒体本身的特点所决定的。想一想人们在工作中花费了多少时间查字典、手册，以及草稿誊写和文字引用抄写等，就可以理解这个问题了。

在第 4 章介绍了在计算机中，各种信息是以二进制数的形式进行表示的。因此，计算机系统的一种重要功能就是可以存储大量二进制信息。计算机利用半导体固态材料、磁性材料、光学材料和其他物理介质来存储二进制的数字化信息。数字信息具有方便复制、便于计算机进行信息变换和便于远距离网络传送等优点。如果把一本书里的一段抄录到自己笔记本上的过程，使用的是一本计算机化的电子书，将书上一段转移到自己手里，无论这段有多长，都是非常简单、不需要花费什么时间的事情。由于数字化的信息可以用计算机方便地处理，使用这种信息比用纸面上的信息方便得多。利用计算机可以高速地对存储在系统中的信息进行检索、比较、整理和汇总等各种操作，这就使人们对信息的掌握和利用能力得到极大的提高。

按照冯·诺依曼的"存储程序"原理，程序与数据预先存入存储器，工作时 CPU 连续自动高速顺序执行和处理它们。在第 3 章中简要介绍了计算机系统中的各种存储设备，包括CPU 中的寄存器、高速缓存、主存储器以及各种外围存储器。这些不同的存储设备，其存储容量和工作速度大不相同，在计算机工作的过程中，主存储器里存放着当前 CPU 运行所需的各种重要信息，包括正在运行的程序和正被处理的一些数据，CPU 通过寄存器和高速缓存的协助能够快速得到它们。虽然 CPU 在一小段时间里运行所需的信息是有限的，但计算机在长时间的运行过程中，会涉及大量程序和数据信息，这些大量的信息则是存储在各种外围存储器(包括磁盘、磁带和光盘等)中。计算机内这些不同的存储设备相互配合，就可以达到高速处理海量信息的目的。这些相互配合的存储设备及其配合方式，连同信息在存储设备中的组织管理方式和相关的软件，就构成了计算机的存储系统。

物理的存储部件和设备构成了计算机存储系统的物质基础(存储器的硬件)，而相关的软件则可以很好地维护和管理各种存储设备，从而能够有效地存储和使用大量信息。信息的组织和管理是计算机有效工作的基本条件,初学者应该注意学习维护存储设备的硬件方面的知识,在此基础上还要注意学习如何管理好存储介质以及学习使用其上的存储信息的方式,理解其中的基本原理,了解在使用中可能遇到的问题。在使用计算机的过程中,也应当遵循计算机信息管理的一些基本原则,建立良好的信息存储习惯,这样才能用好计算机。

各种外存储器是构成计算机存储系统的主要部分,计算机系统需要的各种系统软件和应用软件以及它们处理的数据都存储在外存储器中:个人计算机的外存储器中可能存储着许多有用的个人数据;企事业单位计算机系统的外存储器存储着许多与单位的管理和运作有关的数据;一些大型计算机的外存储器中存储着大量对社会公众都有用的公共数据,这些计算机系统连接在公共数据网络上,成为网络上的数据中心,使本地或远程的使用者能够共享存储在其中的信息。

本章将主要介绍计算机存储系统中信息存储设备的基本概念和工作原理,这是信息在计算机系统中组织管理的基础。本章 5.1 节首先简要介绍存储设备的性能指标;5.2 节将从硬件整体结构角度讨论计算机存储系统的分层结构;5.3 节则详细介绍典型外存储设备——磁盘的结构特点及其工作原理;5.4 节将简要介绍其他外存储设备(磁带、光盘以及固态存储)的工作原理。至于计算机系统中信息的组织管理,将在第 7 章中介绍。

5.1 存储设备的性能指标

存储设备是利用物质的磁、电、光等特性来存储二进制信息的,衡量存储设备的两个重要的性能指标就是存储容量和存取速度。

存储容量指的是存储设备能够存放多少个二进制位,显然,越多越好。1 个二进制位称为比特,8 个二进制位称为 1 个字节。第 4 章也讲过,计算机内通常用 2^N($N \geqslant 0$)个二进制位来表示信息,所以,存储容量的计量单位也通常用这种方式来进阶,它以 2^{10} 为一阶。下面是常用的存储容量计量单位。

- KB(Kilo Byte):1KB 表示的是 $2^{10}=1024$ 个字节。而 $2^{10}=1024$ 很近似于 1000,所以也称为千字节。
- MB(Mega Byte):兆字节,为 $2^{20}=1\,048\,576$ 个字节,约百万字节。
- GB(Giga Byte):千兆(吉)字节,为 $2^{30}=1\,073\,741\,824$ 个字节,约十亿字节。这么大的存储容量,如果以每个字节为一个存储单元,对它们进行编址(相当于房间的门牌号),加以区别,那么表示这个地址所需要二进制位的长度就需要 30 位。当前大部分计算机的内存存储单元编址用的二进制位长度是 32 位(4 个字节),因此可管理的内存容量不能超过 $2^{32}=4\,294\,967\,296$ 个字节(即 4GB)。目前市场正在推出 64 位计算机,其重要优点之一就是它的内存编址用的是 64 位,所能管理的内存容量非常大(2^{64}B)。如果说每个存储单元放一粒沙子,那么把全地球所有的沙粒都放进去,还绰绰有余。有关内存编址的概念,在第 6 章会详细介绍。
- TB(Tera Byte):兆兆字节,为 $2^{40}=1\,099\,511\,627\,776$ 个字节,约万亿字节。它仍然在 64 位地址长度所能够表示的地址空间容量之内。
- PB(Peta Byte):2^{50} 字节,这是一个非常大的容量,但人们现在已经有了这种要求单个存储系统具有这么大的存储容量的需求,如对地观测领域,要存储大量的地球表面的遥感图像(在 Google 地球中看到的全球地图,就是遥感图像)。

- 其他还有 EB(Exabyte,2^{60}字节)、ZB(Zettabyte,2^{70}字节)、YB(Yottabyte,2^{80}字节)、NB(Nonabyte,2^{90}字节)、DB(Doggabyte,2^{100}字节)等计量单位:大家对它们还很陌生,现在的信息社会还很少使用它们来计量信息总量。但随着信息化的发展,这些存储容量单位也将逐渐被大家所熟悉。

需要指出的是,通常在市场上购买存储设备时,其标出的容量单位是按十进制换算的。粗略地,1KB=1000B,1MB=1000KB,1GB=1000MB,1TB=1000GB。

存取速度是存储设备另一个重要的性能指标,它指的是往存储设备中存放数据(写数据)和从存储设备中拿出数据(读数据)的速度。通常,数据存储方式(磁、电、光等)以及存储设备的结构,对数据的读写速度有很大的影响。同一种存储设备,读数据的速度和写数据的速度也会有差别。数据读写速度可以用每秒钟读或写多少字节来度量,其单位可以是 B/s、KB/s、MB/s 或 GB/s 等。

5.2 计算机存储系统的层次结构

简要地说,计算机中各种信息存储设备就像大小规模不等的图书馆、资料室。主存储器的信息访问速度快但存储容量较小,用于存放正在运行的程序和有关数据,这就像个人的工作室,虽然规模不大但使用效率最高,手头要用的东西放在附近;外围存储器(如磁盘)则相当于常用资料室,其信息容量较大但速度较慢,计算机系统里常用的各种系统软件、应用软件及有关数据存放在那里;另外一些存储设备,如大容量磁盘、磁带和光盘等,容量更大但工作速度更慢,它们相当于大型图书馆,存储着许多有用数据,但每访问一次都要花费相当长时间。如果计算机工作中需要,可以把这种慢速设备上的数据成批地调到工作较快的存储器上去,就像可以把图书馆的资料借回来使用一样。目前在公共数据网络上,网络的数据中心为了使本地或远程的使用者可以共享大量有用数据,建立了多种用途的大型共享数据库。为了提高信息服务的效率,在这些数据中心往往都装备了各种大容量、高速度的存储设备。

计算机存储系统的硬件组成可以用图 5-1 中的金字塔来描述,特性各异的存储部件(设备)分别处于塔中不同的层面。上小下大的结构形象地表示了处于不同层面的存储部件存储容量的相对大小。处于上层的部件存储量相对较小,下层部件的存储量则较大。计算机的 CPU 正位于这个金字塔的塔尖之上,而各个存储部件与 CPU 的远近层次反映了它们之间交换数据的关系,在不同层次所存储的数据在被使用时会被一层层地传递,直到被 CPU 所处理。位于上面层次的存储部件更接近计算机的 CPU,其存取速度对整个计算系统的效率的影响更大,因此要求它们有更快的存取速度,其单位存储量的成本也更高;而位于下层的存储部件则相反,它们与 CPU 距离远,其存取速度慢,对系统性能影响也较小,硬件的单位存储量的成本也低得多。

位于金字塔顶端的是计算机中工作速度最快又最紧缺的存储资源——CPU 中的"寄存器"。"寄存器"是高速存储单元,其存取速度与 CPU 信

图 5-1　计算机存储系统硬件的金字塔结构

息处理的运算部件合拍,一次存取数据所花费的时间大约是 1～10ns(纳秒,1ns＝10^{-9}s)的量级。从信息传输的通路上看,寄存器与 CPU 距离最近,CPU 在执行指令时一般都直接对寄存器进行操作。当前计算机中一个寄存器的存储容量通常为 32 位(4B),它与 CPU 一次处理数据的大小是相同的。寄存器制作成本很高,一个 CPU 芯片中通常只配备几十个寄存器(也有的芯片含寄存器数量更多一些)。

从塔尖往下两个层次,是主存储器(常简称为"主存"或"内存"),计算机系统工作时主存里存放着与当前工作有关的程序和数据。目前主存储器采用超大规模集成电路技术制造的半导体存储芯片组成,访问一次(读写一次)主存储器的时间通常是几十纳秒的数量级。今天主存的存储芯片一般被安装制成标准存储模块(俗称"内存条"),以一个(或一组)模块为单位安装到计算机主板的标准存储模块插槽里。早期一块内存条的容量比较小,有限数量的主板存储模块插槽对计算机的主存储器最大容量是一种限制。现在一块内存条的容量从256MB、512MB、1GB、2GB 到 4GB 都有,价格也比较便宜。计算机系统的一个重要性能指标就是主存容量的大小,在其他指标相同的情况下,主存储器大的计算机能够运行更大的程序,速度也更快。现在的个人计算机一般配备了 1～4GB 的主存储器(一台 32 位个人计算机所能管理的主存储器容量是有限的,不能超过 4GB,具体情况参见第 6 章)。工作站以上的计算机(服务器、巨型计算机)所配备的主存容量则会大得多。计算机主存的配备应根据所要使用的软件系统的需要加以考虑。使用内存条方式的优点是可以方便地增加或更换,当然在更换时要注意芯片存储量和工作速度等参数,使其符合计算机主板的要求。

与 CPU 工作节拍相比,主存储器的存取速度显然太慢("速度比"一般是 1:10),这种情况使主存访问速度成为制约 CPU 能力发挥的一个主要因素。CPU 每执行一条指令都要从主存储器中取指令,指令执行过程中还可能需要再从主存中读数据或往主存中写数据。也就是说,在一条指令的执行过程中,CPU 可能多次访问主存储器,访问花费的时间当然都是指令执行所花费时间的一部分。虽然 CPU 可以高速地执行指令,但由于主存储器的存取速度跟不上 CPU 的节拍,CPU 不能及时地得到指令及其相关的数据,那就会使 CPU 空闲等待。虽然现在已经有制造速度更高速的存储器的技术(如寄存器就是其中的一种),但由于生产成本太高,不适宜用于生产大容量的主存储器芯片。

为了缓解 CPU 与主存储器之间的速度矛盾,计算机科学家发明了一种很聪明的硬件技术,那就是在 CPU 和主存储器之间设置一个缓冲性的高速存储部件(硬件),这个部件称为高速缓存(Cache),简称"缓存"。高速缓存的工作方式和主存储器不同,如可以采用静态随机存储技术(Static Random Access Memory,SRAM)来实现,同样由于造价昂贵,其存储容量比主存储器小得多,在一般个人计算机和工作站上大致为几百 KB 到几个 MB,大型机器上的高速缓存容量则会更大一些。但在另一方面,高速缓存的存取速度比主存储器要快许多,更接近 CPU 的工作速度。如果 CPU 需要访问的数据和指令能预先放在高速缓存中,那么工作速度自然可以大大加快。显然,由于缓存的容量小,主存储器里程序和数据不可能全部搬过去。人们为此提出了一种管理方法(称为缓存技术):仍然把程序和数据存放在主存里,只是在 CPU 执行已在缓存中的部分指令和数据时,利用这个时间间隙,把 CPU 下一阶段需要的一部分程序和数据预先搬进缓存,这样就可以大大提高 CPU 的工作效率。主存储器、高速缓存和 CPU 的关系如图 5-2 所示。CPU

图 5-2　高速缓存与主存储器

需要存取指令或数据时首先到高速缓存里去找,如果所需要的东西当时正在缓存里(这种情况称为访问"命中"),访问立即完成,CPU 不必访问主存就可以往下继续工作。如果所需要的东西当时不在缓存里(这称为访问"失效"),CPU 就转而对主存储器进行存取,与此同时,负责存储管理的专门硬件把这次被访问的信息也由主存搬到高速缓存中。需要特别说明的是,访问失效时被从主存储器搬到缓存的不只是当时 CPU 要用的东西(指令或数据)。主存储器被看作是连续排列的一个个存储块(若干 KB 形成一个块),当存储块中的一部分信息被访问时,整个存储块都会被搬到高速缓存里。这样做的好处是当一条指令或一个数据被访问后,要执行的后续指令、需要访问的下一个数据多半也在同一个存储块里。只要CPU 的后续访问能够在高速缓存里完成,工作速度就能够大大加快。

高速缓存技术的有效性依赖于缓存访问的命中率,而这一点实际上依赖于被执行程序本身的特点。在一个 CPU 中每个时刻只有一个程序在执行,在执行一条指令的过程中,只有很少几个对主存的访问点:指令代码存储的位置,一个或几个数据的存储位置。程序在不发生控制转移的情况下,指令总是顺序执行的。一条指令执行完毕,顺序取下一条指令。下一条指令有很大可能性位于与当前指令相同的存储块。对数据访问的情况则有所不同,数据项的集中程度依赖于程序的实际情况和数据组织方式,写程序的人可以设法对与此有关的各方面加以控制。计算机工作者通过对典型程序的模拟试验和统计分析,确认在采用高速缓存技术的情况下,计算机的工作速度可以得到显著提高。

实际应用问题对计算机速度提高的需求是无限的。可以说在任何时候总有更复杂、计算量更大的新问题会被人提出来,要求使用计算机解决。在这种对计算机解决问题能力的需求推动下,计算机科学家和工程技术人员在不断地改进计算机的体系结构,而提高存储系统的综合性能(整体的容量和平均速度)就是其中一个非常重要的方面。人们为此还提出了许多复杂而有趣的、能够提高访问速度的机制,这里就不一一列举了。

主存储器一般采用动态随机存储(Dynamic Random Access Memory,DRAM)芯片,它由动态金属氧化物(Metal Oxide Semiconductor,动态 MOS)半导体集成电路组成。动态随机存储技术的基本工作原理是利用单个晶体管和一个电容器来保存电荷,通过判断其电位高低来实现一位信息的存储,并利用其晶体管实现对电容的读写控制。这种存储方式结构简单,但是由于电容器本身不可能长期保存电荷,必须靠芯片电路的周期性刷新充电(动态充电)才能维持,所以它比其他同类存储技术要花费附加的充电时间。这种随机存储技术相对于磁存储或光存储而言,属于固态存储技术(Solid State Memory)的一种(5.4.3 节将会介绍另一种固态存储技术——只读存储技术(ROM),它们不需要动态充电来维持信息的存储)。与磁存储和光存储不同,固态存储技术的存取操作的工作原理不会涉及机械转动部件(5.3 节、5.4 节将详细介绍磁存储和光存储的存取原理),是属于随机访问的存储技术(Random Access Memory,RAM)。而且由于它采用大规模集成技术生产工艺,非常便于小型化和提高工作速度。它的单位尺寸所集成的存储元件数目增长的潜力非常巨大。工业界目前已经在几毫米见方的硅片上制造出存储 256MB 以上容量的 DRAM 集成电路芯片。

个人计算机所使用的主存储器芯片一般采用 DDR(Double Data Rate,一种提高存储芯片工作速度的新技术)类型的 DRAM 存储芯片(内存条),高性能计算机上则会采用其他类型的 DRAM 芯片。目前市场上一块 2GB 的 DDR 内存条,价格只在 100～200 元之间。前面讲过,DRAM 存储器需要动态充电来维持信息的存储,因此它具有信息存储具有"易失性"的特点,即只有在得到正常供电情况下,其存储的信息才能够保持。一旦停止供电,其中的信息就会消失。所以要注意避免供电电源的突然断电,它会引起整个存储芯片的信息丢失。个人计算机在正常关机的时候,其操作系统会负责在关掉机器之前,把主存储器的有用信息(工作现场)全部复制到磁盘上去。如果遇到突然停电或人为地非正常关闭电源,就会造成计算机的主存储器所有信息的丢失。有一些计算机配备了"不间断电源(Uninterrupted Power Supply,UPS)"设备,它能够在市电220V交流电突然断电情况下,提供短时间的220V交流电源,为计算机在供电消失以前赶紧保存"工作现场"提供了宝贵的应急时间。

在图5-1所示金字塔中,位于主存储器下面一个层次的是各种外围存储设备,包括常见的磁盘、磁带和光盘存储器等。这些存储器的共同特点是存储容量大,单位存储价格便宜。外存储器采用物质的磁或光等特性来存储信息,其存储方式的一个重要特点就是非易失性,不需要外部提供能量就可以保持存储媒介上的信息不丢失。另一方面,这类存储设备需要采用一些机械装置来辅助存取数据,因此访问速度比主存储器要慢得多。外存储器的这些特点正好与主存互为补充,共同支撑着整个计算机存储体系的有效功能。

容量很大的外存储器是现代计算机的一个重要特点,普通的个人计算机也常配有存储量达几百GB乃至TB级的磁盘,并配备光盘等外存设备。磁盘、磁带等外围存储设备既可以看作是计算机输入设备,又是输出设备。当中央处理单元(包括CPU和主存储器)把信息送往这些设备时,它们被作为输出设备;当由这些设备提取信息时,它们被作为输入设备使用。

寄存器、高速缓存、主存储器是计算机系统进行信息处理时所需要的临时信息存储设备,它们需要加载电源才能工作,一旦掉电,就不能保存任何信息。而外存储器则往往具有非易失性,它可以永久存储信息。另外,可以看到,CPU在执行时,所需要执行的指令和处理的数据,经历了一个逐层交换的过程:从磁盘(外存储器)到内存、内存到缓存、缓存再到CPU(寄存器);而处理结果需要保存的话,则是从CPU(寄存器)到缓存、缓存到内存、内存再到磁盘(外存储器)进行逐层交换。计算机存储系统的这种分层结构,很好地保证了CPU快速高效的处理能力。

5.3 磁盘的结构与工作原理

随着计算机技术的发展,计算机世界也变得多姿多彩。但不管计算机的世界如何精彩,它总是以0和1的数据形式保存在电、磁、光等各种存储介质中。

5.3.1 磁介质的存储原理

磁介质的信息存储利用了物理上的磁记录原理,磁性材料可以被局部磁化,不同磁化方向可以用来代表0/1,记录信息。一个带电磁感应线圈的磁头用于实现磁介质上信息的读写(也称为读写头):感应磁化方向或者更改磁化方向(如图5-3所示)。从这一基本原理上,就可以看出磁介质存储的主要优点和弱点。它的优点是磁介质存储价格低廉,而且由于磁性记录具有永久性,信息的持续保存不需要配套电源,因此磁记录是非易失的。它的一个主要弱点是为了读出信息需要磁头和磁介质之间的相对运动。这是物理上的磁感应定律决定的，线圈在磁场中相对运动才能感应出（读）电压信号。

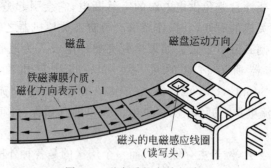

图 5-3　磁介质的存储与读写

　　磁盘和磁带都是采用磁介质来存储信息的，但由于它们的内部结构不同，导致了它们的存储性能也存在很大的不同。磁盘和磁带的结构从它们的名字就可以推断出来：磁盘的存储介质呈圆盘状，称为盘片，很多盘片摞在一起，构成了磁盘的基本结构；而磁带的存储介质是一个长长的条带。有关磁带的结构，将在 5.4.1 节介绍，本节主要介绍磁盘的结构及使用。

5.3.2　磁盘的盘片

　　磁盘的盘片是铝合金的薄圆片，圆片的两个表面都涂附了一层很薄的高性能磁性材料，作为存储信息的介质。盘片从形状看与音乐唱片类似，但它们的工作机制不同。唱片的记录轨迹是一条连续的螺旋线，而磁盘上的信息记录轨迹则是一组同心圆，每个同心圆称为一个磁道（如图 5-4 所示）。盘片表面非常光滑，肉眼看不到磁道，实际上"磁道"只是各同心圆的不同位置。盘片的两个表面相对应各有一个读写磁头（如图 5-3 所示）。这两个磁头同步动作，可以沿着盘片的半径方向移动，靠机械

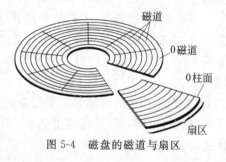

图 5-4　磁盘的磁道与扇区

拖动精确地定位到各个磁道的同心圆位置。磁头读写数据总是沿着磁道进行，读写时磁头定位后固定不动，而磁盘在高速旋转，形成与磁头的相对运动。为了有效地管理信息，盘片的每个圆形磁道又被划分成若干邻接的段，称为扇区（Sector）或区段（如图 5-4 所示）。对于标准盘片来说，各区段所存储的数据量是相同的，任意两个扇区，不论它们位于盘片上哪个同心圆上的哪个位置，存储容量都一样大。具体一个盘片被划分为多少个磁道，每个磁道划分为多少个扇区，这些由磁盘的存储格式标准和磁盘管理软件确定。可以很容易地得出：一个盘片上，磁道越密集、扇区划分越小，盘片所能存储的信息就越多。一个盘片的磁道总数、每个磁道的扇区数和每个扇区的信息存储总量，三者的乘积决定了盘片的存储容量。

　　在一个固定大小的盘片上，如果每个扇区的信息存储容量大小固定，而磁道数越多、每个磁道的扇区数越大，则每一个用于存储二进制位信息的小区域就会更小（如图 5-3 所示）。而在一个更小的小区域内，所能保持的磁信号就会非常弱，读写头要感应出这么微弱的磁信号就非常困难了。早期的盘片，由于读写头很难感应弱的磁信号，盘片上的磁道数以及一个

磁道上的扇区数总是很少,因此一个盘片的存储容量也就有限。如早期的低密度5英寸盘片,它的存储容量为360KB,两个表面各分为40个磁道;而高密度5英寸盘片,存储量为1.2MB,其两个表面各分为80道,每道分成15个扇区,每个扇区512个字节,总计共512B×15×80×2≈1.2MB,这种容量可以存放约120万个英文字符,或大约60万个汉字,这相当于一本非常厚的中文书的信息量。

显然,读写头技术限制了存储技术的发展。如果要制作大容量的磁盘,盘片直径就要非常大,或者盘片数量非常多,这样制造出来的硬盘,体积就会很大。但现在的硬盘,体积越来越小,而容量却越来越大,这是为什么呢?

原来,物理学家发现了一种新的物理现象:"巨磁阻"效应,即非常弱小的磁性变化就能导致巨大的电阻变化。当硬盘体积不断变小,容量却不断变大时,势必要求磁盘盘片上每一个被划分出来的独立区域越来越小,这些区域所记录的磁信号也就越来越弱。借助"巨磁阻"效应,人们才得以制造出更加灵敏的数据读写头,使越来越弱的磁信号依然能够被清晰读出,并且转换成清晰的电流变化。

"巨磁阻"效应是由法国科学家阿尔贝·费尔和德国科学家彼得·格林贝格尔于1988年各自独立发现的(如图5-5所示),他们也因此于2007年荣获诺贝尔物理学奖。

(a) 法国科学家阿尔贝·费尔　　(b) 德国科学家彼得·格林贝格尔

图5-5　2007年诺贝尔物理学奖获得者

1997年,第一个基于"巨磁阻"效应的数据读出头问世,并很快引发了硬盘的"大容量、小型化"革命。以个人计算机常用的3.5英寸盘片为例,它的表面可能划分为1000个甚至更多的磁道,每个磁道又分为几十上百个区段,因此一个盘片的存储容量就非常可观。

5.3.3　磁盘的结构

个人计算机等使用的磁盘密封在一个金属盒里,一般有2~8片盘片,靠近每个盘片的两个表面各有一个读写磁头(如图5-6所示)。

图5-6　打开的磁盘

在硬盘里的这一组(若干片)盘片是固定在同一个轴上的,同时有一个小马达可以驱动盘片轴高速旋转,从而带动磁盘盘片高速旋转(如图 5-7 所示)。

盘片两面的读写头负责读写各自表面的信息。每个读写头都有激励器驱动,使得它可以在盘片的内外圈移动,从而读写盘片内外磁道的信息(如图 5-8 所示)。磁盘盘片的旋转以及读写头的内外移动,两者合在一起,就可以实现对盘片上所有内容的读写了。

图 5-7　磁盘的盘片组织　　　　　　　　　　图 5-8　磁盘的读写头

盘片表面上的磁道按顺序进行编号,最外面一个磁道编号为第 0 道,其余依次编号。0 道在磁盘中具有特殊用途,这个磁道的损坏将导致整个磁盘的报废。每个磁道又划分为若干扇区,也同样对每个扇区按顺序进行编号,如 3 磁道的扇区 1。此外,磁盘还有一个"柱面"的概念,所有盘片正反两个表面上具有相同编号的所有磁道组成一个柱面(Cylinder),如由所有盘面的 5 磁道组成的柱面 5(如图 5-9 所示)。

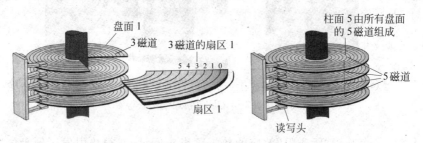

图 5-9　磁盘的结构

磁盘存储信息是以扇区为信息单位成批进行的,每个扇区可以存储 512 个字节。一个扇区的位置(地址)由它所在的盘面编号(可以通过对读写头编号来实现同样的功能)、磁道编号和扇区在磁道中的位置(编号)三者联合确定。当需要读写某扇区的信息时,首先需通过激励器把读写头移到相应的磁道位置,然后读写头静止不动在原地等待;再由马达驱动盘片轴,将盘片上要读写的扇区旋转到读写头下方,此时,实际的读写操作才开始进行。由此可见,磁盘的读写动作过程分为三个阶段:读写头定位、扇区定位和实际读写。每个阶段花费的时间长短很不相同:完成第一个阶段所需时间依赖于执行前读写头所处的磁道位置与被读写扇区所在的磁道两者之间的间隔距离;在第二个阶段,由于等待磁盘旋转,所需时间依赖于读写头所处的扇区位置与被读写扇区所在的位置两者之间的间隔距离,平均为磁盘旋转一圈时间的一半。平均来说,磁盘的一次读写过程约需要几毫秒到十几毫秒,其中花费在实际读写磁盘的时间只占较小部分,主要时间都消耗在移动读写头以及盘片旋转以寻找磁道和扇区位置这两个方面,其中移动读写头又占了很大的比例。

磁盘中所有盘片的读写头全部固定在一起,可同时移到盘片的某个相同的磁道位置,形成对一个柱面的一次完整访问。从上面磁盘访问过程可以看到,磁盘"柱面"的概念非常重要:在批量地连续访问处在同一个柱面的若干扇区的过程中,读写头不需要移动,从而可以大大地节省总的访问时间(如图 5-10 所示)。

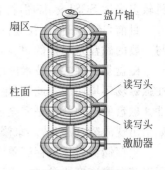

图 5-10　磁盘的读写

硬盘工作时盘片组高速旋转,速度可达到每分钟 3600～7200 转或更高,可以看到,转速越高,磁盘的存取速度就越快。盘片旋转时,读写头与对应盘片的距离非常近,不到一个微米(千分之一毫米),漂浮在盘片表面上并不与盘片接触,以避免划伤磁盘表面。这样近的距离是为了保证极高的存储密度和定位精度。

虽然硬盘移动读写头的时间已经非常短,盘片的旋转速度也非常快,但现在的磁盘,从中读取数据的速度也只能达到每秒 60～80MB。磁盘的访问速度与主存访问速度之间仍然有一万倍以上的速度差距。

按照盘片直径大小,磁盘也有许多规格。在笔记本计算机上通常配置 2.5 英寸、1.8 英寸甚至 1.3 英寸的微型磁盘,其容量也可达到几十 GB 到上百 GB。台式计算机使用最多的是 3.5 英寸盘片,其容量在几百 GB 以上。大型高性能计算机配备的磁盘通常采用 8 英寸或更大规格的盘片,一组硬盘所包含的盘片数也更多,容量更大。

磁盘的使用寿命也是一个非常重要的性能指标。目前磁盘能够保证 75 万小时的平均无故障运行时间(超过了 85 年),是一种非常可靠的设备。

完整的磁盘还需要有一个磁盘控制器:这是一个按标准印制的集成电路板,它包含有一个小的处理器、一块内存以及相应的软件(如图 5-11 所示)。磁盘控制器中的相关软件控制着整个磁盘的工作:接收数据的存取命令,获得数据的地址(柱面号、扇区号、盘片号),控制着激励器的移动以及马达的转动,进而控制读写头进行实际的读数据或写数据操作。读出来或要写进去的数据,通常是先放在控制器内的内存中。这样,控制器内的内存也可以在一定程度上改善磁盘的读写性能,这与 CPU 和内存之间高速缓存的原理是相似的。这里,控制器里的内存充当了磁盘盘片、计算机内存之间的缓存。

图 5-11　磁盘控制器

磁盘控制器中还有电源接口和数据接口,分别为磁盘供电及与磁盘交换数据。目前磁盘控制器最常用的数据接口有两个标准系列:一个是个人计算机广泛使用的 IDE(Integrated Drive Electronics)/ATA(Advanced Technology Attachment)标准及其升级标准;另一个是高性能服务器和工作站上广泛使用的 SCSI(Small Computer System Interface,读作 skasi)标准及其升级标准。IDE/ATA 标准最多能连接 4 个磁盘设备;而 SCSI 标准则最多能够连 15 个磁盘设备。IDE 标准与磁盘之间的信息传输速度最高为每秒

100～150MB;而 SCSI 的速度则要高得多,最高可以达到每秒 320MB。性能比较高的计算机较多采用 SCSI 标准,但符合 SCSI 标准的控制器及磁盘在价格上要高出许多。

目前,还有一种比较流行的、可以通过 USB 接口与计算机相连的移动磁盘,其工作原理与一般的磁盘是一样的,只不过它与主机的数据交换方法不同而已。

磁盘是各种尖端技术的结晶,对这样的精密设备需要特别注意避免碰击、跌摔,也不要在强磁场环境使用。此外,绝对不能不间断地连续打开关闭机器的电源,以免损坏磁盘的元件。磁盘的运动部分是完全密封在一个金属盒里,使用者在任何情况下都不应打开密封。如果出现故障,应当请厂家修理。

主存储器对任意存储单元的访问定位时间都是一样的,并且是通过电路的方式来定位,所以其存取速度非常快。而磁盘中确定存储位置(定位)的时间比实际读写信息更花费时间。主存访问以存储单元(一个或几个字节)为单位进行,而对磁盘等设备的访问则采用成组数据传送的方式,以存储块(扇区)为单位进行,一个存储块通常包含一个或若干个扇区(几百到几千个字节)。一旦需要访问磁盘上一个存储块里的某些信息,就在主存与磁盘之间整个交换该存储块的全部内容。成组数据的交换工作通常由专门硬件(称为 DMA 部件,Direct Memory Access,直接主存访问)自动完成。为了进行这种交换,在主存里需要准备好若干与存储块相应大小的存储区域,这样的存储区称为内存缓冲区(Buffer),每一块缓冲区与一个磁盘存储块大小相同。由此可见,访问磁盘的实际过程是先确定要访问的磁盘存储块地址(位置),然后在该存储块与主存的缓冲区之间交换信息,而所有对磁盘信息的加工处理实际上都是在主存的缓冲区里进行的。

为从整体上提高磁盘访问效率,一种既有效又价廉的重要技术是在磁盘与主存之间设置比较大的读写信息的缓冲存储区,这与在主存储器和 CPU 之间设置高速缓存的想法和技术非常类似。当程序要求访问磁盘的某个存储块时,计算机应该不仅把被访问存储块的信息复制到主存,而且自动把与该存储块有关的其他若干存储块也复制到主存。这样,后续操作中需要使用这些相关存储块的信息时,系统就不必再访问磁盘,而能够直接在主存中工作,程序的执行速度就能大大提高。磁盘信息缓冲工作是由软件完成的,一些软件开发商提供了管理磁盘缓冲存储区的软件模块,它们能非常有效地提高计算机系统的整体性能,例如微软公司随其 DOS 和 Windows 系列操作系统提供了一个名为伶俐驱动器(Smart Driver,SMARTDRV)的磁盘缓存管理程序就能处理这个问题。磁盘缓存管理程序的详细工作原理比较复杂,其基本想法就是在应用程序与磁盘之间建立一个中间管理层次,在内存中取一块比较大的缓冲区(一般在 1MB 以上),当程序需要由磁盘读入时,管理程序把多个有关存储块读入缓冲区,在后面需要访问磁盘信息时,可以直接使用这些在主存中的信息副本;当应用程序需要向磁盘写入信息时,管理程序也把信息暂时存放在缓冲区,等到 CPU 空闲时再实际做向磁盘写入的操作。这样做的总目的是尽量减少磁盘访问次数,以减少等待时间,使计算机信息处理过程受磁盘速度影响的问题得到缓解。

磁盘的容量较大而且速度又比较快(相对于磁带和光盘),它已经成为最重要的计算机外存储设备。今天的计算机一般都至少配备了一块磁盘,在磁盘里保存着计算机系统工作必不可少的程序和重要数据。

5.3.4 磁盘的使用

新购买的磁盘就像一个空空的大仓库,还没有在盘片表面上刻录好必要的标志,包括与各个磁道和各个扇区有关的标志。这项刻录标志的工作称为磁盘的"格式化"。新磁盘使用前必须首先进行格式化。对于使用过的磁盘,如果里面的信息非常杂乱,已经没用了,也可以再进行一次格式化,把它重新清理干净。当然,一旦进行了格式化,磁盘里面原有信息就再也找不到了。对磁盘进行格式化前一定要慎重。

随着技术的进步,磁盘存储容量越来越大,磁盘信息管理的难度也随之增大。为此人们开发了一套技术,可以把一个大的磁盘划分为若干个较小的"逻辑盘",当作多个磁盘使用。这样做实际上是把一个物理的、实在的磁盘按照一组连续的柱面划分成几个存储部分,使每个部分用起来就像是一个独立的磁盘一样。从计算机用户的角度看,这些逻辑盘与真正的磁盘没有任何差别。另一个方面,若干个磁盘也可以串联在一起,形成一个容量大的逻辑盘(如图 5-12 所示)。磁盘如何划分或串联,完全由计算机系统管理者根据实际需要确定。在个人计算机上,逻辑盘的命名符号依次被规定为 A 盘、B 盘、C 盘、D 盘等。

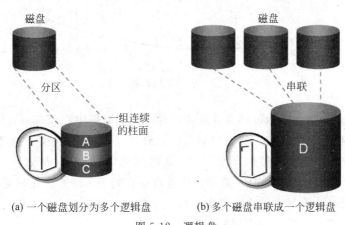

(a) 一个磁盘划分为多个逻辑盘　　　　(b) 多个磁盘串联成一个逻辑盘

图 5-12　逻辑盘

另外,在一些社会服务性的信息环境中,例如国家数字图书馆;在一些大型企事业单位的内部网络中,如银行,需要建立一些能够存储大量信息的数据中心。为了满足这种数据中心的需要,人们通常把一批磁盘装置在一起,组成大型磁盘阵列(Disk Array)。这些磁盘可以同时工作,使整个磁盘阵列获得高效的存取速度。另外,为了保证所存储的信息不丢失或出现差错,在建立磁盘阵列时还会考虑通过数据备份、数据校验等信息冗余技术来提高存储的可靠性。在未来的信息社会中,大容量、高速度的磁盘阵列将是非常重要的基础性硬件设备。

5.4　其他存储设备

存储设备还包括磁带及磁带机、光盘、闪存等。

5.4.1　磁带及磁带机

磁带作为计算机存储介质的历史很长。远在出现磁盘存储器之前,磁带就已经在各种类型的计算机上使用(那时候还没有个人计算机)。

磁带存储分为两个部分:磁带和磁带机。磁带上存储信息的原理与磁盘相同,但信息的组织方式不同。磁带是以长长的条带为依托来存储信息，在条带的横断方向，被划分为 9 个小区域，每个小区域可以存放一个二进制位，如图 5-13 所示。每个横断方向也称为一个磁道。磁带机中并排安装有 9 个同时工作的读写头，它们在磁带上确定 9 道轨迹，对应条带方向固定位置的一个二进制位。磁带机工作时，读写头不动而磁带在读写头下滑过。其中 8 个读写头同时读（或写）一个字节的信息，第 9 个读写头读写的另一个二进制位是奇偶校验位，它用于帮助检查存储、读写、传输中可能出现的错误（有关奇偶校验的内容，参见第 6 章）。磁带上的信息也是分段的，磁带在沿着运动方向被划分为许多区段，这些区段顺序编号，对磁带信息的访问都是以区段为单位进行的。

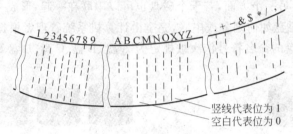

竖线代表位为 1
空白代表位为 0

图 5-13　磁带信息存储方式

磁带在外观上分为盘式磁带和盒式磁带两种。大型数据中心过去一直广泛使用盘式磁带（与电影拷贝盘相似）。现在广泛使用的是盒式磁带，这是一种类似于盒式录音带的便携式磁带。磁带机的工作原理类似于录音机，其作用是转动磁带，从磁带上读写数据（如图 5-14 所示）。与双卡录音机相似，磁带机中也可以容纳多个磁带。在购买磁带设备时，要先阅读磁带机手册，弄清楚磁带机所使用的磁带的类型。磁带有许多不同的规格，外形大小不同，同样外形尺寸的盒带其存储容量也可能不同。

图 5-14　磁带和磁带机

磁带的磁道划分也可以非常密集，一盒普通磁带的存储量从几十 GB 到几百 GB，甚至更大（最新的容量可达 1.6TB）。磁带的单位存储量的价格比磁盘要低很多，但是磁带机会比较贵。

磁带作为存储介质的一个主要缺点是信息查找速度慢。当计算机要访问磁带时，必须先向前或向后快速卷动磁带,把要访问信息(区段)的开始位置移到读写头下面。这个过程称为磁带定位,定位完成后才能进行正式的读写。磁带定位时间依具体情况而定,常常要数秒钟或者更长时间。但磁带在高速运动起来以后读写速度也相当快,高性能磁带机可能达到每秒几兆字节。所以磁带是一种适合顺序读写的存储设备,它并不适合做那种需要反复前后查找后再读写的操作(称为"随机读写操作")。

与硬盘相比,磁带/磁带机的存取速度慢了很多,个人计算机一般都不配备磁带机。磁带机虽然不是计算机必备的外围存储设备,但它作为一种成本低廉的信息存储设备仍在广泛使用。在数据中心,磁带通常用于存储那些长期不会发生变化,并且只要求顺序读的、即时性要求不高的信息,例如电影及各种档案的存储。此外,磁带还被广泛用作计算机系统的信息转储和备份。为了避免计算机系统中存储的信息被破坏或丢失(人为的或非人为的、无意的或有意的各种情况都可能造成严重后果),计算机系统的管理人员需要周期性地把系统中(磁盘里)的重要信息转储到其他存储介质上,以便出现问题时能够设法恢复。磁带的价格便宜且存储量大,恰好比较适合这个用途。

5.4.2　光盘存储

光盘存储器(简称"光盘")是利用激光原理存储和读取信息的媒介。光盘存储也包括两个部分:光盘片和光盘驱动器。光盘片用塑料制成,呈圆盘形,塑料盘的表面涂了一层薄而平整的铝膜,通过铝膜上极细微的凹坑记录信息,如有凹坑的地方表示1,平坦的地方表示0(如图5-15所示)。

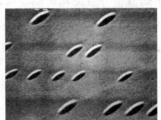

图5-15　光盘的外观及其信息存储

光盘驱动器的工作原理如图5-16所示。它读取光盘表面上的信息过程包括以下5个步骤:激光二极管(1)发出激光束后,经物镜(2)聚焦后打在光盘表面上,光盘表面由于其凹坑的存在,使得激光束的反射出现一定的散射(3),反射后进入物镜的激光束经物镜(2)聚焦后,再经过棱镜(4)的反射进入光敏二极管(5),由光敏二极管根据反射回来的激光强度的不同,将其转换为"0"或"1"的信号,从而完成光盘信息的读取过程。

光盘驱动器写光盘的原理则较为简单,它利用激光束在光盘表面刻小凹坑或修复凹坑,从而完成写"1"或回复"0"的操作。

与磁盘相似,光盘驱动器中也有相应的集成电路,也有转动光盘的机械设备以及相应的移动光读写头的激励器,也有电源和数据接口,数据接口也分为IDE接口和SCSI接口两种。目前市场上也有通过USB接口的外接光盘驱动器设备。

由于光盘存储利用激光束来存取数据,激光束非常精细,因此光盘表面极细微的凹坑也比较容易识别。这样,光盘的凹坑密度可以非常大,光盘的存储容量也可以很大。但光盘只

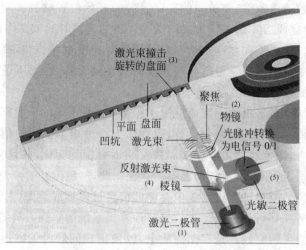

图 5-16　光盘驱动器的工作原理

有一个盘片,没有柱面的概念,它的访问通常要比磁盘慢,但随机操作会比磁带快。与磁盘和磁带不同,光盘不会受周围环境存在的磁场的影响,数据不易丢失,保存的时间长。光盘是替代磁带进行数据备份的一种理想设备。

光盘和光盘驱动器有很多种型号,存储容量、能力和性能各不相同。通常对光盘的划分是依据光盘的材质特性——存储密度(凹坑细微程度)以及是否可擦写(刻凹坑及恢复)而进行的,相应地,光盘驱动器也分只读和可刻录两种类型。

最早的光盘是 WORM 盘,即"一次写、多次读",数据写入后,可以重复读取,但不能修改。最常见的这类光盘格式有 CD-ROM(Compact Disc ROM,只读光盘),最初设计用于音乐存储,简称 CD,后来也用于一般数据存储。市场上经常见到的用于存储影像的 Video CD,即 VCD,也属 WORM 类型。WORM 类型光盘通常是在工厂通过压制方法生产,将事先准备好的信息(如音乐、电影等)以凹坑形式一次性压制在铝膜上,成为永久的信息记录。也就是说,WORM 盘是连同信息一起在工厂中加工生产的。

对于 WORM 盘,对应的驱动器只要是只读类型即可,这种类型的驱动器称为 CD-ROM 驱动器。一片普通 5 英寸 WORM 可以存放 650MB 的信息,而相应的驱动器根据造价可以有不同的读取性能,常见的有单倍速、四倍速、八倍速、十六倍速、三十二倍速甚至更高的。单速光盘驱动器的信息读出速度为 150KB/s,四倍速光驱读出速度是单倍速的 4 倍,为 600KB/s,其余的依此类推。只读光盘是一种非常好的可以长期保存的存储介质,今天许多商品软件和信息资料都被制成只读光盘销售。

后来的光盘按照它的可擦写特性又可以分为:

(1) CD-R(可写光盘)。这种光盘在生产时并没有刻录信息,它可以通过驱动器刻录一次,且只能刻一次。刻录好的数据,可以多次读。此外,光盘上的区域可以从里到外按顺序分多次刻录,即未刻录的区域,可以在下一次继续刻录。与 CD-R 相对应的驱动器称为 CD-R 驱动器,通常也称作可刻录光驱或光盘刻录机。CD-R 光盘和 CD-R 驱动器(包括下面要讲到的 DVD 盘及驱动器)是当前个人计算机常配的外设之一,价格也非常便宜,它已经是个人备份数据的常用设备。

（2）CD-RW（可重复读写光盘）。这种光盘在生产时也没有刻录信息，但它们像磁盘一样，可以多次写（即可以更改已写的内容）、多次读。与 CD-RW 光盘相对应的驱动器称为 CD-RW 驱动器，它能实现对 CD-RW 光盘的重复读写。CD-RW 光盘和 CD-RW 驱动器的价格非常昂贵，一般的个人用户不会也没有必要配备它。

目前，CD 类型的光盘已经被 DVD 类型的光盘所取代。DVD（Digital Video Disc 或 Digital Versatile Disc）光盘，其外观与 CD 相似，但编码技术不同，容量比 CD 大得多。从使用角度看，容量大小是 CD 和 VCD 的主要区别。其他方面，VCD 与 CD 相似，DVD 光盘也有 DVD-ROM、DDVD-R、VD-RW 和 DVD-RAM 等类型，也有相对应的驱动器。DVD-RW 和 DVD-RAM 与 CD-RW 相似，只是采用的读写技术不同。图 5-17 是常见的光盘及其驱动器。

图 5-17　光盘和光盘驱动器

5.4.3　闪存技术

前面介绍过，RAM 和 ROM 都属于固态存储技术。RAM 和 ROM 都有很多种类型，主存储器主要采用 DDR DRAM 技术。

与 DRAM 的易失性不同，ROM 可以永久保存信息，但一般的 ROM 只能一次性写入数据。为此，人们又研究发明了多种其他类型的 ROM，以实现多次写入数据。如 PROM（Programmable ROM，可编程只读存储器）一开始它可以由用户根据其需要使用特殊设备往 PROM 芯片里拷贝添加信息，一旦完成全部的拷贝后，信息就不能再修改了。PROM 有点像 CD-R 光盘，它只支持一次写。后来又发明了 EPROM（Erasable Programmable ROM可擦写、可编程只读存储器），其存储芯片中保存的信息可以被重新擦洗、重新复制很多次。这种读写特性与 CD-RW 相类似。

EPROM 的"擦写"是指用一种特殊设备清洗存储芯片，把芯片原先存储的信息一次性地清洗，成为干净的芯片，为重新写入新的信息做好准备。在写入信息时，也需要用一种特殊频率的紫外光（UtraViolet）来写，不能用电信号来写，这是它的一个大缺点，而且它还存在着不能零星地个别写入信息的缺点，必须要一次性地把成批信息填入整个存储芯片。不过 EPROM 在读出信息时并不需要特殊设备，计算机可以用电信号随机访问芯片，读出信息。

现在流行的闪存设备，是快闪存储器（Flash Memory）的简称，是一种便捷的、可以随身携带的记忆卡或存储设备。闪存采用一种称为 EEPROM（Electrically Erasable Programmable ROM，电可擦写、可编程只读存储器）的技术来实现，它也是 ROM 的一种。采用 EEPROM 实现的闪存，是一种具有非易失性的固态存储设备，它不仅可以像磁盘一样方便地被修改，而且可以像 ROM 一样脱机保存，不必担心掉电引起信息丢失。

和 EPROM 相比，EEPROM 是在 EPROM 技术的基础上前进了一步，它采用了一种新的半导体存储元件制作工艺。在 EEPROM 芯片内部有一系列网格排列的单元，每个单元的结构如图 5-18 所示。图中中部紫色部分是两个晶体管，上面的晶体管称为控制闸（Control Gate），下面的称为浮闸（Floating Gate），它们用薄氧化层（Thin Oxide Layer）隔开。在物理上利用了一种称作 F-N 隧道效应（Fowler-Nordheim tunneling）的技术，用电信号可以改变这两个半导体晶体管之间薄氧化层中负电荷的数量，从而来改写存储的信息（负电荷数量多表示 0，负电荷数量少则表示 1）。一般施加 10～13V 的电压给浮闸，可以使它像电子枪那样工作，活跃的电子被向前推送至薄氧化层上并产生负电荷。通过检测穿越浮闸的电荷数量，单元中电流的走向也会相应改变，从而实现 1 状态向 0 状态的转变（如图 5-18 所示）。类似地，也可以用高电压形成的电场将 0 状态回复到 1 状态（如图 5-19 所示）。

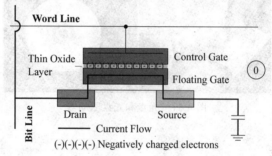

图 5-18　EEPROM 芯片的存储原理——表示 0
（图中粗实线部分通电，薄氧化层中负电荷的数量增多，表示 0）

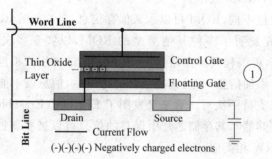

图 5-19　EEPROM 芯片的存储原理——表示 1
（图中粗实线部分通电，薄氧化层中负电荷的数量减少，表示 1）

不过，这种电可擦写还存在一个主要缺点，就是它的电擦写速度比较慢，比读信息用的电信号访问速度慢很多。有鉴于此，闪存技术在 EEPROM 的基础上有所改进，它采用"区块擦写"技术来提高一次写入较大数据时的速度。这种技术也称为"批量擦写"，区块的大小一般为 256KB～20MB。闪存的批量擦写方式很像读写硬盘的批量访问技术。

NOR 与 NAND 是闪存的两种最常见的类型。NOR 是最早的闪存类型,有较好的随机存取能力,而 NAND 具有较高的存储密度和较低的单位成本,广泛应用于记忆卡等存储设备中。NOR 和 NAND 的存储原理相同,但在写入方式(隧道技术,Tunneling)上有所不同。Intel 是世界上第一个生产 NOR 闪存并将其投放市场的公司(1988 年),1989 年,日立公司成功研制出 NAND 闪存。

由于没有马达、激励器等机械设备,闪存的存取速度比硬盘要快不少。实际闪存产品的存取速度,与最终产品中闪存芯片的组织有关。当前流行的 MP3 播放器、优盘,都是基于闪存技术制作的。MP3 播放器本身也可以用作优盘(如图 5-20 所示)。

MP3　　　　　　优盘

图 5-20　MP3 和优盘

优盘是一种采用闪存技术和 USB 接口技术相结合的存储设备,是一种能够保证把计算机内部的 IDE 总线与各种外围设备(例如打印机、闪存等)互连互通的接口技术(参见第 3 章中关于 USB 总线的叙述)。"优盘"的名称采自于 USB 接口,"盘"字形象地刻画出它在一定程度上扮演了磁盘等外存储器的角色。

优盘类似于磁盘存储,具有非易失的存储特点,在无电源的条件下所存储信息也不会丢失。优盘比光盘的尺寸更为小巧,密封性也更好,它不易损坏,便于随身携带,是一种很好的移动存储设备。和磁盘相同,优盘的存储介质和用来读写的控制设备两者整合在一起,便于移动。优盘的存储容量已经可以达到上百 GB 数量级,市场上的产品系列从价廉的 1GB 的闪存优盘产品,一直到几十 GB 的高级产品都有。

当前,市场上有各种各样的优盘,造型小巧独特、色彩各异,样式十分可爱。另外,在优盘的尾部通常还有一个指示灯,当在传输文件的时候它会不停地闪烁以做提示,这是存取状态灯,用户可以通过它来鉴别设备工作是否正常。有的优盘还特别设计了写保护开关,把它关闭就能防止文件的写入,只允许读取,这样就能保证本身不受到病毒的侵害。由于优盘的各种个性化特征,以及便于携带和保存、存储容量大、读写速度快、信息保存可靠,它已经受到人们的广泛欢迎。

此外,在一些高端应用中,人们也通常采用闪存来制作存储设备。固态磁盘(Solid State Disk)就是其中之一。不过,由于造价较高,此前一直应用于军事、航空、医疗和工控等专业领域。相比普通磁盘而言,固态硬盘在性能、安全性、能耗和适应性上有着明显优势。由于固态磁盘没有普通磁盘的马达、激励器等机械装置,因而抗震性极佳,数据安全性成倍提高;由于不需要马达工作,固态磁盘的能耗也得到了成倍的降低;而且固态磁盘的工作温度范围很宽,适应性上也远远高过机械磁盘。

近年来,随着硬件技术的不断发展,固态磁盘也正逐渐普及。虽然价格仍高出普通磁盘不少,并且容量也较小,但在追求性能的服务器市场、追求节能和抗震性能的笔记本产品领域以及一些发烧友用户(如追求性能的游戏玩家)中,固态磁盘正在不断扩大其应用。目前固态磁盘的容量则已经从最初的 32GB 提升到了 128GB,已经基本可以满足个人计算机用户的需求。2008 年年底,百度公司宣布将旗下的上千台服务器的磁盘更换为固态磁盘以提高计算速度。而此前,包括三星、索尼等全球众多知名品牌也推出了搭载固态磁盘的笔记本式计算机。固态磁盘在实际商业市场的应用将日益广泛。

5.5 习　　题

1. 和 CPU 的工作速度相比,磁盘读写数据的速度比较慢。试分析计算机存储系统中的"缓冲"技术。

2. 论述计算机存储系统的分层结构及其工作的有效性。

3. 详细阐述磁盘的结构及其工作原理。

4. 简要说明磁盘和内存读写交换数据的工作过程。

5. 简要叙述磁带存储的原理及其工作特点。

6. 简要叙述光盘存储的原理及其工作特点,并总结光盘存储的各种类型。

7. 简要叙述闪存技术的存储原理。

8. 一个优盘的容量比一张光盘的容量小得多。对吗? 为什么?

9. 结合当前市场情况,列出有关存储设备的最新技术指标及著名厂商、型号和价格。

第 6 章
CPU 的信息处理

本章讨论中央处理部件(Central Processing Unit,CPU)的基本工作原理和内部结构,还要介绍主存储器部件和它密切配合工作。讨论将主要围绕微型计算机使用的 CPU 芯片,它又称为微处理部件(Micro Processor Unit,MPU),它的应用最广泛,而且与其他大型计算机使用的 CPU 芯片相比,结构相对简单一些。当然,大规模集成电路芯片的 MPU,其结构也是很复杂的,本书只能限于基本原理的初步介绍。在下面的文字中仍使用 CPU 一词,它和 MPU 常常做同义词使用。

6.1 图 灵 机

在具体介绍 CPU 的工作原理之前,本节先要介绍一下图灵机(Turing Machine)。这种"机"实际上是数学理论中的计算模型,不是真正的机器。数字计算机的发明源于计算的数学理论,其理论发展从 17 世纪的大数学家莱布尼兹和帕斯卡提出,他们也试图实际制造机械计算机器。到了 20 世纪 30 年代,先后有多位数学家研究了通用数字计算机的抽象模型,图灵(Alan M. Turing)是其突出的代表。

6.1.1 图灵机模型

所谓可计算性,通俗地说,就是要试图回答关于"通用数字计算机器"的一般问题:是否能设计出一种通用的数字计算机器,或者说提出一种数字计算机器的理论模型,使得这种机器能够对任何"可计算"的函数进行有效的计算,在有限步内求出函数计算的结果。图灵的计算模型就是在研究这一问题的背景下提出的。图 6-1 是图灵的照片以及他在 1936 年所提出的数字计算机抽象模型(称为图灵机)的示意图。

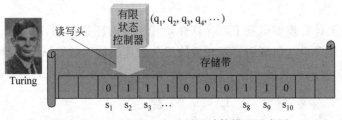

图 6-1　Alan M. Turing 及图灵计算模型示意图

它的组成部件是一条存储带和一个带读写头的有限状态控制器,并且具有如下性质:

(1) 存储带的两端没有尽头,它是由无穷多个方格组成的带子(带理想色彩!)。每个方格可以存储的数码(0 或 1)。读写头可以访问它下方的存储带,读写它正下方位置的方格。

(2) 带读写头的有限状态控制器。它是一种有限个内部状态的控制器,能够根据内部状态 q 和当前的输入 s 决定控制器的当前输出 s'以及控制器下一步的内部状态 q'。控制器有一个开始状态,从开始状态出发,控制器一步一步地自动工作,直到结束。计算就是这个控制器带着读写头扫描存储带的过程。每一步计算涉及的动作是读写头的读写以及读写头的向左或向右移动。

(3) 图灵机的每一步工作取决于三个条件:

- 控制器的内部状态 q_i;
- 读写头当前位置,在存储带的哪个方格上;
- 该方格上所存储的信息 s_i。

(4) 它的每一步工作涉及由当前方格内容 s_i 和控制器当前状态 q_i 决定:

- 读写头往当前格子写入内容 s'_i 并决定它是否左移一格、右移一格、不移动或停机;
- 控制器内部决定其新的控制状态 q_{i+1}。

如此,按照(4)周而复始地工作,直到停机。

图 6-2 是图灵机工作的一个具体示例。在图 6-2(a)中,当前控制器处于状态 q_2,读写头所指的存储带方格内容为 1,现在要采取的动作是将该存储带方格的内容改写为 0,读写头向右移动一格,控制器内状态变为 q_5。该动作完成后,图灵机的新的工作状况如图 6-2(b)所示。

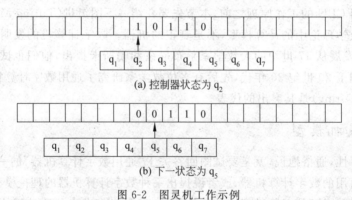

(a) 控制器状态为 q_2

(b) 下一状态为 q_5

图 6-2　图灵机工作示例

表面上看,图灵机的计算功能似乎并不强。但理论上已经证明,只要时间足够长(即允许足够的工作步数)和足够的空间(即存储带足够长),则图灵机可以完成任何具有算法的复杂计算问题。

图灵用这一类计算模型研究了可计算性及其相关的理论问题,研究了算法的定义和图灵机能够解决的问题类。他证明了存在着缺乏一般算法的问题类,即图灵机无法解决的"不可计算"问题类。图灵和其他一些学者在这些相关方向的理论研究,为 1945 年前后发明电子数字计算机奠定了理论基础。

6.1.2 图灵机计算举例

本节将用一个具体的计算例子,来说明图灵机的计算步骤和工作方式。

图灵机的每一步动作可以由一个五元组序列<q, b, a, m, q'>来定义,其中:

- q:当前状态;
- q':下一状态;
- b:当前方格中的符号;
- a:当前方格中修改后的符号;
- m:磁头移动的方向,左移 L(Left)、右移 R(Right)、不动 N(No-motion)、停机 H(Halt)。

图 6-2 的图灵机工作示例可以表示为一步动作,一个五元组<q_2,1,0,R,q_5>。

如果用 $Q=\{q_1,q_2,q_3,q_4,\cdots\}$ 表示有限状态集,$\sum=\{a_1,a_2,a_3,a_4,\cdots\}$ 表示存储带方格上的符号集,用 L、R、N、H 分别表示左移、右移、不动、停机,则图灵机程序也可以用下述映射进行定义:

$$Q\times\sum\rightarrow\sum\times\{L、R、N、H\}\times Q$$

假设在二进制图灵机上,要求计算函数 $f(x)=2^x$,其中 x、$f(x)$ 都用二进制表示,存储带方格中只能用 0、1 和 B 这三个符号,B 表示空白。约定:

- 开始时,存储带连续的方格串上放入 x 的二进制值,其余方格都为空白。
- 控制器从状态 q_1 开始,读写头指向 x 最左一位所在的方格。
- 停机时,存储带上非空方格串所组成的二进制值即代表 $f(x)$。

而计算 $f(x)=2^x$ 的程序如表 6-1 所示,其中 Halt 表示停机,Error 表示在计算中不会出现。

表 6-1 计算 $f(x)=2^x$ 的程序

当前状态	B 被扫描时的 写、移动、状态转移	0 被扫描时的 写、移动、状态转移	1 被扫描时的 写、移动、状态转移
q_1	1,L,q_7	0,R,q_1	1,R,q_2
q_2	B,R,q_3	0,R,q_2	1,R,q_2
q_3	0,L,q_4	0,R,q_3	Error
q_4	B,L,q_5	0,L,q_4	Error
q_5	Error	1,L,q_5	0,L,q_6
q_6	B,R,q_1	0,L,q_6	1,L,q_6
q_7	Halt	B,L,q_7	Error

为了便于初学者理解,假定这个程序已经存储在带读写头的有限状态控制器中。

图 6-3 以输入 $x=2$(二进制码 10)为例,逐步演示计算 $f(x)=2^x$ 的计算过程,结果为二进制码 100。

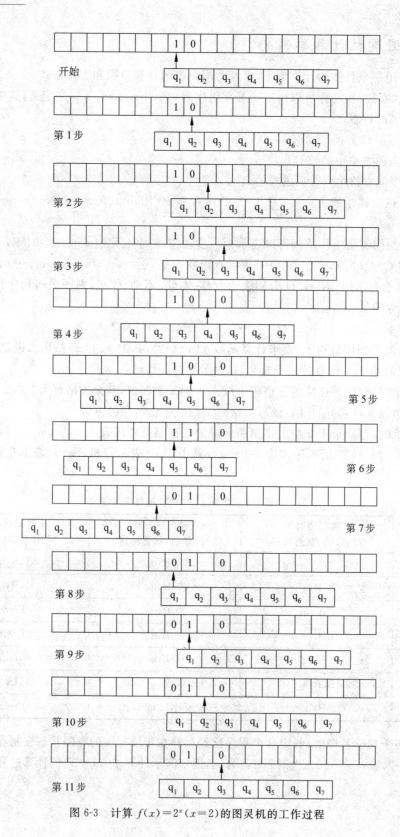

图 6-3　计算 $f(x) = 2^x (x = 2)$ 的图灵机的工作过程

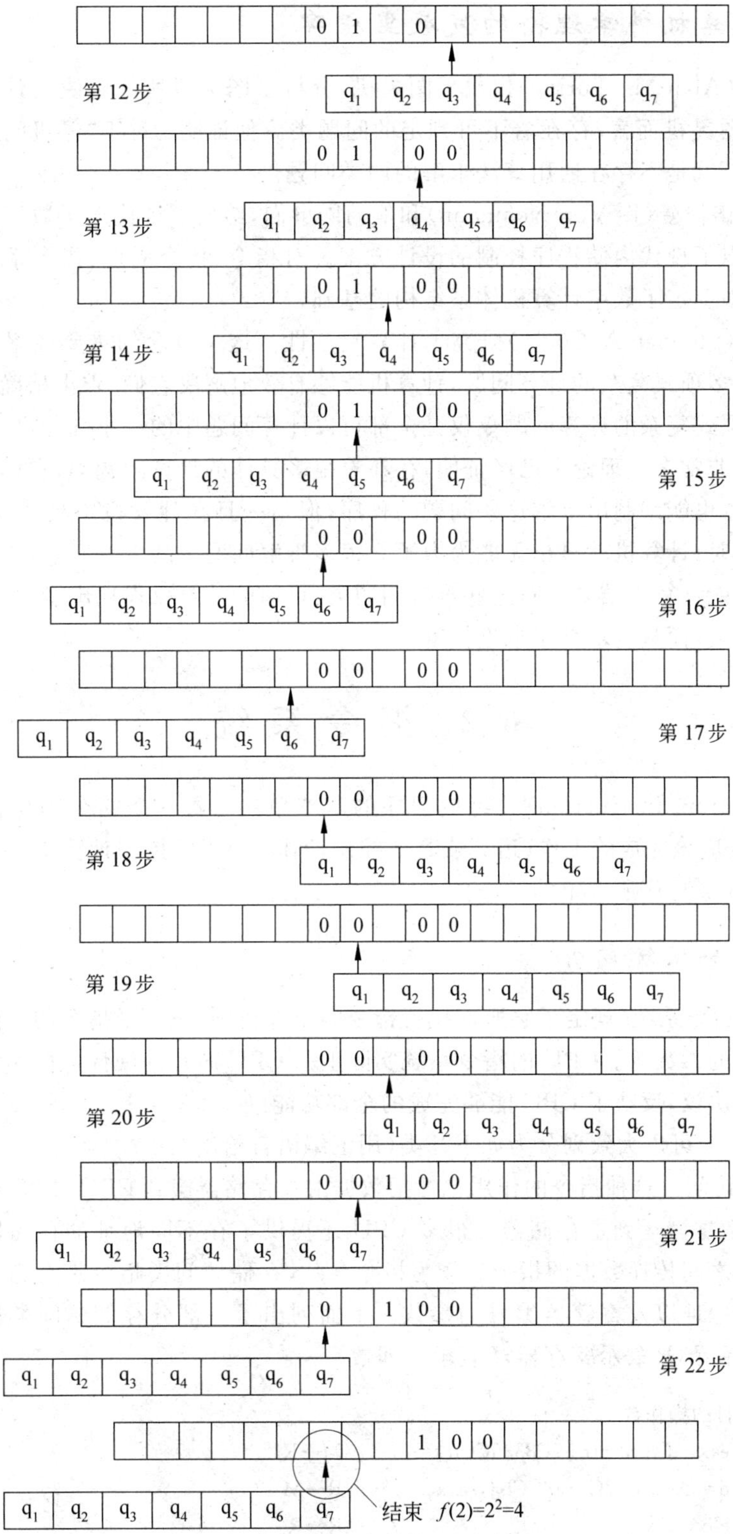

第 12 步

第 13 步

第 14 步

第 15 步

第 16 步

第 17 步

第 18 步

第 19 步

第 20 步

第 21 步

第 22 步

结束 $f(2)=2^2=4$

图 6-3 （续）

6.1.3 计算机科学理论的发展里程碑

(1) 图灵(Alan M. Turing)提出了图灵机,分析了图灵机所能解决的计算问题类。并且证明,对于图灵机而言,存在着不可判定的问题类。他证明:对于"停机问题"和"一阶谓词的判定问题"就是不存在通用算法求解的两类问题。

(2) 冯·诺伊曼(J. Von Neumann)和他的同事们,给出了现代电子数字计算机的设计蓝图,明确提出了现代内储程序控制的设计方案。对指令、指令周期、指令系统都给出了明确的方案,从而奠定了数字计算机体系结构的基础。

(3) 库克(Stephen A. Cook)研究了计算复杂性。这一概念的重要性逐渐被人们所认识。虽然对于多项式复杂的计算问题,计算机能够有效地解决它们,求出精确答案。但是从理论上说,多项式复杂的计算问题仅仅是全部可以计算问题中的一小部分,比这类问题更复杂难解的问题非常多。理论上已经证明,存在着很多具体的计算问题类,它们在日常计算中也会遇到,虽然也能编制出求解这些问题的程序,但是一旦在计算机中具体计算它们,当问题的规模增大时,计算机就显出无能为力了。很多难解问题类的大型问题,连最快的计算机用几百年也不能计算出结果。对这些难解问题类,目前的计算机表现出能力局限,无法求出问题的精确答案,而只能求助于求近似解。

6.2 指 令 系 统

指令(Program Instruction)是组成程序的基本单位。每一条指令的操作码用来规定CPU 执行指令应该完成的工作(运算或其他控制动作)。CPU 控制计算机的其他部分执行各种微操作,完成程序所规定的任务。

6.2.1 指令系统简介

CPU 的"指令系统"规定了它所能执行指令的全部类别,规定了指令的编码方式和每一类指令所涉及的参数等。CPU 的指令系统实际上是 CPU 芯片的硬件与使用它的软件之间的一种严格的协议,反映了 CPU 能够完成的全部功能。

CPU 的指令可以大致划分为如下几类(用汇编语言给出):

(1) 存储访问。这种指令的作用包括把数据由主存储器搬到 CPU 的寄存器,或者反方向由 CPU 把数据搬运到主存储器。很多 CPU 还提供了在不同地址的存储器单元之间或不同的寄存器之间传递数据的指令。作为指令参数,存储访问类指令带有指明数据来源和搬移目的地的地址以及寄存器编号的参数。下面列出了一部分存储访问类指令源操作数(M 表示存储单元,R 表示寄存器,I 表示立即数):

指令	目的操作数	
mov	eax, dword ptr [7C8836CCh]	//M→R
mov	dword ptr [7C8836CCh], eax	//R→M
mov	ebx, eax	//R→R
mov	ebx, 0	//I→R
mov	dword ptr [ebp−18h], 0	//I→M

（2）算术运算和逻辑运算。这些运算指令和 CPU 中的算术逻辑运算部件（ALU）的功能是对应的。算术指令包括整数运算和浮点数运算两类。逻辑运算指令完成对二进制数的逻辑操作。运算对象可能是寄存器里的数据或主存储中的数据，由指令参数指定。

下面列出了部分算术运算类指令：

指令	目的操作数，源操作数	
add	eax，ebx	//加法运算：eax＝eax＋ebx
sub	eax，ebx	//减法运算：eax＝eax－ebx
mul	ebx，eax	//乘法运算：ebx＝ebx * eax
div	eax，ebx	//除法运算：eax＝eax/ebx
inc	eax	//加 1 运算：eax＝eax＋1
dec	eax	//减 1 运算：eax＝eax－1

下面列出了部分逻辑运算类指令：

指令	目的操作数，源操作数	
and	eax，ebx	//逻辑与：eax＝eax&ebx
or	eax，ebx	//逻辑或：eax＝eax|ebx
not	ebx	//逻辑非：ebx＝~ebx
xor	eax，ebx	//逻辑异或：eax＝eax^ebx

（3）条件判断和分支转移。条件判断的意义比较简单，例如判断一个数是否为 0，是否大于另一个数等。判断的结果作为"真"或"假"值条件（二进码）提供后继指令使用。分支指令则根据这种"真"、"假"值条件，确定执行下一条指令的位置，明确其是否顺序执行还是跳转到另一指令地址，用于确定后续程序执行的两个方向之一。显而易见，分支指令与条件判断指令有非常密切的联系，在后续程序设计章节中还会详细分析讨论（参见第 9 章）。

内存地址	指令	操作数	
7C81100E	cmp	eax，103H	//比较 eax 和 103H
7C811013	je	7C811030	//如果相等，指令跳转
7C811015	test	eax	//比较 eax 是否为 0、为负或为正
7C811017	jl	7C8110A9	//如果 eax 为负，指令跳转
7C811019	jmp	7C8110C9	//指令无条件跳转

⋮

（4）输入输出。用于启动外部设备，以及计算机内外数据交换。

（5）其他用于系统控制的指令。

不同型号的 CPU 其指令系统的指令编码是很不相同的，但其功能则大同小异。

6.2.2 指令编码

计算机的 CPU 规定了其指令系统，给出了它的全部指令的格式和编码规范。指令编码包括指令的"操作码"和"地址码"等几个相对独立的部分。操作码用于区分指令类别，如存储访问指令、算术运算指令、条件判断指令和输入输出控制指令等，不同的指令类型用不同的操作码（二进制编码）。指令的地址码部分是给出指令操作的对象和操作的其他参数。一条指令的二进制编码长度不必是固定的。允许变长的指令格式，短指令可以仅 1 个字节，也允许 2 个字节或 4 个字节的指令。甚至用更多的字节来表示一条指令,原因是数据和数据的地址编码必须是很灵活的。

CPU 根据指令编码对指令功能进行解释,并负责实现其规定的操作。例如,一条读数据 MOV 的指令,CPU 的程序控制器根据指令编码,把存储地址(读数据指令包含一个存储地址,作为这个指令的参数)送到主存储器,并发出"读命令"(参见第 6.4 节)。等到主存储器读出的数据送到 CPU,程序控制器指挥把它传送到某个寄存器 R。MOV 指令中包含了一个整数参数 R,它是指定 CPU 寄存器组的寄存器 R 的地址编号。

6.3 中央处理器

中央处理器(Central Processing Unit,CPU)的主要任务是执行程序,按照内储程序控制原理进行工作。

6.3.1 CPU 的组成

中央处理器主要由运算器和程序控制器两部分组成。CPU 的内部结构包括一组被称为"寄存器组"的高速寄存器,它们是固定字长的存储单元。在高性能 CPU 中,一个寄存器组会包括上百个高速寄存器,其读写速度比访问主存储器要快很多,因此暂时存储浮点运算数据或其他信息时,使用寄存器组可以提高程序的运行速度。此外,CPU 还包含了一个(或几个)执行算术运算和逻辑运算的部件及一个程序控制部件(Program Control Unit)。后者是 CPU 的控制中心,它负责解释指令,根据指令的解释发出微命令,控制计算机其他各部分的活动。这一程序控制部件不仅负责指挥 CPU 其他部分的工作,也对 CPU 整体工作进度和工作方式进行控制。例如,一条加法指令除了操作码外,还会连带指出参与运算的两个被加数的位置。这两个数可能在 CPU 寄存器组的某个寄存器,也可能位于主存储器的某个地址。所以,加法指令用其参数部分来指定两个被加数的地址。程序控制部件的任务还包括指挥主存储器和 CPU 的数据交换。对每一条运算指令,当操作数据准备好后,就向算术逻辑部件发出执行加法(指令所规定的运算)。计算完成后,程序控制部件根据指令规定,或者把结果存入寄存器组中,或者存入主存储器中。

数据是 CPU 的处理加工对象。每个数据可以是 1 个字节的二进制数,也可以是长度更长的 2~8 个字节的数据。CPU 的寄存器组和运算器 ALU 一般采取相同固定长度(8 个字节或 4 个字节),当处理的数据比 CPU 固有字长更短时,一般采取右边尾部补 0 的方式。对于那些字长超过 CPU 字长的数据,则要用一些其他程序设计技巧。

"指令"是指挥员给出的命令信息,本身原本不是数据。它们被数字化后,其二进制编码看起来也是数据。程序作为 CPU 最频繁使用的一类信息,它应该存放在能够被 CPU 快速方便访问的地方。显然,这个地方应当是计算机的主存储器。把程序存放在主存储器内,由 CPU 自己提取和执行,这是 CPU 高速而不停顿地工作的需要。CPU 不仅需要高速数据流(加工对象),而且也同样需要用于程序控制的高速指令流。这是"内储程序控制"原理所给出的第一层理由。指令被数字编码后可以如同数据一样存储到主存储器内,让 CPU 可以快速不间断地从主存储器取出指令,实行高效的程序控制。

每一条指令用若干字节的二进制编码表示,而程序是若干条指令的顺序排列。这样,程序在形式上变成和数据同一个样子,并以数字编码形式存放在主存储器中。当然,从含义上区分程序和数据是重要的。为此,要记住程序在主存储器中的存放位置。当 CPU 开始执行程序时,程序的存放位置及其开始启动地址是重要的信息。CPU 必须知道该程序在主存储器的开始位置,它的程序控制器记载了这个程序地址,而且当 CPU 不断执行程序的过程中,它使用一个称为"程序计数器"的部件保存当前指令的主存储器地址。这是保证指令地址和访问数据的地址明确区分不混淆的措施。

CPU 还有一个处理中断的部件,用于处理意外情况。例如,运算器可能会出现数据的大小超过 CPU 表示范围而溢出的事件,或者网络突然断开使计算机遇到突发事件等。这时 CPU 必须及时采取中断正常程序工作,转而处理突发事件。这被称为中断处理。当然,中断处理完毕,要设法回到原来的程序工作轨道继续。

微型计算机的 CPU 由寄存器组、算术逻辑运算器、程序控制器和处理中断的中断处理器 4 个部分组成,如图 6-4 所示。

CPU 处理器和主存储器之间不断交换指令和数据,指令发往程序控制器,数据发往寄存器组,也可以直接送往进行算术运算和逻辑运算的 ALU(Arithmetic and Logical Unit)部件。寄存器组也会把数据转存回主存储器。CPU 执行一条指令大致可以分为 4 步来说明。

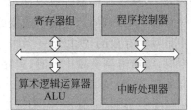

图 6-4　微型计算机的 CPU 组成

(1) 程序控制器给主存储器发出当前指令地址,让 RAM 把指令取出送给它,程序控制器对指令内容进行"解释",按照 CPU 的规定,弄清指令应该完成的运算操作。

(2) 根据指令取数据,一般是从 CPU 的寄存器组中取数,或者从主存储器取数,不同的指令会有不同的取数规则。从主存储器取出的数会直接参与运算,或者暂不参与运算而是存储到寄存器组内。

(3) 根据指令,指挥 ALU 进行运算,运算结果存入寄存器组内,寄存器组的数也可转存入主存储器。

(4) 处理中断。检测是否存在要求暂时中断程序正常执行的异常信号,必要时转入中断子程序,处理中断后返回,继续正常的程序。

程序和被程序加工的数据都是事先被存放在主存储器中。当真的要运行程序时,程序被"启动",程序控制器得到其第一条指令的地址,然后严格地按程序规定次序一条条指令执行。不管执行哪一种指令,CPU 都遵循指令工作周期安排:先从主存储器中取出指令,提取数据,然后 ALU 按照程序控制器的命令加工数据。

把程序存放在主存储器第二层理由,应该从计算机程序的通用性上来分析。既然在形式上程序和数据已经没有两样,故而指令也可以像数据一样被加工处理。指令也可被变换和修改。对程序进行这种加工处理的主要用途,是为了让程序或者程序的某些段落能多次地被重复使用。每一次重用只需要在执行现场(在 CPU 中)对指令做小量的加工处理就可以了。这样一来,一个程序就可以被"重用"多次。使用算术逻辑运算对程序进行变换和修改的能力反映了计算机的通用性,这是现代计算机和其他旧式机器的主要区别之一。目前,在计算机程序中非常频繁地使用各种各样的程序变换,它们让一个程序变换为另一种样子,让程序在每一次重复运行中完成不同的工作。

146

一开始,计算机是怎样执行程序的呢? 假定一个程序(软件)已经存入主存储器,为了使这个程序开始执行,只需要把这个程序的第一条指令地址放入 CPU 的程序计数器,然后 run(大喊一声"起步——跑")就可以了,剩下的事情就完全由 CPU 自己去完成。在早期的计算机中,为了把程序起始地址放入程序计数器,需要人通过控制台开关输入二进制地址代码。今天这个工作已经由操作系统软件来完成了。

6.3.2 指令的执行

CPU 的指令工作周期,由取指令和执行指令两个阶段组成。程序控制器按照这个指令工作周期循环地工作。在取指令阶段,程序控制器由"程序计数器"取出下一条指令地址,程序计数器就是专门用于存放当前指令地址的寄存器。取出的指令送入 CPU 的"指令寄存器",指令寄存器是 CPU 中专门存放指令的寄存器。接下来是执行指令,首先对指令进行解释,然后从主存储器提取数据,让 ALU 进行规定的运算等。在此同时,程序控制器更新程序计数器的内容,把它的值改变为下一条指令的地址。一般来说,程序中的指令在主存储器中是顺序存放的,所以下一条指令的地址只需要做一个地址加法。只有在遇到分支转移指令时,或者遇到突发中断时,程序计数器的内容才会产生大的变化。不管如何,当指令执行完毕后,CPU 会立即进入下一个指令工作周期。这样,虽然在表面上 CPU 是在重复执行相同的工作周期,往复循环,但实际上每一个周期执行的都是新的指令,完成着新的工作。CPU 会一步一步地按程序完成规定的任务(如图 6-5 所示)。

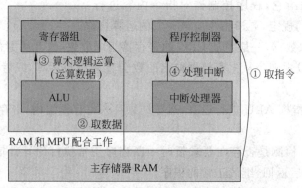

图 6-5 指令的执行步骤

CPU 的指令工作周期一般要用多个时钟节拍来实现。假定 4 个时钟节拍完成一个指令工作周期,那么一个 2GHz 时钟频率的 CPU,它的一条指令的平均执行时间约为 $4 \times 1/2G = 2ns$。

通常,CPU 的"主频"指 CPU 的标准工作频率,在一秒钟完成的时钟拍节数。主频越高,CPU 速度越快。CPU 的时钟脉冲是由一个系统时钟脉冲发生器产生的。形象地说,系统时钟脉冲相当于心脏跳动的节律,它按照精确的时间间隔有规律性地不断"跳动",发出脉冲电信号。这种信号不仅控制着 CPU 的运算节拍,还控制着计算机各部件的工作速度,并且使它们之间能够协调同步。系统时钟的频率不能太快,否则这些部件的电路特性会跟不上步伐,数据传输和处理就会发生错误。系统时钟当然也不能太慢,不想看到它影响计算机工作速度。从电路结构上说,系统的时钟脉冲发生器不在 CPU 芯片内,它是另一个独立的电路。计算机的工作频率还分为内频和外频两种时钟控制,前者控制 CPU,后者用于控制主存储器、磁盘和外部设备的数据交换。

配合 CPU 芯片,微型计算机的主板上还有其他一些芯片,如北桥和南桥芯片组。北桥芯片负责主存储器和 CPU 以及 AGP 显示卡的高速数据交换(内部总线),而南桥芯片负责主存储器和硬盘以及外设的慢速数据交换(外部总线,如 USB)。这些芯片组的数据交换频率一般比 CPU 的工作频率慢。

除了 CPU 的主频工作速度是 CPU 性能的一个主要因素外,另一个性能因素是 CPU 的字长。CPU 的字长决定了参与运算数据的二进制长度。如果 CPU 的字长不足够长,就会造成要把实际参与运算的长字长数据先截为两段或多段,经过分段运算再拼起来的尴尬情况。这样,CPU 的实际数据处理速度就会显著减缓,往往要下降数十倍之多。CPU 字长大小还决定了它和主存储器交换数据的长度,这也影响机器计算速度。

决定 CPU 性能的第三个因素是指令本身的处理能力。从算术运算指令看,现代 CPU 处理器的指令系统能够全面地提供定点和浮点算术运算指令,数据处理能力非常强大。相比之下,早期 CPU 受到生产制造工艺的限制,只能包含最基本的整数加减法和整数乘法指令,连完成一条整数除法指令都有困难,需要通过程序用许多条基本指令来完成,计算效率大大下降。

近年来,大规模集成电路制造技术的飞速发展,使得 CPU 的工作速度、运算字长以及它的指令系统都有显著进步。工业界总是把最先进的超大规模集成电路技术放到 CPU 生产中。2008 年,型号 Itanium(安腾)的 64 位四核处理器,微处理器芯片上有 4 个 CPU(四核)同时工作。主频速度达到 1.7GHz,芯片包含的元件数目达 25 亿个晶体管,每秒能执行 10 亿条指令。

6.3.3 程序中断

"程序中断"是计算机自动程序控制的一个非常重要的概念。考虑一种情况:我们正在启动 Windows 系统。启动 Windows 很费时,在屏幕刷新后还要等待若干秒钟才能进入正常工作状态。其间如果手持鼠标移动,能看到屏幕上的光标随之移动。显然,鼠标的移动给计算机发出了信号。问题是当时计算机各个部件似乎都在忙碌着,鼠标的移动信号是如何得到响应的呢? 当时的 CPU 不是正在繁忙之中吗? 要理解这一类问题,首先就需要了解"程序中断"概念。在 CPU 执行的指令周期内,提供了处理中断的机制。外部事件和意外事件会作为信号记录下来,让 CPU 得到一个程序中断信号。程序控制器在每个指令周期的最后,都要检测一下是否出现了中断信号。如果没有出现中断信号,它就进入下一个循环,否则就进入中断处理。这样的工作方式保证了中断信号能够得到及时处理。中断就是暂停当前执行的程序,把程序的当时执行状态保存到主存储器的特定地方。这种状态信息包括 CPU 中几乎所有的数据寄存器的内容。然后,程序控制器会启动中断处理程序,处理与当前中断有关的紧急工作。当这个中断处理程序完成后,CPU 又恢复到中断前的状态,恢复各种寄存器(包括程序计数器)的值。CPU 又会像什么意外都没有发生过一样,继续处理原来的程序。

回到前面说的移动鼠标的例子,当鼠标移动时,计算机接收一串信号,这些信号导致 CPU 的一个或多个中断信号。CPU 会立即中断程序,转到处理鼠标中断处理程序。鼠标处理程序会向显示器发出改变鼠标位置命令。实际上,鼠标移动一段距离会发生许多次中断,CPU 也会多次跳出正常工作过程,一次次地处理中断信号。这样就看到了屏幕上光标的连续运动。

CPU 芯片在设计时包含了若干个不同的中断功能,使得外部事件和意外事件可以分门别类向 CPU 发出不同的中断信号,以满足中断处理的需要。每一类中断有特定的中断程序起始地址(由 BIOS 芯片管理)。中断处理程序是操作系统软件的一个基本组成部分。

6.4 主存储器及其与 CPU 的信息交换

主存储器在计算机系统中发挥着极为重要的作用,它的工作速度和存储容量是除了 CPU 外,影响系统整体性能的主要因素。存储器的容量是指它能够存放信息的最大总量,一般以字节作为计量单位。当前,主存储器的容量为 GB(约 10 亿个字节)数量级。这个容量虽然大,但与大脑的联想记忆容量相比还是微不足道的。人的大脑记忆容量,据神经生理学粗略估计,大脑的神经元突触(神经元间的互连部分,具有记忆作用)的总数应当在百万亿到千万亿位之间,而一台计算机的主存储器容量约千亿位。

6.4.1 主存储器的组成

从工程角度,主存储器由若干大规模集成电路的存储芯片组装而成。目前新型半导体技术能够制造和装配出高速大容量的存储器芯片,使得一台微型机只需要安装几块半导体存储芯片就足够了。近日媒体已经推测,2009 年将制造出容量为 512GB 的主存储器芯片。

从存储器的组成来说,为了将百亿个字节的存储器组织成一个整体,并让它高速有效地工作,工程师们一直在绞尽脑汁。主要是考虑三个问题:第一,主存储器如何快速地按地址访问;第二,分层次地建造存储器,以便克服存储器容量增大会引起它的工作速度减慢的问题;第三,改善主存储器与 CPU 的数据联系方式(在 6.4.3 节讨论)。

主存储器是按照字节(8 位)为单位来组织它的存储单元的,它的存储芯片配备有按地址的访问电路,使得存储芯片的每一个字节都能被单独读写访问。拿 2GB 的主存储器来说,它一共有 20 亿个字节,为了区别每个字节的存储位置,就需要 20 亿个不同的地址。用二进制整数来做地址编码,至少需要 31 位字长(需要 4 个字节的地址码)。31 位字长的二进制整数为 $0 \sim (2^{31}-1)$,即 20 亿个地址码,每个存储单元一一对应着不同的二进码地址。以上是主存储器的地址编码的基本思路。与大脑记忆相对比,大脑不是采取地址访问信息的方式,而是利用内容联想方式。

主存储器的地址访问具有随机访问特性,即访问某存储单元的读写时间不会随访问地址的不同而不同,读写任意地址的存储单元其访问时间是一定的。人们常说的 RAM 就是随机访问存储器(Random Access Memory)的缩写。RAM 这个名称几乎已经成为主存储器的代名词。

存储访问速度是主存储器的主要性能指标之一。整体来说,主存储器的访问时间由单个芯片读写速度和多个芯片之间的互连技术所决定,大约在纳秒数量级。这个速度看起来非常快,但是与 CPU 的时钟工作频率相比,时间上仍然有 10 倍左右的差距。工作速度上主存储器总是拖 CPU 的后腿,是计算机里信息流动的一个卡口瓶颈。从价格和工作速度等多方面因素考虑,高速的随机存储在计算机中也被划分为多个层次,由 CPU 中的寄存器组、主存储器,到用于磁盘存储器读写的缓存(cache)等。不同层次在功能特性方面有很大差别。

从信息存储特性来说,目前微型机所使用的主存储芯片还有一个重要特点,就是信息存储依赖于计算机电源。一旦计算机关机或由于其他原因出现电源掉电,主存储芯片上的全部信息就会自动消失。人们把这种掉电丢失信息的存储特性称为挥发性存储。半导体存储芯片大多是挥发性的,而磁盘、光盘的信息存储则具有不挥发性,或称具有持久性。

"存储校验技术"是大容量存储器普遍采用的一种技术。为了提高主存储器的可靠性,克服大量的存储电路会出现的个别故障,一般都采用了一种存储校验技术。让存储器的存储容器增加一个用于偶么校验的二进位。举例来说,在存储器中,对 8 个字节(64 位)字长的数据容器都附加 1 位,称为偶么校验位。该位取值 0/1 的原则是如果全部 64 位二进码数据中"1"的个数为偶数,那么该位的值为"0";反之,如果 64 位二进码数据中有奇数个"1",那么该位的值为"1"。总之,保证全部 65 位中总有偶数个 1。这样,在 8 个字节的存储容器补充 1 位的偶么校验位,一旦其中出现丢 1 或冒 1 的错误(单个位出错,或者奇数个位出了错),就很容易发现这种错误,并提醒存储器重新工作再访问该单元。这种偶么校验或奇么校验技术,还广泛用于通信应用中,它的缺点是只能发现错误,还不能确定发生错误位位置。在需要更强"容错"能力的场合,可以利用更多的校验位,采用校正差错能力更强的技术。

6.4.2 存储单元及存储地址

主存储器的一个字节是一个基本存储单元。对于一个存储单元,一般应具有下述存储数据和读写数据的功能:

- 存储数据,具有持久保持数据的能力。比喻来说,就好像一个仅能放进一个篮球的筐,筐内或者无球(0)、或者有球(数据)。在这里,"存储"一词的含义为单元内信息的保持,其内容只要不被有意清除、改变,或者意外地出现电源断电等,存储单元的信息总是保持的,时间长了也不改变。
- 读(read)数据,又称取出,读出。将存储的信息读出,并保持原信息在存储单元不改变。这是非破坏性的读出。
- 写(write)数据,又称写入或存入。将数据存入存储单元,一般采取将它内部原来存储的信息清除后,再放入新信息。
- 清除(clear)数据。将原来存储的信息清除,等效于将常数 0 放入存储单元。比喻来说,清除信息就是不管原来有球没球,把篮球筐倒过来一下,让筐中没有球。

由于主存储器按字节顺序编址的硬件特点,存储容器采取以字节或字节的整数倍为存储容器大小,一般选择 1 个字节、2 个字节、4 个字节或 8 个字节 4 种长度之一作为存储容器的字长。不过,在牵涉 CPU 的逻辑操作时,CPU 中寄存器的每个二进制位有时也会被独立当作 1 位的存储单元,所以原则上,1 位单元是可以作为独立的数据容器来对待的。

和人们日常所见的盛放物件的容器相比,存储信息的容器的特性有很多不同。首先存储单元的读数据是非破坏性的,可以多次读数据而不破坏原存数据,这和盛放物件的容器的取出物件显然不同。其次,作为信息容器,每个存储单元都要有一个"名字"(地址),相当于房间的门牌号码。这是为了访问主存储器时,明确指出该存储容器的空间位置。一般采取将该存储单元的起始字节地址作为其存储地址,用它可以指定访问(读/写)哪一个存储单元。当存储单元超过 1 个字节,则约定将后续相邻的字节作为一个整体(存储容器内部的几个字节是地址顺序相邻的)。它所占用的字节数一般在访问存储器的机器指令中有所指明(称为地址访问方式,Address Access)。这个问题还可以参见第 9 章程序设计。第三,存储空间具有排它性。同一时刻同一位单元不能既存 0 又存另一数据 1。一山容不得二虎,同样一个存储 16 位整数的存储单元,同一时刻不能既存储整数 x 又存储整数 y。在图 6-6 中,存储单元 A 占了 4 个字节(例如一个 32 位的整数),存储单元 B 占了 2 个字节(一个 16 位的整数)。以上这些并没有问题,问题是假如这时再有一个存储单元 X,它想占据存储单元 A,B 的某些字节,这是不允许的。计算机的操作系统和应用程序必须保证存储单元的地址分配不会出现这类问题。

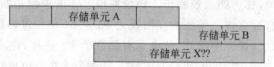

图 6-6　存储单元内的字节相邻,不同单元之间可以字节相邻,但不可重叠

计算机的操作系统把主存储器的存储空间作为自己管理的宝贵资源,作为一个"资源管理者",为各方用户提供服务。对于想要使用存储单元的应用程序(例如某个用户想打开一个文本编辑器软件),需要先申请分配它所需要的"存储资源"。"先申请后使用"是使用资源的原则,对任何资源,为了使用它,必须先向资源管理者(这里的管理者是操作系统)申请,之后才可使用。计算机的操作系统在管理和分配存储资源时,首先就要注意不违反存储空间的排它性,避免应用程序之间出现存储冲突。

程序中的变量和主存储器中的存储容器相对应。变量的名字对应着存储容器地址,变量的内容对应着容器所存储的数据。指针作为一种特殊的变量,它的内容是存储地址。请参看第 9 章和第 10 章。

6.4.3　存储总线与数据传输

从微型计算机内部来看,主存储器是它的数据交换中心,而 CPU 则是数据处理中心。主存储器与 CPU 之间的联系方式对整个计算机的工作效率有非常大的影响。

指令和数据都是通过存储总线向 CPU 传递的。但传递的目的地不同,指令传递到程序控制器,而数据则是传递到寄存器中。存储总线实际上由许多条并行排列的传输数据的线路组成,并且还细分为三组:一组是数据总线,用于传递数据;另一组是地址总线,用于传递主存储器的地址;还有一组控制总线,用于各种内部控制指令的传递(如图 6-7 所示)。由于总线同时连接着很多部件,而且可能需要同时传递信息,因此总线需要解决复杂的控制管理问题。在这里不再详细讨论这方面的情况。

CPU 和主存储器之间的信息交换是通过数据总线和地址总线进行的。当 CPU 需要信息时,它需要给出地址信息。让主存储器读取信息先要把地址送入地址总线,并通过控制总线发出一个"读"信号。这些信号转送到主存储器,将指定地址连续的几个存储单元读出,送到数据总线。然后,CPU 就可以由数据总线得到数据了。写入动作也类似。由读写操作过程可以看出,当 CPU 把地址送出后,经过若干时间后才能够从数据总线得到读出的数据,

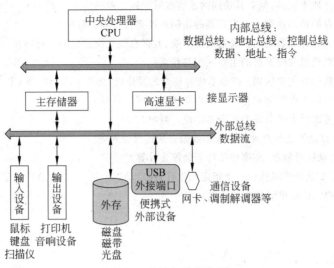

图 6-7   总线与数据传输

这是由主存储器的工作速度和数据总线的工作速度决定的。

总线速度对计算机性能非常关键,所以总线传递都采用并行传递方式。数据总线宽度一般是由 CPU 芯片的数据宽度决定的。目前 CPU 一般采用 32 位或 64 位的数据总线。数据总线的宽度决定了通过它一次传递数据量的大小,这个宽度也随着技术的不断进步慢慢扩大。数据总线宽度对计算机系统的总体影响,主要是它决定了在主存储器和 CPU 之间数据交换的效率。虽然主存储器按照字节编址,但是一次数据传递可以同时由若干连续字节单元信息组成,一次同时传递几个字节的数据。对于 CPU 而言,最合适的数据总线宽度是与 CPU 的字长一致。一次传递就可以满足指令运算的需要。如果数据总线宽度不够宽,那么就需要两次或多次传递,在数据传递没有完成之前,CPU 只好等待被运算数据的到来。过去计算机数据总线的宽度不够影响了计算机的处理能力。

CPU 的地址宽度决定了它能直接访问的主存储地址空间大小。以微处理器为例,20 世纪 70 年代的微处理器的地址总线宽度为 16 位,只能够容纳 64KB 的存储单元。后来,微处理器的地址总线扩大到 32 位,可以直接访问的地址空间大小增大到 4GB(40 亿个单元)。但是,软件系统规模的日益扩大使得 32 位的地址宽度都嫌不够,需要扩充到 64 位。64 位地址宽度能够表示 2^{64} 个存储单元。可能要问,存储容量可能达到如此巨大的天文数字吗?回答是,巨大的存储空间并不仅为扩大存储容量所需要,它也为整个计算机系统,包括国际互联网络的全部资源体系,提供了全局性的地址空间。这样就可以给每一个不同的信息对象一个唯一的地址来访问。这种唯一地址便于在全局地址空间中唯一确定信息对象,从而不会产生名字混淆。这对提高信息利用效能有良好的影响。总而言之,计算机的地址总线宽度也是影响整个系统的全局重要参数。

6.5   习   题

回答下列问题(概念思考题),并说明理由。

(1) CPU 自己发出时钟节拍信号。对吗?

(2) 寄存器生产成本很高,但对其访问的速度极其快速。对吗?

(3) 对高速缓存的访问速度比对寄存器的访问速度要快得多。对吗?

(4) 主存储器和外存储器之间是通过地址总线、数据总线交换信息的。对吗?

(5) 有限状态自动机和图灵机的主要区别是什么?

(6) 明确下列概念的主要区别:指令系统和指令的操作码、指令工作周期和 CPU 时钟节拍。

(7) 存储器读写的工作周期和指令工作周期两者不同。对吗?

(8) 存储单元是由单个字节或若干字节组成。对吗?

(9) CPU 和主存储器之间有地址总线和数据总线连接。对吗?

(10) 计算机自动执行程序,在哪些条件下会停止计算?

(11) 人们为了要让计算机执行一个指定的软件,在启动这个软件时,计算机内部的 CPU 是怎样得到该软件的开始地址的? 设法想清楚这个过程。

第 7 章

计算机软件与硬件的协同工作

计算机的软件和硬件是计算机系统的宝贵资源。为了让计算机有效率地解决信息处理任务，就需要把这些宝贵资源有效地管理起来。硬件是计算机工作的物资基础，而计算机系统的"灵魂"是它的软件。如果缺乏软件，整个计算机和它的各个硬件组成部件仅仅是一堆冰冷的东西。

现代的计算机如果缺乏软件的支持，它的用户简直就没有办法让计算机做任何事情。计算机系统的各个硬件资源是依靠软件的运行、依靠软件的指挥才能动作起来的。软件的指令流经由 CPU 向硬件部件发命令，计算机各个部分才能协调工作起来。

为了使计算机用户能够顺利地提交并实现其信息处理任务，就必须充分利用这些资源，让它们协同地工作。这是本章要讨论的主题。

操作系统软件是计算机系统的大管家，它尽可能为用户分忧，使管理资源的工作简易可行，使资源的运用更为节约有效。一方面，在机器内部，操作系统不显眼地担负起了协调资源使用的许多工作；另一方面，操作系统为计算机的用户提供方便，支持他们便捷地使用视窗，选择数据和程序来完成各项信息处理工作。

本章介绍的操作系统软件(包括文件系统)，内容将着重基本概念的阐述，说明计算机软件与硬件资源协同工作的特点，讲解操作系统作为资源管理平台，为用户提供的各种信息服务的特点。本章的 7.5 节还会介绍有关计算机系统安全的知识。

7.1　计算机中的信息资源与信息服务

本节介绍硬件资源与软件资源、资源管理、信息服务和虚拟服务技术等。

7.1.1　硬件资源与软件资源

图 7-1 描述了计算机用户(人)和计算机硬件、计算机软件之间的互动关系。在图的最左边，人通过鼠标和键盘(图中仅画出键盘)向计算机发出命令，也送出相关的数据。计算机的硬件和软件分别被画在图的左部和右部。计算机软件又被划分为两个层次：操作系统软件和应用软件。不过，这两个层次的软件其实划分界限并不严格，操作系统中也有一些软件，例如文字编辑器，也被看成一个小的应用软件。

计算机用户通过键盘和显示器与计算机打交道(图左侧的粗箭头)，它们是通过操作系

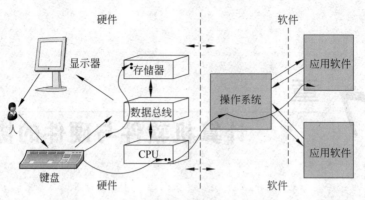

图 7-1　计算机的硬件和软件

统软件和主机交换信息。作为硬件设备的键盘和显示器，操作系统负责它们和主机的正常通信，把键盘设备传来的击键编码数据存放到主存储器中（带箭头的细线连到存储器），以后再转送到相关的应用程序。与此同时，用户的鼠标击键（图中被略去）与视窗光标位置所列出的选择菜单项相配合，其击键信息被操作系统解释为"调用"某个应用程序（图下部带箭头的细长线通过操作系统把调用的命令送到应用软件）。操作系统会启动该应用软件，让它运行起来。当应用程序得到信息处理结果时，又会经过操作系统，将结果转送到显示器上（图中间在软件和硬件之间双向箭头表示它们之间的频繁互动）。

软件资源的一个重要特点是当软件仅仅占用存储空间，放在存储器内而没有被启用时，它仅仅是滞留在计算机里、未显威力的代码，而一旦它被用户或别的软件所调用（启用），其软件运行便形成了 CPU 中的工作指令流。

软件的另一个共同特点是它的共享性：一个软件不仅可以被多次使用，而且可以被多人同时使用。多核计算机和单核相比，其长处就是可以利用软件的这一共享特性，使整个系统的处理信息效率提高。例如，多核（多个 CPU）可以使用同一个文档编辑器软件，同时启用几个"任务"，它们各自编辑不同的文档数据。由于多核具有独立同时进行工作的能力，从而能提高信息处理的效率。

硬件资源的使用方式和上述软件共享特性有所不同，其使用方式是时间独占的。例如 CPU 的时间，这种资源的占用是独占排他的。也就是说，在同一时刻每一个 CPU 只能执行单一指令流。多个软件如果想在一个 CPU 中运行，只能在时间上分片切换地运行。例如在时间段 A 执行程序 X，然后在后续的时间段 B 暂停执行程序 X，切换为程序 Y 的执行。同样，其他硬件资源也是如此，像一个存储单元、一个 USB 设备、一个打印机或一个显示器等，它们在同一时刻都只能被一个用户独占使用，否则会搞乱用户信息处理流程的顺序，很难同时被共享使用。

从硬件资源的使用特点来讲，可以把硬件资源划分为消耗性资源和非消耗性（可以重复使用的）两种。例如 CPU 时间片，它属于消耗性资源，用了就没了。但是存储器中的存储单元则是非消耗性的，把它分配给一个程序使用后，等待其执行结束，就可以将这些存储单元回收，以后再给别的程序使用。

以上指出的软硬件资源特性，说明有效管理计算机的各种资源是一个挑战性的任务，需要针对资源特点予以恰当的管理。计算机操作系统担负了这一任务。它还要承担安装和接入外部设备(硬件设备),将其接纳到系统中,与计算机的其他硬件相互通信和协调工作。计算机的显示器和计算机内部显卡之间的通信配合就是一个例子。另一方面,操作系统又作为用户使用和管理计算机资源的平台,支持用户参与管理和使用各种计算机资源。而且,还要让用户利用图形视窗,方便地查询资源、选择资源。当用户需要某一类资源时,操作系统能帮他启动资源的使用,并保证使用资源的安全性,不让病毒危害系统的正常工作。操作系统支持软件的安装,支持软件与软件、软件与数据之间的关联,以便软件运行过程中,一个软件能便捷地调用另一个关联的软件,或者便捷地使用关联的数据文件。

总之,操作系统为计算机用户提供了一个服务平台,当用户向它提出服务请求(例如想编辑一个文档)时,平台就会显示出一个或多个视窗,供用户选择。这很像一个日常生活中的服务平台,有一个或多个"虚拟机器人"提供服务。当用户向它们提出请求时,这些"机器人"(软件模块)能够和用户进行视窗应答,让整个服务过程既简便又有效。

7.1.2 资源管理和信息服务

从资源管理者的角度,它需要为使用者提供三个方面的服务:

(1) 信息服务。为用户提供资源信息查询服务,回答有多少资源可供利用,用户所需要的资源当前状况如何等信息。

(2) 接受资源申请。当用户在申请中提出所需要的资源特性和数量时,资源管理者会从资源库中挑选符合条件的资源,提供给申请者使用。

(3) 对于正在被使用的资源,管理者需要实行实时监管,了解资源在使用中的情况,并回收已经不再使用的资源。

由此,操作系统作为计算机的资源管理平台,其管理功能可分为下列几个方面:

(1) 对计算机各种硬件资源的管理,其功能主要包括 CPU 的调度和管理、主存储器、硬盘存储器,以及用于计算任务的虚拟存储空间(可寻址空间)的分配和管理、输入输出设备管理及网络设备的通信支持等;

(2) 对所存储信息的管理,包括数据和程序及其目录的管理。它们一般作为持久信息存储在硬盘上,由"文件系统"软件提供管理支持;

(3) 当前所执行的计算任务的监控,并为计算机的管理人(Administrator)提供服务,以便其了解计算机的当前状态,开展各项管理工作;

(4) 提供人机交互的界面,为人们使用计算机、管理计算机资源提供方便;

(5) 此外,操作系统还为计算机系统的安全性提供很多保障措施。

7.1.3 虚拟服务技术

首先说明一下"虚拟"这个词。人们观看动画节目时,在平面显示屏上看到的三维活动物体是虚拟的。从真实性来说,虚拟的东西虽然样子上像现实的东西,但它们并不是实在感知的物理对象。虚拟现实技术就是使用计算机技术手段,用虚拟的视听觉手段来模拟现实世界。

在本章想要说明的是虚拟服务,特别是其中的一种技术——虚拟资源包装技术。这种包装技术的最终目的是为资源的用户提供优质的服务,提供更好用的资源。从物理资源的特性来说,计算机硬件由于其固有的电子特性,其使用方式是很死板的,非常不适合用户直接使用。对此,资源服务软件一般都要有针对性地采取有效的"包装技术",让用户感觉好像在使用一种比原来硬件特性更好用的"虚拟资源"。举例来说,为了让多个"信息处理"任务能够同时在同一个计算机中运行,除了硬件上利用多核 CPU 芯片之外,还可以将 CPU 的计算时间切成时间片,让这些时间片轮流交叉地被分别分配给这些信息处理任务。只要恰当地选择时间片大小(如 100ms),就可以让人几乎感觉不到 CPU 在这些时间片的任务切换所引起的任务停顿。这样,几个"信息处理任务"就像是在并行地同时工作,好像有多个"虚拟的"CPU 在为这些任务同时工作一样。

这种虚拟包装技术主要由两部分组成:第一是被包装的资源要有一个好用的界面(外包装)。举例来说,硬盘文件是具备好的"外包装"的虚拟信息容器,它为用户提供很便利的使用方法,如创建新文件、寻找旧文件以及读写修改文件等。用户在管理文件和使用文件时,不必直接涉及硬盘空间的柱面、磁道等物理资源,不必担心物理资源的定位和读写操作。用户使用的方便程度明显地改善。计算机操作系统的很大一部分任务,就是根据各种硬件资源的电子特性,将其包装为用户更为好用的资源。第二,虚拟包装技术要把原来物理资源的电子特性隐藏在"黑盒子"里,让用户不必关心它们。与此同时,采取一种映射机制,将用户使用的虚拟资源自动映射到"黑盒子"里的物理资源上,从而使得用户对虚拟资源的操作,自动地、精确地映射到对应的真实物理资源上。

仍以硬盘文件来说,硬盘的旋转存储介质及其相对旋转运动的读写头,使得硬盘存储空间(由柱面、轨道段等组成的物理空间)的管理相当复杂。而硬盘文件系统就是一种使用虚拟包装技术构成的服务平台,它为用户包装硬盘物理空间的页面资源,让用户直接使用的是"文件"和"文件夹"。这样,硬盘文件系统对用户掩盖了硬盘物理工作细节,给用户呈现的是一种更适合使用观念的、被包装好的文件系统的虚拟资源。用户对文件和文件目录的操作会被上述硬盘文件系统的平台,精确地、自动地映射到对应的硬盘存储空间,即那些由柱面、磁道段等物理资源的空间。

再举一个例子。在编制应用程序时,主存地址空间都被设想是地址连续的,因为这样的连续地址空间既便于程序的运行,也便于数据的存储和访问。但是要让主存储器和硬盘存储器的物理存储空间提供这种大片连续地址空间却并不容易。其主要原因是它们的原始连续地址空间,经过一段时间之后,由于主存储器被各种大小不同的程序占据使用和用后释放,整个存储空间就会产生很多无用的小碎块,并危及大块连续地址区域的数量。为此,操作系统把主存储器的存储空间按"页"分块(例如 2KB 为 1 页)进行管理,页内的地址是连续的,但是不要求页与页之间的物理地址相邻。当程序运行(被包装为"任务"或称为"进程")时,当它申请连续存储地址空间的存储资源时,操作系统会把不连续的多个页面设法包装成虚拟的连续地址空间。计算任务在操作系统支持下不必再担心页与页之间地址是否相邻的问题,主存地址空间就好像完全连续地址那样,方便地使用存储资源。

这种虚拟服务技术还可以为用户提供现实中不存在的资源类。例如,对于大容量的文件(例如,10GB 级大小的遥测数据集),已经无法被整体地放到主存储器里。不过,操作系统能够利用大的硬盘空间,将主存储器包装成容量更大的"虚拟存储器",从而让用户能够方便地处理这种大文件,不必担心主存储器的有限容量问题。前面提到的视窗"虚拟机器人"也是如此,这些"机器人"实际上是信息处理的软件模块。作为虚拟的视窗"服务者",他们的视窗外包装变成了与用户交互应答的好用界面。

为了提供虚拟资源的服务,其服务平台有多种运行方式。对于多个用户的服务,一般采用"服务器/客户端"的服务方式。这种方式很像借阅书刊的服务台,借阅"书刊"的用户先向"服务台"提出询问请求,服务台根据"询问"和现存书刊(资源)的情况给予回答,并将合用的"书刊"递送给用户。如果是必须归还的资源,还要提供资源回收服务。主存储器的存储单元是计算机的宝贵资源,操作系统对它的管理方式就是采用这种"服务器/客户端"的方式。每一个程序当它需要新的存储空间时,就要向操作系统申请存储资源(例如,用命令 new)。当程序不再使用该存储空间时,操作系统会回收它们,以供后续程序之用。

除了以上的资源服务方式外,还有团队合作服务方式(如"流水线合作")和"生产者/消费者"服务方式等。前者的一个例子是流水线上传递待测试检验的产品(资源),多人合作进行产品的合格检验,每一个人在流水线旁边负责其中一项测试工作,流水线最终流出的即为合格产品。后一个服务方式"生产者/消费者"方式,也是常被采用的。资源的生产者不断"生产"出资源(假定是一次性的消耗性资源),它们被放入一个能够暂时存放的"先进先出"堆栈中;只要堆栈中尚存留有资源,"消费者"就可以直接从这个"堆栈"取出资源拿去使用。这是一种比较原始的服务方式,其优点是避免了资源管理(登记造册和申请审核)的烦琐手续,但其中缺乏对用户类别和资源类别的区分机制,故而对于多类用户和多类资源的情况,无法有选择地提供良好服务。

7.2 操作系统

本节将具体介绍计算机操作系统的主要功能,说明目前流行的操作系统类型(第 7.2.1 节),随后用几小节篇幅分别介绍有关 CPU 管理、任务管理、I/O 外部设备管理、存储资源管理和视窗用户界面等操作系统的工作特点。

为了具体地帮助读者使用计算机和管理维护计算机,在后续的第 7.3 节将比较仔细地介绍文件系统的原理和使用特点。在第 7.4 节则具体介绍维护管理计算机系统的若干重要工具,结合 Windows XP 操作系统来说明管理和维护工具的特点。限于篇幅,这些介绍还是很不详细的。建议读者进一步参考操作系统的使用手册。

7.2.1 操作系统的主要功能和当前流行的操作系统类型

操作系统按其功能和规模来分类,可以分为桌面操作系统、嵌入式操作系统和服务器操作系统三类,下面分类予以说明。

(1)桌面操作系统(Desktop Operating Systems)。有时也称单机操作系统或客户端操作系统。它是给个人计算机上使用的操作系统,当然也能连接到计算机局域网,提供网络功能。本节后续内容主要围绕这种桌面操作系统来讨论。

(2)嵌入式操作系统。是用于特殊环境的计算机操作系统。由于越来越多的电子设备正在提升其智能设备能力,包括民用移动设备、绿色家电以及航天航空器等武器装备等在内,都要在设备内嵌入专门的 CPU 和其他一些大规模集成电路芯片。这是一类专门用于更加省电、轻便、更加适应特殊计算和通信环境的大规模集成电路芯片,简称为嵌入式芯片。而其软件部分首先就是需要操作系统。这是一种和嵌入式 CPU 特点相适应的小型嵌入式操作系统。它一般是由桌面操作系统演化变革而来,其主要特点是要适应更省电的环境要求。嵌入式 CPU 本身就更省电,操作系统还要让整个设备更加省电、轻便,并且适应特殊工作环境和通信环境的要求。目前的手机上,采用的嵌入式操作系统有 WinCE、Symbian、PalmOS 和 uClinux 等多种,它的选择和手机厂商采用的嵌入式 CPU 型号密切相关。

(3) 服务器操作系统。是比桌面操作系统规模更大的操作系统,它涉及的用户数量大,信息处理量和数据通信量都很大。用户量可能成千上万,而且多数是远程的网络用户。服务器的计算机硬件配置要比个人计算机的规模大很多、情况也复杂很多。例如,它们需要和因特网上的很多有业务关系的计算机(也是服务器)开展信息处理业务,共享网络资源;它们所管理的硬件资源类型更多、规模更大。例如,服务器会配置若干多核的 CPU 并行地处理信息,主存储器和硬盘的容量比个人计算机大几倍到几十倍,配置若干网络端口,同时通信以便扩展通信带宽等。另外,由于面临黑客和病毒攻击,其工作环境更为恶劣,安全保护问题更为重要。以上这些,都是服务器操作系统面临的技术挑战。很多大中型计算机硬件厂商不仅提供计算机服务器硬件,而且配套提供专门适合其硬件的操作系统,例如 IBM 公司 system i5 系列的中小型服务器就是这样,它和 IBM 高速 Power 芯片系列等硬件配套,配有一套自己的服务器操作系统 OS V6R1。

操作系统软件更新换代非常频繁,两三年就会出现一个新的版本,不过往往只是某些功能的改进,面貌全新的操作系统还是很少见的。

下面说明目前常见的桌面操作系统类别,分为 Windows、Linux 和 Mac OS 三类。

(1) 微软公司的 Windows 系列操作系统,它是主流操作系统之一。1995 年,它推出了视窗 95 操作系统(Windows 95)。该系统很好地结合了当时的 32 位 CPU 新产品 Intel 80386,提供了好用的桌面图形界面。在市场方面,它非常成功,是有史以来最成功的操作系统。但从技术上说,其基础源自于他人。随后,微软公司推出了新的操作系统 Windows NT。1999 年—2000 年,微软基于 Windows NT 技术,推出了操作系统新版本——视窗操作系统 2000,简称 Win2K。它的主要特点是不再限于个人桌面计算机环境,同时提供了面向商业环境、为中大型服务器使用的操作系统 Windows Server 2000。随后该版本在 2003 年被 Windows Server 2003 所取代,而对应的个人桌面操作系统 Win2K 在 2001 年 10 月被 Windows XP 所取代。它们的操作系统核心还是源于 Windows NT。

Windows XP 或称视窗 XP(XP 是英文单词 experience 的缩写),它能支持双 CPU,支持超过 2GB 的主存储器容量,在桌面图形界面、音频视频处理、支持笔记本移动计算、支持无线网络等方面都有更好的表现。2006 年,微软正式推出新的视窗操作系统 Windows Vista,距离上一版本 Windows XP 的推出已超过了 5 年时间。Windows Vista 对计算机系统的硬件要求更高,例如要求它具有 1GHz 以上主频的 CPU(32 位或 64 位字长),最少 1GB 的主存储器,128MB 的图形存储器等。和 XP 相比,它的优点是界面更加美观好用,更优秀的系统性能工具,更好的系统安全性,包含多种功能的小工具,优秀的无线网络功能等。

(2) UNIX 和 Linux。UNIX 是一个著名的操作系统,在操作系统发展历史上具有开辟新篇章意义。20 世纪 70 年代初期,由美国 AT&T 公司的贝尔实验室用 C 语言开发,并首先在大学和研究所得到应用。UNIX 是一个多用户、多任务的分时操作系统,不仅可以为个人计算机使用,也可以作为大中型服务器的操作系统。Linux 最初是由一个非赢利的自由软件小组开发维护的,其设计思想源于 UNIX。它是最早的公开源代码的软件之一。除了大家可以共享的 Linux 系统,如 Redhat Linux 以外,一些计算机生产商也看到了 Linux 的巨大发展潜力,它们在 Linux 基础上维护开发了自己的 Linux 版本,如 IBM linux。我国也有专门维护开发 Linux 操作系统的公司,如红旗 Linux 已经在商务环境的计算机系统中应用。

(3) Mac OS 是美国苹果公司(Apple)开发的操作系统。1984 年推出 Mac 计算机时,它是当时市场上第一个采用图形用户界面的计算机操作系统。与其他操作系统一样,Mac OS 也经历了多个版本的改进,目前的版本为 MacOS X。在国外,iMac 台式计算机、MacBook 笔记本和 Mac OS 操作系统具有相当广泛的使用面,不过在中国,由于它的价格相对昂贵一些,应用面仍有限。

这里再附带地说明一个常常使人迷惑的问题:为什么人们有时候用 CPU 的字长来给操作系统分类,冠以如 16 位操作系统、32 位操作系统或 64 位操作系统等名称? 一句话来说,其主要原因是由于 CPU 的字长对操作系统的性能影响极大。具体理由可以分析如下:操作系统作为资源管理软件,其第一要务是要为每一个被管理的资源命名,取名字,以便区分不同的对象。每一个资源要有一个唯一而不发生混淆的、用二进制编码整数的名字。其实,这种名字也是一种"地址"。操作系统用这种唯一名字来指称其所管理的资源,以避免一名多义的情况发生。

被管理的资源和它的名字之间是一一对应的映射关系。为此,这种名字的二进制编码长度应该足够长。从通用的操作系统而言,最好让被管理的每一个硬盘字节、每一个主存储器的字节都有自己的唯一名称。从目前全世界因特网上共享信息的发展趋势来看,为了管理和共享全世界所有的电子设备和其中的潜在共享信息,需要为它们所包含的信息资源一一取名,名字的二进制编码长度 32 位是肯定不够了,32 位大约只能提供 40 亿个不同名字。为此,需要考虑采用 40 位、48 位、甚至 64 位作为资源名称的编码长度。目前常见的操作系统都已经不限于 32 位的编码长度了。

当 CPU 本身的字长只有 32 位的条件下,超过 32 位的名字长度会使操作系统的工作效率显著下降,有时甚至会使得性能下降 10 倍以上。反之,当 CPU 本身具有 64 位字长时,CPU 就能自然地、高效地进行 64 位的二进制运算,它为彻底地解决操作系统面临的名字编码长度问题提供了条件。同时,由于 64 位字长的 CPU 还能提高算术运算精度,加宽 CPU 和主存储器的数据传输带宽等其他优点,看来是发展的趋势。

7.2.2　CPU 管理和任务管理

性能好的台式计算机目前往往采用"多核"的 CPU。一个"核"相当于在第 6 章介绍的 CPU,而多核就是多个 CPU,可以在同一台计算机上并行地工作,同时执行多个信息处理任务。用户可以让一个核为文档编辑程序忙碌,而另一个"核"则为加工修饰某个图片的程序工作。多核 CPU 用于航空订票服务器业务是一个典型的例子:订票售票的服务器必须在有限时间内及时处理订票服务,很忙碌的情况会要求它在一分钟内应付成百上千的用户请求。为此,操作系统不能仅仅简单地把几个 CPU 核先来后到地分配给用户请求,因为这些用户订票的服务工作时间长短不一,有时一个时间长的信息处理任务会耽误数十个随后的用户请求,造成长久等待的不良状况。

为此,操作系统要恰当地分配 CPU 的工作时间,多核或者单核的操作系统都要这样做:必要时临时打断时间长的信息处理任务,腾开 CPU 让另一个任务执行其程序。起码要让一个核暂时腾开,将正在运行程序"挂起"一段时间,以便让 CPU 及时响应紧迫的用户请求。为此,CPU 的时间被切为顺序的"时间片",例如 100ms 为一段,并且按照一定的分配原则,把"时间片"分给多个"任务"。这样做的结果是,虽然每个时刻单核只为单个程序工作,但由于 CPU(不管是多核还是单核)以交替方式在多个任务之间切换地执行,所以从用户宏观的角度来看,他不会观察到 CPU 这种在多个任务之间的跳跃,觉察不到在毫秒级时间的停顿。宏观上看,几个任务都处在执行过程中,好像是在"齐头并进"。当被挂起任务恢复计算时,会自动接着上次被打断的地方继续下去,所以看起来工作总是在向前推进的。

这种时间片的调度是多任务操作系统(又称为分时操作系统)的重要工作。在时间片分配原则上,多半采用为不同类别的任务确定不同优先级别的办法,例如一个银行的服务器系统,自动取款机的客户服务要比银行自己统计账目的计算程序更优先,因为后者短时间停顿没有关系,而取款客户则更需要及时得到响应。分时操作系统就是要使每个用户都感觉到计算机系统正在为自己工作,得到了及时的服务和关照响应。

有时为了简化问题,操作系统也可以把计算任务划分为前台任务和后台任务两类。前台任务包括那些人机对话需要快速响应的任务,它们应该给予高的优先级,分配更多时间片。而后台任务是指那些虽然计算时间较长,但并不存在要及时响应的任务。操作系统在没有前台任务等待时,才把 CPU 时间片分配给后台任务。

在这里,还要交代几个和操作系统密切相关的术语:进程、任务和进程调度。进程(Process)是操作系统直接管理的一类对象。简单地说,进程就是程序一次执行所涉及的全部资源。操作系统用进程来管理和调度程序运行所需要的资源。启动一个程序就等于在操作系统中创建了一个进程对象。

(1)进程。进程作为执行程序的代表,记录着操作系统给它分配的资源,为程序运行提供其必须的资源,主要包括在主存储器存放该程序的连续地址空间,为存放所用数据的连续地址空间。这些连续地址存储空间为程序的高效运行提供了资源基础。此外,还包括其程序运行所需的 CPU 时间片,所需的输入输出通道等资源。对进程的管理目标,不仅要让计算机资源充分利用起来,而且要让程序运行得快而好,用户能及时获得满意的结果。

(2)任务。任务是指用户提交的信息处理任务,用户提交的管理计算机资源的相关工作也是一类任务。操作系统为每个任务分配恰当的 CPU 资源、存储资源和输入输出资源。启动一个任务相当于启动一个或多个相关的进程。任务调度和进程调度大体上是一回事,就是根据一定的调度规则,把计算机的资源合理地分配给等待执行的进程。

(3)任务调度。任务调度,或进程调度应当考虑的资源调度原则有多个方面,例如公平原则、效率原则等。有些进程使用 I/O 很频繁,而另一些进程则非常消耗 CPU 时间。在进程调度时,操作系统应该考虑到这些不同类型进程的特点。抢占式调度原则允许长期占用资源的进程被暂时挂起,让其他进程抢占,一般是抢占一段时间。但是也需要注意这种进程切换(上下文切换)本身也很耗费时间,太频繁进程切换会浪费资源,造成系统开销,降低计算机系统的整体工作效率。

7.2.3 I/O 外部设备管理

输入输出设备的种类繁多,每类输入输出设备都有自己独特的工作方式,和计算机的通信方式差别也很大。为了不使 CPU 长期等待慢速的外部设备,一般采用"程序中断"的通信方式和控制方式。如键盘、鼠标等设备,人的操作速度不快,数据传输率低,就很适合采用这种方式。一个回车(Enter 键)击键动作会引起 CPU 的程序中断,强制中断(暂时地)CPU 下一条指令的执行,让 CPU 转而处理击键中断信号,把传来的一串字符存储在输入缓冲区。换行键(Enter)会使处理中断程序去执行"命令解释"工作。

此外,另一种外部设备的管理方式称为 DMA(Direct Memory Access,直接存储访问)方式。它适合硬盘、打印机等成批传送数据的设备。其特点是计算机采用了独立的 DMA 芯片,靠这一硬件资源负责成批数据传送,处理中断的程序不介入具体数据传送,而 CPU 则仅仅在成批数据传送前和结束后发生中断,这样做可以大大减少 CPU 的中断次数,以便减少系统开销。

可以看出,由于输入输出设备的独特工作方式,设备制造厂家要负责提供专门的适配器硬件和软件。有些外部设备需要打开计算机外壳,将专门的适配电路卡插进计算机机盒里。有些比较通用的外部设备在计算机主板上就带有适配芯片,不必另外配适配器。外部设备的厂家一般会为设备提供驱动程序(Device Drivers)。这种驱动程序是和硬件适配器衔接的小软件,它负责 I/O 的启动和终止、监控设备状态,并且负责与硬件适配器通信。例如,Realtek 厂家为它的高清音频适配电路卡附带配套一组驱动程序和视窗管理程序。

每当人们打算添加新的 I/O 设备时,除了设备的硬件互连要正确以外,一定要安装好相应的设备驱动程序。以打印机为例,先要把打印机的外接缆线和计算机做良好插接,然后要安装符合该类型打印机的驱动程序,不同的操作系统、不同的打印机有不同的驱动程序。打印机一般采用数据缓冲的工作方式,操作系统对用户的打印要求,先将其作为打印任务记录在案,放在一个打印缓冲区里。允许多个用户提交多份打印任务。由于打印机的工作速度比较慢,操作系统为了避免等待,通常采用一种称为假脱机(Spooling)的技术,打印缓冲区放在硬盘上,等打印机完成了上一个打印任务之后,才从硬盘取出下一个打印资料。总之,CPU 也是以中断方式照看打印机的工作,不需要一直等待着打印过程,CPU 可以去干别的事情。

7.2.4 存储资源管理

计算机的存储资源主要包括主存储器以及硬盘(磁介质硬盘或固态硬盘)存储器两部分,而操作系统在管理存储资源上主要遇到 2 个问题:

(1)主存和硬盘的"速度-容量"数量级差距。从工作速度上说,主存储器比硬盘存储器快 10 倍以上;而从容量上说,主存储器容量不够大,而硬盘容量比主存储器可以大 10 倍以上。如何利用较大的硬盘存储空间,来虚拟扩展主存储器的有限容量,同时和原主存储器的读写访问速度相比,要设法让扩展的虚拟存储访问速度不要下降太多。

(2)硬盘存储的访问速度很慢而且不均匀。这是由于磁介质硬盘固有物理特性造成的,移动读写头的等待时间长,磁道的段寻址等待时间极不均匀。为此,希望硬盘的数据存储和主存储器的数据交换,每一次的数据交换量要大一些,而且数据在硬盘上的物理位置不要太分散,以便减缓访问硬盘的等待时间过长,而且时间长短不均匀会引起计算机整体性能下降。

虚拟存储(Virtual Memory)技术就是为解决上述 2 个问题而提出的。这是一种很有创见的技术,已经得到了广泛应用。可以说,无论计算机的规模大小,几乎所有的计算机操作系统都提供了虚拟存储的功能。

下面就来介绍这种虚拟存储技术的思路。图 7-2 是主存储器的 Cache 和硬盘上的虚拟存储区之间的映射关系示意图。

(1) 虚拟存储区。把硬盘存储空间的一部分,例如 2GB,作为虚拟存储区,它当作主存储器的扩展空间。当一个或几个大程序同时在计算机上运行,其程序和数据的总量会大于主存储容量(例如 1GB),这时虚拟存储技术就会利用虚拟存储区来保证这些程序的同时正常运行。在这种情况下,程序和数据将由操作系统逐步地以页面为单位,在程序运行过程中分批地调入主存,而不是一开始就让这些程序和数据全部调入主存储器。如图 7-2 的下部所示。

页面是操作系统管理存储资源的基本单位,它是一段(若干 KB)连续地址的存储空间。主存或硬盘都以页面为资源单位来划分。图 7-2 中的矩形网格就是示意表示了存储空间的页面划分,一个小矩形格子代表一个页面。主存储器和硬盘的信息交换都采取以页为单位批量交换数据。这种批量交换数据的做法可以减小访问硬盘的平均等待时间。这样做的另外一个好处是当一条指令或一个数据被访问后,要执行的后续指令、需要访问的下一个数据多半也在同一个页面里。只要 CPU 的后续主存访问能够在缓冲区里,那么就可以避免频繁的硬盘访问,程序工作速度就可以加快。

设想在硬盘上(图 7-2 的下部)的两个程序,程序 A 和它的数据 B 区,以及程序 C 和它的数据 D 区。其中程序 A 是一个较大的程序,占 A1~A10,共 10 个页面;数据区 B1~B3,共 3 个页面。而程序 C 占 C1~C8,共 8 个页面;数据区 D1~D5,共 5 个页面。这两个程序要同时在主存储器运行,但是主存储器容量假定已经不够存储全部的这些页面。

(2) 位于主存储器中的 Cache(高速缓存)。在图 7-2 的上部,画出了主存储器与硬盘交换信息(程序和数据)的高速缓存。这类似于前面在 CPU 讨论中提到过的 Cache。但是和 CPU 设立的固态高速缓存不同,虚拟存储器的缓存就设在主存储器内,可以被程序直接访问。它实际上是主存储器中若干页面(图中画出了 10 个页面)。程序,包括编制这个程序的人,并不需要考虑主存和硬盘的这种批量信息交换,这些交换工作是完全由操作系统自动完成的。请注意,为了简化,图 7-2 并没有画出主存储器的全部,而仅画了位于其中的这个 Cache,其任务是暂时存放硬盘文件的一些页面的副本,即那些被当前计算任务所需要的、而它们以前还没有在主存储器留下备份的那些页面。

在图 7-2 的下面又分为上下两部分,画出了硬盘文件系统:其上半部分为硬盘的虚拟缓冲区(作为一个大文件),用于扩展主存储器容量;而下半部分则是其他硬盘文件,用户存放程序文件和数据文件的地方。程序文件 A 和它的数据文件 B,程序文件 C 和数据文件 D 都按若干硬盘页面的方式存储其中。

假定图中的情况是:主存储器容量不够使用,需要用硬盘上半部分的虚拟存储区来扩充。程序 A 的部分页面(A1~A7)和数据文件 B 的两个页面(B1~B2)假设已经存储在主存储器中(图中没有画出),还需要虚拟存储区为程序 A 存放 A8~A10 三个页面的备份,数据文件 B 的一个页面 B3 的备份。类似地,程序 C 的页面 C1~C4 和数据文件 D 的 D1~D2 已经存储在主存储器中(图 7-2 中也没有画出),虚拟存储区需要为程序 C 存放 C5~C8 这 4 个页面的备份,为数据文件 D 存放 D3~D4 的备份。

(3) 缓存的映射表。请注意图 7-2 上部的 Cache 和它右边的映射表。硬件支持的缓存

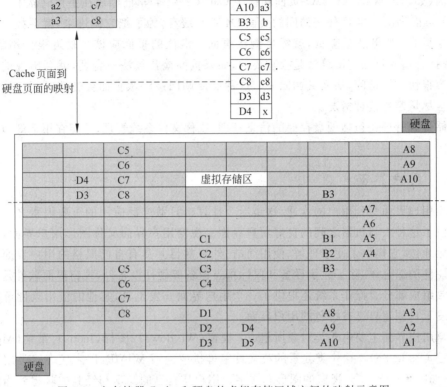

图 7-2 主存储器 Cache 和硬盘的虚拟存储区域之间的映射示意图

映射表,其内容反映了 Cache 的页面情况。Cache 中的 a1～a3 三个页面补足了程序 A 在主存中缺少的 A8～A10,Cache 中的 b 对应着数据文件 B 的页面 B3;类似地,Cache 中的 c5～c6 页面补充程序 C 在主存中缺少的 C5～C6(主存中还缺程序页面 C7～C8,但目前不影响程序运行),Cache 中的 d3 页面对应着数据文件 D 的页面 D3。这些情况在映射表上都有记录。在图 7-2 的 Cache 中故意留了一个页面 x,用来说明"缺页中断"的概念:程序 C 在访问它的数据页面 D4 时,通过查询图中右边的映射表,发现对应的页面 x 不是硬盘虚拟存储区中页面 D4。由此产生缺页中断,从而启动硬盘和主存的数据交换,硬盘页面 D4 数据将被传送到 Cache 页面 x 中。

(4) 缺页中断。程序运行中,它所急需的部分程序段和数据块,会被操作系统将其若干页面及时地调到缓存中。为了及时地知道程序需要哪些硬盘页面,操作系统采用了缺页中断技术。其意思是通过映射表可以及时知道不在主存的页面,缺页就会产生程序中断。CPU 转而执行操作系统指定的批量页面交换工作。

(5) 页面映射表。计算机的硬件芯片提供了页面映射表的映射支持,用于提高虚拟存储器的工作速度。上面提到的缓存映射表实际上是页面映射表的一部分。页面映射表的任务是将程序(程序 A 和数据 B,程序 C 和数据 D)用于访问主存储器的逻辑地址空间映射到主存储器的物理页面。每一个运行的程序,它在主存储器的程序段和数据块都记录在自己的页面映射表中,而操作系统负责管理全部这些运行程序的页面映射表。其中有一些页面被映射到前述的缓存页面上,这些属于缓存页面的映射信息就组成了图 7-2 上部右侧的缓存映射表。当然,程序的一些页面还在硬盘上,还没有调入主存储器(如程序 C 的 D5),也有一些页面(如程序 A 的 A1~A7 页面和程序 C 的 C1~C4)早已经放在主存储器了。

(6) 页面淘汰。当 C 程序访问的页面 D4 不在缓存,为了把它调进来,就会找一个用于替换的空页 x。如果没有空页,就需要淘汰页面。淘汰的页面应该是最近很少用的页面。当然,选择合适的页面淘汰算法是很重要的,如果页面淘汰算法不合适,就会出现被淘汰页面的内容很快又被访问,从而又调回来。这种反复调回被淘汰页面会耗费时间。计算机操作系统会尽量避免这种情况。

存储资源管理还包括硬盘存储的信息管理,或称文件系统管理,这将在第 7.3 节开展专门讨论。

7.2.5　用户界面

视窗用户界面受到用户的欢迎,这是当今计算机日益广泛应用的重要因素之一。操作系统提供了这种人与机器之间的良好用户界面。视窗用户界面又称图形用户界面,目前占据着主导地位,它提供了便于理解、使用简洁、外观赏目并具有自己风格的用户界面。它是软件和硬件的综合体,除了显示设备和鼠标指点设备等硬件设备外,视窗界面软件是操作系统的重要组成部分。操作系统还提供了一个用户界面开发工具,其他的应用软件可以使用这个开发工具创建自己有特色的用户界面。

视窗用户界面主要由 4 类对象所组成:视窗(Windows)、图标(Icons)、菜单(Menu)和点击指定 (Pointing)。这 4 类元素的英文首字母拼成简写 WIMP,用来代表这类用户界面的风格(如图 7-3 所示)。视窗的图形和文字让用户从自己的知识和经验中联想到当前计算的环境和当前资源的状态。这种"所见即所得"方式,加强了用户对所操纵对象的含义理解。

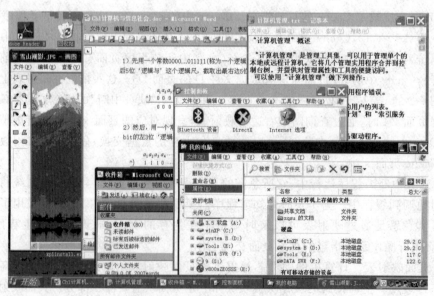

图 7-3　视窗界面的四要素 WIMP

视窗用户界面尽量让用户用很少的动作,如鼠标拖动、指点和击键动作,就可以浏览信息,并通过选择计算机的资源对象,发出启用相关任务的命令。

WIMP 技术用图形和声音等形象,表现计算机的资源对象和计算机的服务对象的特点。由于服务对象也可以看作是一类资源对象,因此可以说,WIMP 技术用视觉和听觉的形象,为用户交互式使用计算机资源提供方便。即为用户选择所需要的资源、视察资源的状态和对资源发出命令等,提供了一组工具。用户的动作将作为一种消息,经由指点设备(光标与按钮)送给计算机操作系统,一般来说,这种消息传递会短暂中断正在运行的计算任务,让 CPU 转而执行新消息所指出的相关任务。必要时,也会把消息转送给更多的有关程序。

为进一步说明 WIMP 的特点,图 7-3 显示了 Windows 操作系统桌面的具体视窗。桌面上共有 6 个视窗:最上层的视窗为“我的电脑”,这是资源浏览器的视窗。在这一视窗内的左部,列出了“文件”菜单。直接压在“我的电脑”视窗下面的,是视窗“控制面板”,它列出了计算机系统管理的若干工具图标。再下一层是电子邮件的“收件箱”视窗和一个“记事本”视窗,后者在编辑一个名为“计算机管理.txt”的文件。然后再下面压着另外两个视窗:Word视窗正在编辑名为“ch1 计算机与信息社会.DOC”的文件以及“画图”视窗打开了一个“雪山湖影”的图片文件。这 6 个视窗代表了 6 个正在运行的任务,其中最上层视窗“我的电脑”是当前在 CPU 中运行的程序,被称为“活跃的”进程。图 7-3 的最底层是“计算机桌面”的视窗,它的左下角有一个很重要的“开始”图标。计算机桌面是用户打开计算机之后首先呈现在荧屏上的视窗。在桌面左上部是若干可以启用的图标,例如左上角的两个图标 Reader 8和“回收站”。在左下角“开始”图标的右边,横排着一个长栏,被称为“桌面任务栏”,其上放着当前计算机已经启用的全部任务(上述 6 个任务)的对应图标。当其中任何一个图标再一次被单击时,其视窗就被置换到桌面的最上层,成为当前的顶层视窗,即“活跃的”视窗。

在桌面的右下角显示的若干快捷小图标,是操作系统为用户方便而特意放置的。它们在任何时候都可以被启用,只要选择单击其一,就能启用其关联的应用程序或系统工具。

下面围绕图 7-3,再进一步说明图形用户界面 WIMP 的特点。

(1) 视窗(W),又称“窗口”。

一个视窗总是和它的某个任务相关联,例如图 7-3 的顶层视窗是和 Windows 资源管理器(对应着 explorer.exe 可执行程序)相关联。该视窗是该程序执行的用户界面。一个任务就是一个正在计算机中执行的程序(软件),而用户观察到的视窗内容,反映了它关联的任务的状态和它正在编辑处理的信息内容。由于视窗尺寸所限,往往只能显示该任务的一部分状态信息。

有些视窗的内部还可同时容纳多个视窗,被称为它的子视窗。允许它们部分重叠,每一个分别对应独立运行的任务,可以被独立地启用、暂停、保存和关闭。注意,视窗内被开启的子视窗依赖于父视窗,当后者被关闭时,子视窗将随之被自动关闭。

视窗的样子(其可视特征)是可以由用户自由调整的,例如改变视窗尺寸、移动视窗、视窗最小化(自动转入计算机桌面的“任务栏”上)等。

刚刚加电启用的计算机桌面(Desktop)也是一个视窗,是一个特殊的视窗。它是一个虚拟桌面,除了能够容纳被用户开启的多个视窗外,在它的下底部水平横栏,从左至右排列了很多按钮图标:与计算机全局信息有关的“开始”按钮(桌面左下角的“开始”图标),以及一条长长的“任务栏”,其上有若干图标,反映当前已经启用还没有关闭的一组任务。此外,还有一组小快捷按钮,用户可通过键击来启动相对应的应用程序。有关 Windows 操作系统所提供的工具,以及"开始"等按钮的进一步说明,请参看第 7.4 节。建议读者通过实际操作来掌握其含义和使用方法。

(2) 指点设备(P)。对应着鼠标设备和视窗上的光标。

鼠标设备和桌面上显示的光标两者是联动的,鼠标的移动直接引起光标移动(除非鼠标离开办公台面)。人眼和手掌之间的协调是指点设备功用的基础。

当光标移动到一个图标,就意味着确定了一个可视位置,相当于资源的一种虚拟地址。

手掌中鼠标的按键和旋钮,为用户提供了几种操作:单击鼠标左键是选定光标所在图标;单击鼠标右键是弹出该图标的功能菜单;双击鼠标左键是启用该图标的资源;单击不放并拖动光标可以将一个视窗中的资源移动到另一个视窗去,意思是把该资源提供给另一个视窗所代表的任务。

阅览视窗信息时,鼠标旋钮的转动会使视窗内信息相应地上下快速滑动,用于快速浏览信息。关于鼠标、图标和菜单的具体使用例子,还可参阅下述各节,以及在操作系统的"帮助中心"相关资料。

(3) 图标(I)。是一个个小图片,形象地表示资源对象及工具对象。

图 7-3 的顶层"我的电脑"主视窗中,其上部贯穿左右的第二行横栏放置了 6 个图标。单击这些图标,即可弹出菜单。图中"文件"图标弹出的菜单(该视窗的左上部)黑字列出了 5 项,光标已经移动到其中的"属性"一项。

鼠标键击图标意味着选择启用某个对象,单击或双击它。视窗内的图标是多层次放置的:单击一个菜单上的图标,会弹出另一层菜单,进一步再单击其上的图标,会再弹出若干图标。

图标和菜单的外观及命名都是可以由用户改变的。必要时,通过右键单击图标的属性,来改变关联的对象和新的图标。用户也可以自定义菜单外观和配置菜单的可视参数。

(4) 菜单(M)。菜单由若干菜单项(或若干图标)组成。

视窗的标题栏中,其横栏的若干图标也是一种菜单。菜单的每一项都可以用左键或右键的键击来选择。左键选择其对应资源,或者弹出一个新的子菜单,供进一步选择。右键单击菜单项则弹出另一种菜单——属性菜单(又称功能菜单)。属性菜单列出该项资源的属性和关联操作,可以进一步被键击启用。

如上面(3)中指出的,多层次菜单是菜单组织的基本方式。菜单中所列的菜单项可以代表下一层子菜单。菜单层次可以很深。

作为例子,用记事本软件的视窗来进一步说明。Windows 的记事本软件是一个初等的文本编辑器。该软件的特点是它的文字编辑完全不带文本样式,是纯粹的文字串数据。

记事本软件是和扩展名为 .txt 的文件相关联,鼠标双击扩展名为 .txt 的文档可以直接启动这个编辑器。图 7-4 是它的一个编辑视窗,正在编辑一个名为"NTFS 文件系统.txt"的文件,用户已经单击了视窗菜单的"文件"项(左上部)。

在该视窗顶部第二个水平栏列出的菜单中,鼠标单击所打开的"文件"菜单,包括 4 项:"新建"一个文件、"打开"一个已存在的文本文件、"保存"视窗内被编辑内容到当前文件"NTFS 文件系统.txt"中以及"另存"(将视窗内容保存到另一新的文件)。该菜单还包括与文件打印有关的项,以及最下面一项"退出"编辑器。

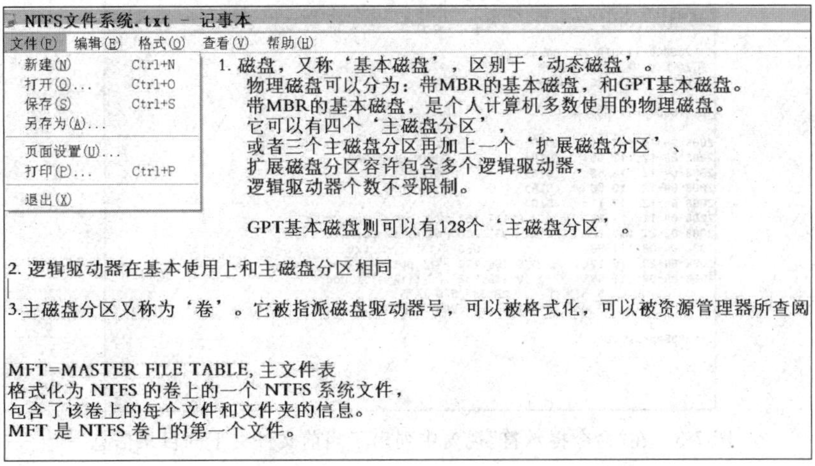

图 7-4　创建文件、打开文件、保存文件与文件另存

"另存"和"退出"这两项都将新弹出一个提示性的对话框。"另存"询问要另存的文件名,而"退出"则询问是否要保存视窗的内容。请注意,被记事本软件打开的文件在视窗中编辑时,其编辑的文本内容暂时保存在一个文本编辑区内,而不是立马改变打开的硬盘文件内容。一旦退出记事本软件,其视窗的关闭将自动抛弃该文本编辑区。"保存"就是把文本编辑区的内容存入硬盘文件中。如果不保存,那么硬盘原有文件内容不会改变,前面所做的编辑工作则不产生任何效果。在这一点上,其他应用程序和记事本软件类似,在退出和关闭软件的视窗前,用对话框询问"是否保存"。

除了图形用户界面之外,操作系统还提供了另一种被称为"命令行"的使用界面。微软Windows 操作系统的命令行界面是早期 DOS 命令行界面的扩展。键击桌面左下角"开始"菜单,运行 cmd 命令,即可启用命令行视窗界面(如图 7-5 所示)。

在命令行界面下,用户必须一字不错地根据命令行语法输入命令行字符串,用回车键作为输入命令的结束,同时也就是启动该命令的开始,让计算机执行该命令。例如"DIR /N /OG 」",双引号内是一条命令,命令计算机列出当前文件夹的目录信息。其中 DIR 是命令名,/N /OG 是该命令的参数,该参数指出该命令产生的结果应该在视窗中列出的格式。符号」代表回车键。该命令执行的结果应该是当前文件夹所包含的全部子文件夹和文件的名称及文件的大小等信息,如图 7-5 所示(详情内容请参见 7.3 节)。

图 7-5 所示视窗的第一行,列出了用户输入的命令"DIR /N /OG ",该行的左边文字串C:\2008April>表示当前的文件路径为 C:\2008April。视窗的下列几行则列出了该命令的执行结果,即 C:\2008April 当前文件夹下的全部子文件夹名和文件名。从上到下列出的格式是先文件夹然后文件,每一行列出一个文件的主要属性,从左至右顺序为文件的创建日期、时间、文件大小(但标为<DIR>的行是文件夹,没有列出其大小)和名称。请注意,视窗的最右边一列,可见全部文件夹名(EditPlus 汉化版、照片文件、Photoshop 三个文件夹)和全部文件,"沐雨山桃花.rar"等 5 个文件的名称。

Windows 的命令行界面有着丰富的命令集,其中包括了 Windows 操作系统的内部命令,还有一些其他应用程序加入的命令(外部命令)。每一个命令对应一个可执行程序文件(多数是扩展名为.exe 的文件),或者对应着扩展名为.bat 的批处理文件。这些文件大多放

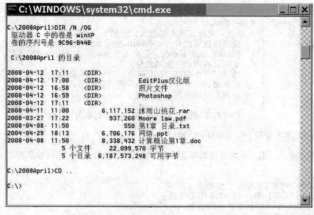

图 7-5　在"命令提示符"视窗中列出了当前文件夹下的目录信息

在操作系统的系统目录中。

命令行界面的主要缺陷是要求用户必须记住很多命令,而且要准确记住它们的名称和参数的细节,不能有半点拼写错误。

著名操作系统 Linux 的命令行界面软件也是很著名的,被广泛使用的有 Bosh Shell 等,它有着功能完善的命令解释器。早期 Linux 主要用命令行界面,后来人们用图形视窗软件 X Window 作为操作系统 Linux 的配套软件,形成了 Linux 操作系统的视窗界面。

从历史上看,Windows 视窗界面的技术思想也是源自于 20 世纪 60 年代的图形软件,如 X Window 等。后者经数十年的演进,和 Linux 一起,目前已经成为国际互联网上著名的开源软件包之一。

7.3　文件系统

文件(File)是一种变长信息容器,代表着一种对持久信息的包装技术。例如课程表信息,一个学生自己的课程选课信息,为了备忘和随后查阅,将其保存在一个名叫"选课表"的文件容器里。课程的名称、上课老师、上课地点和时间等存放文件里,随着用户(学生)选课信息的变化,文件容器的大小和存放的内容也会随之改变。由此可知,类似于日常生活中人们将关系密切的信息包装在一起,将它们放在一个文件袋里,并在封面上贴一个名称标签,计算机中的文件也是人们组织管理自己存储信息的工具,一般也是按信息内容和信息用途的关联程度,把紧密关联的信息包装在一起,作为文件存储在计算机里,为后续的信息检索提供方便。

文件夹是对一组文件的包装。文件夹是文件目录的另一种称谓,实际上也是一种特殊的文件,其内容是文件目录表。

文件系统的主要责任是为计算机的用户管理好在硬盘上存放的大量信息。

7.3.1　文件和文件夹

文件的一个基本特点是文件的内容和长度允许被用户改变,文件的当前实际大小,或称为文件长度,一般用字节数量(Byte 或 KB)来度量。

"文件"作为一个通用概念,不限于存储选课表之类的文字和数字,只要是数字化的信息,无论是文字串、表格、图形、程序、音乐或是视频信息等,都可以用文件来存储。常用的文件组织方式采取同一个文件存放相同类型的信息,用多种类型的文件来分别存放不同类型的信息。这样做便于应用软件处理文件信息。

硬盘文件具有持久保存信息的特性,这是由于硬盘的物理特性能够保证在设备掉电后其存储信息不致丢失。不过,硬盘的信息持久性也不是绝对的,偶尔也会出故障,也会染病毒,所以用户还需要小心呵护硬盘和它的文件。

硬盘文件的另一个重要特点是文件存放数据的方式一般采取先来后到的顺序,以信息存入文件的先后次序为顺序,将它们按顺序存放在硬盘的页面中。文件内容的读写一般也采取顺序读写的方式。不过,当文件内容调入主存储器以后,其存储信息也可以被变换为像主存储器其他数据一样用地址随机访问,乱序访问也是可以的。当程序访问一个硬盘文件时,一般只从硬盘读出文件内容的一部分页面(调到主存储器),往往只保持文件的常用部分在主存页面中就可以了。CPU 和主存储器是处理文件信息的地方,一旦文件的信息处理工作完成,其结果仍存入硬盘文件内。

文件系统主要关心硬盘文件的管理,负责管理文件并向用户提供使用文件的各种服务。它是计算机操作系统向用户提供文件服务的部分。

硬盘文件的管理需要充分考虑到硬盘的物理设备特性,根据硬盘块的成批读写特点,尽可能紧凑地利用存储空间,尽可能快速地与主存储器交换文件内容。采取顺序存储信息方式(称为顺序文件)的文件格式,比较适应硬盘的物理特点。在访问这种顺序文件时,一般按文件内容的先后存储顺序,从头开始读起。

图 7-6 所示"资源管理器"是 Windows 操作系统为文件管理和文件使用所提供的视窗工具。资源管理器的常见工具栏有创建新文件、删去旧文件;查询文件的存放位置、浏览文件夹;安排设置资源管理器视窗的可视内容、对文件的属性进行修改等,详情请见第 7.3.4 节。

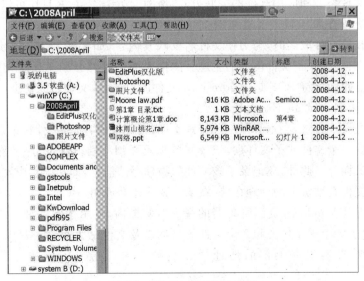

图 7-6 Windows 资源管理器

此外,还可在"命令提示符"视窗中使用命令来启动文件管理的有关工具。为了具体了解这些命令的名称和含义,可以用 help 命令(启动命令提示符视窗,输入 help 后按 Enter 键)直接看到它们。

文件的类型反映了文件内容的编码格式。举例来说,DOC 文件的内容可以是一篇论文,按章节存储,其主要部分是组成文章的字符串,同时也附带地保存了该文件的字符编码格式、文字显示格式和章节编排样式等。再如,可执行程序的文件(例如,Windows 操作系统中具有 .exe 后缀文件名的文件)是一类能直接被用户启动的文件,其内容是由 CPU 指令和二进制数据组成的字节编码文件,它们被调入主存后能够被 CPU 直接执行。文件的编码格式和创建该文件的应用软件密切相关。不同的应用软件之间往往不能交叉使用。为了区分这些文件格式,通常采取将文件名称的尾部(右部)附加一个扩展名的办法。例如,尾部扩展名为 .DOC 的文件是由 Microsoft Word 软件创建的,而尾部为 .txt 格式的文件则与记事本软件相关联,等等。文件的用户也可以改变文件的类型,不过要非常小心,改变文件类型会改变和软件的联系。例如,微软的 Word 软件所创建的 DOC 文档,就无法直接被 Adobe Acrobat 软件所使用,无法直接打开它们。只有启动专门的文件格式转换服务,才能将 DOC 文档转换为 PDF 文档。一个应用软件所能打开的文件类型是很有限的。

操作系统负责将文件的扩展名(.xxx)和联系该类文件格式的应用软件(用来打开文件和启动文件信息处理)对应起来,为此建立并维护一个全面的关联表,这个"扩展名-应用软件关联表"是由操作系统负责维护,不过必要时,计算机用户也可以个别修改其某些关联软件。例如将尾部为 .txt 的文件改为与写字板软件相关联,写字板软件的视窗显示格式有时更适合阅读。

目前有不少软件具有文件格式转换功能,例如,国产文字处理软件 WPS 具有转换 DOC 格式的功能。图片软件 ACDSEE 能够打开很多种格式的图片文件,如扩展名为 .JPEG、.BMP、.JIF、.TIFF 和 .PNG 的文件都可以用它来打开,而且它还能交叉地进行格式转换。要进一步了解文件格式和应用软件的关联方式,请阅读第 7.4 节,并且还可以通过操作系统的"帮助"服务进行查询。

建议用户在给文件取名时,努力使文件名反映其内容,如文件名 Moore Law(图 7-6 右部所列的一个文件)反映了文件内容的主题。文件名的扩展部分用于反映文件内容的信息编码格式。圆点跟随字符 PDF 是 Moore Law 文件的扩展名,文件名的长度(包括扩展名的字符数)都没有限制,当然也不必太长。

文件夹就是文件目录,它本身是一种特殊文件,其文件内容是"文件目录表"。文件目录表的每一行对应一个文件或子文件夹,记录其名称及详细特性,包括文件名称、大小、类型、所有人和创建日期等。此外,还记录了该文件的物理存储信息,即在硬盘中文件所使用的存储页面。有关文件在硬盘上的物理存储,在 7.3.3 节还会说明。

在图 7-6 所示 Windows 资源管理器的视窗右侧框内,显示了文件夹 C:\2008April 的全部内容,列出了 3 个子文件夹和 5 个文件的名称以及文件的大小、类型、内容标题和创建日期等。资源管理器视窗上部的地址栏和左侧框内都指出了该文件夹的名称 C:\2008April。

子目录"EditPlus 汉化版"和 Photoshop 都是软件的名字,这些子目录分别由对应软件的安装程序自动创建;而另一个子目录"照片文件"则由某计算机用户直接创建,用来存放若干张他的照片文件。右侧框中的后续 5 个文件,不但文件大小各异,而且文件类型也不同,它们的类型和对应软件分别为 Adobe Acrobat、记事本、Microsoft Word、WinRAR 和 Microsoft Power Point。应用软件能根据一个文件的类型来决定是否能打开该文件,决定能否处理该文件内的信息内容。在 Windows 操作系统中,用户可以用鼠标选中某个文件,然后单击右键弹出一个菜单,从该菜单的"打开方式"一项中,可以观察到若干可供选择的程序名,它们是该文件类型的关联应用软件,可以试用来打开这个文件。

7.3.2　目录结构下的文件访问

目录结构(Directory Structure)采取分层的目录结构来组织文件。首先,由硬盘的根目录开始,它由计算机管理员来设定。根据应用的需要,可以在根目录下生长出多层次的目录结构,简称"目录树"。首先根目录下可以创建出一个或多个子目录,随后任何一个子目录下又可以再作为父目录,其下再生长出子目录,等等。用户经过许可,可以在任何一个目录下创建自己需要的树型目录结构。每一个用户都可以拥有复杂的目录结构。

用户的目录结构所采取的组织原则是根据所使用的软件或某个应用的需要,把与它们有关的一批文件存放在同一个目录里。在这种目录下,可以进一步建立子目录和多层次目录结构,作为它的下级目录树。因此,目录结构往往会生长得非常茂盛,即叉支多、分层深、树叶多。一个目录可以包含很多子目录(支叉多),而且分支又分支,分支层次深(层深)。针对这种情况,需要制定一个确切指出文件在树型目录结构中位置的规则,称为带路径名的文件定位规则。文件路径的命名规则如下:从文件系统的根目录出发,经由目录分支结构,从父到子往下走,一直游走到指定文件,边走边记录其游走经过的最短分枝路径,就是该文件的文件路径。

图 7-7 是目录层次结构和文件路径的示意图。图中 Windows 资源管理器的视窗看起来和图 7-6 的样子不同,但实际上是同一个资源管理器软件的不同视图。在视窗的左框是

图 7-7　文件目录层次结构和文件路径

文件目录 data 及其各个上级层次的目录。由上至下,首先是"我的文档"文件夹的子目录"0 计算概论 通过评审",它已经被打开。注意,它左边的"+"号已经变为"-"号。然后又列出好几个子目录,其中"0 第一章计算机与信息社会"被打开。类似地,沿着路径中的一串子目录\历史\ch1-2 PPT\其他参考资料\information\Moore law\,直到 data 子目录。

从树型来看,视窗左边显示的是"倒挂"的树。根在上,叶子在下。最上层的文件夹"我的文档",往下的子目录层次,一层一层往右缩进列出,直到当前目录,即 data 目录。

实际上,最上层的文件夹"我的文档"的路径是 C:\Documents and Settings\zqxu\My Documents\(请参看图 7-7 视窗横栏,由上往下数第 4 横栏中的路径地址)。真正的根目录是硬盘 C:\ 目录。

在视窗右边的右侧框列出了当前目录 data 目录的全部文件(还有一个子目录 INTEL index_files)。

这种带路径的文件命名为文件提供了它在树型目录结构中的地址。从根目录出发,沿着该文件路径能唯一地确定文件位置,从而避免两个不同子目录里相同名字的文件会引起含混和命名冲突的问题。

避免命名冲突是信息共享的基本条件之一。从全球因特网范围的信息共享来说,这种带路径的文件名还不够,它仅局限于硬盘分区之内,还没能跨越不同计算机或不同硬盘分区。为了在全球因特网上准确定位文件位置,则要遵循因特网范围的文件命名协议,在上述文件路径的左边,再附加上类似于网页地址的路径名。

上述命名法的一个明显缺点是路径名太长,会引起诸多不便。为此,常常约定一些缩写法。例如,可以选取任何目录 G 作为参照,记住这个 G 的路径,然后遵守以下规则:在这个默认的目录 G 下,其子目录树中所有文件的路径名都可以略去其左边涉及 G 路径的部分,用目录 G 的名字代替。

和前面几章关于主存储器地址以及硬盘物理地址的讨论相比,可以用带路径文件名和它们作几点比较,以便加深对计算机资源的命名法的一般认识。

(1) 主存储器采取按字节编址,是有它自己的电路特性支持的理由。它采取固定字长存储单元编址是因为 CPU 是固定字长的,在使用存储单元时,也需要固定字长数据。

(2) 硬盘由于其物理特性,采取以"盘面号|柱面号|簇号"三部分拼在一起的物理编址方法。"盘面号"和"柱面号"的定位,涉及读写头臂的机械移动,引起很长等待时间。簇号(簇地址,或 sector 段地址)在硬盘上的定位,涉及簇地址与读写头的相对夹角,决定了硬盘旋转等待时间。由于这种物理等待时间在数量级上显著大于主存储器的访问时间,故而采取将硬盘空间的连续地址区域和主存成批交换数据的办法,而不采取主存储器的字节编址,或者其他固定字长区域编址的办法。

(3) 带路径文件的命名法,主要是为人们共享信息之用。相对于硬盘的物理地址编码,文件路径编址已经让用户完全脱离了硬盘物理地址细节。当然,操作系统为此付出了管理的代价,耗费一定的时空资源,为文件的地址映射表提供支持。这种脱离开具体物理地址、带有虚拟地址色彩的带路径的文件名,不仅可以让文件的使用非常方便,而且还可以摆脱由于更换物理设备所可能引起的物理地址更改问题。例如,在更换硬盘时,新硬盘的格式化和文件备份,会引起原来硬盘的物理地址的完全更改。但原来文件目录树却完全不必更改,只要把文件目录树结构照原样复制到新的硬盘上就可以了,原来文件不会引起修改路径问题。

用路径地址来定位文件只是搜索文件的方法之一。用户还需要使用其他搜索文件的方法。人们经常出现忘记文件路径名，或者文件名或路径名记忆不确切的情况。这时就需要从目录树的一个较大范围，即一堆文件中去搜索寻找。为此，操作系统专门提供了自动搜索文件(文件夹)的服务，其基本做法是请用户提供想要搜索文件的部分信息，有关该文件的名称、内容的"部分记忆"，让计算机来帮助搜索。所提供的部分记忆可以是文件名的一部分字符串，甚至是该文件内容所含的部分文字串，计算机会根据这部分记忆信息，设法最匹配地寻找其记忆相近的文件位置。例如，当仅仅记得有一个包含中文词"桃花"的文件名，可以用它进行搜索，其结果会把目录树下含"桃花"词作为文件名一部分的文件全部列出(其位置)。

7.3.3 硬盘的文件存储结构

为了读者灵活地使用硬盘文件系统，提高管理和维护自己计算机的硬盘存储器的能力，本节从基本概念上进一步解释管理硬盘和管理硬盘文件系统的文件存储结构。

每一台计算机至少要有一个硬盘，因为硬盘是保存操作系统软件的持久存储设备。每一台计算机从其被启动开始，操作系统的监管就是计算机正常工作的必备条件。主存储器中必须常驻一部分必备的操作系统程序，被称为常驻内核。刚开机时，这个内核会从硬盘自动调入。随后，操作系统的其他部分会根据用户提交的任务，而被操作系统自动地调进，不需要时也会部分地从主存调出或删去。安装和保存操作系统软件的硬盘被称为计算机的系统盘。每台计算机至少应该有一个系统盘，它是操作系统的长驻地。在安装操作系统软件时，由安装程序自动地将它安装到特定的系统文件夹内。

刚刚加电、刚刚被打开的计算机，需要有一个自举(Bootstrap)的启动过程，称为计算机冷启动过程。冷启动过程无法让系统软件在主存储器中运行起来，让计算机进入正常工作状态。用于冷启动的自举程序以及该程序的相关数据被分为两个部分，一部分存储在计算机主板的 BIOS 只读闪存内，另外大部分则是位于硬盘的主启动记录(Master Boot Record，MBR)和引导区(Boot Sector)内。自举程序的执行结果是从硬盘(系统盘)把操作系统的内核部分——常驻主存储器的操作系统程序调入主存储器。

具有主启动记录和引导区的硬盘称为计算机的启动硬盘。每一台计算机必须有一个启动盘，一般启动盘也是系统盘。但这不是硬性规定，有些计算机将操作系统存储在另一个硬盘分区中，这也是可以的。安装操作系统的光盘也具有类似的主启动记录和引导区，也能将计算机冷启动起来。过去经常用硬盘分区的第一扇区来存储 MBR 和引导区。但这容易隐藏病毒，目前已经改变了这种做法。

一台计算机可以安装多个硬盘，每个硬盘也可以划分为多个硬盘分区(Disk Partition)。所谓硬盘分区，是为用户管理文件系统提供的一种虚拟硬盘。每一个硬盘分区是一个相对独立的硬盘存储区域，它是一个可以独自被格式化的单位，经过格式化后该硬盘区域原来存储的持久信息将被完全清除，而一个新的根目录以及旗下的空文件目录结构被建立起来，用于接纳即将到来的新文件和文件目录树。硬盘分区又被称为"文件卷"，简称卷。每一个卷就好像一个真的硬盘，包含了由它的根目录下生长的全部文件目录树及其文件信息。

在计算机刚安装操作系统时，可以对其硬盘进行划分，创建多个分区。也可以使用专门的硬盘分区软件来创建新的硬盘分区。创建的硬盘分区必须经过格式化(Format)以后才能使用，经由格式化创建了文件系统所必须的元数据表格，其中包括该硬盘分区的根目录等信息。这些元数据对用户隐蔽,用户无法修改。

在计算机上做硬盘分区和格式化的工作要特别小心,因为很容易由于操作不慎而将用户自己原来保存的宝贵文件资料给破坏掉。

多个硬盘分区是相互独立的,格式化某个硬盘分区完全不影响其他硬盘分区的东西。硬盘分区作为虚拟硬盘,它既可以作为启动盘(需要安装 MBR),也可以作为系统盘。硬盘分区有时称为"逻辑盘",从计算机用户的角度看,这些逻辑盘有独立的硬盘名(盘符),如 C盘、D 盘等,并约定 C 盘是启动盘。

图 7-8 所示"我的电脑"视窗给出了硬盘分区的实例。视窗左部的"桌面",列出了 1 个软盘——A 盘,4 个硬盘分区(逻辑盘)——C 盘、D 盘、E 盘和 F 盘,以及 2 个光盘——G 盘和 H 盘。

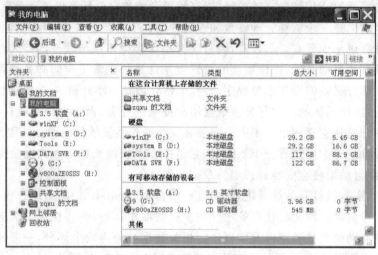

图 7-8 "我的电脑"的硬盘分区

一个大容量硬盘被管理者划分为若干硬盘分区,除了给用户存储自己需要的文件信息外,有些技术娴熟的管理者可能会用硬盘分区来安装另一操作系统。这种安装多个操作系统的计算机可以在多种应用环境下切换对应的操作系统来工作。它的几个操作系统常常只限于同时仅仅有一个工作。不过,目前已经有了新的虚拟机技术,它可以让一台计算机同时运行多个操作系统。这些操作系统能共享计算机的资源,并让它们合理地利用资源来支持各自的应用软件运行。

硬盘存储的物理结构请参见第 5 章 5.2 节的讨论。硬盘存储信息的基本单位是扇区,它实际上是硬盘盘面圆形轨道的一段,又被称为"段(Sector)"。由于各种硬盘的不同物理特性,它们的轨道分段大小会有明显不同,而这一差异对于多硬盘的计算机系统来说,会引起一些管理上的麻烦。为此,引入一个新的概念"簇(Cluster)"。簇是由若干相邻的段组成的存储单位,每个簇包含固定数目的段,簇的大小一般采取以 512 字节为单位乘以 2 的幂次倍($512B \times 2^K$)。簇是文件系统的基本存储单位,一个文件在创建时就会给它指派一定数量的簇。簇的大小是由计算机的系统管理员决定的。服务器的硬盘容量比一般个人计算机的大很多,相应地采用的簇也较大。近年来,硬盘容量增大得很快,簇的大小也相应地扩大了一些。

文件系统的硬盘存储资源管理,其基础就是对这些簇的管理。系统负责维护监控所有簇的使用状态:未使用的簇、正在使用的簇以及与簇相关联的文件情况等。当创建一个新文件时,文件系统要分配一个或若干个簇;在删除文件时,系统收回当时文件所占用的簇;当文件存入的信息增加了,就要为它增添新的簇;当文件删除了一些信息,则回收那些不再使用的簇,等等。为此,操作系统的基本做法是对每一个硬盘分区建立一个用于监视照看所有簇状态的一张簇表,有时被称为簇位图(Cluster Bitmap)。此外,系统还要负责维护文件目录,维护其中每个文件的簇分配情况,这些信息记录在硬盘的主文件表(Master File Table,MFT)中。MFT 是硬盘上的第一个文件,硬盘格式化之后就在硬盘上留下了 MFT 文件,它保存该卷上的每个文件和文件夹的信息。

簇号(簇地址,或 sector 段地址)在硬盘上的定位,涉及簇地址与读写头的相对夹角,它决定了硬盘旋转等待时间。由于这种物理等待时间很长(在数量级上显著大于主存储器的访问时间),故而必须采取将硬盘空间的连续地址区域和主存成批交换数据的办法,来加快数据交换的平均时间。

硬盘的碎片问题。每一批数据的交换,如果它所涉及的硬盘空间不是连续地址区域,而是由很多碎片(硬盘地址不相邻、地址不连续的区段)组成,那么因为访问每个碎片都会引起较长的等待时间,从而会大大降低成批交换数据的总体效率。而且,随着计算机的运行,硬盘的碎片会越积越多,而引起整个计算机系统的运行速度明显下降。这是著名的硬盘碎片问题,在第 7.4.2 节还会说明处理这一问题的碎片整理工具。

7.3.4 Windows 资源管理器

下面将以图 7-6 所示 Windows 资源管理器的视窗为例,进一步说明 Windows 视窗界面的几个具体特点,同时说明资源管理器软件的文件管理功能。

在该视窗上部是若干水平横栏,而视窗的左右则有两个侧框。左侧框用于显示文件目录结构,而右侧框则是当前所选文件夹的详细内容列表。视窗顶部水平横栏显示当前视窗所选文件夹的名称。其下的水平横栏则列出当前视窗为用户提供的菜单、按钮,也列出其他一些有关的状态信息。

资源管理器视窗的水平横栏,除视窗标题外,还包括一个菜单栏、一个标准按钮栏、一个地址栏和视窗底部的状态栏等,其中有几个横栏是可以被隐藏的(用鼠标单击菜单栏的"查看"项,就可以设法把不需要的横栏隐去不见)。下面对主要的 5 个水平横栏的用途进行介绍。

- 标题栏。标题栏是视窗最顶上的水平横栏,用来显示其中被选中打开的当前文件目录路径全名。这一标题栏的显示内容随着用户选中的当前文件目录的位置变化而变化。
- 菜单栏。菜单栏是上述标题栏之下的第二条水平横栏。它列出了资源管理的主要功能菜单,由"文件"、"编辑"、"查看"、"收藏"、"工具"和"帮助"6 个菜单项组成。实际上它们的每一个又是一个功能子菜单。
- 标准按钮栏。标准按钮栏或称为工具条,其上放置着一组小图标。这些小图标各自形象地描述了对应按钮的功能。用户直接单击小图标就可以启用该按钮的对应操作,例如打开其菜单。注意,右键单击标准按钮栏,可以自定义挑选一组标准按钮,显示于标准按钮栏上。

- 地址栏。地址栏显示当前文件夹的路径,其实它的内容和标题栏是一样的。
- 状态栏。状态栏用于显示当前所选文件的属性(大小、类型等),位于整个视窗的底部,水平地由左到右列出其属性。

视窗主体的左右两个侧框占了整个浏览器视窗的主要部分。在左侧框的右部和右侧框的下部有滚动条,用于上下左右的内容滚动。一些本来不可见的部分可以很快速地显示出来。

以上各视窗元素被称为视窗可视化元素,它们的布局样式以及可视化属性,如它们的大小、标签文字字体、颜色和图案等都可以通过单击进入"查看"子菜单,由用户自由挑选设置,所选即所见。用户应该习惯用鼠标左键或右键单击感兴趣的视窗元素,做自己偏好的动作。

用户可以在文件目录树的任何位置考察其资源信息,用鼠标左键或右键单击其资源对象。例如,左键单击目录树的一个文件目录,该目录会改变颜色,同时在视窗右部显示这个目录的所有内容。右键单击该目录则可以进一步观察其"属性"。另外,双击目录对象可以将目录树的分枝打开或合拢。

"查看"子菜单用于改变整个浏览器视窗的显示样式。"查看"子菜单分为多组,第一组用于控制"工具栏"、"状态栏"和"浏览器栏"这三个水平横栏的显示选择。第二组用于视窗侧框的信息列表显示方式,可以从图标显示方式或详细文字列表显示方式等项中任选其一,所选即所见。第三组"排列图标"用于控制图标的列出顺序。第四组"自定义文件夹"等项,用来改变文件夹的外观。另外,在顶部水平菜单横栏的"工具"中有一项"文件夹选项",它为管理员改变文件夹的信息隐藏、改变文件扩展名所关联的文件类型和关联软件等提供了重要工具,用于选择和设置相关属性。

上述"查看"子菜单里的几组工具,与前面提到的直接用鼠标左右键,通过键击对象来操作所完成的效果是异途同归的,可以同样完成改变视窗样式的目的。这是图形用户界面的一个重要特点:视窗界面提供了多种交互式操作的途径,不同的操作序列可以完成相同的某项工作。用户可以选用自己偏好的一种操作途径,来达到资源管理的工作目的。

以上所讨论的这些内容,很多都可以在 Windows 操作系统的"帮助中心"里面找到更详细的说明。但是,由于它的中文内容的组织和文字叙述有些蹩脚,初学者需要一定耐心去阅读和理解。对于初学者而言,最重要的还是要多花时间去大胆地操作,大胆地实践。不必担心错误的操作会导致让计算机产生无可挽回的后果。一般来说,如果操作出现问题,最坏的情况也可以通过关机、然后再重新启动计算机来复原。前面的一切乱状就会恢复原态的。

7.3.5 NTFS

本小节将以 NTFS(NT File System)为例,说明维护管理文件系统时常常会遇到的 4 个问题。下面假定读者握有使用个人计算机的管理员权限。

1. NTFS 的特点

按照 NTFS 的约定,个人计算机的物理硬盘可以有 4 个主硬盘分区,或者三个主硬盘分区再加上一个扩展硬盘分区。这个扩展硬盘分区又允许包含多个逻辑分区,称为硬盘分区。这些硬盘分区的个数不限,而且在使用上和主硬盘分区并没有区别。它们都可以被指派硬盘驱动器号、被格式化、被资源管理器访问等。个人计算机的物理硬盘被称为带 MBR

的基本硬盘,以便和服务器常用的 RAID 动态硬盘相区别。

一个硬盘分区被格式化时,会在硬盘存储空间上自动创建一个硬盘引导区(Boot Sector),以及 NTFS 的主控文件表(Master File Table,MFT)、簇分配位图(Cluster Bitmap)和 MFT 的另一个副本等成分。硬盘存储空间的其余部分则用于存储文件目录树的信息内容(如图 7-9 所示)。

引导区	主控文件表	簇分配位图	NTFS 目录树上的数据	主控文件表的另一副本

图 7-9　一个硬盘分区的空间划分示意图

硬盘引导区中存放了启动计算机的引导程序,还存放了该引导程序所需要的文件定位信息,如主控文件表的位置,以及 Windows XP 操作系统内核所需的几个特定文件(Ntldr、Boot.ini 等)的位置。

主控文件表记录了该硬盘分区的文件目录树的构架信息,包括主根目录以及文件目录树上的每一个文件的属性,但不含文件的具体内容。每一个文件在 MFT 中对应着一项,记录着该文件的大小等属性信息,也有该文件所占用的一组硬盘簇的物理地址。

簇是 NTFS 硬盘存储分配的最小单位。簇分配位图记录该硬盘分区的全部簇的使用情况。它用一个很大的二进阵列来记录该硬盘分区的全部簇的当前使用情况,空闲簇记为 0,正在使用的忙碌簇记为 1。

主控文件表的另一个副本用于提高 NTFS 的可恢复性。利用这个副本来恢复整个文件系统架构,避免一旦由于误操作而导致整个文件系统被破坏而系统瘫痪。

图 7-9 给出的仅仅是硬盘分区的主要部分,还有一些重要信息,例如坏簇表等未予列出。要全面地了解整个 NTFS 占用硬盘空间情况及其空间开销,请运行 chkdsk.exe 命令。

2. 更改文件夹的视图表现及更改文件的打开方式

打开资源管理器的顶部菜单"工具"选项,可见一个"文件夹选项"。它被启用后所弹出的视窗如图 7-10 的中部视窗所示。图 7-10 并排显示了三个视窗。左部视窗为控制面板视

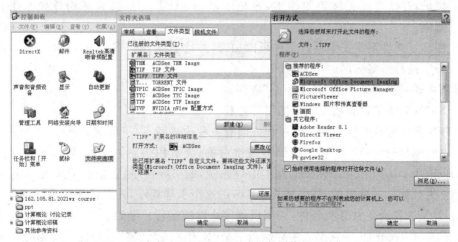

图 7-10　用"文件夹选项"工具更改文件列表视图和打开方式

窗,它的一个图标"文件夹选项"(该视窗最下一行从左往右第 3 个)同样可以启用这个"文件夹选项"视窗。

"文件夹选项"视窗的顶部有"常规"、"查看"、"文件类型"和"脱机文件"4 个图标。

(1)"常规"图标。用于更改资源浏览器视窗的阅读样式。

(2)"查看"图标。用于控制操作系统本身的系统文件和隐藏文件在资源管理器上的显示或隐藏。读者单击这两个图标就可了解其详情。所谓系统文件和隐藏文件,是指操作系统中一些需要特别保护、而用户不必关心的文件或文件夹。举例来说,Windows XP 操作系统软件本身被安装在一个名为 C:\ WINDOWS 的目录里,它包含一些系统文件,如 $ NtServicePackUninstall $ 文件全是隐藏文件,一般用户无权访问。

(3)"文件类型"图标。图 7-10 的中部和右部两个视窗,着重说明了文件类型视窗的含义:"扩展名"和"文件类型"的每一行,是文件类型(扩展名)和用于打开该类型文件所使用的应用软件的对应关系。该视窗允许管理员修改这些对应关系,对每一行都可以进行新建、更改或还原操作来修改这种"扩展名-文件类型"的对应关系。图 7-10 所示正在更改 TIFF 图像文件类型的打开方式,改为用 Microsoft Office Document Imaging 软件,它将成为被推荐的打开程序之一。

(4)"脱机文件"图标。它的对应视窗用来控制网络共享文件是否在本地硬盘做备份,这种文件副本可以在断开网络的情况下使文件仍然能够被访问。

3. NTFS 的优点

- 个人计算机的物理硬盘可以有三个硬盘主分区,再加上一个扩展硬盘分区,后者允许包含多个逻辑盘,逻辑盘的个数不受限制。

- 大大放宽了单个硬盘分区的最大容量限制,以及单个文件的最大容量限制。

- 可以使用长文件名。

- 两个位于不同目录的文件名可以指向相同的文件数据内容。

- 提高了文件系统的可恢复性。一旦由于误操作而造成文件系统结构破坏,可以用 CHKDSK 命令把文件系统自动恢复到原来正常状态(回滚)。这是位于硬盘的多个区域,存储主控文件表的副本,避免了单一 MFT 一旦被破坏而导致整个系统的瘫痪。

- 提高了文件系统安全性。文件可以加密,并且不将 Boot Sector 存储在第一扇区,躲开了最易潜藏病毒的第一扇区。

详情可通过操作系统的"帮助中心"查阅。

4. NTFS 改进了计算机冷启动的引导过程

NTFS 在计算机冷启动的引导过程方面有一些改进特点,下面结合图 7-11 来说明。计算机的电源刚接通时,CPU 和主存储器是空白的,无有用信息。这时,计算机先启用主板 BIOS(Basic Input/Output System,基本 I/O 系统)的引导程序,它是一个只读闪存芯片,掉电不会丢失数据。计算机的 CPU 指向 BIOS 的这个引导程序,先对计算机关键部位进行硬件检测,看是否符合正常开机条件,否则机器停止继续运行。随后继续,找到硬盘上的 MBR(Master Boot Record),将它调入主存储器。MBR 有一段后续的引导程序及相关数据。

BIOS 所存储的引导程序部分与 MBR 的引导程序部分是特意分开的。前者的内容依赖于计算机主板的具体配置,而后者则独立于计算机的硬件以及具体的操作系统类型。

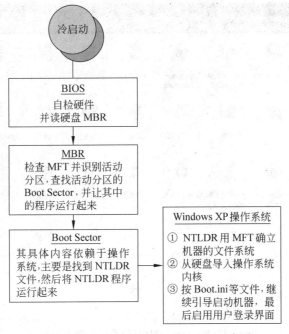

图 7-11　计算机冷启动的引导过程示意图

MBR 引导程序去分析硬盘数据,弄清楚操作系统的类别,并确定其后续引导程序 Boot Sector 引导区的位置。还要获得主控文件表的位置信息等。MBR 的引导程序最后将转入 Boot Sector 引导区中的引导程序。

引导区的引导程序属于所安装操作系统的一部分。它的主要作用是要找到 NTLDR 等操作系统文件,然后将 NTLDR 程序运行起来,让 Windows XP 操作系统接手计算机的后续引导。

(1) NTLDR 用 MFT 确认硬盘文件系统的构架。

(2) 从硬盘导入操作系统常驻内核。

(3) 文件 system.ini、win.ini 和 boot.ini 等是操作系统用于启动硬软各项设备的系统文件,包括硬件和外部设备适配器的配置、图形卡的参数等。

(4) 利用这些文件继续引导机器,最后开启桌面视窗和用户登录界面。

7.4　Windows 操作系统的维护管理

本节围绕 Windows XP 操作系统的常用管理工具及其用途做一些讲解。首先说明一下操作系统的"控制面板",它提供了一组丰富的管理维护工具,可供监视了解计算机硬件资源和软件资源的当前状况之用。还有若干工具可以对资源采取一些管理性的操作,例如调整计算机的设置、更改荧屏外观和人机交互方式、光标指针的动画图标、音频设备的音响等等。

为了打开"控制面板",可以直接单击计算机桌面左下角的"开始"图标,选择打开"控制面板"项。图 7-12 给出的 Windows XP 操作系统控制面板,其中列出的图标只是一个举例的情况,不同的计算机硬件软件配置会使控制面板视窗里的工具图标有所不同。

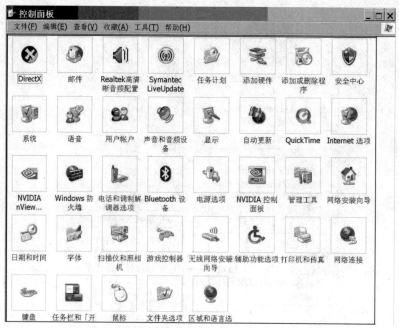

图 7-12   Windows XP 操作系统的控制面板

它是一个工具平台,有几十种工具。具有系统管理者使用权限的用户,都可以使用它们。每一个图标分别代表一种工具,鼠标键双击图标就可以启动该工具所对应的服务程序。从中挑选几个图标作为例子,具体地说明一下。从左上角开始(自左至右,由上到下)DirectX 是微软的一个图形开发软件包的名字,用鼠标双击它,就会打开 DirectX 的设置属性视窗,其细节此处不讨论。第二个是电子邮件图标,用鼠标双击它,就会打开一个有关邮件账户和 outlook 软件配置的视窗。第三个图标对应着 Realtek 公司提供的驱动软件,它是与高级音频卡(硬件)配套使用的一个工具,属于非微软操作系统的第三方硬件和软件厂商所提供的工具。第四个用于启动杀毒软件 Symantec AntiVirus 更新的视窗。之后,有一个"添加硬件"图标,当计算机需要添加或者已经添加新的硬件(例如插入新的外部设备),双击该图标就可以让操作系统扫描整个计算机的硬件,企图发现新加入的硬件。还能设法识别其硬件类型,安装适合该硬件类型的驱动程序等。第 9 个图标是"系统",用于启动硬件设备管理器,其对应视窗能够列表显示出整个计算机完整的硬件情况,详情请见第 7.4.4 节。随后的"用户账户"图标用于创建新的计算机用户,或者修改原有用户权限等。下面几小节将介绍其中主要的几类管理工具。

7.4.1   磁盘管理工具

双击控制面板的"管理工具"图标,它的视窗包含了十余项管理工具。限于篇幅,此处没有给出其视窗图示,而仅仅给出了它的一项管理工具——"计算机管理"视窗(如图 7-13 所示)。其实,"管理工具"视窗还包括了其他一些工具,例如性能查看器、事件查看器、本地正在运行的服务和 Internet 信息服务等,它们都是用户常会使用的管理工具。

图 7-13 所示"计算机管理"视窗提供了三组工具:一组系统工具、一组存储工具和一组

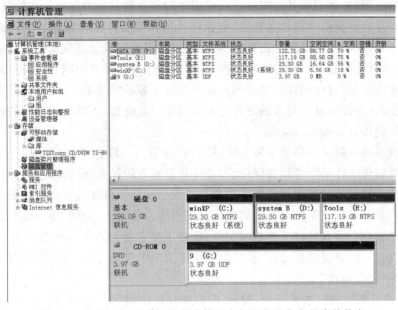

图 7-13　"磁盘管理"能够视察计算机全部硬盘和光盘的当前状态

用于视察服务和应用程序的工具。"系统工具"组包括"事件查看器"、"共享文件夹"、"本地用户和组"、"性能日志和警报"和"设备管理器"共 5 项。"存储"组包括"可移动存储"、"磁盘碎片整理程序"和"磁盘管理"三项,下面着重说明其中的"磁盘管理"工具。"服务和应用程序"组包括视察计算机中已建立的"服务"列表、文件系统存储内容的"索引"、通过网络与外地通信的往来"消息队列"及"Internet 信息服务"5 项。读者会发现,其中有几项和前面提到的"管理工具"列出的图标名称相同,其实它们不仅名称一样,而且本来就是不同路径的同一对象。读者还能在别的视窗中发现这种殊途同归的现象。

　　"磁盘管理"视窗详细列出了(如图 7-13 视窗右侧框)本地计算机的物理硬盘和光盘(右侧框下部的一个硬盘"磁盘 0"和一个光盘"CD-ROM 0")。在右侧框的上部列出了 4 个NTFS 格式的磁盘分区和光盘的一个 UDF 格式的分区。图 7-13 视窗的每一个对象都可用鼠标右键单击,获得其菜单。这些菜单列出一些动作项,如打开"属性"子窗口、打开一个视窗列出所选对象的树型文件结构、更改对象的名称、格式化等。请注意,最后这个格式化的动作不要随意实施,它有可能破坏宝贵的硬盘信息资源,行动前要三思。

　　此外,可以通过 Windows 的命令行界面(参见第 7.2.5 节)启动 chkdsk.exe 命令,来比较彻底地检查一个磁盘分区内的文件存储结构是否正常。这个命令的执行时间相当长,这是因为计算机对磁盘分区上的文件结构进行全面清查需要时间。建议读者可以试一试(运行 chkdsk.exe C:/F),这个命令除了很耗费时间以外,不会产生什么消极效果。

7.4.2　磁盘碎片整理工具

　　硬盘存储空间的碎片是指其物理地址不相邻、地址不连续的硬盘小片区域(参见第7.3.3 节)。计算机运行中不断有创建新文件、删除文件以及扩大缩小文件大小等动作,它们会造成硬盘物理空间(簇位图)的显著改变。扩大文件时要找空闲的硬盘簇,而文件被删除或文件长度缩短时，要回收其空闲簇。这些回收的簇在硬盘物理地址上往往是不连续的，会形成硬盘碎片。计算机经过长久使用，硬盘碎片的积累会产生比较严重的问题——硬盘上到处散布零星小碎片，这些碎片占据空闲硬盘空间，但无法满足新建文件对连续空间的要求，只能把碎片分配给它，而访问这样带着不少碎片的文件很浪费时间：硬盘必须反复进行磁头定位和扇区定位(这些动作最费时间)，而每次好不容易定位以后，只能读入存储在碎片内的少量信息，又要面临着新碎片的定位。为了减少硬盘碎片，可以利用专门的软件工具对硬盘进行碎片整理(defragment，如图 7-14 所示)。

碎片整理的基本做法是挪动空闲的簇，把它们集中到一段连续区域，从而使碎片消失。由于这种碎片整理工作要不停地访问硬盘，会严重影响别的任务访问硬盘，因此在开始碎片整理之前就让计算机上的其他任务先停下来。一般是在计算机休息的时间才做碎片整理。

建议计算机管理员要定期对各个硬盘分区进行碎片整理。必要时还要做磁盘清理：磁盘清理程序能够删去硬盘分区上的临时文件、压缩不经常使用的旧文件和卸载一些已经不用的应用软件。右键单击硬盘分区，从弹出的快捷菜单中选择"属性"命令，在打开的对话框中就可以看见"磁盘清理"按钮。

图 7-14 右下部的两栏水平长条，显示了 E 盘存储空间的一次碎片整理后的碎片分布图。在中间和右边若干深黑狭窄小段是碎片。在图的右上方窗口，显示了碎片整理报告的部分内容。

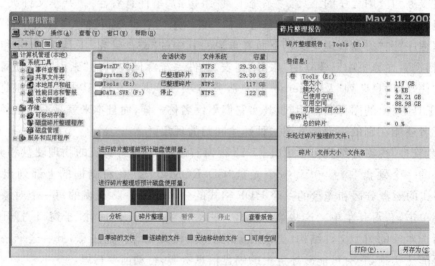

图 7-14　对 E 盘进行碎片整理

图 7-15 是这次碎片整理后，关于 E 盘的部分分析报告。

此外，还建议计算机的管理者一定要定期对关键的文件做备份，把重要文件存储到另外的硬盘分区。对整个硬盘文件系统也要定期进行备份，存储到另外的硬盘分区或者移动硬盘中，以避免系统崩溃所引起的信息破坏。在图 7-13 的"磁盘管理"窗口，鼠标右键单击硬盘，弹出属性子窗口的工具菜单，单击"开始备份"按钮即可启动硬盘备份，选择将文件复制到另一存储设备中。这种备份可以用于系统恢复，即将整个文件系统恢复到几个月以前的原状。这种恢复称为"回滚"。有效地回滚必须以事前做好备份为前提。目前有一些专门的应用软件可以帮助计算机管理定期做好这一备份，以及必要时做系统恢复的工作。

卷 E:	容量
卷大小＝	117GB
簇大小＝	4KB
已使用空间＝	28.21GB
可用空间＝	88.98GB
可用空间百分比＝	75％

卷 E 的文件碎片	个数
文件总数＝	27 549
多碎片文件的总数＝	1
其他碎片总数＝	3
文件的平均碎片数＝	1.00
文件平均大小＝	1MB

卷 E 的主控文件表 MFT	个数
MFT 的记录个数＝	30 499
MFT 中有用记录的百分比＝	99％
MFT 占用的碎片数＝	2
MFT 总大小＝	30MB

图 7-15　碎片整理后关于 E 盘文件分析报告的一部分

7.4.3　视窗显示属性与高级外观设置

Windows XP 的视窗外观的色彩和风格都是可以改变的,用户可以挑选自己喜爱的图形元素 WIMP 的外观样式。双击"控制面板"的"显示"图标,弹出一个"显示属性"视窗,视窗内横栏有"主题"、"桌面"、"屏幕保护程序"、"外观"和"设置"5 个按钮(如图 7-16 所示)。本节着重解释和显示属性有关术语的含义。

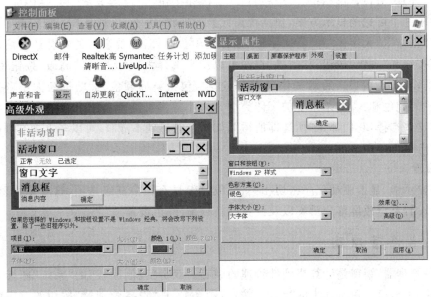

图 7-16　"显示属性"和"高级外观"对话框

为了避免文字繁杂的叙述,本节不多讲解具体键击操作过程,请读者自己单击"帮助中心",参照它的操作提示。其中可能有含混的中文讲述,读者可以参考本书以及其他相关书籍,弄清含义。

1. 主题(Theme)

"主题"是桌面总体视觉布局效果的简称,包括桌面背景图片、屏幕保护程序、窗口字体以及窗口和对话框外观。Windows XP 提供了若干内定的主题,建议刚入门的读者选用,暂时不必去改变它。

2. 屏幕保护程序

用于保护荧屏和节约电能,可以避免荧屏的过快老化。当用户有事暂时离开计算机荧屏,如果不想关闭计算机,可以采取措施保护荧屏和节能。具体措施有:

• 单击"屏幕保护程序"按钮,打开子窗口并选择较短的"等待时间"。

• 在屏幕保护程序子窗口,用"电源"按钮打开一个子窗口"电源使用方案",选择合适的"休闲等待"时间。一旦计算机休闲的时间超过了这个选定的休闲等待时间,机器就会自动关闭显示器、或关闭硬盘、或让整个计算机关机、或让计算机休眠。最后一项"休眠"的含义和简单的关机不同,在关机前会将主存储器的全部信息拷贝到硬盘的一个"休眠存储"文件(hiberfil. sys)中。在用户需要重新启动计算机时,机器可以较快速地把信息从休眠存储文件中复制回主存储器。休眠比简单关机的再启动要快速很多。

• 平时就让荧屏不要太亮,这一方面有利于保护用户身体,另一方面也可以保护荧屏老化和节约电能。调节荧屏亮度请参看荧屏和显卡厂商的使用说明书。

3. 外观

外观包括控制窗口和按钮的外观、色彩和字体大小等。

打开"外观"窗口,可以看见三个栏目:"窗口和按钮"、"色彩方案"和"字体大小",它们各自提供了几个可选的显示方案,包括视窗元素的形状、大小、色彩及其互相配合等。例如,字体栏有"正常"、"大字体"和"特大字体"三种选项。此外,外观窗口的右部还有两个按钮,即"效果"按钮和"高级"按钮。"效果"按钮可以用来选择大图标选项,"高级"按钮用于打开"高级外观设置"子窗口。后者提供了 18 个选项,包括桌面颜色、标题按钮大小、窗口标题栏、菜单栏的颜色和大小、菜单上的字体类型和大小等多种选择。用户在休息闲暇期间,可以试一试这些选择,它们都是"所选即所得",如果当时感到不舒服,可以马上把选项改回,回到原来的选项。

4. 设置

它和显示卡、显卡驱动程序密切相关,高级显卡具有很多高级选项,这里不再赘述。基本的显示设置有更改屏幕分辨率以及设置刷新频率、颜色设置。

7.4.4 设备管理器

"设备管理器"视窗是计算机硬件管理的中心。双击"控制面板"的"系统"图标,即弹出"系统属性"子窗口。单击其中的"硬件"按钮,图 7-17 是"设备管理器"按钮的对应窗口,计算机中已经注册的全部硬件设备从上到下都在其中列出。

对于该窗口内的每一行,可以用左键单击其＋/－号,阅览该类硬件设备的名称,了解设

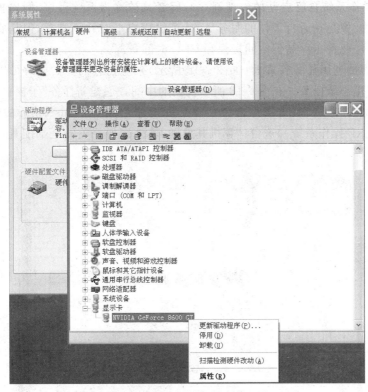

图 7-17　系统属性和设备管理器

备的型号和是否正常工作。如果该类设备存在问题,和计算机的连接存在故障,或者其他不能正常工作的问题,窗口会有警告列出。具体故障的细节则需要进一步请教硬件维修人员。

设备管理器的另一重要用途是为新添加的硬件设备安装驱动程序。例如,显卡NVIDIA GeForce 8600 GT 的设备厂家除了提供硬件嵌入计算机外,同时还要提供驱动程序软件。其安装步骤为:在"显示卡"一行,用鼠标右键单击它,从弹出的快捷菜单中选择"属性"命令,单击"驱动程序"选项,就可以为显卡安装最新驱动程序,参见图 7-17 的底端小窗。为了获取硬件设备的最新驱动程序,可以访问硬件制造商的网站,设法下载其最新版本的设备驱动程序。

为了打开"设备管理器"窗口,也可以双击"计算机管理(本地)"工具的"系统工具"所包括的 5 项的最末一项"设备管理器"。

7.4.5　任务管理器与"开始"图标

任务管理器用于监视和管理那些本地计算任务。本地计算任务是那些在本计算机中正在运行的程序,或者那些虽然当前在等待运行,但程序还存留在主存储器中,随时可以被切换为运行状态的程序。

通过鼠标右键单击计算机桌面底部"任务栏",可以启用"任务管理器"视窗。也可以通过快捷键(同时按键盘的三个键 Ctrl+Alt+Del)来启用任务管理器。

1. 任务管理器

本地计算任务大致可以分为两类:一类是由计算机用户启用的应用程序,另一类是被

Windows XP 操作系统自己启动的内部程序。后者又被称为系统程序,例如各类硬设备的驱动程序等,它们像是在后台工作的服务员,计算机用户平时并不觉察,但是它们自动地在内部工作,并且也耗费主存储器空间资源和 CPU 时间资源。

　　计算机管理员利用任务管理器(如图 7-18 所示)来监控它们。必要时可以停止某些任务,也可以新创建一个任务。在图 7-18 所示视窗的中间,"创建新任务"子窗口就是通过"新任务"按钮打开的。通过它,直接键击命令 msconfig 来启用一个 msconfig 的新程序,可以看到 Windows XP 操作系统和这台计算机其他硬、软件密切相关的全部配置信息。读者不妨试一试。

图 7-18　Windows 任务管理器

　　在图 7-18 的"应用程序"视窗,列出了当前已经被用户启用的全部任务。这些任务和计算机桌面的任务栏(在图 7-18 的底边)是完全一致的。任务是计算机正在进行的一项具体工作,它需要指定一个具体的程序来执行此项任务,一般还需要占用一些计算机内部资源,需要人的参与,交互地完成任务。一个程序在计算机中的执行又被称为一个"进程"。进程的特点是它不仅代表了这个程序,还记录了程序运行所需要的资源(主存储器空间和 CPU 时间资源等)。由以上讨论可以看出,三个术语"任务"、"进程"和"程序的运行"的含义有很多共通之处,以下的讨论不去细区分它们。

　　一个任务在其执行过程中会经历多个状态:被启用状态、被暂时挂起的状态和被关闭的状态。被暂时挂起的状态是指该任务没有被列入 CPU 执行程序之列,所占用的资源已经暂时释放了。而被关闭的状态则表示该任务的资源全部释放,包括执行任务的程序不必继续滞留主存储器。

　　被启用的任务在桌面上都有反映,或者有打开的视窗、或者在桌面底端任务栏有对应图标。桌面上只有最顶层的视窗可以直接和用户进行交互,称为"活跃视窗"。例如,图 7-18 中 Windows 任务管理器的"创建新任务"位于顶层视窗,而其他"控制面板"、C:\Document...以及 Google-...等图标(在底端任务栏上)都不是当前的活跃视窗。为了切换活跃视窗,可以直接用鼠标单击它,也可以持续按住键盘的 Alt 键,然后用 Tab 键选择其他任务图标。

"进程"子窗口(如图 7-19 的右部所示)列出了计算机当前正在工作的全部进程:操作系统进程、和外部设备有关的进程以及由用户启用的应用程序等。该窗口上部的"映像名称"是进程的程序名,"用户名"是该进程的启用者,其中包括"系统"和 Local 设备及"注册用户"。该窗口上部的 CPU 和"内存使用"两列分别列出每一个进程所用的时间资源和空间资源。

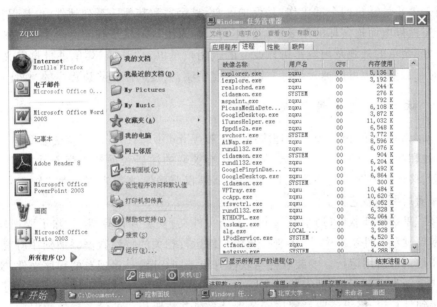

图 7-19 "开始"图标和任务管理器的"进程"列表

任务管理器的"性能"子窗口用于计算机运行性能的统计分析。CPU 时间资源和主存储器的空间资源的使用率(百分比)整体监控计算机的运行。有些繁重的计算程序会给 CPU 带来很大的使用率,不过在视窗交互情况下,CPU 时间利用率一般是很低的。如果有多个很费时空资源的进程,那么操作系统会适当调配,根据任务作业类别,适当给它们占有资源的比例,以便使整个计算机系统处于高效率运行的状态。

2. "开始"菜单

"开始"按钮在荧屏桌面的左下角,用鼠标单击它即可打开"开始"菜单(图 7-19 的左窗)。它可以帮助用户轻松地找到常用的资源与服务。

通过"开始"菜单的"帮助和支持"项,用户可以使用微软术语查询自己想要了解的资源与服务,可以帮助用户了解启用它们的操作步骤。

"开始"菜单上的资源列表大致可分为两部分:在左边菜单列出用户近日来经常使用的服务(应用程序),例如电子邮件和因特网首页等。在左部底端有一个"所有程序"箭头,打开它可以看见安装在这台机器(Local Host)的全部程序(服务)的名称及其文件夹,可以进一步单击选用。

"开始"菜单的右部资源列表,有最可能被使用的工具文件夹和数据文件夹,例如"我最近的文档"、"我的电脑"、"帮助和支持"、"搜索"、"运行"等项。

188

用户通过"运行"子窗口可以直接启动程序(如果用户记住了程序的完整路径名),也可以直接打开文件夹,查阅文件目录内容,或者直接启动网络门户(如果用户记住了完整的文件路径名或网络路径名)。

在菜单右部底端还有两个重要按钮:用于退出计算机的"注销"和"关机"按钮。"注销"的含义是用户想要结束当前全部工作,释放他的任务占用的全部资源。由于某种原因他还不想关机,例如因为还有别的用户进程在运行中,不能马上关机,可以采用这种注销方式。"关机"按钮则是本计算机的管理员在关掉计算机电源之前必须使用的。请注意,单击"关机"按钮来停止计算机的全部工作,是保护硬盘、显示器和其他一系列硬件(也是保护相关资源)不受突然停电而被破坏的重要措施。不可以在未采取关机步骤前突然关掉电源。

"开始"菜单的外观及内容是可以改变的。用户可以对"开始"菜单进行自定义,修改其菜单布局。必要时也可以通过鼠标右键单击程序项,直接选择删除该程序的"快捷启用"。

7.4.6　添加和删除程序的工具

"添加/删除程序"窗口用于管理应用程序和 Windows XP 操作系统的各种可选组件的安装、更改和删除。删除程序可以确保删除所有关联的注册表项和程序文件本身。安装程序从光盘、移动盘或网络上往系统上添加程序,不仅要确保被安装的软件能够正常工作,而且要确保随后可卸载它们。

"安装"是指将新软件(通常是一个或多个文件夹)安装到计算机中,除了要把软件必要部分复制到硬盘文件系统中外,还要将与该软件运行相关的特性数据添加到注册表中,这样才能保证被正常启用运行。安装软件与软件升级不同,升级是将现有的程序文件、文件夹和注册表项更新为更新版本,而安装是全新的。安装硬件与安装软件不同,前者指将设备在物理上连接到计算机、将设备驱动程序安装到计算机并注册相关的设备属性数据。

Windows 操作系统的升级或添加新的功能等也都是通过图 7-20 的窗口。Windows XP 操作系统在初始安装时可能没有全部选择安装,其中一些可选组件(例如,网络的高级服务)可以通过启用图 7-20 左侧的"Windows 组件向导"补充进来。一旦操作系统检测到丢失或损坏的文件,通过操作系统的安装程序也能够重新复制那些丢失或损坏的文件,修复系统。

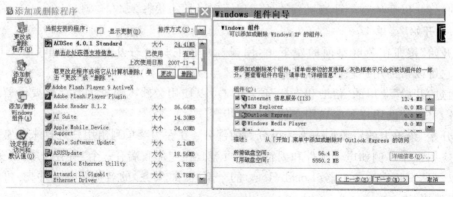

图 7-20　添加或删除程序

操作系统的注册表存储着用户、操作系统、应用程序和硬件的注册信息。这些注册信息是为了他们各自的正常工作所必需的。例如,为每个用户的计算机使用建立各自特殊的配置文件,为每一个安装的程序(软件)建立其关联文档类型,为各文件夹和程序图标建立其特殊的属性设置,为每一个硬件设备建立和它相连的端口信息,等等。

Windows XP 操作系统的安装程序(光盘或独立的.msi 文件)可以用来修复已经被弄坏的计算机操作系统,克服系统内部应用程序的冲突。如共享资源冲突,应用程序共享的动态链接库(.dll)被删除就会导致这样的冲突。操作系统的安装程序能使系统返回到安装后的初始状态(用图 7-20 的"Windows 组件向导")。

个人计算机系统常见的破坏情况是病毒感染或用户误操作。最坏的情况是必须重新安装操作系统。因此,计算机管理员要定时备份文件,定时备份系统,这样才能在重新恢复系统时不致丢失用户资源,减少损失。用操作系统光盘启动机器并重新安装操作系统是最后手段,要慎用。

7.5　系　统　安　全

什么是系统安全?简单的来说,系统安全就是保证系统被正常地使用。例如,你自己的计算机不希望别人使用,那么就在计算机上设置用户名和口令,别人不知道你的用户名和口令,就不能使用你的计算机。一般把这种用户名口令方式登录计算机的保护称为访问控制。

系统安全决不仅仅只是访问控制,但本书的篇幅也不允许介绍系统安全问题的全貌。下面仅就信息加密和计算机病毒两个方面来简单地介绍和安全相关的问题。关于更多系统安全(或信息安全)的内容,大家可以阅读专门的书籍,或者到网络上搜索更多的资料。

7.5.1　信息加密

在计算机中,很多信息都需要加密。例如登录计算机所使用的口令,计算机要判断输入口令的正确性,就需要记住口令。但如果计算机简单地把口令记录在文件系统中,则会很容易被他人窃取。因此,计算机总是把口令加密后再存储在文件系统中,即使存储口令的文件被窃取,对方也很难破译出原始的口令内容。

信息加密(即密码学)并不是计算机科学中独有的。密码的使用最早可以追溯到古罗马时期。《高卢战记》记载恺撒曾经使用密码来传递信息,他将字母按顺序推后 3 位,如将字母 A 换作字母 D,将字母 B 换作字母 E,从而起到加密作用,这种加密方法被称为"恺撒密码"。这是一种简单"移位密码"加密方法,这种密码的密度是很低的,只需简单地统计字频就可以破译。

随着计算机科学,特别是因特网技术的发展,密码学越来越成为信息安全中一个关键性的问题。密码学关注加密信息的破译难度,加密信息越难破译,加密的方法就越好。下面为大家简单介绍两种数据加密标准:DES 和 AES。

DES(Data Encryption Standard)是一种基于 DEA(Data Encryption Algorithm)数据加密算法的数据加密标准,它是由 IBM 研究出来的,并一度得到了非常广泛的应用。DES 采用 56 位密钥,对待加密的数据进行轮转、异或、交换等操作,生成加密数据。要破译采用 DES 方法加密的数据,可以通过穷举 56 位密钥(共 2^{56} 种可能)来解密数据。穷举法对于

DES 刚研制出来的时候是非常困难的。但是在现在,计算机的运算速度已经非常快,利用穷举法解密 DES 方法加密的数据已经不再困难。

为了解决 DES 方法加密数据可能被破译的问题,美国国家标准和技术协会在 2000 年 10 月从 15 种候选加密算法中选出了 Rijndael 算法作为高级加密标准(Advanced Encryption Standard,AES)。AES 使用几种不同的方法来执行排列和置换运算,从而具有速度快且安全级别高的特点。AES 可以使用 128、192 和 256 位密钥,并且用 128 位(16 字节)分组加密和解密数据。

AES 和 DES 一样,都属于对称密钥的加密算法。也就是说,AES 和 DES 使用相同的一组密钥来加密或解密数据。然而在因特网应用中,不仅要传送加密后的数据,还需要分发用于加密解密的密钥,如何才能保证密钥的安全成了一个非常重要的问题。

为了解决密钥分发问题,人们提出了非对称加密算法。如果说对称密钥的加密算法是一把钥匙开一把锁,则非对称密钥则要求开锁和上锁要使用两把不同的钥匙(即公钥和私钥)。公钥和私钥是一对唯一互相匹配密钥对,采用公钥加密的信息,只能使用对应的私钥解密;采用私钥加密的信息,也只能使用相应的公钥才能解密。在传递保密的数据时,可以用对方提供的公钥加密数据,则被加密的数据只能由对方持有的私钥解密。只要保证私钥不泄露,则通过公钥加密的信息总是非常安全的。

一般来说,公钥是公开的,也就是可以把公钥给任何人,这也是它为何被称作公钥的原因。这时你可能会想,既然谁都可能知道公钥,那么用私钥加密的信息,任何人都可以用公钥解密,那么私钥加密还有什么秘密可言呢?其实,使用私钥加密信息,不是为了保护信息的秘密性,而是保证信息的真实性。因为私钥是保密的,因此,只有私钥持有者才能用私钥加密信息,加密的信息只能用对应的公钥解开,这就可以保证收到的信息一定来自私钥持有者,不可能是别人篡改的信息,这种加密信息的方式被称为数字签名。

举一个例子可以说明数字签名的重要性。比如你收到一封来自家人的邮件,要你汇款到一个账户。你是否会立即照办呢?千万不要,现在网上会有很多这样的骗子来骗取别人的钱财,这样做很容易上当。但是,如果有数字签名,你会知道这封信确实来自家人,你就可以放心的去汇款了。怎么样?数字签名很重要吧!

然而,涉及公钥-私钥的非对称加密算法往往非常复杂,加密解密的计算量非常大,因此人们常采用非对称加密算法来加密对称加密算法的密钥,而用对称加密算法加密实际的数据。这样既保证了加密解密的速度,也保证了信息的高安全性。

7.5.2　计算机病毒

什么是计算机病毒?简单的理解,计算机病毒是一种在用户不知情或未许可的情况下,能自我复制并运行的计算机程序。由于计算机病毒往往会影响计算机的正常使用,破坏计算机上的数据,甚至盗取私有或敏感信息,因而计算机病毒不仅仅是计算机领域的问题,更是法律范畴上的问题。

由于计算机病毒涉及法律问题,所以在世界范围内并没有对计算机病毒统一且权威的解释。在中国,1994 年 2 月 18 日颁布的《中华人民共和国计算机信息系统安全保护条例》第二十八条规定:"计算机病毒,是指编制或者在计算机程序中插入的破坏计算机功能或者毁坏数据,影响计算机使用,并能自我复制的一组计算机指令或者程序代码。"

本节所谈的计算机病毒，并不局限于法律意义上的病毒概念，把基于网络的木马、后门程序以及恶意软件等也归在计算机病毒范围内来讨论。

1. 计算机病毒的历史

早在 1949 年，冯·诺依曼在他的一篇论文《复杂自动机组织论》中就提出了计算机程序能够在内存中自我复制的概念，这是关于计算机病毒原理最早的讨论。10 年之后，在美国电话电报公司的贝尔实验室中，三个年轻程序员麦耀莱、维索斯基以及莫里斯在工作之余想出了一种叫做"磁芯大战"的电子游戏，每个人把自己的程序输入计算机，程序的目的是把对方的程序完全吃掉，这些程序是最早具有计算机病毒属性的程序。

1977 年，托马斯·捷·瑞安的科幻小说《P-1 的青春》幻想了世界上第一个计算机病毒，它可以从一台计算机传染到另一台计算机，最终控制了很多台计算机，酿成了一场灾难。这实际上是计算机病毒思想的雏形。

1983 年，弗雷德·科恩博士研制出一种在运行过程中可以复制自身的破坏性程序，并做了相关实验验证了计算机病毒的存在。伦·艾德勒曼将它命名为计算机病毒，于是，计算机病毒（Computer Virus）这个词汇正式出现在 1984 年出版的《电脑病毒——理论与实验》这篇文章中。

第一款个人计算机病毒 Elk Cloner 是在 1982 年，由当时只有 15 岁的 Richard Skrenta 针对 Apple II 计算机编写的。Elk Cloner 存储在软盘上，当一台计算机从感染了 Elk Cloner 的软盘启动时，病毒就开始运行，如果计算机再次插入其他软盘，Elk Cloner 就将自己复制到其中。由于当时软盘使用的非常频繁，因此病毒迅速传播。不过，Elk Cloner 并不具有什么破坏性，只是在计算机屏幕上显示作者写的一首诗。

计算机病毒被世人所重视，还是因为历史上一系列著名的病毒事件所造成的巨大影响和破坏。下面介绍其中的几个病毒事件。

1988 年，康奈尔大学的研究生莫里斯（就是"磁芯大战"作者莫里斯的儿子）编写了莫里斯（Morris）病毒。Morris 设计的最初目的并不是搞破坏，而是用来测量网络的大小。但是，由于程序的循环没有处理好，会不停地执行并复制自身，并通过因特网快速传播，很快就感染了连接到因特网的大约 6000 台大学和军用计算机，导致这些计算机崩溃死机。

1998 年的 CIH 病毒是一款破坏性很强的病毒，它发作时不仅破坏硬盘的引导区和分区表，而且还可能破坏计算机系统 BIOS，从而导致主板损坏（CIH 是世界上第一款破坏计算机硬件的病毒）。CIH 病毒主要感染 Windows 95/98 操作系统，当年病毒爆发时，导致大量计算机的信息丢失，系统或主板损坏，造成了很大的经济损失。

2001 年爆发的红色代码病毒是一款利用了微软 IIS 服务器中漏洞的蠕虫病毒。该蠕虫病毒具有一个更恶毒的版本，被称作红色代码 II。这两个病毒除了可以对网站进行修改外，被感染的系统性能还会严重下降。当年红色代码病毒爆发时，在最初只不过 9 个小时内就感染了 25 万台计算机。在病毒爆发的两个月时间里共有上百万台计算机受到感染，给世界造成了数十亿美元的损失。

2006 年年底，在我国因特网上大规模爆发的"熊猫烧香"病毒及其变种，是一款传播能力非常强的病毒。该病毒能通过多种方式进行传播，被感染的计算机中所有程序文件图标都被改成熊猫举着三根香的模样。该病毒还同时具有盗取用户游戏账号、QQ 账号等功能。"熊猫烧香"传播速度快，危害范围广，很短的时间里就感染了上百万个人用户、网吧及企业局域网用户的计算机。在病毒爆发后的 2007 年 1 月,武汉警方就破获了这起病毒案件。病毒的作者及其他病毒传播人通过病毒盗取用户账号的方式进行非法牟利,受到了应有的法律制裁。

2. 计算机病毒的特征与分类

计算机病毒可以按多种方式进行分类,这里仅介绍按计算机病毒的感染形态进行的分类。按这种方式,计算机病毒大致可分为以下几种:

(1) 引导型病毒。引导型病毒是一种把自身的程序代码存放在软盘或硬盘的引导扇区中,使计算机启动时首先加载病毒,再加载操作系统,这就使这类病毒可以完全控制计算机。这种病毒常常会修改软盘和硬盘中的文件系统,导致数据全部丢失,因而危害性很大。但因为现在很少有计算机还通过软盘启动,因此这类病毒目前已经基本消亡了。随着 U 盘的广泛使用,一些病毒借助 Windows 自动播放功能,把自身放入 U 盘中自动播放相关的目录和文件中,进行快速的传播。一些经常接触大量 U 盘的计算机(例如打印复印室的计算机)常常会成为 U 盘病毒的毒源。

(2) 文件型病毒。文件型病毒通常把病毒程序代码自身放在其他可执行文件中(如 *.COM、*.EXE 和 *.DLL 等文件)。当这些文件被打开或执行时,病毒的程序也跟着被执行,并继续感染其他文件。

(3) 复合型病毒。复合型病毒具备引导型病毒和文件型病毒的特性,既可以感染可执行文件,也可以感染磁盘的引导扇区。复合型病毒的传染性更强,且一旦感染,破坏程度也会非常大。

(4) 宏病毒。宏病毒是利用微软的 Word 和 Excel 等软件本身支持宏命令的特性而写的一种病毒。所谓的宏,就是一段 VBS 脚本程序,当 Word 或 Excel 打开含有宏的文件时,可以执行其中的脚本程序来智能化地完成一些工作,宏病毒正是利用这个特性来复制和传播自身。

(5) 网页病毒。网页病毒主要利用浏览器和操作系统的安全漏洞,通过执行嵌入在网页 HTML 语言内的脚本程序或插件,修改操作系统的注册表和系统配置,或控制系统资源,或盗取用户文件。这种病毒在用户访问含有病毒的网页时感染系统。因此在访问因特网时,一定要确定所访问的网站是否值得信任,一些不良的网站往往利用网页病毒来进行各种不法的活动,例如盗取个人信息和密码、强迫访问特定网站等。

(6) 蠕虫病毒。计算机蠕虫指的是一种能够利用网络在计算机间传播自身的病毒。这类病毒有的通过系统漏洞主动发起连接来传播自身,有些可以借助邮件、HTML 网页等进行传播。由于因特网的普及,蠕虫病毒的危害性越来越大。

3. 计算机病毒的防护

为保护计算机免受病毒感染,需要从两个方面做防护。首先是技术上的防护,包括安装病毒防护软件、设置防火墙、经常更新系统和病毒库。目前大多数病毒防护软件都具有实时监控防护功能,能够及时发现已知病毒的入侵和发作,并及时隔离或删除病毒文件。病毒防护软件主要是利用病毒库识别病毒的,但新病毒不断出现,因此必须定期地更新病毒库。

开启网络防火墙也非常重要,当前多数病毒都是通过网络传播的,开启防火墙可以有效避免网络上的病毒发现计算机系统的漏洞,并对计算机进行攻击。同时,为了避免计算机系统漏洞的存在所带来的潜在风险,需要定期更新操作系统和相关应用软件,以便在漏洞被发现后及时做好补丁,避免利用这些漏洞的病毒的攻击。

其次是认识上的防护,就是要在平时注重病毒防护。例如不要访问存在安全风险的网站,不要打开有可疑信息的邮件,不要随意地把常用的 U 盘插入到其他的计算机(特别是公用计算机),下载的可执行文件一定要经过病毒防护软件查杀后再打开。

当在技术和认识上都做了防护后,相信计算机病毒就会绕开你,让你免受计算机病毒的不断烦扰。

7.6 习　　题

1. 回答问题

(1) 说明操作系统的主要任务,列出你认为最重要的三个功能。

(2) 在发出"关闭计算机"的命令时,操作系统会按照下列顺序执行一系列准备关机的工作:注销用户,关闭正在运行的程序,停止磁盘等硬件设备工作,停止操作系统。对吗? 为什么?

(3) 结合当前电子市场情况,请你了解一下,目前流行的计算机硬件配置及其技术指标,目前的主要厂商和他们提供的型号和相应价格。

(4) 简要叙述计算机系统是如何启动的,并说明其中操作系统发挥的关键作用。如果你有不清楚之处,请尽可能精确地指出问题所在。

(5) 文件系统的主要功能是帮助用户管理和使用计算机存储的各种文件资料,支持操作系统管理计算机的存储设施。对吗?

(6) 简要阐述你对文件、文件格式、文件组织(目录)及文件管理的理解。

(7) 磁盘文件目录的名字可以被修改。对吗? 为什么?

(8) 一个可执行程序其实也是一个文件。对吗? 为什么?

(9) 文件可大可小,大的文件一张光盘也装不下。对吗? 为什么?

(10) 一个文件夹下面可以有两个同名的文件,只要它们的大小不同就行了。对吗? 为什么?

(11) 文件的大小和最新修改日期可以在资源管理器中看到。对吗? 为什么?

(12) 一个 U 盘的容量比一张光盘的容量小。对吗? 为什么?

(13) 计算机病毒是什么? 为什么它有一个"病毒"的名字?

(14) 计算机病毒都有哪些种类? 它们各具有怎样的特点?

(15) 如何才能做好病毒防护工作?

2. 在 Windows XP 环境下,上机练习

(1) 使用键盘同时按三个键 Ctrl、Alt 和 Delete(请先关掉其他应用程序),待出现"任务管理器"后,请观察"任务管理器"窗口的左边 4 栏:应用程序栏、进程栏、性能栏和联网栏。在维持此窗口打开的情况下,让计算机做新的计算:运行新的程序,启动网络浏览等,同时不断观察这 4 栏列表数据的变化。根据实际观察数据,写出两页的实习报告,重点讲述自己的新体会。

(2) 打开"管理工具"(用鼠标单击"开始"→"设置"→"控制面板"→"管理工具")窗口,然后打开"性能"窗口,可以看见包括黄、蓝和绿三根不同颜色的曲线,它们分别反映了当前一段时期该计算机消耗在访问内存、访问磁盘和 CPU 时间三者的消耗时间尺度。请在维持打开这个"性能"窗口的同时,再启动一个访问 jpg 文件的画图程序,同时考察这三根颜色不同曲线的变化,写出观察报告。

(3) 打开 Windows 资源管理器,利用它的"帮助",学习使用文件和目录操作(新文件和目录的建立,对已有文件内容的读写、修改、更新,文件和目录名的修改,文件和目录的删除,对已有文件目录的备份和调整,文件和目录属性的阅读,等等)。

(4) 结合一个实际的应用(例如编辑一个 DOC 文件),学习应用软件的文件操作方式。

（5）将一个约 2MB 的音乐文件传送给远方的朋友。可以通过不同的网络传输手段，并用实验报告说明网络远程传输文件的工作步骤。

（6）通过"开始"菜单，运行命令 cmd 直接打开 DOS 命令窗口。进入命令窗口后输入命令 ipconfig 后按 Enter 键，可以看到在窗口中列出了如下内容：

```
Microsoft Windows XP［版本 5.1.2600］
(C) 版权所有 1985—2001 Microsoft Corp.

C:\>ipconfig
Windows IP Configuration
Ethernet adapter 本地连接：

        Connection-specific DNS Suffix . : pku. edu. cn
        IP Address. . . . . . . . . . . : 162. 105. 241. 99
        Subnet Mask . . . . . . . . . . : 255. 255. 255. 0
        Default Gateway . . . . . . . . : 162. 105. 241. 1
```

其中窗口倒数三行的具体数字可能和上述数字不同。其实，倒数第三行为 IP Address，它是上机的计算机的 IP 地址，其他几行的含义请查阅"开始"菜单的"帮助和支持"，用 IPCONFIG 词搜索，它会告诉你这几行信息的含义。还可以选择附带一些其他参数再输入 IPCONFIG。

（7）通过"开始"菜单，运行命令 cmd 直接打开 DOS 命令窗口。进入命令窗口后输入命令 ping www. sohu. com. cn，然后按 Enter 键。可以看到在窗口中列出了如下内容：

```
Microsoft Windows XP［版本 5.1.2600］
(C) 版权所有 1985—2001 Microsoft Corp.

C:\>ping www. sohu. com. cn

Pinging www. sohu. com. cn［61. 135. 132. 12］with 32 bytes of data：
...
Ping statistics for 61. 135. 132. 12：
    Packets：Sent=4, Received=4, Lost=0（0%loss），
Approximate round trip times in milli-seconds：
    Minimum=0ms, Maximum=0ms, Average=0ms
```

请查阅"开始"菜单的"帮助和支持"，搜索 ping，它会告诉你这几行信息的含义。

还可以选择附带一些其他参数再输入 ping。

（8）用鼠标双击"控制面板"的"系统"图标，了解你所使用的操作系统的名称和版本。尝试通过它了解机器内软硬件的构成。请叙述其中哪些软硬件你已经使用过，请说明它们的用途。

（9）如果条件允许，请关闭电源，打开机箱，熟悉计算机内部的硬件及其外部连接。

（10）尝试在计算机上安装一个新的软件，并通过该软件的"帮助"学习使用它。

第 **8** 章

程序设计——入门篇

程序设计是将人们制定的对实际问题的解决方案用程序设计语言表达出来,并在计算机上执行求得计算结果的过程。这一章是程序设计入门篇,主要介绍学习程序设计前应有的心理准备,了解程序设计的一般过程和高级程序设计语言的一般性质。进行程序设计必须借助一定的软件进行程序代码的书写和调试,本章以 Visual C++ 为例介绍编程环境软件的基本概念和使用编程环境软件进行程序编写和调试的一般过程。以 C 语言为例给出高级语言程序的基本框架,通过阅读一些简单的程序,理解程序的一般运行规则和基本的程序语句,同时介绍如何养成良好的编程习惯,使学生在学习程序设计的开始就养成良好的程序书写习惯。

8.1 学习程序设计五要素

学习程序设计要做 5 件事:

(1) 阅读现成的程序,逐句理解程序在内存中的运行过程;

(2) 学习至少一门高级程序设计语言的语法,并熟练使用该语言表达自己设计的计算过程;

(3) 掌握一些常用的基本的计算方法,作为搭建自己程序的基础;

(4) 通过一些完整的问题实例,掌握从分析问题到算法设计再到程序实现的全过程;

(5) 多做练习,包括阅读优秀代码、模仿样例程序解决类似问题、独立分析问题设计算法并成功实现代码,并善于总结经验。

8.1.1 理解程序运行过程

我们编写的程序由一条一条的语句构成,语句一般情况下按顺序逐条在机器中执行,分支语句、循环语句和函数调用语句等可以改变语句运行的顺序,但是改变后语句仍是逐条顺序执行的。在程序运行中,会有一些内存空间被划分出来存储程序运行的中间结果。可以把计算机程序的运行看作一个不断通过程序语句修改内存中的中间结果的过程。程序员需要充分理解计算机程序在内存中的运行原理和过程。在程序运行过程中任意时刻都清楚语句运行到哪里了,当前存储数据的内存区的内容是什么。只有清楚这些,才能在程序调试过程中及时地找到出错位置,并修改错误,最终让程序按照设计者的意图执行。

8.1.2　程序设计语言

程序设计语言是用来描述计算过程的工具,就像表达自己的思想要用一种自然语言一样。因此至少要掌握一门高级程序设计语言。学习一种高级程序设计语言要掌握两部分的内容:第一是语言的基本语法,第二是语言本身提供的函数库。学习基本语法就是要了解该设计语言使用哪些语句定义变量,哪些语句修改变量,变量有哪些基本类型,每种类型的变量占多大的存储空间,不同类型的变量可以进行哪些运算,哪些语句用来控制语句序列的分支和循环,如何用简单变量组合出复杂变量(例如数组或结构体),如何控制复杂的计算过程(例如通过函数实现分而治之)。学习语言提供的函数库是要了解有哪些基本的算法已经在函数库里给出了,可以直接用它;哪些还没有,需要自己去实现。我们写程序一般不会从零开始,总是要用函数库中已经提供的函数完成一些基本的操作。很好地了解并使用现成的函数可以帮我们少走弯路,并提高程序的效率,因为库里的函数都是经过正确性检验和效率优化的。在这本书里主要使用 C 语言进行程序设计的示范和讲解。这部分的内容在第 9 章和第 10 章中通过一些例子来详细介绍。

8.1.3　掌握一些基本的算法

学习写程序可以从模仿开始,开始可以学习一些常用的基本的计算过程,这样在解决复杂问题之前,手上是有一些基本方法可用的。例如,如何找到一组数据中的最大值、最小值,如何求和及计算平均值;如何判断某个数是否是素数;如何通过分支和循环语句模拟一个手工计算的过程;如何进行不同数制转换;如何利用字符串处理函数解决常见的问题;如何判断某一年是否是闰年;如何处理日期相关的问题等。这一部分在第 9 章和第 10 章给出了一些例子程序。

8.1.4　学习完整的解决问题的过程

学习程序设计是为了帮助我们利用计算机解决一些实际的问题,而不是为了学会一种编程语言。因此应该掌握整个程序设计的过程,围绕一些具体的问题实例,通过分析问题,抽象出数学模型,从而设计出计算过程和中间数据的存储方式,最终实现代码并调试成功。只有通过这样一个完整的程序设计过程,才能充分理解写程序是要干什么,并且学会判断什么样的问题是适合用计算机来解决的。

8.1.5　多做练习

学习程序设计没有捷径可走,只能通过大量练习来熟悉程序设计语言的语法,感悟用程序解决问题的思路。练习包括阅读优秀代码、模仿样例程序解决类似问题、独立分析问题设计算法并成功实现代码。在做练习中要善于总结经验。在熟悉语法阶段,应该在每次出错后记下出错的原因,同样的错误不应重复。在进入程序设计阶段,应该尽量独立思考,建立自己的程序设计思路,不同人的程序设计思路不一定相同。同样的问题也可以有多种解题思路。

8.2 程序设计的一般过程

程序的本质是以数据为中心的计算加上输入输出。编写程序解决实际问题的基本步骤包括分析问题寻求解决问题的算法、设计程序流程和数据结构、编写代码、运行调试和正确性检验等阶段。在这一节里,通过一个编程解决问题的例子说明程序设计的一般过程。

问题的提出:房地产问题

刘先生想在某市买一块地造房子。在调查中他了解到由于海水的侵蚀,该市正在以每年 50 平方公里的速度变小。因为刘先生希望在他的新房子里生活直至终老,所以他想知道他的房子是否会被侵蚀掉。

经过进一步研究,刘先生发现将要被侵蚀的陆地呈半圆形。半圆是一个以(0,0)点为中心的圆的一半,半圆的直边是 X 轴。X 轴以下的部分在水中。在第一年的开始,圆的面积是 0(半圆如图 8-1 所示),其中单位长为 1km。

问题是如果给定一点的 X,Y 坐标($Y \geqslant 0$),要求出在第几年年末这个点将被侵蚀。

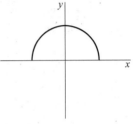

图 8-1 土地侵蚀示意图

编程解决这一问题的过程包括分析问题寻求算法、程序设计、编写代码、运行调试和正确性检验。

8.2.1 分析问题寻求算法

因为海水呈半圆形扩散,每年扩散 50 平方公里,所以当给定一点的坐标时,可以用它与原点的距离作为半径,计算以此为半径的半圆的面积,再用这一面积除以 50,向上取整,得到的就是要求的年数。即使用如下公式计算:

$$year = \lceil (x^2 + y^2) * \pi/2/50 \rceil$$

其中,year 是要求的年数,x,y 是给定点的坐标。问题分析到这里就可以开始设计程序了。

8.2.2 程序设计

程序设计的步骤如下:

(1) 确定程序的输入输出。对于上面的问题来说,程序的输入就是从键盘读入某一点的坐标 X 和 Y 的值。

(2) 确定输入和中间计算结果的存储方式。当从键盘上输入了 X 和 Y 的值后,就需要用一定内存空间把它们存储起来,以用于后续的计算。这里因为 X 和 Y 的值是实数,所以要定义两个实数类型的变量来存储它们。同时,需要将计算所求的年数用一个整型的变量存储。定义变量就是给某个一定大小的内存空间起一个名字,之后通过这个名字来进行该内存的内容存取。

用上面的公式计算 year 的值,并将 year 的值输出到屏幕上。

(3) 确定从输入到输出的计算过程。对于上面的问题,计算过程只有一步,就是应用一个表达式通过输入点的坐标 X 和 Y 的值,计算出所求的年数。表达式使用 8.2.1 节中给出的公式：

$$year = \lceil (x^2 + y^2) * \pi/2/50 \rceil$$

8.2.3 程序实现

设计好程序之后，就来编写程序。一个完整的简单程序一般包括两个部分：头文件和主程序。头文件部分表明这段程序将要使用哪些函数库，主程序包含将要被执行的语句。刚才设计的程序的具体实现如下：

```
1.    #include<stdio.h>                        //将输入输出用到的库函数(C语言中的函数)包含进来
2.    #include<math.h>                         //将计算用到的库函数包含进来
3.    void main()
4.    {                                        //程序开始
5.        float x, y;                          //用来存放读入的坐标值
6.        int year;                            //用于保存计算出来的年数
7.        scanf("%f%f", &x, &y);               //从键盘读入坐标值 x 和 y
8.        year=(int)ceil((x*x+y*y)*3.1416/2/50); //套用公式计算年数;ceil 是向上取整
9.                                             //(int) 强制转换成整数
10.       printf("第%d 年年末\n",year);         //将算出来的年数输出到屏幕上
11.   }                                        //程序结束
```

8.2.4 程序正确性检验

程序正确性检验就是指设计出一些输入数据，通过人工计算给出正确结果，再把这些输入数据输入给待检验的程序，看它是否能给出正确的输出。

对于上面的程序可输入 x、y 的坐标为(1.0,1.0)，检验程序是否输出正确答案，正确答案为：第 1 年年末。同样还可以输入 x、y 的坐标为(25.0,0.0)，其正确答案：第 20 年年末。

在设计测试数据时，应该针对所有可能性设计具有代表性的输入数据，尽可能描述输入数据的所有可能性。

8.3 程序设计语言

计算机程序是在计算机的核心部件中央处理器中执行的。通过对指令的选择和编排可以实现不同的计算。这个选择和编排指令的过程就是编写程序的过程，而指令构成的序列就是程序。程序设计是为计算机的 CPU 安排执行计划，就是为解决实际问题制定解决方案，就是安排解决计算任务的执行指令序列。中央处理器能够直接执行的指令都是用二进制表示的一串数码，称之为机器语言。例如，01000000 表示把存储在寄存器 EAX 中的数值加一。由于机器语言不够直观，出了差错也不易检查，于是人们开发了汇编语言。汇编语言把二进制的机器语言代码用有意义的单词来表示，例如前面的 01000000 用汇编语言写就是 INC EAX。显然，汇编语言比机器语言容易被人理解，但是要计算机执行汇编语言程序需要一个汇编器。汇编器把汇编语言写的程序翻译成机器语言程序，之后由中央处理器执行。汇编语言和机器语言都涉及对中央处理器内部的寄存器和其他部件的直接操作。所以用它

们开发出来的程序很大程度上是与硬件相关的,不容易在异类的机器之间移植。同时,程序员在编写程序时,不仅要关注解决问题的计算模型,还要关注计算的每一步实现细节。为了使程序能够有良好的可移植性和在更高的抽象层次上描述计算过程,人们开发了高级程序设计语言。在这一章,主要介绍用机器语言、汇编语言、高级程序设计语言编写的程序的概貌以及这些程序是如何被计算机执行的。

8.3.1 机器语言

用机器语言书写程序指挥计算机做各种各样的计算。机器语言包括一系列的指令,每个指令完成不同的操作。这些指令在计算机中是用不同的二进制编码表示的。

1. 机器指令

一般小型或微型计算机的指令集可包括几十至几百条指令。指令的一般形式为:

操作码　操作数…操作数

其中,操作码表示要执行的操作。例如,加法、减法等。操作数根据操作码的不同可以为 0～3 个。例如,加法操作需要指定加数和被加数,减法操作需要指定减数和被减数。操作数既可以是一个简单的数值,也可以是放在某个寄存器中的数,还可以是放在主存中的某个数。例如,在 8086/8088 指令集中,11110100 为一条指令,表示停机,它没有操作数。

8086/8088 的指令系统中共有 133 条基本指令,可以分成 6 个功能组:数据传送(Data Transfer)、算术运算(Arithmetic)、逻辑运算和移位指令(Logic& Shift)、串操作(String Manipulation)、控制转移(Control Transfer)、处理器控制(Processor Control)。数据传送指令包括通用传送、地址传送、标志传送和输入输出等。算术运算指令包括加法、减法、乘法、除法和符号扩展等。逻辑运算和移位指令包括逻辑运算、移位和循环移位等。串操作指令包括串处理和重复控制等。控制转移指令包括无条件转移、条件转移、循环控制、过程调用和中断指令等。处理器控制指令包括停机、等待等。

2. 机器指令的执行过程

指令是在计算机的核心部件 CPU 中被执行的。更确切地,指令运算的具体执行是在 CPU 中的运算器 ALU 中进行的。程序运行开始前,程序包含的指令和数据被放到主存储器中;程序开始时,将第一条指令的地址放到程序控制单元的 IP 寄存器中并启动程序;运行过程中,指令被逐条送到运算器中执行,运行过程中一些中间结果被保存在寄存器组中,而程序控制单元负责不停地将下一条指令取出来;当遇到停机指令时,程序运行结束。程序运行过程中,CPU 和主存储器之间通过系统总线传递数据(包括指令)。

8.3.2 汇编语言

汇编语言把每条机器指令转换成一条可读性较高的类似词语的指令。汇编语言书写的程序需要通过汇编器编译成机器指令才能运行。这里通过几个例子来看一看如何用汇编语言编写程序以计算出所期望的运算结果。同时也来看一下,每条汇编语句运行后的效果。

1. 简单算术运算

例 8.1　计算表达式 135+22-1 的值。

在 CPU 内部有一些寄存器,可以用来存储计算中用到的数据和结果。最常用的寄存器有 AX,BX,CX 和 DX 等。这里先将 135 存放在 AX 中,再把 22 存放到 BX 中,将计算出来的 135＋22 放回 AX 中,最后从 AX 中减去 1,此时 AX 中的值就是表达式 135＋22－1 的值。下面是整个计算过程的汇编代码:

```
MOV AX，135
MOV BX，22
ADD AX，BX
SUB AX，1
HLT
```

对这段程序的解释:

程序运行前 CPU 内部分寄存器的值如图 8-2(a)所示。寄存器 AX,BX,CX 和 DX 都是 0。

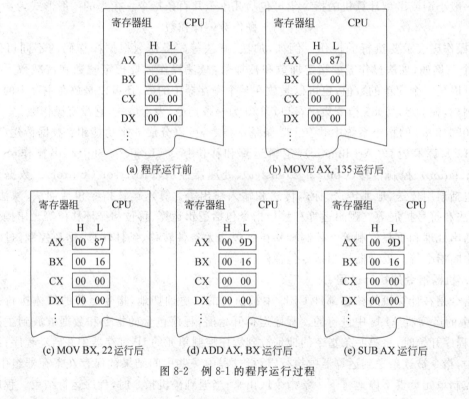

图 8-2 例 8-1 的程序运行过程

```
MOV AX，135
```
;将 135 放入寄存器 AX 中。该语句执行后 CPU 内部分寄存器的值如图 8-2(b)所示
;寄存器 AX 的值为 87,其中 87 为十六进制数。$87_{16}=135_{10}$

```
MOV BX，22
```
;将 22 放入寄存器 BX 中。该语句执行后 CPU 内部分寄存器的值如图 8-2(c)所示
;寄存器 BX 的值为 16,其中 16 为十六进制数。$16_{16}=22_{10}$

```
ADD AX，BX
```
;将 AX 中的值与 BX 中的值相加,结果放回 AX 中
;该语句执行后 CPU 内部分寄存器的值如图 8-2(d)所示

;寄存器 AX 的值为 9D,其中 9D 为十六进制数。$9D_{16} = 157_{10}$

SUB AX, 1
;将 AX 中的值减 1。该语句执行后 CPU 内部分寄存器的值如图 8-2(e)所示
;寄存器 AX 的值为 9C,其中 9C 为十六进制数。$9C_{16} = 156_{10}$

HLT
;停机。此时 AX 中的值为 $9C_{16}$,即 156_{10}。通过计算表达式 135+22-1 的值为 156

2. 累加运算

例 8.2 计算从 1 累加到 100 的和。

用 AX 保存累加和,从 1 开始,每次把一个数加上去,直到 100 个数加完。被加数存放在 BX 中,每次 BX 的值加 1。这里需要一个循环,每次判断一下 BX 的值是否等于 101,如果是,就跳转到停机指令;否则把 BX 的值加到 AX 上,将 BX 的值加 1,跳转到判断 BX 是否为 101 的指令。在停机时,AX 中存放的就是从 1 累加到 100 的和。

下面是这一计算过程的汇编代码:

```
MOV AX, 1
MOV BX, 2
calc:
CMP BX,101
JE stop
ADD AX, BX
INC BX
JMP calc
stop:
HLT
```

对这段程序的解释:

;程序运行前 CPU 内的寄存器 AX,BX,CX 和 DX 都是 0

MOV AX, 1
;将 1 放入寄存器 AX 中

MOV BX, 2
;将 2 放入寄存器 BX 中

calc:
;是一个位置标号。本身不执行任何操作。跳转语句可以根据标号跳转到这一位置

CMP BX,101
;比较 BX 中的值是否等于 101。比较结果被存放在 CPU 内的标志寄存器内

JE stop
;判断标志寄存器内的比较结果,如果是相等,跳转到标号 stop,否则继续执行下面的语句

ADD AX, BX
;将 BX 和 AX 中的数值相加,结果放在 AX 中

INC BX
;将 BX 中的值加 1

JMP calc
;跳转到标号 calc

stop:
;是一个位置标号。本身不执行任何操作。跳转语句可以根据标号跳转到这一位置

HLT
;停机,此时 AX 中的值为 $13BA_{16}=5050_{10}$

图 8-3(a)为 ADD AX,BX 尚未运行时寄存器状态。图 8-3(b)为 ADD AX,BX 运行 1 次后寄存器状态。图 8-3(c)为 ADD AX,BX 运行 99 次后寄存器状态。图 8-3(d)为停机时的寄存器状态。

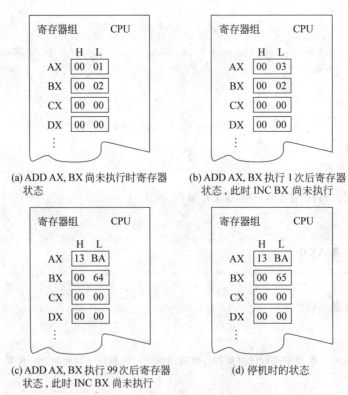

(a) ADD AX, BX 尚未执行时寄存器
状态

(b) ADD AX, BX 执行 1 次后寄存器
状态,此时 INC BX 尚未执行

(c) ADD AX, BX 执行 99 次后寄存器
状态,此时 INC BX 尚未执行

(d) 停机时的状态

图 8-3　例 8-2 的程序运行过程

3. 求最大值

例 8.3 求一组整数 33,15,21,7,9,23,4,76,87,45 中的最大值。

定义一个数组变量 DATA 存储给定的整数。用 BX 记录当前计算的是第几个数,它的取值从 0 开始,到 9 结束。用 CX 来记录数组中没有被计算过的元素个数,最初这个值是 10,以后每处理完 1 个数,它的值减 1。当 CX 的值为 0 时,就停止计算。寄存器 AX 是一个 16 位寄存器,它可以被分为两个 8 位寄存器使用,分别为 AH 和 AL。在计算中,用 AL 来存储计算出来的最大值。同样,DX 可以分为 DH 和 DL。每次总是把数组中的一个数复制到 DL 中去。

下面是这一计算过程的汇编代码:

```
MOV AL, 0
MOV BX, 0
MOV CX, 10
next:
CMP DATA[BX], AL
JL unchange
MOV AL, DATA[BX]
unchange:
INC BX
LOOP next
HLT
DATA DB 33,15,21,7,9,23,4,76,87,45
```

对这段程序的解释:

;程序运行前 CPU 内的寄存器 AH,AL,BX,CX 都是 0

MOV CX, 10
;将寄存器 CX 的值设为 10,即有 10 个数需要计算

MOV AL, 0
;将寄存器 CX 的值设为 10,即有 10 个数需要计算

MOV BX, 0
;将寄存器 BX 的值设为 0,即从第 1 个数开始计算

next:
;是一个位置标号,本身不执行任何操作。跳转语句可以根据标号跳转到这一位置

CMP DATA[BX], AL
;比较当前数和 AL 中的值。当前数是 DATA 中从第一个数开始的第 BX+1 个数

JL unchanged
;如果比较结果是 DATA[BX]中的值小于 AL 中的值,则跳转到标号 unchanged

MOV AL, DATA[BX]
;将 DATA[BX]中的值复制到 AL 中,即如果 DATA[BX]中的值大于原先 AL 中的最大值

;则将 DATA[BX]中的值视为新的最大值并存入 AL 中

unchanged：
;是一个位置标号,本身不执行任何操作。跳转语句可以根据标号跳转到这一位置

INC BX
;将 BX 中值加 1,准备处理下一个数

LOOP next
;重复执行 next 标号开始的语句。这里重复的次数与 CX 中的值有关,每次执行这个 LOOP 语句,
;CX 中的值减 1,当 CX 的值为 0 时,跳出循环执行这一行下面的语句

HLT
;停机,此时 AL 中的值为求得的最大值 $57_{16} = 87_{10}$

DATA DB 33,15,21,7,9,23,4,76,87,45
;程序中定义的数组,存放了 10 个整数

图 8-4(a)为 next 标号指示的语句执行前的寄存器状态。图 8-4(b)为第 5 次执行 INC BX 后寄存器状态。图 8-4(c)为第 5 次执行 INC BX 后寄存器状态。图 8-4(d)为停机时的寄存器状态。

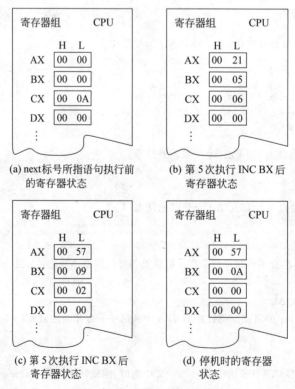

(a) next 标号所指语句执行前的寄存器状态

(b) 第 5 次执行 INC BX 后寄存器状态

(c) 第 5 次执行 INC BX 后寄存器状态

(d) 停机时的寄存器状态

图 8-4　例 8-3 的程序运行过程

从上面这几个汇编语言程序的例子中可以看出,程序的运行就是通过一些运算语句改变寄存器中的数值,最后得到期望的计算结果。也就是说:

程序＝存储数据的空间＋处理数据的语句

用汇编语言编写大的程序还是比较烦琐,所以人们又开发了高级程序设计语言。

8.3.3　高级程序设计语言

前面讲过的机器语言和汇编语言都与计算机硬件密切相关。它们能够利用所有计算机硬件特性并能直接控制硬件,写出的代码快而高效。然而,要书写机器语言或汇编语言的程序,对程序员的要求很高。他们既要对机器硬件了如指掌,又要对需要编程解决的实际问题及其算法非常明白。同时,由于程序是由简单的指令构成的,要书写大型的程序就会非常费时费力,而且一旦出错,改正起来也很不容易。也就是说,写机器语言/汇编语言程序是一件人力代价很高的事情,所以在没有出现高级程序设计语言之前,只有少数专业人员能够为计算机写程序。这就大大限制了计算机的大范围推广和应用。高级语言的诞生使编程摆脱了对硬件指令的简单依赖,使得编写程序能够在一个更适合描述实际问题的解决方案的概念模型下进行。具体来说,就是先用一种类似于自然语言的高级程序设计语言书写程序,然后利用编译器或解释器把高级语言程序翻译成机器代码执行。这里编译器和解释器是由专业的程序员编写的专门完成高级语言程序向机器语言程序的翻译工作的工具软件。那些仅仅使用高级语言书写程序的程序人员,不需要懂得机器语言和汇编语言,也不需要了解编译器和解释器是如何实现的。这就降低了对程序员在硬件及机器指令方面的要求,因此可以有更多的计算机应用领域的人员参与程序的设计。

1. 高级语言中的核心概念

要理解高级语言程序必须先理解 4 个核心概念:"变量"、"表达式"、"语句"和"赋值"。高级语言采用数学算式的书写方式描述数据的计算过程,计算的初值、中间结果和最终结果可以保存在"变量"中。所谓变量,就是内存中的若干字节,通过给它起个名字来使用它,而不必关心它在内存中的具体位置,这样就大大减轻了编程人员的负担。在高级语言中用字符串来给变量命名,例如 x、len、Max、Number 等。这样既可以帮助人们掌握变量所代表的信息含义,也可以在程序里通过变量的名字访问存储在它里面的数据。

"表达式"类似于数学中代数运算公式计算结构。程序中基本的动作单位被称为"语句",不同的语句实现不同的功能。高级语言中最基本的语句就是"赋值语句",这种语句把计算得到的结果赋值给变量。举例说:

$$X = 2 * 1.047 - 2;$$

$$Y = X * X;$$

是两个典型的赋值语句。等号表示赋值。第一个语句等号右边是一个表达式,它要求计算 1.047 的两倍减去 2 的值;而等号左边写变量 X,表示要求把右部表达式计算出的值赋给变量 X,也就是说放入 X 对应的内存位置。当变量名出现在赋值语句右部时,表示该变量的值被读出参与计算。在第二个赋值语句里,等号右边表达式中含有变量 X,这时变量 X 的值是第一个语句赋值的结果。变量的内容可以被多次读出,读取变量的内容并不破坏它存储的内容。只有对变量赋值(放在赋值符号左边时)才会导致变量被改写。

很好地理解变量、表达式和赋值的概念是进行程序设计的基础,程序的运行过程就是一个不断地通过计算改变变量中的值,最终得到想要的结果的过程。

2. 高级语言程序的编译执行和解释执行

用高级语言书写的程序不能直接在计算机上运行,要经过"编译(Compilation)"或者"解释(Interpretation)"才能运行。

"编译"就是把高级语言程序(也称为"源程序")转换成为机器语言的程序,即转变为"可执行程序"。每种高级语言的开发者其实就是做了一个"编译器(Compiler)"完成该种语言程序到机器语言程序的翻译工作。源程序转变为最终的可执行程序要经过两个阶段:"编译(Compiling)"和"连接(Linking)",如图8-5所示。在"编译"阶段,源程序被翻译成机器语言书写的"目标模块"。在"连接"阶段,这些目标模块与编译软件提供的一些基本模块连接在一起,形成"可执行程序(Executable Program)",即可以在计算机上直接运行的程序。

在编译过程中,目前的编译器一般会对源程序进行两遍扫描。第一遍做一些基本的预处理,第二遍把源程序代码按照语言定义的翻译规则翻译成目标代码。在翻译过程中,如果源程序没有严格按照语言的语法规定写,编译器就会报"编译错",并指出出错的位置和原因。需要说明的是,编译器只能按照源程序中的语句机械地翻译,并不能知道程序是否正确描述了程序员的期望。程序的逻辑正确与否还是由编写程序的人来负责的。

"解释"是高级语言程序执行的另外一种方式。这种方式由一种称为"解释器(Interpreter)"的软件来实现。解释器并不将源程序整体翻译成目标代码,而是解释一句执行一句。解释器的工作方式如图8-6所示。

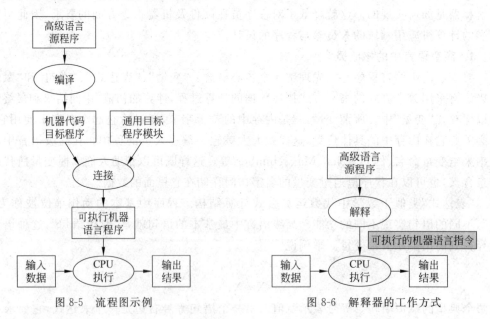

图 8-5　流程图示例　　　　　　图 8-6　解释器的工作方式

3. 高级程序设计语言举例

第一个高级程序语言是 FORTRAN 语言,它是由美国 IBM 公司的科技人员在 20 世纪 50 年代开发出来的。高级语言的开发成功是软件技术发展的一个重要里程碑。从那以后,人们设计并实现了许多高级程序语言。高级语言不但是程序开发的工具,也成为一种在人与人之间,在不同的计算机之间交流的工具。为了保证语言的通用性,国际标准化组织动用很多人力物力,对应用较广泛的一些语言提出了标准语言文本。这些工作进一步打通了交流渠道,推动了计算机应用的发展。随着计算机应用的发展,又先后出现了 COBOL、BASIC、PASCAL、C、C++ 和 Java 等高级语言。

本节以一段实现相同功能的不同高级语言书写的代码来比较不同的高级语言的相同和不同之处。样例代码段均实现累加从 1~n 的平方和的功能。这里对具体代码不做详细的解释,仅从总体上给出一个总体印象。

1) FORTRAN

```
FUNCTION FUNC1(N)
ISUM=0
DO 10 I=1, N
ISUM=ISUM+I*I
10      CONTINUE
FUNC1-ISUM
RETURN
END
```

2) Pascal

```
function func1(N : integer) : integer;
var
    SUM, I : integer;
begin
    SUM=0;
    for I :=1 to N do
    SUM :=SUM+I*I;
    FUNC1 :=SUM;
end
```

3) C 和 C++

```
int func1 (int n) {
    int i, sum=0;
    for (i=1; i<=n; i++)
        sum+=i*i;
    return sum;
}
```

4) Java

```
public int func1 (int n) {
    int sum=0;
    int i;
    for(i=1; i<=n; i++)
        sum := sum+i * i;
    return sum;
}
```

8.4 编 程 环 境

市场上为各种高级程序语言开发了不同的编程环境。所谓编程环境就是一个软件工具,可以使用这个工具很方便地编写程序,改正程序中的错误,并最终生成需要的机器代码。像用文本编辑器编辑个人简历等文本文件,或用 Excel 表格处理程序编辑成绩单等表格文件一样,用高级语言编程环境编制程序。在这里主要以微软公司开发的 Visual C++ 6.0 编程环境为例,介绍一般编程环境的基本功能和用法以及编写一段程序的基本过程。

8.4.1 基本概念

1. Project(工程)

在 VC 编程环境下,编写程序的工作是以 Project 为单位的。在开始一个新程序时,要先建立一个 Project,之后在程序编写过程中所有与这个程序有关的文件都会包含在这个 Project 中。编制的程序可以有各种不同类型,编程环境为每种类型的程序准备了一个模板,用来生成程序的最初框架。在这本书里只介绍编写 Win32 Console Application 类型的程序。这类程序的特点是界面简单:程序运行中会打开一个类似于 DOS 操作系统的界面,所有键盘输入都是通过 DOS 界面进行的,而所有输出都是输出到 DOS 窗口中。

2. Source File(源程序)

源程序是用高级程序设计语言书写的程序。源程序必须经过编译连接变成可执行程序(机器代码)才能运行。在下面的章节中,主要介绍用 C 语言编写程序。

3. Compile(编译)

把源程序变成机器代码的过程称为编译。不同的高级语言有不同的编译器。

4. Link(连接)

各种高级语言都会提供一些常用的功能函数,我们自己编写的程序里会调用这些功能函数。同时要把我们写的程序装载到主存里运行,也需要加载一定的与环境相关的信息。所以将自己写的程序编译成机器代码后,还需要一个连接的过程以生成最后的可执行程序。

5. Build（编译并连接）

编译并连接是把源程序编译，如果没有错误则连接，否则给出编译错误信息。

6. Debug（调试）

当程序出错时，可用调试工具发现错处的代码，进行改正。所谓调试，是指逐条执行或部分执行程序代码，并在执行过程中查看变量的值。当发现变量的值并非如我们预期或程序的执行逻辑并非我们预期时，就发现了错误，可以进行有针对性的改正。

7. Run（运行）

启动一个可执行程序使其开始执行称为运行。

8.4.2　Visual C++

在机器上安装了 Visual C++ 6.0 编程环境后，可以通过屏幕左下角的"开始"→"所有程序"→Microsoft Visual C++ 6.0 命令启动 Visual C++ 6.0 编程环境，见到图 8-7 所示界面。

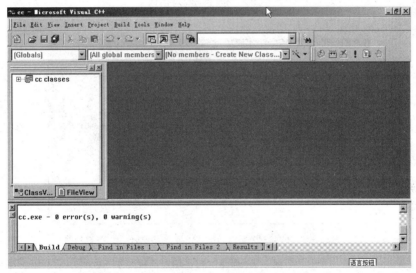

图 8-7　Visual C++ 6.0 编程环境初始界面

打开 Visual C++ 6.0 后，可以编制一个新的程序或者对一个已有的程序进行修改。

这里主要介绍 VC 编程环境提供的创建新工程、编辑源程序、编译、连接、运行和调试功能。

1. 创建新工程

开始写一个新程序的第一步，就是创建新工程。启动 VC 编程环境后，选择菜单项 File→New 就进入图 8-8 所示的界面。

选择 Win32 Console Application；在 Location 文本框中选择或填入适当的路径名；在 Project name 文本框中填入新工程的名字，这时右下角的 OK 按钮会亮起来。单击 OK 按钮，可以看到图 8-9 所示的界面。

选择 A"Hello，World！"application. 单选按钮，然后单击 Finish 按钮。图 8-10 是看到系统给出的新建工程信息。

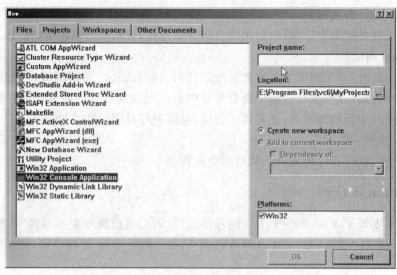

图 8-8　创建工程对话框

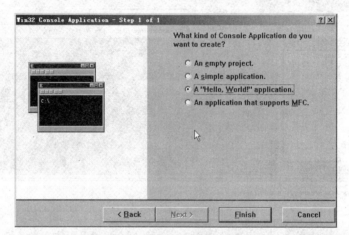

图 8-9　创建工程选项对话框

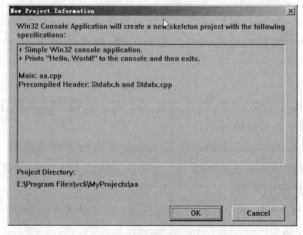

图 8-10　新建工程基本信息对话框

单击 OK 按钮,完成新工程创建。现在可以开始编辑源程序了。此时新工程的全部信息被装入开发环境,其界面如图 8-11 所示。

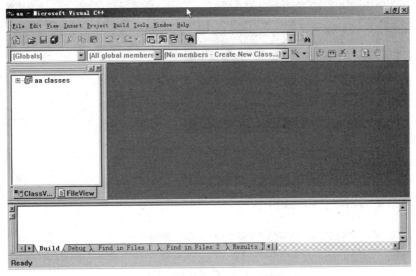

图 8-11 建立新工程成功后的界面

2. 编辑源程序

选择 FileView 页,单击 Source Files 前面的"＋",这时可以看到 aa.cpp,双击 aa.cpp,该文件的内容就显示在右面的窗口里,如图 8-12 所示。

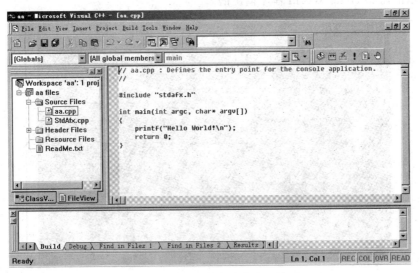

图 8-12 显示了源程序的窗口界面

这个源程序是编程环境为我们生成的。它的功能是在屏幕上输出一行: Hello World。

3. 编译/连接

当源程序编辑完毕,就可以对它进行编译。在图 8-13 中选择 Build→Build aa.exe 命令,系统就开始编译源程序,编译的结果实时显示在最下面的窗口里。如果编译没有错误,就自动开始连接,连接中的结果也实时显示在最下面的窗口里。

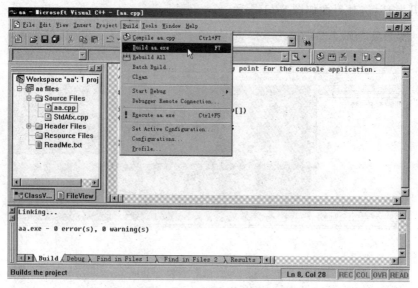

图 8-13   启动编译程序界面

4. 运行

当编译和连接都通过后,就可以运行程序了。直接单击工具栏上的"!"按钮,开始运行程序。上面的 Hello World 程序的运行结果如图 8-14 所示(其中 Press any key to continue 是系统提示的而非 Hello World 程序输出的)。

图 8-14   程序运行界面

5. 调试

如果程序编译出错,需要先对源程序进行修改,使其通过编译。当程序顺利通过编译和连接,还有可能运行时出现错误,使得输出的结果并非我们所期望。这时就需要进行调试。调试时可以使用编程环境提供的调试功能。如图 8-15 所示,选择 Build→Start Debug→

Step Into 命令就可以进入调试(Debug)状态。

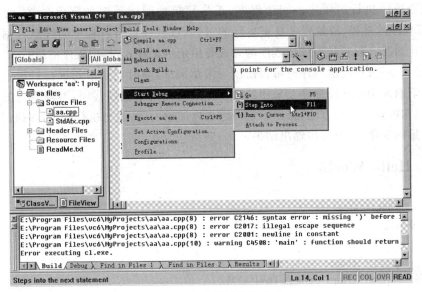

图 8-15　启动调试菜单选项

进入调试状态后,菜单栏增加了一项 Debug,同时系统弹出可移动的工具框。可以逐条执行程序,观察程序运行的状态。如图 8-16 所示,变量的值可以在下面并列的两个窗口里查看。

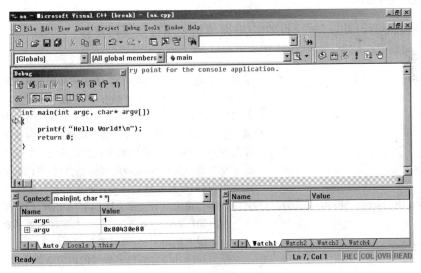

图 8-16　程序调试界面

8.5　程序阅读理解

程序阅读理解是开始学习写程序的第一步。阅读理解的目的就是理解程序的输入、输出和计算过程。一般来说,一段程序会被装入一个连续的内存空间中,CPU 会把程序的第一行所在的内存地址作为首地址,并从首地址开始按顺序执行程序。分支、循环和函数调用语句会改变程序执行的顺序。阅读程序,不是简单地阅读程序的字面含义,而是要摹拟 CPU 执行程序的过程,清楚程序真正运行的过程,以及在运行过程中的任意时刻内存变量的内容变化情况。检验是否读懂程序的方式是给定一组输入,模拟程序的运行,并最终给出程序的输出。一般在阅读程序时可以使用一张草稿纸,随时记录语句进行过程中变量的改变情况。下面来领读几段程序。采用的阅读方式是先给出程序代码,再说明它的功能和输出,然后逐句解释含义的方法,最后给定一组具体的输入值,逐句执行程序,在执行过程中查看内存变量的变化,直至得出输出结果。

8.5.1 Hello World

```
1.    # include <stdio. h>
2.    int main()
3.    {
4.        printf("Happy Mother's Day!\n");
5.        printf("Happy Father's Day!\n");
6.        return 0;
7.    }
```

上面的程序运行结果会输出两行文字:

Happy Mother's Day!
Happy Father's Day!

下面从第一行开始读,每一行的 //后面给出了该行程序的解释。一般来说,每行有一个语句,语句以 ";"结束,这个分号是不可省略的。

# include <stdio. h>	//# include 是 C 语言的保留字,表示将后面的头文件包含进来
	//<stdio. h>是一个 C 语言函数库,里面包含了支持输入输出
int main()	//的函数主程序的开始,int 表示主程序返回一个整数作为返回
	//值 mian() 是固定的写法,表示主函数的名字,每个程序都
	//需要有一个 main(),程序的执行就是从 main()开始的
{	//这个左大括号表示 main()的开始,它和结尾的右大括号是
	//成对出现的,所有在这对括号之间的语句将被执行
printf("Happy Mother's Day!\n");	//本句输出一行文字:Happy Mother's Day!
	//printf 是<stdio. h>中一个负责输出的函数
	//正因为使用了它,所以要在前面包含
	//<stdio. h>。双引号中间的内容是要输出的内容
	//其中,\n 是一个转义符,表示输出一个回车
printf("Happy Father's Day!\n");	//和上一句类似,只是输出的内容换成了
	//Happy Father's Day! 这里可以看出
	//可以通过修改双引号中的内容输出任意想
	//要的内容
return 0;	//主程序返回一个 0,表示程序正常结束,这里
	//先不必关心返回值的用途
}	//和前面的左大括号配对,表示 main()结束

练习：可以上机尝试输入这个程序，编译运行它，看看结果是什么样的。修改 printf 后双引号中的内容，再看看输出是什么。去掉\n，再看看输出是什么样。这样可以更好地理解这段程序。这样，就学会了写程序输出一串我们想要的字符。

8.5.2　输入输出

一般写的程序会包含与用户交互的部分，即让用户从键盘输入数据，并把结果数据输出到显示器上。从用户那里输入的数据要暂时保存起来，所以还需要定义变量用来存储读入的数据。下面一段程序给出了程序中输入输出数据时要使用的语句和使用的样例。

```
1.    # include <stdio. h>
2.    int main()
3.    {
4.        int baby, mum;
5.        scanf("%d",&baby);
6.        scanf("%d",&mum);
7.        printf("The baby is%d years old\n",baby);
8.        printf("The mum is%d years old\n", mum);
9.        return 0;
10.   }
```

一段程序定义了两个变量，名字分别是 babay 和 num。它们都是整数类型的变量，表示它们在内存里占有一个整数的空间，可以存储一个整数。程序先从键盘读入一个整数存入变量 baby，再从键盘读入一个整数存入变量 mum，然后输出两行文字。下面是对程序的逐行解释。

```
# include <stdio. h>                              //包含输入输出函数的头文件
int main()                                         //主函数 main
{                                                  //主函数 main 开始的记号
    int baby, mum;                                 //定义两个整数类型的变量 baby 和 mum
    scanf("%d",&baby);                             //从键盘读入一个整数并存放到变量 baby 中
    scanf("%d",&mum);                              //从键盘读入一个整数并存放到变量 mum 中
    printf("The baby is%d years old\n", baby);     //在显示器上输出一行文字：
                                                   //The baby is N years old,
                                                   //其中 N 是 baby 中存放的整数的数值
    printf("The mum is%d years old\n", mum);       //在显示器上输出一行文字：
                                                   //The mum is M years old,
                                                   //其中 M 是 mum 中存放的整数的数值
    return 0;                                      //程序运行结束返回
}                                                  //主函数 main 结束的记号
```

说明：这里使用了 scanf 和 printf 两个函数分别用于输入和输出数据。在 scanf 中，用%d 代表该位置上将输入一个整数，整数存放在后面的变量中，注意变量前面要加 & 符号。在 printf 中，使用同样的%d 表示该位置将要输出一个整数，整数的具体数值存放在后面的变量中，这里变量名前面不要加 & 符号。

练习：可以上机尝试输入这个程序，编译运行它。输入不同的值，看看输出结果是否会

随着输入的变化而变化。可以尝试修改程序,多定义一个整型变量,同时增加一条输出语句,这样就知道如何写程序输入和输出整数数据了。

8.5.3 表达式

在上面的例子中没有对读入的数据作任何计算和处理,在下面的例子里就来看看如何通过表达式和赋值语句进行计算。这里要做一个加法器,当用户输入两个整数时程序自动输出它们的和。

```
1.    # include <stdio. h>
2.    int main()
3.    {
4.        int x, y, z;
5.        printf("Li Mingchi's first calculator \n");
6.        printf("Please input the first integer:\n");
7.        scanf("%d", &x);
8.        printf("Please input the second integer:\n");
9.        scanf("%d", &y);
10.       z=x+y;
11.       printf("%d+%d=%d\n", x, y, z);
12.       printf("How nice it is!\n");
13.       return 0;
14.   }
```

上面一段程序运行时,先输出一行文字:

Li Mingchi's first calculator

换行之后又输出一行文字:

Please input the first integer:

换行之后等待用户输入一个整数,待用户输入一个整数后,程序又输出一行文字:

Please input the second integer:

换行之后等待用户输入一个整数,待用户输入一个整数后,程序自动计算出输入的两个整数的和,并输出一个表达式:第一个输入的整数+第二个输入的整数=和。程序最后输出一行文字:

How nice it is!

下面是对这段程序的逐行解释:

```
# include <stdio. h>              //包含头文件<stdio. h>
int main()                        //定义主程序
{                                 //主程序开始
    int x, y, z;                  //定义三个整数类型变量,名字分别为 x, y, z

    printf("Li Mingchi's first calculator \n");   //调用库函数 printf 向屏幕输出一行文字:
```

```
                                    //Li Mingchi's first calculator
                                    //末尾的 \n 表示回车换行

printf("Please input the first integer:\n");    //调用库函数 printf 向屏幕输出一行文字：
                                    //Please input the first integer：
                                    //末尾的 \n 表示回车换行

scanf("%d", &x);                    //调用库函数 scanf 从键盘读入一个整数，
                                    //并将读入的整数存入变量 x
                                    //这里%d 表示即将读入一个整数
                                    //&x 表示变量 x 的地址

printf("Please input the second integer:\n");    //调用库函数 printf 向屏幕输出一行文字：
                                    //Please input the second integer：
                                    //末尾的\n 表示回车换行

scanf("%d", &y);                    //调用库函数 scanf 从键盘读入一个整数，
                                    //并将读入的整数存入变量 y
                                    //这里%d 表示即将读入一个整数
                                    //&y 表示变量 y 的地址

z=x+y;                              //将变量 x 中存放的整数与变量 y 中存放
                                    //的整数相加，并将计算结果存入变量 z

printf("%d+%d=%d\n", x, y, z);      //调用库函数 printf 向屏幕输出一行文字：
                                    //变量 x 的值+变量 y 的值=变量 z 的值
                                    //在双引号中的%d 是占位符，
                                    //将会出现一个整数，而整数的具体数
                                    //由后面的变量给出，后面的变量按顺序
                                    //填补前面的%d 占位符的位置

printf("How nice it is!\n");        //调用库函数 printf 向屏幕输出一行文字：
                                    //How nice it is!

return 0;
}
```

练习：可以上机尝试输入这个程序，编译运行它。输入不同的 x 和 y 的值，看看输出结果会如何变化。可以尝试修改程序，把"＋"变成"－"或者其他运算符。这里要注意，如果把"＋"变成"－"，在 printf("%d＋%d＝%d\n", x, y, z); 中也要把"＋"变成"－"，才能保持输出的算式是正确的。

8.5.4 分支语句

在前面的加法器每次只能做一种运算，功能显得不够强大。下面要读的这段程序不仅可以由用户输入运算数，还可以由用户输入运算符，以根据用户的需要完成不同的运算。注

意,在前面的程序中,语句都是按照出现的顺序依次被执行的,而下面的程序在运行过程中出现了跳转的情况,即跳过某些代码不执行的情况。另外,当输入改变时,程序还有可能执行不同的代码段。

```c
1.      #include <stdio.h>
2.      int main()
3.      {
4.          int x,y,z;
5.          char q;
6.          printf("Li Mingchi's second calculator"\n);
7.          printf("Please input the operator \n");
8.          scanf("%c",&q);

9.          printf("Please input the first integer\n");
10.         scanf("%d", &x);
11.         printf("Please input the second integer\n");
12.         scanf("%d",&y);

13.         switch(q)
14.         {
15.             case '+': z=x+y;
16.                     break;
17.             case '-': z=x-y;
18.                     break;
19.             case '*': z=x*y;
20.                     break;
21.             case '/': z=x/y;
22.                     break;
23.             default : z=x;
24.         }
25.         printf("%d%c%d=%d\n", x, q, y, z);
26.         printf("How great it is!\n");
27.         return 0;
28.     }
```

上面一段程序实现了一个能够执行加减乘除运算的计算器。程序首先输出一行文字:

Li Mingchi's second calculator

换行之后又输出一行文字:

Please input the operator

用户输入"+","-"," * ","/"中的一个运算符,换行之后又输出一行文字:

Please input the first integer:

换行之后等待用户输入一个整数,待用户输入一个整数后,程序又输出一行文字:

Please input the second integer：

换行之后等待用户输入一个整数,待用户输入一个整数后,程序自动输出一个表达式:第一个输入的整数 输入的运算符 第二个输入的整数=经过运算得到的结果。程序最后输出一行文字:

How great it is!

下面是对这段程序的逐行解释:

```
#include <stdio.h>                              //包含头文件<stdio.h>
int main()                                      //定义主程序
{                                               //主程序开始
    int x, y, z;                                //定义三个整型变量,名字分别为 x,y,z
    char q;                                     //定义一个字符型变量,名字为 q

    printf("Li Mingchi's second calculator\n");
                                                //输出一行文字 Li Mingchi's second calculator

    printf("Please input the operator \n");     //输出一行文字 Please input the operator
    scanf("%c", &q);                            //从标准输入读入一个字符,并将该字符存入变量 q

    printf("Please input the first integer\n"); //输出一行文字 Please input the first integer
    scanf("%d", &x);                            //从标准输入读入一个整数,存入变量 x
    printf("Please input the second integer\n");
                                                //输出一行文字 Please input the second integer
    scanf("%d", &y);                            //从标准输入读入一个整数,存入变量 y

    switch(q)
    {                                           //对 q 的不同取值,分情况处理
        case '+': z=x+y;                        //如果 q 的内容是'+',则将 x 和 y 的值相加,赋予 z
                break;                          //跳过下面的语句,直接转到第 30 行
        case '−': z=x−y;                        //如果 q 的内容是'−',则将 x 和 y 的值相减,赋予 z
                break;                          //跳过下面的语句,直接转到第 30 行
        case '*': z=x*y;                        //如果 q 的内容是'*',则将 x 和 y 的值相乘,赋予 z
                break;                          //跳过下面的语句,直接转到第 30 行
        case '/': z=x/y;                        //如果 q 的内容是'/',则将 x 和 y 的值相除,赋予 z
                break;                          //跳过下面的语句,直接转到第 30 行
        default : z=x;                          //如果 q 的内容不是'+','−','*','/'中的任何
                                                //一个,则将 x 的值赋予 z
    }                                           //switch 语句结束

    printf("%d%c%d=%d\n", x, q, y, z);          //输出一个表达式,型如 x q y=z
    printf("How great it is!\n");               //输出一行文字 How great it is!

    return 0;                                   //程序正常返回
}                                               //程序结束
```

练习：可以上机尝试输入这个程序，编译运行它。输入不同的 x 和 y 的值，看看输出结果会如何变化。可以尝试修改程序，把其中的 break 语句去掉一个或几个，看看程序会输出怎样的结果。

8.5.5　循环语句

在前面的例子中，每条语句被执行一次后，就不再被执行第二次了。在有些情况下，可能需要将某条语句执行很多次。如果每执行一次就写一条语句会使得程序很烦琐，可以利用循环语句来书写重复执行某条语句若干次的程序。下面的程序使用 for 语句完成重复执行某条语句的任务。

```
1.    #include <stdio.h>
2.    int main()
3.    {
4.        int i, b;
5.        int sum=0;
6.        int a[10];
7.        for(i=1; i<=10; i++)
8.            scanf("%d", &a[i-1]);
9.        scanf("%d", &b);
10.       for(i=1; i<=10; i++)
11.           if(a[i-1]<=b) sum++;
12.       printf("%d", sum);
13.       return 0;
14.   }
```

上面的程序引入了一种新的变量定义方式，即数组。数组是一次定义一组类型相同的变量的方式。如上面的程序中 int a[10]; 就是定义 10 个整型的变量放在数组 a 中，可以通过 a[0]，a[1]，a[2]，…，a[9] 分别访问它们。上面的程序从标准输入设备(一般是键盘)读入 10 个整数，存入一个数组 a 中，然后再读入一个整数 b，并记录这 10 个整数中有多少个数小于等于 b，将小于等于 b 的数字个数记录在变量 sum 中，最后输出 sum 的值。下面是对这段程序的逐行解释：

```
#include <stdio.h>                      //包含头文件<stdio.h>
int main()                             //定义主程序
{                                      //主程序开始
    int i, b;                          //定义两个整型变量,分别为 i 和 b
    int sum=0;                         //定义整型变量 sum,并将 sum 的值初始化为 0
    int a[10];                         //定义数组 a,a 中有 10 个整型变量
    for(i=1; i<=10; i++)               //循环语句开始,i 的初值设为 1,每次循环 i 的值加 1
                                       //当 i 等于 11 时循环结束
        scanf("%d", &a[i-1]);          //每次循环读入一个整数,
                                       //这些整数被顺序存放在数组 a 中
    scanf("%d", &b);                   //读入一个整数 b
    for(i=1; i<=10; i++)               //循环语句开始,i 的初值设为 1,每次循环 i 的值加 1
```

```
                                  //当 i 等于 11 时循环结束
        if(a[i−1] <=b) sum++;     //每次循环时,访问数组 a 中的一个整数,
                                  //判断其是否小于等于整数 b,如果是 sum 的值加 1
    printf("%d", sum);            //输出 sum 的值
    return 0;                     //程序正常返回
}                                 //程序结束
```

练习:可以上机尝试输入这个程序,编译运行它。输入不同的 10 个数和 b 的值,看看输出结果会如何变化。可以尝试修改程序,把其中的"<=b"换成">=b",看看程序会输出怎样的结果。

8.5.6 判断语句

在 8.5.1 节,8.5.2 节,8.5.3 节中的程序都是顺序执行的。在 8.5.4 节的程序中,可以根据变量 q 的不同取值执行不同的语句。在 8.5.5 节的程序中,介绍了多次执行一段代码的循环语句。在这一节要介绍一种判断语句。在某些情况下,需要根据某个表达式的取值来确定要执行的语句。下面一段程序解决了如下的问题:一个笼子里面关了鸡和兔子(鸡有 2 只脚,兔子有 4 只脚,没有例外)。已经知道了笼子里面脚的总数 a,问笼子里面至少有多少只动物,至多有多少只动物。解决鸡兔同笼问题的思路是:如果给出的总脚数是奇数,那么问题没有解;如果给出的总脚数是 4 的倍数,那么最少的动物数是所有动物都是兔子的情况,最多的动物数是所有的动物都是鸡的情况;如果给出的总脚数不是 4 的倍数,那么最少的动物数是有一只鸡,余下的都是兔子的情况,最多的动物数仍是所有的动物都是鸡的情况。下面的程序是对上述解题思路的具体实现,其中用到了判断语句 if/else 和循环语句 for。

```
1.    #include <stdio.h>
2.    int main()
3.    {
4.        int n, a, i;
5.        int least,most;
6.        scanf("%d", &n);
7.        for(i=1; i<=n; i++)
8.        {
9.            scanf("%d", &a);
10.           if(a%2 !=0) printf("0 0\n");
11.           else
12.           {
13.               if(a%4!=0);
14.                   least=a/4+1;
15.               else
16.                   least=a/4;
17.               most=a/2;
18.               printf("%d %d\n", least, most);
19.           }
20.       }
21.       return 0;
22.    }
```

上述的代码用到了判断语句 if/else,还用到了整数的除法运算和取模运算。需要注意的是整数的除法运算"/",返回的是除法运算的商,它是一个整数。例如,5/3 等于 1。下面是对上面一段程序的逐句解释:

```
#include <stdio.h>              //包含头文件<stdio.h>
int main()                      //定义主程序
{                               //主程序开始
    int n, a, i;                //定义三个整型变量,分别为 n, a, i
    int least, most;            //定义两个整型变量 lease 和 most
                                //分别存储最少的动物数和最多的动物数
    scanf("%d", &n);            //从标准输入读入一个整数,存储到变量 n 中
    for(i=1; i<=n; i++)         //循环语句,初始时 i 等于 1,每执行一次循环
                                //内部语句 I 的值加 1,直到 I 的值大于 n
                                //则跳出循环,转到第 26 行
    {                           //循环体开始
        scanf("%d", &a);        //从标准输入读入一个整数,存入变量 a
        if(a%2 !=0) printf("0 0\n");  //如果 a 模 2 不等于 0,说明 a 是奇数,题目无解
                                //输出 0 0
        else
        {                       //否则,执行下面的语句组
            if(a%4 !=0) least=a/4+1;  //如果 a 不是 4 的整数倍,least 的值等于
                                //a 除以 4 的商加 1,即有一只鸡,其余的
                                //是兔子
            else        least=a/4;    //否则,如果 a 是 4 的倍数,least 的值是
                                //a 除以 4 的商,即动物全部是兔子
            most=a/2;           //most 的值等于 a 除以 2 的商,即动物
                                //全部是鸡
            printf("%d %d\n", least, most);  //输出最少和最多的动物数
        }                       //else 语句结束
    }                           //循环体结束
    return 0;                   //主程序正常返回
}                               //整个程序结束
```

练习:可以上机尝试输入这个程序,编译运行它。输入不同的 a 值,看看输出结果会如何变化。注意尝试 a 为奇数、偶数、4 的倍数的不同情况。

8.5.7 随机数

下面读个有趣一点的程序,假设有甲、乙、丙三个人在玩掷色子的游戏,每次甲、乙、丙轮流掷色子,他们会分别得到一个 1~6 之间的数。下面的程序实现一个电子色子,每次分别为甲、乙、丙生成一个 1~6 之间的数。

```
1.    #include <stdlib.h>
2.    #include <stdio.h>
3.    #include <time.h>
```

```
4.    int main()
5.    {
6.        int i;

          /* Seed the random-number generator with current time so that
           *  the numbers will be different every time we run.
           */
7.        srand((unsigned)time(NULL));

          /* Display numbers.  */

8.        printf("这是甲的数%d\n", rand()%6+1);
9.        printf("这是乙的数%d\n", rand()%6+1);
10.       printf("这是丙的数%d\n", rand()%6+1);
11.       return 0;
12.   }
```

在上面的程序中,调用了 srand()和 rand(),这两个函数是在 stdlib.h 里定义的。其中,rand()每次被调用产生一个整数范围内的伪随机数;srand()为 rand()产生伪随机数设了一个种子,这个种子会影响伪随机数生成的顺序。如果 srand()设置的种子相同,则产生的伪随机数的顺序也相同。这里用了一个函数 time()获取系统时间,每次调用 srand()时,都以当时的系统时间为参数,这就基本上可以保证每次产生的伪随机数的序列不同。下面是对程序逐行的解释:

```
#include <stdlib.h>                          //包含头文件<stdlib.h>
#include <stdio.h>                           //包含头文件<stdio.h>
#include <time.h>                            //包含头文件<time.h>

int main()                                   //定义主程序
{                                            //主程序开始
    int i;                                   //定义整型变量 i

    /* Seed the random-number generator with current time so that
     *  the numbers will be different every time we run.
     */
    srand((unsigned)time(NULL));             //调用函数 srand(),为产生伪随机数设置种子

    /* Display numbers.  */

    printf("这是甲的数%d\n", rand()%6+1);     //用 rand()产生一个随机数,将它对 6 取模
                                             //产生一个 0~5 的数
                                             //再加 1,产生一个 1~6 之间的数
                                             //用 prinf() 将这个数输出
    printf("这是乙的数%d\n", rand()%6+1);     //同上
    printf("这是丙的数%d\n", rand()%6+1);     //同上
```

```
        return 0;                          //程序正常返回
    }                                      //程序结束
```

　　练习：可以上机尝试反复运行这个程序，看看每次产生的三个数是否与上次的相同。尝试将 srand((unsigned)time(NULL))；改为 srand(0)；再运行，看看是什么效果。

8.6　程序书写规则

　　程序风格是书写程序的个人习惯。在刚开始学习写程序时，就应该注意培养良好的书写习惯。良好的程序风格有助于我们写出正确的代码，并且使得我们的程序更容易被其他人使用。

8.6.1　变量的命名

　　变量是用来保存中间结果的。变量名应该能够反映变量的用途，同时又是清晰而简洁的。例如，在程序的某个局部要记录点的个数，可以直接用变量名 n，或者更有表现力一点用 nPoints。而如果用 numberOfPoints 就显得有些过分烦琐。变量名取的得当可以使读者很容易明白它的用途，例如：

```
int mapLength;          //图的长度
long currentTime;       //当前时间
int age;                //年龄
char name[20];          //名字
int studentID;          //学号
```

在 for 循环中用于控制循环次数的循环变量，通常只用命名为 i，j 等单个字符。例如：

```
int i;
for(i=0; i<5; i++)
{
    ...
}
```

8.6.2　语句的层次和对齐

　　原则上每行只写一个语句。在同一层次，需要顺序执行的语句应该左对齐。例如：

```
void main()
{
    int x, y;
    x=5;
    y=6;
    r=x*x+y*y;
    printf("%d", r);
}
```

有些语句，如 if，switch，do，while，for 等语句会引起语句的嵌套，每嵌套一个层次，

代码应该缩进几个字符,例如:

```
void main()
{
    int x;
    scanf("%d", &x);
    if((x%2)==0)
        printf("even\n");
    else
        printf("odd\n");
}
```

当用一对大括号将一组语句括起来时,一般开始的半个括号写在前一行的末尾,后半个括号与前半个括号所在行开始的位置对齐,例如:

```
void main()
{
    int i, j;
    for(i=0; i<10; i++)
    {
        printf("%d\n", i);
        j=i*i;
        printf("%d\n", j);
    }
}
```

8.6.3 注释

为了增加程序的可读性,可在程序中加注释语句。注释语句在编译时会被忽略,它们的存在只是为使程序的阅读者容易看懂代码。有两种注释语句:行注释和段注释。行注释以//开始,可以在某一行代码后加入,表示从注释的位置开始到行末尾都为注释内容,例如:

```
void main()
{
    float r;                    //radius of a circle
    float area;                 //area of the circle
    scanf("%f", &r);
    area=r*r*3.14159;           //pie is 3.14159
    printf("The area of the circle is%f\n", area);
}
```

段注释用/*和*/把注释内容括起来,任何在/* 和 */之间的内容都被看作注释内容。段注释可以多于一行。例如:

```
/*********************************
 * This program calculates the size of a square
 *********************************/
```

```
void main()
{
    float length;              //length of edge of a square
    float area;                //area of the square
    scanf("%f", &length);
    area = length * length;
    printf("The area of the square is %f\n", area);
}
```

8.6.4 写程序的一些禁忌

有一些明显不好的程序风格,应该在学习写程序时就避免。下面一段程序中出现了一些令人费解的数字,称之为神秘数。

```
int map[578][420];
int i, j;
int count = 0;
for(i = 0; i < 578; i++)
    for(j = 0; j < 420; j++)
        if(map[i][j] == 0)
            count++;
printf("%d\n", count);
```

这段程序里出现的 578,420 都是一些看上去意义不太明确的数字。在写程序时,应该用常量定义语句给这些神秘数一个有意义的名字。例如上面的例子可以改写为:

```
#define MAPHEIGHT   578
#define MAPWIDTH    420
#define BLACK       0
int map[MAPHEIGHT][MAPWIDTH];
int i, j;
int count = 0;
for(i = 0; i < MAPHEIGHT; i++)
    for(j = 0; j < MAPWIDTH; j++)
        if(map[i][j] == BLACK)
            count++;
printf("%d\n", count);
```

这样修改以后,就可以很清楚地看到 578 表示一幅图的高度,420 表示图的宽度。这幅图存储在一个二维数组内。这段程序计算图中全黑的点的个数。

为了提高程序的可读性,常量和变量的良好命名习惯是一个重要措施。但是和西方语系民族相比,以中文为母语的编程者需要做出大的努力来改善不良命名习惯。

另外,还应避免变量中途改变用途,例如下面一段程序:

```
void main()
{
    float length;            //length of edge of a square
```

```
    float area;              //area of the square
    scanf("%f", &length);
    area=length * length;
    printf("The area of the square is%f\n", area);
    scanf("%f", &length);
    area=length * 2 * 3.14159;
    printf("The circumference of the circle is%f\n", area);
}
```

在这段程序中，length 先被用作正方形的边长，又被用作圆的半径；而 area 先被用来存储正方形的面积，又被用来存储圆的周长。看上去十分混乱。将其修改成下面的代码，就会比较清晰：

```
void main()
{
    float edgeLength;
    float squareArea;
    float radius;
    float circumference;
    scanf("%f", &edgeLength);
    squareArea=edgeLength * edgeLength;
    printf("The area of the square is%f\n", squareArea);
    scanf("%f", &radius);
    circumference=radius * 2 * 3.14159; //pie is 3.14159
    printf("The circumference of the circle is%f\n", circumference);
}
```

8.7 习　　题

1. 概念简答题

(1) 简述机器语言、汇编语言、高级程序设计语言的主要区别。

(2) 列出至少 5 种高级程序设计语言。

(3) 试解释编译执行和解释执行的区别。

(4) 解释概念：工程、源程序、目标程序、编译、连接、开发环境。

(5) 简述应用 Visual C++ 6.0 进行程序设计的一般过程。

2. 简答题

下列汇编程序执行后，寄存器 AX 中的值是多少？用十六进制表示。

(1)

```
MOV AX, 15
MOV BX, 20
MOV CX, 12
ADD AX, BX
ADD AX,5
SUB AX, CX
HLT
```

(2)

```
MOV AL，1
MOV BL，2
calc：
CMP BL,6
JE stop
MUL BL
INC BL
JMP calc
stop：
HLT
```

(3)

```
MOV AL，99
MOV BX，0
MOV CX，10
next：
CMP DATA[BX]，AL
JG unchange
MOV AL，DATA[BX]
unchange：
INC BX
LOOP next
HLT
DATA DB 33,15,21,7,9,23,4,76,87,45
```

3．写出程序输出结果

(1)

```
# include <stdio. h>
int main()
{
    int a＝10；
    if(a>50) printf("%d \n",a);
    else printf("%d \n",2 * a);
    return 0;
}
```

(2)

```
# include <stdio. h>
int main()
{
    int n＝4；
    int s＝1, i;
    for(i=1; i <=n; i++)
        s＝s * n;
```

```
    printf("%d\n", s);
    return 0;
}
```

(3)

```
#include <stdio. h>
int main()
{
    float f=2.34, g;
    int n;
    n=1;
    g=0.0;
    for(; g<=f; n++)
        g=g+(1.0/n);
    printf("%d \n", n-1);
    return 0;
}
```

第 9 章

程序设计——基本框架

程序设计是将人们制定的对实际问题的解决方案用程序设计语言表达出来,并在计算机上执行求得计算结果的过程。采用高级程序设计语言书写的程序,经过"编译软件"被转换为机器语言的程序——指令序列,再和开发库中的程序连接起来,形成最后的可执行程序,如图 9-1 所示。

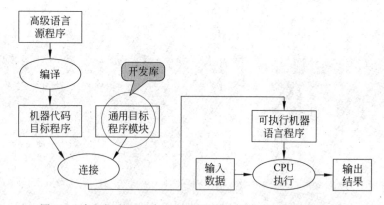

图 9-1　高级语言源程序经过编译连接形成可执行程序的过程

任何程序设计语言,都是由语言规范和一系列标准开发库组成的。学习任何程序设计语言,都是要从这两方面着手,尤其是要能够熟练地使用后者。本章将从程序结构、程序的基本元素——标识符和关键字、数据类型、常量和变量、运算符和表达式、语句和控制流等几个方面入手介绍 C 程序设计语言的语言规范,并介绍常用的 C 语言标准库函数。

9.1　程序的基本框架

一个 C 程序是由一个固定名称为 main 的主函数和若干个自定义函数组成,如图 9-2 所示。

下面的样例程序给出了 C 语言程序的基本框架,其中被/ * 和 * /包含的部分是注释语句,它们是为了让读者更好地理解程序的内容而添加进去的,在程序运行过程中不起作用。

编译预处理(宏、头文件)自定义函数声明	

int main()
{
　　说明部分
　　执行部分
}
	/* 变量定义等 */
	/* 输入/输出/计算 */

自定义函数	

图 9-2　C 程序的框架

```
/* 程序功能：求圆的面积 */
#define PI 3.14159              /* 预编译：宏定义 */
#include<stdio.h>              /* 预编译：文件包含 */
#include<math.h>


float getArea(float r);        /* 自定义函数：求面积函数 */


/* 主函数 */
int main()
{
    float s1,s2;               /* 定义变量 */
    float r1,r2;


    /* 计算第 1 个圆的面积 */
    printf("请输入第一个圆的半径:");    /* 调用 stdio.h 中的函数 printf()，将相关内容输出到屏
                                          幕中去 */
    scanf("%f", &r1);          /* 调用 stdio.h 中的函数 scanf()，从键盘中输入半径 r1
                                  的值 */
    s1=3.14159f * r1 * r1;     /* 求面积 */
    printf("第一个半径为%f 的圆的面积为：%f\n", r1,s1);
                               /* 调用函数 printf()，将计算的面积输出到平面中去 */


    /* 计算第 2 个圆的面积 */
    r2=104.6f;                 /* 半径为 104.6 */
    s2=getArea(r2);            /* 调用自定义函数求圆的面积 */
    printf("第二个半径为%f 的圆的面积为：%f\n", r2,s2);
                               /* 调用函数 printf()，将计算的面积输出到平面中去 */
    return 0;
}

/* 自定义函数：求半径为 r 的圆的面积 */
float getArea(float r)
{
    float s;


    s=(float)(PI * pow(r, 2));  /* 利用所定义的宏 PI 替换 3.14159，调用 math.h 中的
```

求幂函数 pow() * /

```
    return s;
}
```

C 程序由如下的一些基本元素组成：

- 主函数：一个 C 程序是由一个固定名称为 main 的主函数和若干个其他函数(可没有)组成。一个 C 程序必须有一个，也只能有一个主函数。程序执行时总是从主函数开始，在主函数内结束。主函数可以调用其他各种函数(包括标准库函数和用户自己编写的函数)，但其他函数不能调用主函数。其他函数相互之间遵循一定的规则是可以相互调用的。

- 标准库函数：随 C 语言环境一起提供的各种标准的通用功能函数，只能调用(必须先在程序开始的地方用 include 语句包含该函数的定义文件)。

例如：

s=(float)(PI * pow(r, 2));

pow(x,y)　　　　　　求 xy　(math.h,数学函数)

scanf("%f", &r1);

scanf("%f", …)　　　从键盘中输入数据(stdio.h,输入输出函数)

printf("第一个半径为%f 的圆的面积为：%f\n", r1,s1);

printf("%f", …)　　　往屏幕中输出数据(stdio.h,输入输出函数)

- 自编(定义)函数：必须先定义(声明)，后调用。

例如：

s2=getArea(r2);

函数之间的调用关系如图 9-3 所示。

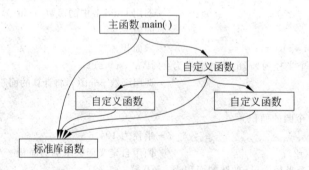

图 9-3　函数调用关系

- 变量：存放数据的容器，有不同的数据类型。

- 语句：一个由分号(;)结尾的单一命令是一条语句(Statement)，一条语句可以完成一条或若干条指令功能。如：

```
float s, r;              //变量定义语句
r=10;                    //变量赋值语句
s=3.1416 * r * r;        //执行乘法运算并赋值的语句
```

- 代码段：用大括号({… })围起来的多条语句构成一个代码段(Code block)。如：

```
int i;
for (i=0; i<=1; i++)
{
    ...
}
```

- 编译预处理——宏定义

形式：

```
#define   PI   3.14159
```

PI 是符号常量（宏名，最好用大写，以区别一般变量）。

3.14159 是宏体（可以是一个表达式）。

宏的作用是用简单符号代表宏体部分内容（编译时会先自动替换），可用作常量定义或其他作用。宏的意义是直观、可以被多次使用并且便于修改。需要注意的是，#define 语句可以出现在程序的任何一个位置（作用范围：由此行到程序末尾），宏定义不是 C 语句，不必在行末加分号，否则会连分号一起置换。

- 编译预处理——文件包含

形式：

```
#include <stdio.h>
#include "myhead.h"
```

stdio.h 是"头文件"，标准前导文件。

myhead.h 是"头文件"，自定义前导文件。

C 语言是一种"装配式"语言，许多常规的工作如输入、输出和数学函数等，往往事先由人做成各种"程序模块"（.lib），并将其定义存放在各种"头文件"（.h）中。文件包含的作用，就是根据需要把相应的某个"头文件"定义所涉及的"程序模块"在编译时先整体嵌入所编的程序中。用户也可以将自己设计的程序模块等做成"程序模块"及"头文件"，供其他程序"包含"（调用）。

- 注释：为了增加程序的可读性而附加的说明性文字，它们在编译时会被忽略。

//为单行注释，简单地解释语句含义，注释到行末；/ * … * /为多行注释，用来说明更多的内容，包括程序的设计思想等。

- 总结：C 语言程序基本组成部分是函数。每个 C 程序必须有一个，也只能有一个主函数 main()。不管主函数在程序中的位置如何，程序执行总是从主函数开始，在主函数内结束。在程序开始可以用 #include 语句包含其他头文件。在程序的任意位置可以用 #define 语句定义宏。每个语句必须用分号";"结束（注意是"每个语句"而不是"每行语句"）。语句可以用大括号组成语句段。函数可以调用其他函数。

9.2　标识符和关键字

标识符（Identifier）是程序员对程序中的各个元素加以命名时使用的命名记号，包括数据类型名、变量名、常量名、函数名和宏名称等。在 C 语言中，标识符是以字母、下划线（_）

开始的一个字符序列,后面可以跟字母、下划线和数字。合法的标识符,例如 identifier,userName,User_Name,define,sys_,value,_Name 和 name1 等。非法的标识符,例如:2mail,room♯,a%bc 和!abc 等。

关键字(Key words)具有专门的意义和用途,不能当作一般的标识符使用。C 语言中的关键字有 int,char, float,double,short,long,unsigned,struct,union,enum,auto,extern,register,static,typedef,goto,return,sizeof,break,continue,if,else,do,while,for,switch,case,default,void,entry,include,define,undef,ifdef,ifndef,endif 和 line。不同语言的关键字不完全相同,但基本相似。

关键字可以分为如下几类:
- 基本数据和返回值类型:int,void,return 等。
- 构造数据类型定义:typedef,struct,union 等。
- 控制流:if,switch,for,break,goto 等。
- 编译预处理:include,define 等。
- 变量长度:sizeof。

在 C 语言中,标识符是区分大小写的。name 和 Name 是不同的标识符。所有的关键字都是由小写字母构成的。不必死记这些关键字,当理解每个关键词的含义后,自然就记住了所有的关键词。

9.3　数据类型、常量和变量

计算机程序是通过计算来求解实际问题的。计算中涉及的数据在程序中以常量或变量的形式出现。变量可以具有不同的数据类型,用以存储不同种类的数据。

9.3.1　数据类型

C 语言中的数据类型包括基本数据类型(Primary Data Types)和构造数据类型(Composite Data Types)。其中,基本数据类型如表 9-1 所示。

表 9-1　基本数据类型

数据类型说明	数据类型标识符	所 占 位 数	其　　他
字符类型	char	8 位(1 字节)	还可以用 unsigned 来限定 char 类型和所有整数类型。unsigned 限定的数总是正数或 0
整数类型	int	与机器相关,现在通常为 32 位(4 字节)	
短整数类型	short	int 的一半	
长整数类型	long	int 的 2 倍,但现在与 int 一样,为 32 位	
单精度浮点类型	float	32 位(4 字节)	
双精度浮点类型	double	64 位(8 字节)	
无类型	void		函数无返回值

一个数据类型所占的具体字节数,可以通过 sizeof 运算符来确定。

字符的存储通常用其二进制编码(如 ASCII 码/8 位、汉字内码/16 位)来表示,所以字符数据类型 char 只占 8 位,它可以表示一个 ASCII 字符,对于汉字字符,则需要将 2 个 char 数据当作一个整体。

一个构造数据类型是由一个或多个基本数据类型组合而成的。C 语言中的构造数据类型包括数组、结构和链表等。相关内容将在后续章节中介绍。

9.3.2 常量

常量是指在程序运行的全过程中内容不会改变的量。C 中的常量值是用文字串表示的,它区分为不同的类型。

- 整型常量:123,−123。
- 长整型常量:123l,−123L。
- 单精度浮点常量:1.23f,−1.23e12f。
- 双精度浮点常量:1.23,−1.23e12。
- 字符常量:用单引号对括起来的一个字符,如'a'。
- 字符串常量:用双引号对括起来的一个字符序列,如"This is a constant string. "。

在 C 中,除了直接写出常量的值之外,还可以通过预编译命令"♯define"把一个标识符定义为常量,其定义格式为:

♯define PI 3.14159

9.3.3 变量

程序的一个重要特性是它会涉及很多"变量",例如,代表某年级学生的学生总数可以用变量 numberOfStudents。在概念上,程序中的变量和数学中变量有一些差异。数学中的变量名称代表"任意的某一个数",在同一个公式或整个公式推导中同一变量保持相同的含义,同名变量所代表的数值应该一样。但是在程序中,变量的用法和数学中有一些不同。程序的变量具有双重含意:在计算机中它代表某个"存储单元"的名字或某个存储区域的名字。它用于指定一个所要访问的存储单元,它在整个存储空间中所处的位置。显然,存储单元所存储的数据在程序执行过程中是可能变化的。因此,同一个变量 numberOfStudents 在程序的不同阶段其值会有不同。但是从另一方面而言,程序中的变量都有实际含义。求解问题如果用数学表达,那么程序中的变量就是求解过程一个可以变化的量。某统计计算多个班级的学生总数时,变量 numberOfStudents 在变化。在较复杂的运算过程中,变量可以代表和暂时存储计算的中间结果。在高级语言里,在定义变量时在主存空间为它开辟一块区域,用来放置它所代表的数据。每个变量的名字作为它的唯一标识。图 9-4 给出了变量和内存空间之间的关系。把数值存放到某个变量所指示的主存空间的过程称为赋值。使用某个变量中存储的数据称为变量的引用。不同的变量可以占用不同大小的主存空间。一个变量所占主存空间的大小是在变量定义时决定的。在程序中,有三种情况涉及变量:变量的定义、变量的赋值和变量的引用。

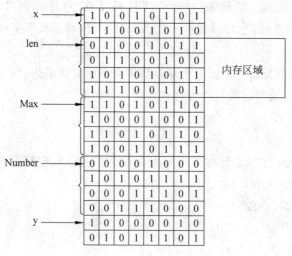

图 9-4　变量与内存空间

1. 变量的定义

变量的定义就是在程序中声明将要使用一块主存空间保存数据。这块空间的大小是由变量所属的数据类型决定的。变量的定义包括变量数据类型、变量的名字和变量的初始化几个部分，其形式为：

DataType varName [＝value][{，varName [＝value]}]；

int n, n1＝4；

变量的名字必须是一个合法的标识符，每个变量的名字作为它的唯一标识。变量名所对应的就是内存区域的地址。如果不对变量进行初始化，变量的初值是不确定的（内存空间中内存单元里是有内容的）。

2. 变量的赋值

变量，顾名思义，它里面的数值是可以变化的。给变量指定一个新的数值的过程称为变量的赋值，通过赋值语句完成。例如：

studentNumber＝36；

这里，studentNumber 是前面定义的变量。＝是赋值语句的特定标识，表示把其右边的数值赋给其左边的变量。36 表示整数 36，即将要赋给变量 studentNumber 的数值。对于不同的赋值语句，可以改变＝左边的变量名，也可以改变＝右边的数值，但＝不能改变。＝右边的数值必须与左边的变量类型相符。例如，不能将一个字符串赋值给一个整数类型的变量。＝左边一定是一个变量。右边可以是一个具体的数据，也可以是另外一个变量。当＝右边是一个变量时，表示将这个变量中的值取出赋给＝左边的变量。

下面给出一些合法变量赋值语句的例子：

int abc；

int count；

abc＝15；

count＝abc；

```
count＝count+1;
abc＝count;
```

下面是一些非法的变量赋值语句的例子：

```
int abc;
int count;
abc＝"123";              //错
count＝'a';             //错
12＝abc;                //错
```

3. 变量的引用

变量里存储的数据可以用来参与运算,这一过程称为变量的引用。例如：

```
int totalFee＝0;
int tuitionFee＝5000;
int travelExpense＝300;
int livingExpense＝1000;
int others＝1000;
totalFee＝tuitionFee+travelExpense+livingExpense+others;
```

最后一个赋值语句表示把变量 tuitionFee,travelExpense,livingExpense 和 others 的值取出来相加,得到的和赋给变量 totalFee。当一个变量出现在＝的左边时,表示要往该变量中存储一个新的值。而当变量出现在＝的右边时,表示引用变量内存储的数值而不改变该变量内的值。上面的例子在运行完最后一个语句后,totalFee,tuitionFee,travelExpense,livingExpense 和 others 内的值分别是 7300,5000,300,1000,1000。

下面是几个正确引用变量的例子：

```
int a, b, c;
a＝b＝c＝20;
a＝b+c;
b＝c * c;
c＝a+10;
```

4. 运行变量语句对主存数据的改变

来看一段包含了变量的定义、赋值和引用语句的完整程序。

例 9.1　变量在内存中的变化。

```
1.    # include<stdio. h>
2.    int main()
3.    {
4.        int USDollar＝0;
5.        int RMB＝0;
6.        USDollar＝20;
7.        RMB＝USDollar * 8;
8.        printf("%d\n",RMB);
9.        return 0;
10.   }
```

为了能够清楚地讲解该段程序运行时所引起的内存的变化,对每个语句做了标号,如语句 1,2,3,…。其中,语句 2,10 表示程序的开始和结束。语句 4 定义了一个变量 USDollar。语句 5 定义了一个变量 RMB。语句 6 给变量 USDollar 赋值 20。语句 7 给变量赋值为 USDollar 中的数值乘以 8 得到的积。

整个程序运行中,主存的变化如下(如图 9-5 所示):

(1) 运行语句 2 时,整个程序开始。

(2) 运行语句 4 时,系统给程序分配了一块主存供变量 USDollar 使用,大小为 4 个字节(int 类型需要的空间)。这时变量 USDollar 指向新分配的空间。新分配的空间存放 USDollar 的初始值 0(如图 9-5(a)所示)。

(3) 运行语句 5 时,系统给程序分配了一块主存供变量 RMB 使用,大小为 4 个字节(int 类型需要的空间)。这时变量 RMB 指向新分配的空间。新分配的空间存放 RMB 的初始值 0(如图 9-5(b)所示)。

(4) 运行语句 6 时,变量 USDollar 所指向的主存空间被填入数值 20(如图 9-5(c)所示)。

(5) 运行语句 7 时,变量 RMB 所指向的主存空间被填入数值 160(如图 9-5(d)所示)。

(6) 运行语句 9 时,程序结束,USDollar 和 RMB 指向的主存被释放。

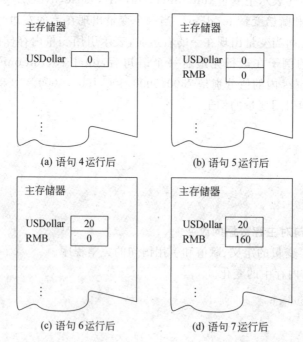

图 9-5 例 9.1 的程序运行过程中内存的变化

5. 几种不同类型变量的定义使用示例

(1) 字符型变量定义示例。

```
char c1;                        //无初值
char c2='0';                    //赋初值为字符'0'
char c3=33;                     //用整数赋初值,是字符的 ASCII 码,为'!'
```

下面是一些特殊字符的常量表示法：

- 反斜线(Backslash)：'\\'
- 退格(Backspace)：'\b'
- 回车(Carriage return)：'\r'
- 进纸符(Form feed)：'\f'
- 制表符(Form feed)：'\t'
- 换行(New line)：'\n'
- 单引号(Single quote)：'\''

（2）整型变量定义示例。

```
int num1，num2；
long len1，len2=3L；                    //必须在数字后加 l 或 L
int x=123，y=321；
short s=10；
long y=123L；                          //必须在数字后加 l 或 L
long z=123l；                          //必须在数字后加 l 或 L
```

（3）实型变量定义示例。

```
double d1=127.0；                      //赋初值为 127
double d2=127；                        //赋初值为 127
float f1=127.0f；                      //必须在数字后加 f 或 F
float f2=4.0e38f；                     //错误,32 位浮点数不能超过 3.4028234663852886e38
```

（4）一个完整的变量定义和使用的程序示例。

```
int   main()
{
    int   x，y；
    float   z=1.234f；
    double   w=1.234；
    char   c；
    c='A'；
    x=12；
    y=300；
    return 0；
}
```

9.4 运算符和表达式

表达式(Expression)是由操作数(常量和变量)和运算符按一定的语法形式组成的符号序列。一个常量或一个变量名字是最简单的表达式,其值即该常量或变量的值。表达式的值还可以用作其他运算的操作数,形成更复杂的表达式。表达式的计算结果称为表达式的值。

9.4.1 运算符

运算符(Operator)规定了对操作数的处理规则,C 语言中的运算符有:

- 算术运算符:一(负号),+,一,*,/,%,++,一一。
- 关系运算符:>,<,>=,<=,==,!=。
- 逻辑运算符:!,&&,‖。
- 位运算符:>>,<<,&,|,^,~。
- 赋值运算符:=,及其扩展赋值运算符如+=,一=,*=,/=等。
- 条件运算符:?:。
- 其他运算符:

  ◆ 分量运算符:·,一>(在结构数据类型及指针中用到)。

  ◆ 下标运算符:[index](在数组中用到)。

  ◆ 数据长度运算符:sizeof(以字节为单位)。

  int a;

  sizeof(int); sizeof(a);

  ◆ 分隔符:,(函数参数分隔,变量定义等)。

  int a, b, c;

  int max(int a, int b, int c);

  ◆ 强制类型转换运算符(DataType)。

  year=(int) ceil(x/2);

  ◆ 函数调用运算符:()。

根据运算符的不同,表达式也有不同的类型,包括算术表达式、关系表达式、逻辑表达式、位运算表达式、赋值表达式和条件表达式等。在一个复杂的表达式中,往往包含有不同类型的表达式。

9.4.2 算术表达式

使用算术运算符和括号将操作数连接起来的表达式称为算术表达式。

- 一(负号),+(加法),一(减法),*(乘法),/(除法),%(取余数,只对整型数据有效):如-3+a-b*5,(x+y)/z+(3*r/5)。
- ++(自加)、一一(自减):只适合于变量,不适合于常量或表达式,例如 5++或 (a+b)一一都是不正确的。这两个运算符可用在变量之前或变量之后,如 i++和 ++i。对变量来说,这两种情况的效果都是一样的,都是使变量 i 加 1。但在表达式中,它们的含义不同,如:

  j=++i;表示先将 i 的值加 1,再赋给 j,如果 i 的值是 5,则 j 的值是 6(先给变量加 1,再使用变量)。

  j=i++;表示先将 i 的值赋给 j,再把 i 的值加 1,如果 i 的值是 5,则 j 的值是 5(先使用变量,再给变量加 1)。

9.4.3 关系表达式

使用关系运算符和括号将操作数连接起来的表达式称为关系表达式。

- ＞(大于)，＜(小于)，＞＝(大于等于)，＜＝(小于等于)：如 x＞y，(x＋1)＞＝4，(−3＋a−b＊5)＜＝((x＋y)/z＋(3＊r/5))。

- ＝＝(等于)、!＝(不等于)：如 x＝＝y，(x＋y)!＝z。

在关系运算中，若规定的关系不成立，则表达式的值为 0，否则为 1。0 和 1 都看作是整型量。在 C 语言中，没有其他语言中的布尔量(真：true，假：false)，而是将 0 看作假，非 0 看作真。

9.4.4 逻辑表达式

使用逻辑运算符和括号将操作数连接起来的表达式称为逻辑表达式。

- ＆＆(逻辑与)：当两个操作数都为非 0 或真时，结果为 1(真)，否则为 0(假)，如 (x＞1)＆＆(x＜＝20)。

- ‖(逻辑或)：当两个操作数有一个为非 0 或真时，结果为 1(真)，否则为 0(假)，如 (x＜＝1)‖(x＞20)。

- !(逻辑非)：将一个非 0 或为真的操作数变为 0，或将 0 或为假的操作数变为 1，如 !(x＞y)。

逻辑运算 ＆＆ 和 ‖ 连接的表达式是自左向右求值的，一旦知道结果的真、假值，求值马上停止。

(a＋1＜c)＆＆(b＋1＜1)：若(a＋1＜c)为 0，则表达式的值为 0；

(a＋1＜c)‖(b＋1＜1)：若(a＋1＜c)为 1，则表达式的值为 1。

9.4.5 位运算表达式

使用位运算符和括号将操作数连接起来的表达式称为位运算表达式。

- ＆(按位与)，|(按位或)，^(按位异或)，!(按位非)：二进制位逻辑运算。

- ＜＜(左位移)：将左侧操作数的二进制数值向左移动若干位(由右侧的操作数给出)，移出去的位丢弃，空出的位用 0 填补。

- ＞＞(右位移)：将左侧操作数的二进制数值向右移动若干位(由右侧的操作数给出)，移出去的位丢弃，空出的位用符号位(对有符号数)或 0(对无符号数)来填补。

位运算符的操作数必须是整型数据。在 C 语言中，整型数据分有符号整数和无符号整数，是用一定长度的二进制位来表示。以 32 位整数为例来说明位移动运算。

- 有符号数：有符号整数做位移运算时，符号位是不参与移动的。左移时，空出的位用 0 填补；右移时，空出的位用符号位填补。

0	1	1	0	1		1	0	1
1	1	1	0		...1	1	0	1

右移2位

0	0	0	1	1		x	x	1
1	1	1	1	1		x	x	1

- 无符号数：没有符号位，不管左移或右移，空出的位都用 0 填补。

位移运算的实质(在不发生溢出时):

- 左移:x<<n,相当于 x*2^n。
- 右移:x>>n,相当于 x/2^n。

9.4.6 赋值表达式

"="是 C 语言中基本的赋值运算符,基本的赋值表达式形式为:"变量 = 表达式",它将表达式的值赋给变量。如:

x=y+1;

a=b=c=1;

C 语言中除了基本的赋值运算符外,还有一系列复合赋值运算符,如+=,-=,*=,/=,%=,>>=,<<=,&=,^=,|=,它们是由两个运算符组成,相应的赋值表达式形式为:

"变量 op=表达式",它等价于基本赋值表达式:"变量=变量 op 表达式",如:

x*=2

等价于

x=x*2

x+=y+1

等价于

x=x+(y+1)

9.4.7 条件表达式

C 语言中的条件运算符"?:"可以构成条件表达式,其形式为:"表达式 1? 表达式 2:表达式 3"。该表达式的求值过程为:先求表达式 1 的值,若它不等于 0(为真),则求表达式 2 的值,此时,该值就是整个条件表达式的值;若表达式 1 的值等于 0,则求表达式 3 的值,并作为整个条件表达式的值。即表达式 2 和表达式 3 之中,只有一个表达式被求值。如将 x 和 y 中最大的值赋给 z,可以写成:

z=(x>y)? x:y

9.4.8 数据类型转换

在表达式中,整型、实型、字符型数据可以混合运算。运算中,不同类型的数据需要先强制转化为同一类型(利用强制类型转换运算符),然后进行运算。但是,在把容量大的类型转换为容量小的类型时必须注意,转换过程中可能导致溢出或损失精度,例如:

```
double a=4.0e40;
int b=(int)a;                          //b 的存储空间小于 a 的存储空间
```

另外,浮点数到整数的转换是通过舍弃小数得到,而不是四舍五入,例如:

$(\text{int})23.7==23 \qquad (\text{int})-45.89f==-45$

9.4.9 运算符的优先级和结合性

在一个表达式里,可能会有多个运算符。在没有括号确定它们的计算次序时,各个运算的计算次序是由运算符的优先级和结合性决定的。例如 $1+2*3=1+6=7$,因为乘法优先级高于加法,所以先计算乘法。又如 $7-4-2=3-2=1$,减法遵循从左到右的结合性,所以先计算 $7-4$ 而不是 $4-2$。表 9-2 列出了大部分运算符的优先级和结合性。

表 9-2 运算符的优先级和结合性

优先级	描 述	运 算 符	结合性
1	最高优先级	.、、、->、、[]、、()	左/右
2	单目运算	-、~、!、++、--、!(DataType)、sizeof	右
3	算术乘除运算	*、/、%	左
4	算术加减运算	+、-	左
5	移位运算	>>、<<、>>>	左
6	大小关系运算	<、<=、>、>=	左
7	相等关系运算	==、!=	左
8	按位与、非简洁与	&	左
9	按位异或运算	^	左
10	按位或、非简洁或	|	左
11	简洁与(逻辑与)	&&	左
12	简洁或(逻辑或)	||	左
13	三目条件运算	?:	右
14	赋值	=、+=、-=、*=、/=、%=、^=、&=、|=	右

9.5 语 句

高级程序设计语言的运行单位是语句。在 C 语言中,诸如表达式 $x=1$ 之后加上分号就构成了简单的语句(所有的表达式加上分号之后都可以形成语句,但它们并不都是有效的语句,如 $x+5$;。

C 语言中的语句种类包括变量定义与初始化语句,如 int x,y=1;;赋值语句,如 $x=y+z$;;函数调用语句,如 scanf("%d",&n);;自增(减)语句,如 i++;、---i;;程序控制语句及空语句等。某些情况下,一组语句在一起共同完成某一特定的功能,可以将它们用大括号括起来,称之为语句组。语句组可以出现在任何单个语句出现的地方。

程序的执行顺序是由程序中的程序控制语句规定的。一般情况下,程序顺序地执行语句,语句出现的顺序就是其执行顺序,如图 9-6(a)所示。程序控制语句包括循环控制语句,使得程序能够反复执行某些语句,如图 9-6(b)所示。此外,还包括分支控制语句,用于控制多路选一的分支情况,如图 9-6(c)和图 9-6(d)所示。

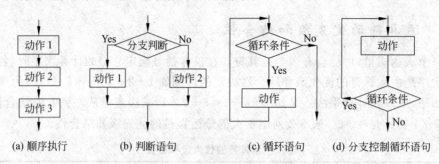

(a) 顺序执行　　　(b) 判断语句　　　(c) 循环语句　　　(d) 分支控制循环语句

图 9-6　语句执行顺序示意图

在这一节里将重点介绍分支控制语句(if-else、switch-case/default)、循环控制语句(while、do-while、for)和一些与程序转移控制有关的语句(break、continue 和 return 等)。

9.5.1　if-else

if 语句是条件分支语句。它有两种形式:

if(表达式)语句/语句组

如果"表达式"的值为真(非 0),则其后的"语句/语句组"被执行;如果"表达式"的值为假(等于 0),则其后的"语句/语句组"被忽略。

if(表达式)语句/语句组 1　　else 语句/语句组 2

如果"表达式"的值为真(非 0),则其后的"语句/语句组 1"被执行,"语句/语句组 2"被忽略;如果"表达式"的值为假(等于 0),则其后的"语句/语句组 1"被忽略,"语句/语句组 2"被执行。

下面是一个 if 语句的例子:

```
if(i>0)
    y=x/i;
else
{
    x=i;
    y=-x;
}
```

在这个例子中,i,x,y 是变量。如果 i 的值大于 0,则 y 被赋值为 x/i;如果 i 的值小于或等于 0,则 x 被赋值为 i,y 被赋值为-x。当 if 语句后面只有一个语句时,可以不用大括号将其括起来。

if 语句可以嵌套使用。在没有大括号来标识的情况下,else 语句被解释成与它最近的 if 语句共同构成一句。例如:

```
if(i>0)                        /*没有大括号*/
    if(j>i)
    x=j;
```

```
else
    x＝i；
```

如果上面的例子中 else 是与第一个 if 配对的,则应该写成如下格式：

```
if(i＞0)                           /＊加上括号＊/
{
    if(j＞i)
      x＝j；
}
else
    x＝i；
```

下面给出几个使用条件分支语句的例子。

例 9.2 判断一个数是否为偶数。

```
1.    # include＜stdio. h＞
2.    int main()
3.    {
4.        int  a＝123；
5.        if(a％2＝＝0)
6.        {
7.            printf("％d is an even. ", a)；
8.        }
9.        return 0；
10.  }
```

例 9.3 求两个数的最大者,假设两个数不相等。

```
1.    # include＜stdio. h＞
2.    int main()
3.    {
4.        int  a＝123；
5.        int  b＝456；
6.        if(a＞b)
7.        {
8.            printf("The bigger one is：％d", a)；
9.        }
10.       else
11.       {
12.            printf("The bigger one is：％d", b)；
13.       }
14.       return 0；
15.  }
```

例 9.4 求 3 个数的最大者,假设 3 个数各不相等。

```
1.    # include＜stdio. h＞
2.    int main()
3.    {
```

```
4.        int   a=123，b=456，c=237；
5.        if(a>b && a>c)
6.        {
7.            printf("The biggest one is：%d", a);
8.        }
9.        else if(b>a && b>c)
10.        {
11.            printf("The biggest one is：%d", b);
12.        }
13.        else
14.        {
15.            printf("The biggest one is：%d", c);
16.        }
17.        return 0；
18.    }
```

9.5.2 switch-case/default

switch 和 case 语句用来控制比较复杂的条件分支操作。switch 语句的语法如下：

```
switch(表达式)
{
    case 常量表达式 1：语句/语句组 1
    case 常量表达式 2：语句/语句组 2
    …
    default：语句/语句组 n
}
```

switch 语句可以包含任意数目的 case 条件，但是不能有两个 case 后面的常量表达式完全相同。进入 switch 语句后，首先"表达式"的值被计算并被用来与 case 后面的"常量表达式"逐一匹配，当某一条匹配成功时，则开始执行它后面的"语句/语句组"，然后顺序执行之后的所有语句，直到遇见一个 switch 整个语句结束，或者遇到一个 break 语句(break 语句后面会有介绍)。如果"表达式"与所有的"常量表达式"都不相同，则从 default 后面的语句开始执行到 switch 语句结束。

如果各个 case 分支后面的"语句/语句组"彼此独立，即在执行完某个 case 后面的"语句/语句组"后，不需要顺序执行下面的语句，可以用 break 语句将这些分支完全隔开。在 switch 语句中，如果遇到 break 语句，则整个 switch 语句结束。例如：

```
switch(表达式)
{
    case 常量表达式 1：语句/语句组 1；break；
    case 常量表达式 2：语句/语句组 2；break；
    …
    default：语句/语句组 n
}
```

default 分支处理除了明确列出的所有"常量表达式"以外的情况。switch 语句中只能有一个 default 分支,它不必只出现在最后,事实上它可以出现在任何 case 出现的地方。switch 后面的"表达式"与 case 后面的"常量表达式"必须类型相同。像 if 语句一样,case 语句也可以嵌套使用。

下面是一个 switch 语句的例子:

```
switch(c)
{
    case 'A':
            capa++;
    case 'a':
            lettera++;
    default:
            total++;
}
```

因为没有 break 语句,如果 c 的值等于'A',则 switch 语句中的全部三条语句都被执行;如果 c 的值等于'a',则 lettera 和 total 的值加 1;如果 c 的值不等于'a'或'A',则只有 total 的值加 1。下面是一个加入了 break 语句的例子:

```
switch(i)
{
    case −1:
            n++;
            break;
    case 0:
            z++;
            break;
    case 1:
            p++;
            break;
}
```

在这个例子中,每个分支都加入了一个 break 语句,使得每种情况处理完之后,就结束 switch 语句。如果 i 等于−1,只有 n 加 1;如果 i 等于 0,只有 z 加 1;如果 i 等于 1,只有 p 加 1。最后一个 break 不是必需的,因为程序已经执行到最后,保留它只是为了形上的统一。

如果有多种情况要执行的任务相同,可以用如下的方式表达:

```
case 'a':
case 'b':
case 'c':
case 'd':
case 'e':
case 'f': x++;
```

在这个例子中,无论表达式取值是'a'~'f'之间的什么值,x 的值都加 1。

例 9.5   计算器程序。

```
1.    #include<stdio.h>
2.    int main()
3.    {
4.        int a=100,b=20,c;
5.        char oper;
6.        scanf("%c", &oper);
7.        switch(oper)
8.        {
9.          case '+':
10.             c=a+b;
11.             break;
12.          case '-':
13.             c=a-b;
14.             break;
15.          case '*':
16.             c=a*b;
17.             break;
18.          default :
19.             if(b==0)
20.                c=a;
21.             else
22.                c=a/b;
23.        }
24.        printf("C=%d\n", c);
25.        return 0;
26.    }
```

9.5.3 for

for 可以控制一个语句或语句组重复执行限定的次数。for 的语句体可以执行 0 或多次直到给定条件不被满足。可以在 for 语句开始时设定初始条件并在语句的每次循环中改变一些变量的值。for 语句的语法如下：

for(初始条件表达式；循环控制表达式；循环操作表达式)语句/语句组

执行一个 for 语句包括如下操作：

(1)"初始条件表达式"被分析执行。这个条件可以为空。

(2)"循环控制表达式"被分析执行。这一项也可以为空。"循环控制表达式"一定是一个数值表达式。在每次循环开始时,它的值都会被计算。计算结果有三种可能：

- 如果"循环控制表达式"为真(非 0),"语句/语句组"被执行；然后"循环操作表达式"被执行。"循环操作表达式"在每次循环结束时都会被执行。下面就是下一次循环开始,"循环操作表达式"被执行。
- 如果"循环控制表达式"被省略,它的值定义为真。一个 for 循环语句如果没有"循环控制表达式",它只有遇到 break 或 return 语句时才会结束。
- 如果"循环控制表达式"为真(非 0),for 循环结束,程序顺序执行它后面的语句。

图 9-7 给出了 for 语句各部分执行顺序的示意图。

break、goto 或 return 语句都可以结束 for 语句。continue 语句可以把控制直接转移至 for 循环的"循环控制表达式"。当用 break 语句结束 for 循环时，"循环控制表达式"不再被执行。下面的语句经常被用来构造一个无限循环，只有 break 或 return 语句可以从这个循环中跳出来。

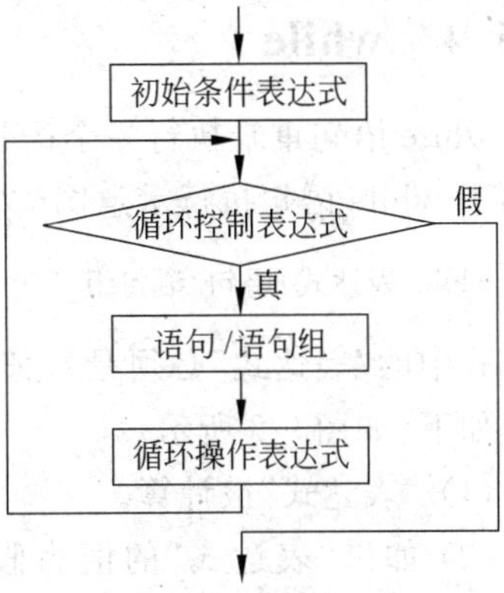

下面是 for 循环语句的例子。

例 9.6 计算从 0 到 100 的整数中有多少个数是偶数（包括 0 在内），有多少个数是 3 的整数倍。

图 9-7　for 语句各个部分执行的顺序

```c
1.    #include<stdio.h>
2.    int main()
3.    {
4.        int i,n2=0, n3=0;
5.        for(i=0; i<=100; i++)
6.        {
7.            if(i%2==0)
8.                n2++;
9.            if(i%3==0)
10.               n3++;
11.       }
12.       printf("n2=%d, n3=%d\n",n2,n3);
13.       return 0;
14.   }
```

最开始 i、n2 和 n3 被初始化成 0。然后把 i 与 100 做比较，之后 for 内部的语句被执行。根据 i 的不同取值，n2 被加 1 或者 n3 被加 1 或者两者都不加。然后 i++ 被执行。接下来把 i 与 100 做比较，之后 for 内部的语句被执行。如此往复，直到 i 的值大于 100。

例 9.7 求 1~100 的和。

```c
1.    #include<stdio.h>
2.    int main()
3.    {
4.        int sum=0;
5.        int i;
6.        for(i=1; i<=100; i++)
7.        {
8.            sum=sum+i;
9.        }
10.       printf("sum=%d", sum);
11.       return 0;
12.   }
```

9.5.4 while

while 语句重复执行一个语句或语句组直到某个特定的条件表达式的值为假。图 9-8 给出了 while 语句执行示意图。它的语法表示如下：

while(表达式)语句/语句组

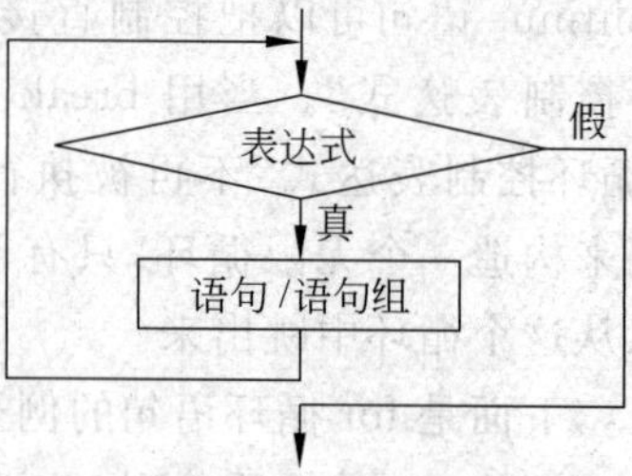

式中的"表达式"必须是数值表达式。while 语句执行过程如下(如图 9-8 所示)：

(1) "表达式"被计算。

(2) 如果"表达式"的值为假，while 下面的语句被忽略，程序直接转到 while 后面的语句执行。如果"表达式"的值为真(非 0)，"语句/语句组"被执行。之后程序控制转向(1)。

图 9-8 while 语句的执行过程

下面是使用 while 语句的例子。

例 9.8 计算从 1 到 100 的所有整数的平方和。

```
1.    #include<stdio.h>
2.    int main()
3.    {
4.        int i=100;
5.        int sum=0;
6.        while(i>0)
7.        {
8.            sum=sum+i*i;
9.            i--;
10.       }
11.       printf("sum=%d\n", sum);
12.       return 0;
13.   }
```

上面的例子计算从 1~100 的所有整数的平方和，结果保存在 sum 中。循环每次判断 i 是否大于 0，如果 i 大于 0，则进入循环，在 sum 上累加 i 的平方，将 i 的值减 1，到此一次循环结束。下一步重新判断 i 是否大于 0。当某次判断 i 不大于 0 时，while 语句结束。

例 9.9 计算从 1 到 100 的所有整数的和。

```
1.    #include<stdio.h>
2.    int main()
3.    {
4.        int sum=0;
5.        int i=1;
6.        while(i<=100)
7.        {
8.            sum=sum+i;
9.            i++;
10.       }
11.       printf("sum=%d\n", sum);
```

12.　　　return 0;
13.　}

9.5.5　do-while

do-while 语句重复执行一个语句或语句组，直到某个特定的条件表达式的值为假。
图 9-9 给出了 do-while 语句的执行过程。下面是它的语
法表示：

do 语句/语句组 while(表达式);

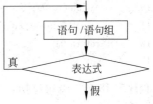

do-while 语句中，"表达式"是在"语句/语句组"被执
行之后计算的，所以 do 后面的"语句/语句组"至少被执
行一次。其中"表达式"必须是一个数值表达式。
do-while 语句的执行过程如下：

图 9-9　do-while 语句的执行过程

(1) do 后面的"语句/语句组"被执行。

(2) "表达式"被计算。如果其值为假，则 do-while 语句结束，程序继续执行它后面的语
句；如果"表达式"的值为真(非 0)，跳转回(1)重复执行 do-while 语句。

do-while 语句同样可以通过 break、goto 或 return 语句结束。

下面是使用 do-while 语句的例子。

例 9.10　计算从 1 到 100 的所有整数的平方和。

```
1.    #include<stdio.h>
2.    int main()
3.    {
4.        int i=100;
5.        int sum=0;
6.        do
7.        {
8.            sum=sum+i*i;
9.            i——;
10.       }while(i>0);
11.       printf("sum=%d\n", sum);
12.       return 0;
13.   }
```

这个 do-while 语句完成了跟上面的 while 相同的功能，即计算从 1 到 100 的所有整数
的平方和。前面两句定义了两个整型变量 i 和 sum。在进入 do-while 语句后，i 的平方被累
加到 sum 中，之后 i 的值被减 1。接下来判定 i 是否大于 0，如果 i 大于 0，则重复 do 后面的
语句，否则 do-while 语句结束。

例 9.11　计算从 1 到 100 的所有整数的和。

```
1.    #include<stdio.h>
2.    int main()
3.    {
```

```
4.        int sum＝0;
5.        int i＝100;
6.        do
7.        {
8.            sum＋＝i;
9.            i－－;
10.       }while(i＞0);
11.       printf("sum＝%d\n", sum);
12.       return 0;
13.   }
```

程序转移相关语句包括：

- break
- continue
- return
- Goto

9.5.6　break

在 switch 语句中，break 语句用来终止 switch 语句的执行，使程序从整个 switch 语句后的第一条语句开始执行。在循环语句(while、do-while、for)中，break 用于终止并跳出循环，从紧跟着循环体代码段后的语句执行。break 语句的格式为：

break;

例 9.12　到第 5 次循环时，就不再继续循环了。

```
1.    ＃include＜stdio. h＞
2.    int main()
3.    {
4.        int i;
5.        for(i＝0; i＜10; i＋＋)
6.        {
7.            …
8.            if(i＝＝5)
9.               break;
10.           …
11.       }
12.       return 0;
13.   }
```

例 9.13　输出两个 10 以内的数，两数的和是 5 的整数倍。

```
1.    ＃include＜stdio. h＞
2.    int main()
3.    {
4.        int i, j;
5.        for(i＝1; i＜10; i＋＋)
```

```
6.       {
7.           for(j=i; j<10; j++)
8.           {
9.               if((i+j)%5==0)
10.              {
11.                  printf("%d   %d\n", i , j);
12.                  break;
13.              }
14.          }
15.      }
16.      return 0;
17.  }
```

上面这个例子中,i 从 0 循环到 9,每次 j 从 i 循环到 10,如果有某个 j 值使得 i+j 是 5 的整数倍,则输出 i 和 j 的值,并跳出 j 循环,开始下一轮的 i 循环。这段程序的输出结果如下:

1 4
1 9
2 3
2 8
3 7
4 6
5 5
6 9
7 8

9.5.7 continue

continue 语句用来结束本次循环(while、do-while、for),跳过循环体中 continue 之后尚未执行的语句,接着进行终止条件的判断,以决定是否继续循环。注意:在进行终止条件的判断前,都应先执行迭代语句。它的格式为:

continue;

例 9.14 第 5 次循环时,什么也不做。

```
1.   #include<stdio.h>
2.   int main()
3.   {
4.       int i;
5.       for(i=0; i<10; i++)
6.       {
7.           if(i==5)
8.           {
9.               continue;
```

```
10.            }
11.            ...
12.        }
13.        return 0;
14.    }
```

例 9.15　求 1~100 之间除 7 的倍数之外其他数的和。

```
1.     #include<stdio.h>
2.     int main()
3.     {
4.         int sum=0;
5.         int i=0;
6.         while i<100
7.         {
8.             i++;
9.             if(i%7==0)     continue;
10.            sum=sum+i;
11.        }
12.        printf("sum=%d\n", sum);
13.        return 0;
14.    }
```

例 9.16　计算 1~99 之间所有模 8 余数不等于 1 的整数的和。

```
1.     #include<stdio.h>
2.     int main()
3.     {
4.         int i=100, x=0 y=0;
5.         while(i>0)
6.         {
7.             i--;
8.             x=i%8;
9.             if(x==1)
10.                continue;
11.            y=y+i;
12.        }
13.        printf("y=%d\n", y);
14.        return 0;
15.    }
```

　　这段程序计算 i 从 99 开始到 0 为止，累加除了 8 的倍数加 1 以外的所有数模 8 而得到的值。每次 while 循环开始，判断 i 的值是否大于 0，如果 i 大于 0，则进入循环体，先将 i 的值减 1，然后将 i 模 8 的值赋给 x。下面的 if 语句判断 x 是否等于 1，如果 x 等于 1，则回到 while 语句的开始，判断 i 是否大于 0；如果 x 不等于 1，则将 i 的值累加到 y 中。循环在 i 等于 0 时结束。

程序设计——基本框架

第9章

255

9.5.8　空语句

仅由一个分号组成的语句为空操作语句。空语句不做任何操作,它在一些特殊情况下是很有用的,如用循环来跳过输入字符开始的空格或制表符:

```
while((c=getchar())==' '‖c=='\t');
```

不要以为空语句不做任何操作就可以滥用它,有时会造成语法错误。

例 9.17　子句 else 和前面的 if 子句被空语句分隔开了,导致程序语法错误。

```
1.    #include<stdio.h>
2.    int main()
3.    {
4.        if(d>=0)
5.        {
6.            x=1;
7.        }
8.        ;
9.        else
10.       {
11.           x=2;
12.       }
13.       return 0;
14.   }
```

9.6　控制台输入和输出

在前面的例子中,在给变量赋初值时,基本上使用的是常量。但在有些应用程序是交互式的应用,有时需要从用户那里读入数据,即用户在程序运行过程中用键盘输入一些数据;有时需要把运行的结果显示在显示器上,即在程序运行过程中输出一些数据。这一节介绍如何在程序中输入和输出数据。在 C 语言中提供了一些专门用于输入输出的函数来实现通过控制台的数据输入输出。这些函数的定义都包含在<stdio.h>中。

9.6.1　数据输入

从键盘输入数据可以用 getchar()或者 scanf()。

getchar()从控制台读入一个字符。它的用法如下面的例子:

```
char ch;
ch=getchar();
if(ch=='a')printf("%c",ch);
```

ch 是一个字符类型的变量,用来存储读入的字符。如果读入的字符为字母'a',则将它输出。

scanf()从控制台读入有格式的数据。它的用法如下。

例 9.18　输入语句样例程序。

```
1.    #include<stdio.h>
2.    int main()
3.    {
4.        int   i, result;
5.        float fp;
6.        char  c, s[81];
7.        result=scanf("%d%f%c%s", &i, &fp, &c, s);
8.        return 0;
9.    }
```

其中,i 和 result 是整型变量,fp 是单精度浮点型变量,c 是一个字符型变量,s 是一个字符串型变量。scanf 中的"%d%f%c%s"是格式化串,表示将要读入 4 个变量,%d 表示第一个读入量是整数类型;%f 表示第二个读入量是单精度浮点类型;%c 表示第三个读入量是字符类型;%s 表示第四个读入量是字符串类型。&i 表示变量 i 的地址,&fp 表示变量 fp 的地址,&c 表示变量 c 的地址,字符串 s 本身就表示它的地址。scanf 运行的结果是读入 4 个输入并把它们的值填入相应的 4 个变量。result=表示将函数 scanf 运行的返回值赋给变量 result。scanf 的返回值是它成功地读入数据到变量中的数目。上面的例子中,如果正确读入 4 个变量的值,则 result 等于 4。

9.6.2　数据输出

向控制台输出数据可以用 putchar()或 printf()。

putchar()向控制台输出一个字符。它的用法如下面的例子:

char ch='p';

putchar(ch);

ch 是一个字符类型的变量,它的值为'p'。上面语句运行的结果是向控制台输出一个字符'p'。

printf()向控制台输出有格式的数据。它的用法如下面的例子。

例 9.19　输出语句样例程序。

```
1.    #include<stdio.h>
2.    int main()
3.    {
4.        int   i=1;
5.        float fp=0.5;
6.        char  c='a', s[81]="abcde";
7.        printf("%d%f%c%s \n ", i, fp, c, s);
8.        return 0;
9.    }
```

其中,i 是整型变量,它的值为 1;fp 是单精度浮点型变量,它的值为 0.5;c 是一个字符型变量,它的值为'c';s 是一个字符串型变量,它的值为"abcde"。printf 中的"%d%f%c%s"是格式化串,表示将要输出 4 个变量。%d 表示第一个输出量是整数类型;%f 表示第二个输出量是单精度浮点类型；%c 表示第三个输出量是字符类型；%s 表示第四个输出量是字符串类型。i 表示输出变量 i 的内容，fp 表示输出变量 fp 的内容，c 表示输出变量 c 的内容，字符串 s 表示输出 s 的内容。printf 运行的结果是将 4 个变量的值输出到控制台，如下：

1 0.500000 a abcde

9.6.3　一个包含输入输出语句的完整程序

例 9.20　输入输出语句样例程序。

下列程序包括了好几条打印语句，通过程序输出结果很容易理解它们各自的功能。

```
1.    #include<stdio.h>
2.    int main()
3.    {
4.        int   i, result;
5.        float fp;
6.        char  c, s[81];
7.        printf("Enter an int, a float, a char and a string\n");
8.        result=scanf("%d%f%c%s", &i, &fp, &c, s);
9.        printf("The number of fields input is%d\n", result);
10.       printf("The contents are：%d%f%c%s \n", i, fp, c, s);
11.       return 0;
12.   }
```

这段程序的输出如下：

Enter an int, a float, a char and a string

71

98.6

h

Byte

The number of fields input is 4

The contents are：71 98.599998 h Byte

其中，71,98.6,h,Byte 这 4 行是用户为 scanf 语句输入的数据；其他行依次为 printf 的输出。

9.7　初等算法（计数、统计和数学运算等）

程序是由它所使用的数据结构和解决问题的算法所组成。数据结构＋算法＝程序。在这里开始介绍一点儿算法。算法可以理解为对实际问题的求解算法，一般有对应地数学描述。下面通过例题来介绍一些简单的算法。

例 9.21　数目。

输入若干个整数，最后一个以－1 结束，要求输出在－1 以前读入的整数的个数。写这个程序的基本思路是定义一个整型变量用来存储每次读入的整数，再定义一个整型变量用来记录已经读入的整数的个数。在这个程序中需要使用一个 while 循环语句,以便能够不停地读入整数。

```
1.    # include<stdio. h>
2.    int main()
3.    {
4.        int count=0;              //定义一个变量用来计数,它的初值是 0
5.        int tmp=0;                //定义一个变量,用来存储每次读入的数据
6.        while(tmp !=-1)           //while 循环,当 tmp 等于-1 时,退出循环
7.        {
8.            scanf("%d", &tmp);    //读入一个整数
9.            if(tmp !=-1)count++;  //如果整数不等于-1,将计数变量 count 的值加 1
10.       }
11.       printf("%d\n", count);    //输出 count 的值
12.       return 0;
13.   }
```

例 9.22 计数。

顺序读入一组数字(数字是 0 或者 1,如果不是 0 或 1,则输入结束),输出其中 0 的个数和 1 的个数。

写这个程序的基本思路是定义两个整型变量分别记录已经读入的 0 和 1 的个数,定义一个整型变量存储每次读入的整数,使用 while 循环来反复读入整数,直到遇到一个既不是 0 也不是 1 的数。

```
1.    # include<stdio. h>
2.    int main()
3.    {
4.        int n0=0;                 //定义变量 n0 记录输入的 0 的个数,初值为 0
5.        int n1=0;                 //定义变量 n1 记录输入的 1 的个数,初值为 0
6.        int tmp=0;                //定义变量 tmp 存储读入的数据
7.        while(tmp==0 || tmp==1)   //直到 tmp 不等于 0 也不等于 1 时跳出循环
8.        {
9.            scanf("%d", &tmp);    //读入一个整数
10.           if(tmp==0) n0++;      //如果读入的数是 0,则 n0 加 1
11.           else if(tmp==1) n1++; //如果读入的数是 1,则 n1 加 1
12.       }
13.       printf("The number of zero is: %d\n", n0);   //输出 0 的个数
14.       printf("The number of one is: %d\n", n1);    //输出 1 的个数
15.       return 0;
16.   }
```

例 9.23 求统计值。

输入若干个整数,以 0 结束。要求输出其中的最大值、最小值和平均值(取整)。写这个程序的基本思路是定义三个变量分别存储最大值、最小值和所有整数的和,再定义一个变量存储读入的整数的个数,定义一个变量存储读入的整数。最开始把最大值、最小值和整数的和都置成第一读入的整数,之后反复读入整数,每读入一个,就把它累加到整数的和上,比较

新读入的整数和当前的最大值,如果它比当前的最大值大,就把最大值赋值成新读入的整数,这样可以保持最大值中存储的数总是到目前为止最大的。相同的方法可用于求最小值。输出平均值时用总和除以整数的个数。

```
1.    # include<stdio. h>
2.    int main()
3.    {
4.        int max, min, sum, count=0;
5.        int tmp;
6.        scanf("%d", &tmp);
7.        if(tmp==0) return 0;
8.        max=min=sum=tmp;
9.        count++;
10.       while(tmp !=0)
11.       {
12.           scanf("%f", &tmp);
13.           if(tmp !=0)
14.           {
15.               sum+=tmp;
16.               count++;
17.               if(tmp>max)
18.                   max=tmp;
19.               if(tmp<min)
20.                   min=tmp;
21.           }
22.       }
23.       printf("max=%d, min=%d, average=%d\n", max, min, sum/count);
24.       return 0;
25.   }
```

例 9.24 银行账户。

问题描述:李明毕业后找到一份高薪的工作,但是他好像总是觉得钱不够花。于是他决定管理好自己的账目,以便能够存下一些钱买房子。第一步,他准备先清查一下一年来,每个月银行的结余有多少,然后算算平均每个月有多少结余。现在,就要写一个程序来帮助他计算一年来的月平均结余。假设可以从控制台读入 12 个月的结余,然后计算平均值并输出。钱数以元为单位表示,精确到分。

问题分析:这是一个非常简单的问题,就是求 12 个实数的平均值,精确到小数点后两位。

程序设计:

(1) 定义一个浮点类型的变量来存储当前读入的结余钱数。

(2) 定义一个浮点类型的变量来存储累加到当前输入钱数的钱数总和。

(3) 依次读入 12 个实数,每次读入后累加到记录累加和的变量上。

(4) 输出累加和除以 12,精确到小数点后两位。

源程序:

```
1.    # include<stdio. h>
```

```
2.    void main()
3.    {
4.        int i;
5.        float f, sum=0.0;
6.        for(i=0; i<12; i++)
7.        {
8.            scanf("%f", &f);
9.            sum+=f;
10.        }
11.        printf(" $ %.2f", sum/12);
12.    }
```

例 9.25 生理周期。

问题描述:人生来就有三个生理周期,分别为体力、感情和智力周期,它们的周期长度为 23 天、28 天和 33 天。每一个周期中有一天是高峰。在高峰这天,人会在相应的方面表现出色。例如,智力周期的高峰,人会思维敏捷,精力容易高度集中。因为三个周期的周长不同,所以通常三个周期的高峰不会落在同一天。对于每个人,想知道何时三个高峰落在同一天。对于每个周期,会给出从当前年份的第一天开始,到出现高峰的天数(不一定是第一次高峰出现的时间)。你的任务是给定一个从当年第一天开始数的天数,输出从给定时间开始(不包括给定时间)到下一次三个高峰落在同一天的时间(距给定时间的天数)。例如,给定时间为 10,下次出现三个高峰同天的时间是 12,则输出 2(注意这里不是 3)。

输入:输入 4 个整数 p,e,i 和 d。p,e,i 分别表示体力、情感和智力高峰出现的时间(时间从当年的第一天开始计算)。d 是给定的时间,可能小于 p,e 或 i。所有给定时间是非负的并且小于 365,所求的时间小于 21 252。

输出:从给定时间起,下一次三个高峰同天的时间(距离给定时间的天数)。

样例输入:5 20 34 325

样例输出:19575

问题分析:令所求的时间为当年的第 x 天,则 x 具有如下性质:

(1) $21252 >= x > d$

(2) $(x-p)\%23=0$

(3) $(x-e)\%28=0$

(4) $(x-i)\%33=0$

一个最简单直观的做法就是枚举 d+1~21 252 之间所有的数字,寻找第一个满足条件(2)、(3)、(4)的数字,注意输出时间减去 d。

可以做的进一步改进是从 d+1 开始逐一枚举寻找满足条件(2)的数字 a,从 a 开始每步加 23 寻找满足条件(2)、(3)的数字 b,从 b 开始每步加 23 * 28 寻找满足条件(2)、(3)、(4)的数字 x。x 就是要找的数字,输出时输出 x-d。

程序设计:

(1) 读入 p,e,i,d。

(2) j 从 d+1 循环到 21 252,如果 (j-p)%23==0,跳出循环。

（3）j 从上次跳出循环的值循环到 21 252，如果（j－e）％28＝＝0，跳出循环。

（4）j 从上次跳出循环的值循环到 21 252，如果（j－i）％33＝＝0，跳出循环。

（5）输出 j－d。

源程序：

```
1.      # include＜stdio. h＞
2.      # include＜math. h＞
3.      void main()
4.      {
5.          int p, e, i, d, j, no＝1;
6.          scanf("％d％d％d％d", &p, &e, &i, &d);
7.          while(p !＝－1 && e !＝－1 && i !＝－1 && d!＝－1)
8.          {
9.              for(j＝d+1; j＜＝21252; j++)
10.                 if((j－p)％23＝＝0) break;
11.             for(; j＜＝21252; j＝j+23)
12.                 if((j－e)％28＝＝0) break;
13.             for(; j＜＝21252; j＝j+23 * 28)
14.                 if((j－i)％33＝＝0) break;
15.             printf("Case％d: the next triple peak occurs in％d days. \n", no, j－d);
16.             scanf("％d％d％d％d", &p, &e, &i, &d);
17.             no++;
18.         }
19.     }
```

9.8 习　　题

1. 概念问答题

（1）一个基本的 C 语言程序框架包括哪几个组成部分？

（2）不同数据类型的变量之间是否可以进行算术运算？

（3）数据类型转换中是否会丢失信息？

（4）循环语句有哪些？

（5）程序中语句是否总是按其出现的顺序被执行？

（6）标准输入输出语句有哪些？其中输入语句从哪里读取信息？输出语句将信息输出到哪里去？

（7）一个程序是否可以没有输入输出语句？

（8）试列出一些好的和不好的程序风格。

2. 求下列表达式的值

（1）－(int)(5.8)＞＝6^(3－11％4)＜＝0&&(float)(8+3)/2!＝5

（2）(25/9＜＝4&&3!＝3+20/3 * 5)＝＝2^ sqrt((16+5 * 3)％2)＞＝6/7 ‖ !(2 * 5％11＞1)

（3）int((9637％875/3＜6 ‖ 3/4 * (9794352/7/7/7)&&(173/33％49＞＝8)!＝1)!＝0)
　　 &&(sqrt(1001/32％2)!＝0)＝＝1

（4）!(((－4/5/(3－8％4) * 3％2/1)＝＝0) && (2％3％4/5％6+7 * 8－9!＝47) ‖ (1/1％1/1％
　　 1＝＝0)＝＝1

(5) !((24%11)===(3*5/11))&&(sprt(3*5+6%5)>=(7*3%11/5))
&&(int(5%3*7/6)!=(9*7%13-3*6/2))||(4%2>5/3)

(6) 0>=(((-(7+int(sqrt(361)))/5%4)!=-1)||(1%7))&&((-17+78*26)%3<=1)^
(256/7%4)

(7) (278%7/5%2==1^int(7.8)%2/3!=0)+((1+1)==1||7>8)+sqrt(84%17)

(8) !(!(5+6)==1<=0)&&(2003%4!=0)+28/3||(2*3==(1999/(76-56)>=(5+9)))

(9) !((int)(1.2435e2)%4)||((a=3*5,a/4),a-11/2)-7>19%5&&28*12345%7

(10) ((((5+3)==8&&(9/3!=4))+sqrt(8+(7*3!=1||32%6+3==2)))==4^47%13-54/
7>0)+2561%16

(11) !(2008%3+48/7-48%7)&&10%3>=4||9%3<4

(12) (3%2*111%37*3874!=1+(8+9)>15^20%5!=1)>2&&(38%9/2*123456!=0)

(13) 16-(17/5%2>0^(2003%2>39/5||102*(5/3-39%2)!=int(1.7)))

(14) 162%(15*((6+2)/3!=2^32%6+5==7))-97%(32*(62%8%5!=2&&(16+9)%4==1))

(15) (3%5>=(17%6)^19/2!=9)&&(1||0)

(16) 0&&1^0||0^!0

(17) (1==0^1==1)||((1+2*3/4%5==2)&&(1+2<=4))

(18) (10!=9)&&(7/8==1)||(2000%6>3+2)^(981*123!=23345)

(19) !0-1||0*1^1+(-1&&1)/(0^1)%1||1

(20) (8+6==8&&8+8!=16)^(8<=6)||((6/8+1)/6>=1)

3. 编程解决下面的问题

(1) 读入一个整数,如果该整数大于 50 并且小于 100 且是奇数,则输出该整数;否则如果该数是 6 的倍数或者是 7 的倍数,则将该整数乘以 2 输出;否则将该整数乘以 3 输出。

(2) 写一段程序读入一行输入。输入行中有三个数:第一个是整数,第二个是浮点数,第三个是一个字符。要求输出一行。输出行的第一个数是读入的字符,第二个数是读入的浮点数(精确到小数点后两位),第三个数是读入的整数。输入行和输出行的三个数都用空格隔开。

(3) 读入一个整数 n,输出 n 的 n 次方。

(4) 先读入正整数 $n(n>10)$,接着读入 n 行,每行一个字母(取值范围 a~z)。对输入的字母按字典序排序,并输出排在第 10 位的字母。

4. 思考题

老人终于愿意静下来给孩子们叙述自己的烦恼了。"虽然我家境尚算富裕,但我梦到了我的草场变成沙漠,羊全都死了。"老人通过半辈子的努力,买了数百头羊,一片草场,但是羊的数目越来越多,草场的承载能力越来越弱了。老人必须卖出一定数量的羊,并且每天都卖出一定数量的羊来保持羊的数目。现在老人草场的面积是 1000 亩,假设每只羊每年会吃掉 0.5 亩草,而第二年春天,由于草在生长,草场面积会增加上年年底的 10%。老人希望到 20 年后他的草场还没有变成他梦中的那样,孩子们应该怎样为他解决这个问题呢?

第 10 章

程序设计——数组和结构

在这一章介绍几种复杂的数据类型——数组、结构和指针。解决复杂问题不仅是编制程序,在编制程序之前还有很多步,一般步骤为问题抽象、找到解决问题的数学模型、数据结构设计、程序流程框图设计、编码、调试和测试。这里给出一些常用的数据结构的用法,通过实例说明它们。另外,针对程序与外部文件的信息交换,本章还将介绍文本文件的输入输出方法。

10.1 数 组

首先来看下面的问题:读入 100 个数,按从小到大的顺序将它们排序。如何存放这 100 个数呢? 要定义 100 个变量吗(int x1,x2,x3,…,x100;)? 如果是 1000 个数,10 000 个数呢? 在 C 语言中,用数组来解决这个问题。

10.1.1 数组的定义

数组是一种复合数据类型。数组从整体上定义了一组类型相同的变量;数组中的每个元素都可作为变量使用;数组元素的类型是相同的;数组的元素顺序地存储在连续的内存空间中。当要处理很多类型相同的数据时,可利用数组以避免在程序中定义大量的变量。

数组的定义方法如下:

数据类型 数组变量名[数组元素个数]={数组元素初值};

其中,={数组元素初值}可以省略。下面是一些数组定义的例子:

```
int score[5];
char cards[4]={'a', '0',' r', 'W' };
float point[2]={2.56, 23.43};
double distances[4];
```

这 4 个数组类型的变量在主存中分配空间的情况如图 10-1~图 10-4 所示。

定义一个数组变量相当于定义一组变量,这组变量可以通过"数组变量名[下标]"来访问。例如,score[0]、score[1]、score[2]等。这组变量在主存中是连续存放的,它们的下标从 0 开始计数。每个数组元素占用的空间大小是由定义数组变量时给定的类型决定的。

图 10-1 数组 score 在主存占用空间情况

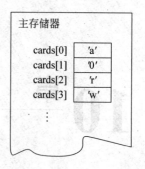

图 10-2 数组 cards 在主存占用空间情况

图 10-3 数组 point 在主存占用空间情况

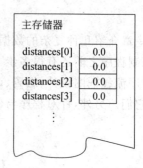

图 10-4 数组 distances 在主存占用空间情况

例如,前面的 score 每个元素占 16 位(int 类型的长度);distances 每个元素占 64 位(double 类型的长度)。

10.1.2 数组元素的赋值

每个数组元素就是一个变量。每个数组元素占用的空间大小是由定义数组变量时给定的类型决定的。例如,cards 每个元素占 1 字节(char 类型的长度),distance 每个元素占 8 字节(double 类型的长度)。数组在定义时可以给定初始值,在程序中也可以给数组元素赋值。在给数组元素赋值时,可以把数组元素看作单个变量,例如:

```
score[0]=67;
score[3]=89;
distance[2]=356.24;
cards[0]='b';
```

给数组元素赋值,数据类型必须匹配。

10.1.3 数组的访问和遍历

数组元素可以用在任何单个变量可能出现的地方。例如:

```
int max, min;
max=score[0];
min=score[3];
```

可以用一个循环语句给数组的所有元素赋值,或顺序访问它的每个元素。例如:

```
int j;
int student [100];
int odd=0，even=0；
for(j=0；j<100；j++)
{
    student [j]=j+1；
    if((student [j]%2)==0) even++；
    else odd++；
}
```

10.1.4 例题

例 10.1 程序阅读理解。

```
1.    #include<stdio. h>
2.    int main()
3.    {
4.        int u[4]，a，b，c，x，y，z；
5.        scanf("%d%d%d%d",&(u[0])，&(u[1])，&(u[2])，&(u[3]))；
6.        a=u[0]+u[1]+u[2]+u[3]-5；
7.        b=u[0]*(u[1]-u[2]/u[3]+8)；
8.        c=u[0]*u[1]/u[2]*u[3]；
9.        x=(a+b+2)*3-u[(c+3)%4]；
10.       y=(c*100-13)/a/(u[b%3]*5)；
11.       if((x+y)%2==0)
12.       {
13.           z=(a+b+c+x+y)/2；
14.       }
15.       z=(a+b+c-x-y)*2；
16.       printf("%d\n", x+y-z)；
17.       return 0；
18.   }
```

当输入为：

2 5 7 4

上面的程序输出是什么？

例 10.2 给定一个正整数 $n(n>2)$，求出所有小于 n 的质数。

```
1.    #include<stdio. h>
2.    #define NUMBER 100                      //小于 n 的质数个数
3.    int main()
4.    {
5.        int prime[NUMBER];           //在 prime[0]～prime[NUMBER-1]中存放生成的质数
6.        int  i, j, k;                        //循环变量
7.        prime[0]=2；
8.        for(i=3, j=1; i<NUMBER;  i++)        //从整数 3 开始检查 i 是否为质数
```

```
9.              {
10.                 for(k=0; prime [k] * prime [k]<i; k++)
                                                      //依次检查 i 是否可以被前面的质数整除
11.                     if(i%prime [k]==0) break;
12.                 if(prime [k] * prime [k]>i)       //如果 i 不能被前面的质数整除,则将它作
                                                      //为新质数存入数组
13.                 {
14.                     prime [j]=i;
15.                     j++;
16.                 }
17.             }
18.         return 0;
19.     }
```

例 10.3 成绩。

每个学生有学号、数学和语文成绩(0~100 分)、姓名、性别。输入 100 个学生的信息,要求输出总分最高的学生姓名、男生的语文平均成绩(实数)、女生中数学超过 90 分(包括 90 分)的学生人数。

```
1.     #include<stdio. h>
2.     #include<string. h>
3.     #define SNUMBER 100
4.     int main()
5.     {
6.         struct student
7.         {
8.             char ID[10];
9.             int mathScore;
10.            int chineseScore;
11.            char name[20];
12.            char gender;                           //男 'm'  女 'f'
13.         }
14.         tmp;
15.
16.         char nameHighestScore[20];                //总分最高的学生姓名
17.         int highestScore=0;                       //最高总分
18.         double sum=0.0;                           //男生语文成绩之和
19.         int nBoys=0;                              //男生人数
20.         int nHigher90=0;                          //女生中数学超过 90 分的人数
21.         int j;                                    //循环变量
22.         for(j=0; j<100; j++)
23.         {
24.             scanf("%s%d%d%s%c", tmp. ID, &(tmp. mathScore),
25.                     &(tmp. chineseScore), tmp. name, &(tmp. gender));
26.             if((tmp. mathScore+tmp. chineseScore)>highestScore)
27.             {
```

```
28.          highestScore=tmp. mathScore+tmp. chineseScore;
29.          strcpy(nameHighestScore,tmp. name);
30.      }
31.      if(tmp. gender=='m')
32.      {
33.          sum+=tmp. chineseScore;
34.          nBoys++;
35.      }
36.      if(tmp. gender=='f' && tmp. mathScore>=90)   nHigher90++;
37.   }
38.   printf("Student with the highest score：%s\n", nameHighestScore);
39.   printf("Average Chinese score of boys：%lf\n", sum/nBoys);
40.   printf("Number of girls whose math score higher than 90：%d\n", nHigher90);
41.   return 0;
42. }
```

例 10.4 奖金。

题目描述：过年了,村里要庆祝一下。村长对村里的 128 个村民说：做一个游戏,让每个人把出生年+月+日得到一个数。例如,1968 年 10 月 28 日=1968+10+28=2006。然后把这个数报上来。村里有一笔钱要作为游戏的奖金,数额为 M 元。如果有人报上来的数字与 M 相同,就把这笔钱发给这个/些人。如果只有一个人得奖,奖金都归这个人。如果有多于一个人得奖,则他们平分这笔钱。现在来写一段程序算算都有哪些人得到了奖金? 得到多少?

题目分析：首先会想到要把 128 个村民报的数字读进来,一边读一边判断是否与 M 相同,如果相同就记下这个村民的编号,并累计获奖村民的人数,最后用记下来的获奖人数去除 M,得到每个人所得的奖金数。

可是事先并不知道有多少人会获奖,那么用什么样的变量来存储获奖者编号呢? 如果用 128 个变量来存储每个村民是否获奖就太过烦琐了,所以要介绍一种称为数组的数据结构来帮助解决这个问题。

程序设计：可以先把村民编号,然后用一个称为数组的数据结构来存储所有村民报的数字。用另一个数组存储所报数字与 M 相同的村民的编号。再用一个整数来存储所报数字等于 M 的村民的人数。这样问题就基本解决了。

算法描述：

(1) 定义一个数组存放所有村民上报的数据。

(2) 定义一个数组存放获奖者的编号(幸运者数组)。

(3) 定义一个整数存放获奖者人数。

(4) 村民顺序报上数字,其相应的编号就是存放其数据的数组元素下标：0,1,2,…。

(5) 报上数字与幸运数相等,则：

• 记录编号到幸运者数组中。

• 获奖者人数加 1。

(6) 打印出获奖者编号和获得的奖金数额。

源程序:

```
1.      # define LUCKY_M 2006                              //幸运数字
2.      # define POPULATION 128                            //村民人数
3.      # include<stdio. h>
4.      int main()
5.      {
6.          int luckyPeople[POPULATION];                   //获奖者编号
7.          int nLucky=0;                                  //获奖者人数
8.          int i;                                         //循环变量
9.          for(i=0; i<POPULATION; i++)
10.         {
11.             int report;                                //村民报的数字
12.             scanf("%d", &report);                      //读入村民报的数字
13.             if(report==LUCKY_M)
14.             {
15.                 luckyPeople[nLucky]=i+1;               //假设村民从 1 开始编号
16.                 nLucky++;
17.             }                                          //if 语句结束
18.         }                                              //for 语句结束
19.                                                        //输出获奖者编号及所获奖金数额
20.         for(i=0;  i<nLucky;  i++)
21.             printf("%d   %d", luckyPeople[i], LUCKY_M/nLucky);
22.         return 0;
23.     }
```

例 10.5 大整数加法。

题目描述:求两个不超过 200 位的非负整数的和。

题目分析:首先要解决的就是存储 200 位整数的问题,显然,任何 C/C++ 固有类型的变量都无法保存它。最直观的想法是可以用一个字符串来保存它。字符串本质上就是一个字符数组,因此为了编程更方便,也可以用数组 unsigned an [200] 来保存一个 200 位的整数,让 a[0]存放个位数,an[1]存放十位数,an[2]存放百位数,依此类推。

程序设计:可以模仿小学生列竖式做加法的方法,从个位开始逐位相加,超过或达到 10 则进位。也就是说,用 unsigned an1[201]保存第一个数,用 unsigned an2[200]保存第二个数,然后逐位相加,相加的结果直接存放到 an1 中,要注意处理进位。另外,an1 数组长度定为 201,是因为两个 200 位整数相加,结果可能会有 201 位。实际编程时,不一定要费心思去把数组大小定的正好合适,稍微开大点也是可以的,以免不小心没有算准这个"正好合适"的数值,导致数组小了,产生越界错误。

源程序:

```
1.      # include<stdio. h>
2.      # include<string. h>
3.      # define MAX_LEN 200
4.      int an1 [MAX_LEN+10];
5.      int an2 [MAX_LEN+10];
```

```
6.      char szLine1[MAX_LEN+10];
7.      char szLine2[MAX_LEN+10];
8.      int main()
9.      {
10.         scanf("%s",szLine1);
11.         scanf("%s",szLine2);
12.         int i, j;
13.
14.         //库函数 memeset 将地址 an1 开始的 sizeof(an1)字节内容置成 0
15.         //sizeof(an1)的值就是 an1 的长度
16.         //memset 函数在 string.h 中声明
17.         memset(an1,0,sizeof(an1));
18.         memset(an2,0,sizeof(an2));
19.
20.         //下面将 szLine1 中存储的字符串形式的整数转换到 an1 中去
21.         //an1[0]对应于个位
22.         int nLen1=strlen(szLine1);
23.         j=0;
24.         for(i=nLen1-1; i>=0; i--)
25.             an1[j++]=szLine1[i]-'0';
26.
27.         int nLen2=strlen(szLine2);
28.         j=0;
29.         for(i=nLen2-1; i>=0; i--)
30.             an2[j++]=szLine2[i]-'0';
31.
32.         for(i=0; i<MAX_LEN; i++)
33.         {
34.             an1[i]+=an2[i];                 //逐位相加
35.             if(an1[i]>=10)                  //看是否要进位
36.             {
37.                 an1[i]-=10;
38.                 an1[i+1]++;                 //进位
39.             }
40.         }
41.         bool bStartOutput=false;            //此变量用于跳过多余的 0
42.         for(i=MAX_LEN; i>=0; i--)
43.         {
44.             if(bStartOutput)
45.                 printf("%d",an1[i]);        //如果多余的 0 已经都跳过,则输出
46.             else if(an1[i])
47.             {
48.                 printf("%d",an1[i]);
49.                 bStartOutput=true;          //碰到第一个非 0 的值,就说明多余的 0 已经都跳过
50.             }
```

```
51.        }
52.        return 0;
53.    }
```

10.1.5   数组使用中的注意事项

数组必须初始化(或赋值)后方可使用,在 C++ 中可用 type ary[N]={0}形式给 ary 赋初值 0。数组元素下标范围为 0~N−1,避免访问越界。整个数组占用字节数可用"sizeof(数组变量)"获得。定义数组时只能用常量,不能用变量。尽量用宏常量指明数组长度。数组长度与数组占用字节数是两个不同的概念:数组长度是数组中包含的元素的个数;而数组占用字节数是数组在内存中占用的存储单元数。

10.1.6   多维数组

二维数组是数组的数组,它的定义如下:

类型 变量名[数组行数][数组列数]={⟨初值列表⟩,⟨初值列表⟩}

例如:

int matrix[10][10]={0};
int n23[2][3]={{1,2,3},{2,4,6}};
double scores[STUDENT_NUM][COURSE_NUM];

更高维的数组可以依此类推。

上面定义的二维数组 n23 在内存中的布局如图 10-5 所示。

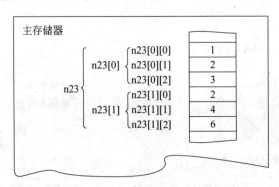

图 10-5   数组 n23 在内存中的存储情况

例 10.6   学生成绩表如表 10-1 所示,计算全年级 180 名学生每个学生 8 门课的平均成绩和每门课程全年级平均成绩。

程序设计:

(1) 定义一个 180×8 的二维数组记录各门课成绩。

(2) 录入每个人各门课成绩。

(3) 计算每名学生的平均成绩并打印出来。

(4) 计算每门课程的平均成绩并打印出来。

表 10-1　学生成绩表

学生＼课程	0	1	2	…	学生＼课程	0	1	2	…
0	83	61	41	…	8	94	62	72	…
1	88	96	68	…	9	75	81	67	…
2	67	81	70	…	10	40	79	78	…
3	77	67	73	…	11	61	78	74	…
4	80	67	83	…	12	89	93	65	…
5	83	83	73	…	13	86	77	72	…
6	76	78	62	…	14	79	76	73	…
7	71	49	72	…	⋮	⋮	⋮	⋮	⋮

源程序：

```
1.    # define STUDENT_NUM 180                    //学生人数
2.    # define COURSE_NUM 8                        //课程门数
3.    # include<stdio.h>
4.    int main()
5.    {
6.        float scores[STUDENT_NUM][COURSE_NUM];   //原始成绩
7.        int i, j;                                //循环变量
8.        for(i=0;  i<STUDENT_NUM; i++)            //录入学生成绩：这是一个二重循环
9.        {
10.           for(j=0;  j<COURSE_NUM;  j++)         //每个学生的成绩
11.           {
12.               scanf("%f", &scores[i][j]);       //读入每门课成绩
13.           }
14.       }
15.       for(i=0; i<STUDENT_NUM;  i++)            //计算学生平均成绩
16.       {
17.           float sum=0;                          //总成绩
18.           for(j=0;  j<COURSE_NUM;  j++)
19.           {
20.               sum+=scores[i][j];
21.           }
22.           printf("Student%d：%.1f\n", i, sum/COURSE_NUM);
23.       }
24.       for(j=0; j<COURSE_NUM; j++)              //计算课程平均成绩
25.       {
26.           float sum=0;                          //总成绩
27.           for(i=0; i<STUDENT_NUM; i++)
28.           {
29.               sum+=scores[i][j];
```

```
30.          }
31.             printf("Course%d : %.1f\n", j, sum/STUDENT_NUM);
32.          }
33.      return 0;
34.  }
```

例 10.7 求肿瘤面积。

题目描述：在一个正方形的灰度图片上，肿瘤是一块矩形的区域，肿瘤的边缘所在的像素点在图片中用 0 表示。其他肿瘤内和肿瘤外的点都用 255 表示。现在要求你编写一个程序，计算肿瘤内部的像素点的个数(不包括肿瘤边缘上的点)。已知肿瘤的边缘平行于图像的边缘。

题目分析：这类问题可以用一个二维数组来解决，通过循环语句输入正方形矩阵，肿瘤点的个数可以通过求出矩形肿瘤的面积来获得，只要找到矩形肿瘤的第一个点和最后一个点，即可通过两位数组的下标求得此矩形的长和高，相乘取其面积。题中要求去掉边缘的点，只需对第一点和最后一点的二维数组下标均加一和减一即可。

程序设计：

(1) 定义一个 1000×1000 的二维数组。

(2) 输入正方形区域的边长。

(3) 输入区域中所有的点。

(4) 找出第一个点。

(5) 找出最后一个点。

(6) 计算其所求区域面积。

源程序：

```
1.    #include<stdio.h>
2.    int area[1000][1000];
3.    int main()
4.    {
5.        int n;                                    //正方形的边长
6.        scanf("%d",&n);
7.        int f=-1;
8.        int re=0;
9.        int i,j,star1,star2,end1,end2;
10.       for(i=0; i<n; i++)
11.       {
12.           for(j=0; j<n;j++)
13.           {
14.               scanf("%d",&area[i][j]);
15.               if(area[i][j]==0 && f==-1)        //找到肿瘤区域的第一个点
16.               {
17.                   star1=i+1;
18.                   star2=j+1;
19.                   f=1;
20.               }
```

```
21.              if(area[i][j]==0)                    //找到肿瘤区域的最后一个点
22.              {
23.                  end1=i-1;
24.                  end2=j-1;
25.              }
26.          }
27.      }
28.      re=(end1-star1+1)*(end2-star2+1);        //求其面积
29.      printf("%d\n", re);
30.      return 0;
31.  }
```

10.2   结   构

通常,需要将多个不同类型但相互之间有着内在联系的数据组合成一个有机的整体,对这个整体进行各种操作。例如,一个学生的学号、姓名、性别、年龄和各门功课的成绩等数据,都与一个学生相关联。如果将这些数据定义为各自独立的简单变量:Number,Name,Sex,Age,Course1,Course2 等,就难以反映它们之间的内在联系。应该把它们组织成一个组合项,在一个组合项中包含若干各类型不同(当然也可以相同)的数据项。

10.2.1   结构类型和结构类型变量的定义

结构类型作为一个复合类型,它将一组变量作为一个整体,按顺序组合在一起,共同构成一个新的类型。其组成变量的类型可以相同,也可以彼此不同。结构作为复合类型可以取一个新名字。程序把结构看作一个新的数据类型,可以用它来定义变量。结构的定义类型如下:

```
struct 结构类型名
{
    类型1 分量名1;
    类型2 分量名2;
    ...
};
```

结构分量的类型可以相同,也可不同。同一个结构内的分量名不可以相同。不同结构内的分量名可以重用。下面是一个结构定义的例子:

```
struct point
{
    float x;
    float y;
};
```

其中,struct 是 C/C++ 语言的保留字;point 是给新定义的结构起的名字;float x 和 float y 是结构的两个分量,它们的类型都是浮点类型,名字分别为 x 和 y。定义了结构 point 之后,系统并不为它分配主存。struct point 作为一种新的数据类型可以像简单数据

类型(如 int)一样被用来定义变量。例如:

```
struct point pointA;
struct point center;
```

上面的语句分别定义了变量 pointA 和 center,它们都是 point 结构类型。系统会为它们分配主存空间。pointA 和 center 分别占用两个浮点数大小的空间。它们占用主存情况如图 10-6 和图 10-7 所示。

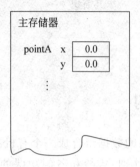

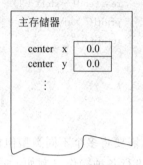

图 10-6 结构 pointA 在主存占用空间情况   图 10-7 结构 center 在主存占用空间情况

也可以在定义结构的同时定义变量,如:

```
struct point
{
    float x;
    float y;
}
pointA,center;
```

上面的语句在定义结构 point 的同时定义了两个 point 类型的变量 pointA 和 center。如果在程序中只在一处用到这个结构来定义变量,不需要反复使用结构名来定义新的变量,也可以省去结构名。例如:

```
struct
{
    float x;
    float y;
}
pointA,center;
```

它定义的变量 pointA 和 center 上面给出结构名 point 的定义相同,只是在后面不能使用结构名定义其他变量。

结构内部的分量可以是任何可用的数据类型,但是不能是正在定义的结构类型。例如下面的定义是错误的:

```
struct point
{
    float x;
```

```
        float y;
        struct point A;                    //错
}
center;
```

结构也可以嵌套定义,例如:

```
struct square
{
        struct point
        {
            int x,y;
        }
        p1,p2;
}
sq1;
```

上面的定义等价于:

```
struct point
{
        int x,y;
};
struct square
{
        struct point p1,p2;
}
sq1;
```

先定义一个结构 point,它有两个整数类型的分量 x 和 y,代表平面上一个点的坐标。
再定义结构 square,它有两个 point 类型的分量 p1 和 p2,
代表正方形的对角线上的两个顶点。变量 sql 在内存中的
布局如图 10-8 所示。

程序中不能定义两个同名的结构,结构中任意两个分
量的名字也不能相同。但是,不同结构中的分量名字可以
相同。数组的元素也可以是结构类型,例如:

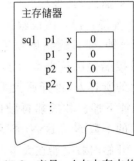

```
struct point pointList[20];
```

上面的定义表示定义一个名为 pointList 的数组,数组
的长度为 20,它的每个元素是 point 类型。

图 10-8 变量 sql 在内存中的布局

结构变量所占内存的大小并不完全决定于分量,例如:

```
struct char_frequency
{
        char c;
        int frequency;
};
```

sizeof(struct char_frequency)通常为 8,而非 5。这是编译器在编译时的一个特殊要求。

10.2.2 结构类型变量的访问与赋值

结构类型变量的值由其各个分量构成。对分量的访问一般通过"变量名.分量名"完成。结构赋值及访问的例子如下:

```
float dx, dy;
struct point
{
    float x, y;
}
p1, p2, points[2];

p1. x= p1. y=3.5f;
p2. x= p2. y=1.5f;
dx= p1. x— p2. x;
dy= p1. y— p2. y;
points[0]= p1;                    //结构变量本身可以作为一个整体来访问
points[1]= p2;
```

10.2.3 例题

例 10.8 救援,如图 10-9 所示。

问题描述:假设洪水把一个村庄淹没了,只有那些比较高大的房屋的屋顶露出水面,人们都已经爬上屋顶等待救援。用平面上的点表示救援队大本营和各个屋顶的地理位置。其中,救援队大本营的位置在坐标原点。第 i 个屋顶用一个点来描述,其坐标为(x_i, y_i),单位为米,上面有 P_i 个人等待救援。假设救援队的船只行进的速度是 50 米/分钟,船只达到屋顶后,每个人上船需要 1 分钟。救援船每次从大本营出发,开到某个屋顶,接到屋顶上的所有人,再开回大本营,每个被救出的人花 0.5 分钟下船。救援船再驶向另一个屋顶救人。已知屋顶的个数 N 和这 N 个屋顶的位置以及屋顶上的人数。开始时救援船在大本营,计算需要多长时间才能救出所有屋顶上的人并使他们都在大本营登陆,并依次输出每个屋顶的坐标位置和人数。

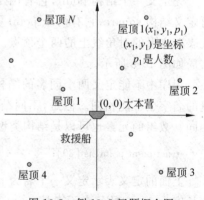

图 10-9 例 10.8 问题概念图

问题分析:这个问题实际上就是一个简单求和问题。单独计算出每个屋顶上的人到达大本营的时间,然后将它们相加即可。计算公式如下:

$$totalTime = \sum_{i=1}^{N} \left(\frac{2\sqrt{x_i^2 + y_i^2}}{speed} + (1 + 0.5) \times p_i \right)$$

其中,totalTime 是要求的总时间,N 是屋顶数(本题中为 50),speed 是船行驶的速度(本题中为 50(米/分钟)),x_i,y_i 是第 i 个屋顶的坐标,p_i 是第 i 个屋顶上的人数。因为要在计算后输出所有屋顶位置和人数,所以需要保存所有屋顶和人数信息。

程序设计:

(1) 定义结构类型的数组以存放屋顶信息。

(2) 依次读入屋顶及其上的人数信息,并保存起来。

(3) 计算所需营救时间。

(4) 输出营救时间和所有屋顶坐标及人数。

源程序:

```
1.    #include<stdio.h>
2.    #include<math.h>
3.    #define NUM 50
4.    #define SPEED 50.0
5.    #define UP 1.0
6.    #define DOWN 0.5
7.
8.    void main()
9.    {
10.       struct roof
11.       {
12.           float x, y;                //屋顶坐标
13.           int p;                     //屋顶上的人数
14.       }
15.       roofs[NUM];
16.
17.       double totalTime=0;            //救援总时间
18.       int i;                         //循环控制变量
19.
20.       float x, y;
21.       int p;
22.
23.       //用循环处理每一个屋顶,输入屋顶位置及人数
24.       for(i=0;i<NUM;i++)
25.       {
26.           scanf("%f%f%d",&x, &y, &p);
27.           roofs[i].x=x;
28.           roofs[i].y=y;
29.           roofs[i].p=p;
30.       }
31.
32.       //用循环处理每一个屋顶,计算救援时间
33.       for(int i=0; i<NUM; i++)
34.       {
35.           x=roofs[i].x;
36.           y=roofs[i].y;
37.           p=roofs[i].p;
```

```
38.
39.            //首先计算从大本营到屋顶的双程航行时间,并累加到总救援时间中
40.            totalTime+=2*sqrt(x*x+y*y)/SPEED;
41.
42.            //然后计算被救人员上船和下船所耗费的总时间,并累加到总救援时间中
43.            totalTime+=p*(UP+DOWN);
44.        }
45.
46.        //打印出救援总时间
47.        printf("Total Time is: %.2lf\n", totalTime);
48.
49.        //依次打印出各屋顶的位置及人数
50.        for(i=0; i<NUM; i++)
51.        {
52.            printf("Roof number: %d%.2f%.2f%d\n", i+1, roofs[i].x, roofs[i].y, roofs[i].p);
53.        }
54. }
```

10.2.4 结构使用中的注意事项

结构一般都定义在头文件(.h 文件)中,便于共享使用。尽量用有名结构,少用匿名结构。结构名不能相重、结构内分量名也不能相重。结构占用内存字节数不等同于分量占用字节总数。只把真正相互紧密关联的分量定义在同一个结构中。结构分量可以是任何数据类型,但不能是正在定义的或未定义的类型。结构也可用作数组的元素类型(结构数组),数组也可作为结构的分量类型。使用结构变量时首先要对分量进行初始化或赋值。

10.3 指　针

10.3.1 指针的概念、定义和使用

内存是按地址编码的,访问内存的时候是按照其地址进行的。指针就是一个内存地址。可以根据指针来访问它所指向的内存。定义指针时可以指定它所指向的内存区域所对应的变量的类型。例如:

```
int   * pi;              //定义一个名为 pi 的指向整数类型变量的指针
float * pf;              //定义一个名为 pf 的指向浮点类型变量的指针
```

称 pi,pf 为指针变量,pi 是整数指针,pf 是浮点数指针。不管指针变量指向的数据类型是什么,指针变量在内存中始终占用 4 字节。

定义一个指针变量的语法如下:

类型 * 指针变量名=指针初值;

其中的"类型"是指针指向的变量的类型。例如:

```
char * message;                      //定义一个字符类型的指针变量
struct list * next, * previous;      //指向结构类型的指针变量
```

```
int    * pointers[10];                          //指针数组,数组元素是指向整数类型变量的指针
```

指针变量的值是地址。通过下面的例子来看一下指针和内存地址的关系:

```
int main()
{
    int m=0;
    int n=0;
    int * p;
    p=&m;                          //求 m 的地址赋值给变量 p
    * p=1;                         //给 p 所指向的变量赋值 1
    p=&n;
    * p=2;
    m= * p;                        //读取 p 所指向的变量的值
}
```

上面一段程序使用的几个与指针相关的运算符中,& 是求地址运算符;* 是指针运算符。若执行了 p=&m,则 * p 与 m 等价,都代表变量 m 的存储单元;& * p 与 &m 都是变量 m 的地址;* &m 和 * p 都等价于 m。

10.3.2　指向结构和数组元素的指针

当指针指向一个结构时,可用"指针->分量"形式访问结构的分量,例如:

```
struct point
{
    float x, y;
}
point1, point2,tmp;

struct point * pc=&point1;
pc->x=10;
pc->y=20;
pc=&point2;
( * pc). x=100;
( * pc). y=200;
```

执行完上述程序后,point1 的值为(x=10,y=20),point2 的值为(x=100,y=200)。

当指针指向数组首元素时,指针可等同数组变量使用。

```
#define MAX 10
float scores[MAX];
float * pscore;
int i;
pscore=&scores[0];
for(i=0; i<MAX; i++)
{
    pscore[i]=i;
}
```

执行完上面一段程序后,scores 的值为{0,1,2,3,4,5,6,7,8,9}。

数组变量本身的值是地址。数组是一组同类型变量在内存中顺序存放。例如:

float scores [MAX];

数组变量代表了数组整体占用的内存空间。sizeof(scores)等价于 sizeof(float) * MAX。数组变量代表了数组的起始内存地址,即 scores 等价于 &scores[0];pscore＝scores 可替代 pscore＝&scores[0];* scores 等价于数组首元素 scores[0]。但是不可以给数组变量直接赋值。形如 scores＝…;的赋值语句是不正确的。

10.3.3 指针的加减法运算

指针的加减法运算不是简单的地址值的加减法。例如:

float scores [MAX];

float * pscore;

(pscore+1)的值是 &pscore[1],* (pscore+1)等价于 pscore[1],* (scores+i)等价于 scores[i]。指针的加减法是考虑了类型大小的地址加减法。指针变量可以用指针运算的结果赋值,例如,下述三条语句执行后,* pscore 与 scores[2]等价。

```
pscore＝scores;
pscore＝pscore+1;
pscore++;
```

两个指针变量相加是无意义的,例如:

```
float scores[10];
float * pscore1＝scores;
float * pscore2＝scores+1;
pscore1+pscore2;                          //无意义
```

两个同类型指针变量相减是其间的元素数目,例如:

```
(pscore2-pscore1)==1;                     //值为真
```

两个同类型指针变量可比较大小(地址值的大小),例如:

```
(pscore2>pscore1);                        //值为真
(pscore2<pscore1);                        //值为假
pscore1==scores;                          //两个指针变量所指的地址相同
```

可以利用指针加减法遍历数组,例如:

```
#define MAX 10
float scores[MAX];
float * pscore;
int i;
pscore＝scores;
for(i=0; i<MAX; i++)
{
```

```
        * pscore=i;
        pscore++;
}
```

10.3.4 指针应用的例子

例 10.9 利用指针完成两个变量值的交换。

```
1.   #include<stdio.h>
2.   int main()
3.   {
4.       int a, b, temp;
5.       int * p1, * p2;
6.       p1=&a;
7.       p2=&b;
8.       scanf("%d%d", p1, p2);
9.       temp= * p1;
10.      * p1= * p2;
11.      * p2=temp;
12.      printf("%d%d", a, b);
13.      return 0;
14.  }
```

例 10.10 完成对数组的翻转。

```
1.   #include<stdio.h>
2.   int main()
3.   {
4.       int a[9]={23, 45, 29, 38, 86, 93, 22, 87, 33};
5.       int * pi=a;
6.       int * pj=a+8;
7.       int t;
8.       for(; pi<pj; pi++,pj--)
9.       {
10.          t= * pi;
11.          * pi= * pj;
12.          * pj=t;
13.      }
14.      return 0;
15.  }
```

10.4 字 符 串

10.4.1 字符数组、字符串和字符指针

在 C 语言中,字符串作为字符数组来处理。字符串以"字符串结束标志"('\0')结尾。字符串的长度不等同于字符数组的长度。例如:

```
char s[12]="I am happy";
```

字符串的长度是 10 个字符,而字符数组 s 的长度是 12。

用字符串给字符数组赋初值,是用字符串的内容对字符数组的各个元素赋初值,字符数组的长度一定要比字符串长度大。例如:

```
1.    # include<stdio. h>
2.    int main()
3.    {
4.        char s[12]="I am happy";
5.        printf("%s", s);
6.        return 0;
7.    }
```

可以定义一个字符指针变量,让它指向字符串。字符串常量在程序中按字符数组处理,并以'\0'作为结束标志。字符指针指向字符串,就是指向字符串数组的首元素地址。指向字符串的字符指针也称为字符串指针,可用于任何使用字符串的地方。例如:

```
1.    # include<stdio. h>
2.    int main()
3.    {
4.        char * str="I am happy";
5.        printf("%s", str);
6.        return 0;
7.    }
```

10.4.2 字符串变量的初始化及输入输出

可以在定义字符串时对其进行初始化,例如:

```
char s[12]="I am happy";
char * str="I am happy";
```

从键盘输入字符串,可以用 scanf()和 gets(),例如:

```
char name[12];
scanf("%s", name);              //以空格或回车作为字符串的结束标记
gets(name);                     //以回车作为字符串的结束标记,字符串中可以有空格
```

注意:在程序中不要同时使用这两个函数从键盘中输入字符串。

输出字符串可以用 printf()和 puts(),例如:

```
printf("%s", s);
printf("%s", str);
puts(name);                     //包含换行符,相当于 printf("%s\n", name);
```

字符串指针变量的值是可变的,例如:

```
1.    # include<stdio. h>
2.    int main()
```

```
3.    {
4.        char s[12]="I am happy";        //定义字符指针变量,给指针变量赋值,使它指向字符串
5.        char * str;
6.        str=s;
7.        * str='U';                      //* str 只代表 str 所指向的字符,并不代表整个字符串
8.        printf("%s\n", str);
9.        str=s+5;                         //字符串指针变量的值可以改变,变量 str 可以指向字
                                           //符串 s 中的任意字符,从而代表从 str 位置开始,到'\0'
                                           //截止的子字符串
10.       printf("%s\n", str);
11.       return 0;
12.   }
```

上面一段程序的输出为:

U am happy
happy

可以使用循环变量复制字符串,例如:

```
1.    # include<stdio. h>
2.    int main()
3.    {
4.        char s[12]="I am happy";
5.        char t[20];
6.        int i;
7.        for(i=0; s[i] !='\0'; i++)       //字符串以'\0'结尾,因此只复制'\0'之前的字符
8.        {
9.            t[i]=s[i];
10.       }
11.       t[i]='\0';                       //字符串必须以'\0'结尾,因此需要在复制完有效字
                                           //符后,在最后补一个'\0',使之也成为一个字符串
12.       printf("%s\n%s", s, t);
13.       return 0;
14.   }
```

也可以使用指针变量完成字符串的复制,例如:

```
1.    # include<stdio. h>
2.    int main()
3.    {
4.        char s[12]="I am happy";
5.        char t[20];
6.        char * ps=s, * pt=t;             //同时定义多个指针变量时,每个指针变量要有自己的 *
7.        for(; * ps!='\0'; ps++, pt++)
                                           //指针变量自加操作使之指向字符串中下一个字符的地址
8.        {
9.            * pt= * ps;
```

```
10.          }
11.          * pt='\0';                              //仍然要补结尾'\0'
12.          printf("%s\n%s", s, t);
13.          return 0;
14.      }
```

10.4.3 常用的字符串处理函数

在库函数 string.h 中,定义了常用的字符串处理函数,例如:

- strcat(字符数组 1,字符串 2):连接字符串。
- strcpy(字符数组 1,字符串 2):复制字符串。
- strcmp(字符串 1,字符串 2):比较字符串。
- strlen(字符串):求字符串长度。
- strlwr(字符数组):把字符串中字符都变小写。
- strupr(字符数组):把字符串中字符都变大写。

在使用这些函数时不要忘记在开始时加入语句#include<string.h>。

例 10.11 函数 strcat()。

```
1.      #include<stdio.h>
2.      #include<string.h>
3.      int main()
4.      {
5.          char s1[12]="I am";
6.          char s2[12]="happy";
7.          strcat(s1, s2);              //将字符串 s2 的内容连接到字符串 s1 的内容之后
                                         //使 s1 成为一个附加了 s2 内容的长度更长的字符串
8.          printf("%s", s1);
9.          return 0;
10.     }
```

例 10.12 函数 strcpy()。

```
1.      #include<stdio.h>
2.      #include<string.h>
3.      int main()
4.      {
5.          char s1[12]="I am happy";
6.          char s2[12]="sad";
7.          strcpy(s1, s2);             //将字符串 s2 的内容(包括结尾'\0')复制到字符串 s1
                                        //的起始位置,使 s1 的字符串内容与 s2 相同
8.          printf("%s", s1);
9.          return 0;
10.     }
```

函数 strcmp(字符串 1,字符串 2) 对两个字符串从前往后逐个字符相比较(按 ASCII 码值大小比较),直到出现不同的字符或遇到'\0'为止。如果全部字符都相同,则认为相同;

如果出现不相同的字符,则以第一个不相同的字符的比较结果为准。例如:

"A"<"B", "123"<"2", "there">"that"

strcmp 函数返回一个整数:如果字符串 1=字符串 2,函数返回值为 0;如果字符串 1>字符串 2,函数返回一个正整数;如果字符串 1<字符串 2,函数返回一个负整数。例如:

strcmp("A","B")<0
strcmp("there","that")>0
strcmp("abc","abc")==0

需要注意的是,用==不能比较字符串的内容,即"abc"=="abc"的值为 0(假)。

10.4.4 字符串应用的例子

例 10.13 求字符串中大写字母的个数。

```
1.    #include<stdio.h>
2.    int main()
3.    {
4.        char str[256], * ps;
5.        int count=0;
6.        scanf("%s", str);
7.        for(ps=str; * ps !='\0'; ps++)
8.        {
9.            if( * ps>='A' && * ps<='Z')
10.               count++;
11.       }
12.       printf("%s has %d uppercases\n", ps, count);   //这样有问题,因为字符串 str 长度
                                                         //不为 0,所以 ps 值已经不再指向
                                                         //str[0]了,因此应该替换为 str
13.       return 0;
14.   }
```

例 10.14 比较两个字符串的大小,输入两个字符串,输出两个字符串比较的结果值。

```
1.    #include<stdio.h>
2.    int main()
3.    {
4.        char s1[256], s2[256];
5.        char * ps1=s1, * ps2=s2;
6.        int cmp;
7.        scanf("%s%s", s1, s2);
8.        for(; * ps1== * ps2 && * ps1 !='\0' && * ps2 !='\0'; ps1++, ps2++);
9.        cmp=( * ps1- * ps2);
10.       printf("%s cmp %s is %d\n", s1, s2, cmp);
11.       return 0;
12.   }
```

10.5 动 态 数 组

程序中定义的数组变量都有固定的大小(元素数目),处理数据的能力在编程时就已经确定,无法改变,在实际使用中很不方便。通过指针变量和 malloc 函数,可以在程序运行期间动态地申请内存,把分配到的内存地址赋值给指针变量,作为动态数组使用。动态分配的内存,当不再使用时,必须通过 free 函数释放内存,即把内存归还给系统。malloc 函数和 free 函数定义在 malloc.h 中,使用时不要忘记在程序开始前使用语句 #include<malloc.h>。

10.5.1 动态数组的申请

动态数组是程序运行过程中申请的一块主存区域,可以根据程序运行情况确定其大小。在申请动态数组之前,先定义指向动态数组的指针。例如:

char * name;

然后,用 malloc()申请动态数组:

name=(char *)malloc(20);

上面的语句动态分配了 20 个字符长度的空间,即此时指针 name 指向一块有 20 个字符长度的主存空间。下面是几个申请动态数组的例子:

```
struct point
{
    int x,y;
}
struct point * pp;
pp=(struct point * )malloc(sizeof(point) * 100);
            //申请一个长度为 100 的数组,数组元素为 point 类型
float * pf;
pf=(float * )malloc(sizeof(float) * 20);
            //申请一个长度为 20 的数组,数组元素为 float 类型
```

函数 malloc()是 C/C++ 语言提供的功能函数,可以直接使用。在 malloc 的一对小括号中出现的是该动态数组占用的主存的大小。在上面的例子中,pp 指向的动态数组有 100 个元素,每个元素是一个 point 类型,point 类型的变量占用的空间大小可以用 sizeof(point)得到,所以整个 pp 数组占用的空间为 sizeof(point) * 100。pf 指向的动态数组有 20 个元素,每个元素是一个 float 类型,float 类型的变量占用的空间大小可以用 sizeof(float)得到,所以整个 pf 数组占用的空间为 sizeof(float) * 20。使用前要在文件的开始包含<malloc.h>文件。例如:

```
#include<malloc.h>
void main()
{
    double * pd;
    pd=(double * )malloc(sizeof(double) * 50);
```

```
    ...
}
```

10.5.2　动态数组的访问与赋值

先定义一个指向数组的指针,然后申请动态数组。对动态数组元素的访问可以通过指针来实现。动态数组的第一个元素可以直接由指针得到,后面的元素可以通过在指针上加元素下标的方式得到。例如:

```
int * pi;
pi=(int * )malloc(sizeof(int) * 100);        //100 个数组元素,每个元素类型为 int
 * pi=0;                                        //将数组的第 1 个元素赋值为 0
 * (pi+1)=1;                                     //将数组的第 2 个元素赋值为 1
 * (pi+2)=2;                                     //将数组的第 3 个元素赋值为 2
...
```

与静态数组相同,动态数组的元素下标也是从 0 开始的。所以对上面 pi 所指的数组可以用如下的循环将全部元素赋初值为 0:

```
int j;
for(j=0; j<100; j++)  * (pi+j)=0;
```

在使用动态数组的元素时,可以把每个数组元素看作一个指针,例如:

```
char * pc;                                //定义字符指针 pc
pc=(char * )malloc(sizeof(char) * 2);      //两个数组元素,每个元素类型为 char
 * pc='a';                                 //将数组的第 1 个元素赋值为'a'
 * (pc+1)='b';                             //将数组的第 2 个元素赋值为'b'
char x, y;                                //定义字符型变量 x 和 y
x= * pc;                                   //将 pc 中第一个元素的内容赋值给 x;,此时 x 的值为'a'
y= * (pc+1);                               //将 pc 中第二个元素的内容赋值给 y;,此时 y 的值为'b'
...
```

动态数组元素也可以是结构类型。访问结构类型的分量用"->"。例如:

```
struct point
{
    int x,y;
}
struct point * pp;
pp=(struct point * )malloc(sizeof(point) * 2);
pp->x=1;
pp->y=2;
(pp+1)->x=3;
(pp+1)->y=4;
int node;
node=(pp+1)->x;                           //此时 node 中的值为 3
```

10.5.3　动态数组空间的释放

静态数组是数组变量定义时分配空间的,它的空间在该变量失效时由系统自动回收。动态数组是用 malloc()动态申请的,需要在程序中调用 free()主动释放。如:

```
struct point * pp;
pp＝(struct point * )malloc(sizeof(point) * 2);
...
free(pp);                               //将 pp 指向的空间释放

char * pc;                              //定义字符指针 pc
pc＝(int * )malloc(sizeof(char) * 2);    //两个数组元素,每个元素类型为 char
...
free(pc);
```

10.5.4　内存分配释放的注意事项

malloc 函数返回一个 void * 类型的地址,必须通过强制类型转换,才能赋值给特定的指针变量,例如:

```
int * pint＝(int * ) malloc(…);
```

用 malloc 函数生成各种类型的动态数组,最好使用"sizeof(类型名) * 动态数组长度"形式确定分配内存的大小,例如:

```
int * pint＝(int * )malloc(sizeof(int) * …);
```

分配的内存不再使用时一定要释放,例如:

```
free(pint);
```

当大量使用动态内存时,malloc 函数并不保证一定能分配到内存,应当判断 malloc 函数是否真的分配到内存,如果分配到内存,malloc 函数返回一个 NULL 值。NULL 是一个特殊的指针(地址值),当一个指针的值为 NULL 时,称指针为一个空指针,它不指向任何变量(内存地址)。使用空指针会导致程序错误。下面程序给出了申请内存判定返回值的例子:

```
int * pint＝(int * )malloc(1＜＜31);
if(pint＝＝NULL)
{
    printf("Can NOT alloc so many memory!");
}
else
{
    prinft("A lot of memory are Alloced!");
    free(pint);
}
```

释放内存时,要避免释放无效的动态内存,例如:

```
int ints[100];
int * pint=ints;
free(pint);                            //错:不是通过 malloc 获得的动态内存地址
pint=NULL;
free(pint);                            //错:不能释放空指针
pint=(int * )malloc(sizeof(int) * 10);
if(pint !=NULL)
{
    free(pint);
    free(pint);                        //错:pint 指向的动态内存已经释放,不能再次释放
}
```

10.5.5 使用动态数组的例子

例 10.15 字符串复制。

下面的程序分配 20 个字节的内存空间,把内存基地址强制类型转换为字符指针,赋值给字符指针变量。分配的内存使用完毕后,通过 free 释放。

```
1.    #include<stdio. h>
2.    #include<malloc. h>
3.    #include<string. h>
4.    int main()
5.    {
6.        char str[12]="I am happy";
7.        char * pstr=(char * )malloc(20);
8.        strcpy(pstr, str);
9.        printf("%s", pstr);
10.       free(pstr);
11.       return 0;
12.   }
```

例 10.16 字符串输入输出。

指针变量指向数组首元素时,指针变量等同于数组变量;指针变量指向动态分配的内存时,也可把指针变量当作数组,按数组的方式访问内存,即可实现动态数组。

```
1.    #include<stdio. h>
2.    #include<malloc. h>
3.    int main()
4.    {
5.        int maxInt, i, * pint;
6.        scanf("%d", &maxInt);
7.        pint=(int * ) malloc(sizeof(int) * maxInt);
8.        for(i=0; i<maxInt; i++)
9.        {
10.           scanf("%d", pint+i);
```

```
11.        }
12.        for(i=0; i<maxInt; i++)
13.        {
14.                printf("%d\n", pint[i]);
15.        }
16.        free(pint);
17.        return 0;
18.  }
```

例 10.17 用动态数组求解奖金分配问题。

```
1.      #include<stdio.h>
2.      #include<malloc.h>
3.      #define LUCKY_M 2006                        //幸运数字
4.   int main()
5.   {
6.        int population;                            //村民人数
7.        int * luckyPeople;                         //获奖者编号数组
8.        int nLucky=0;                              //获奖者人数
9.        int i;                                     //循环变量
10.       scanf("%d", &population);                  //读入村民人数
11.       luckyPeople=(int * ) malloc(sizeof(int) * population);
12.       for(i=0; i<population; i++)
13.       {
14.            int report;                           //村民报的数字
15.            scanf("%d",&report);                  //读入村民报的数字
16.            if(report==LUCKY_M)
17.            {
18.             * (luckyPeople+nLucky)=i+1;          //假设村民从 1 开始编号
19.            nLucky++;
20.            }
21.       //输出获奖者编号及所获奖金数额
22.       }
23.       for(i=0; i<nLucky; i++)
24.       {
25.            printf("%d   %d", * (luckyPeople+i), LUCKY_M/nLucky);
26.            free(luckyPeople);
27.       }
28.       return 0;
29.  }
```

需要说明的是,这段程序申请了和村民人数一样多的单元来准备存储获奖者的编码。
如果不是所有的村民都中奖,其实在空间上也是有冗余的,但是它保证了空间是够用的。

例 10.18 用动态数组求解求援问题。

```
1.      #include<stdio.h>
2.      #include<math.h>
```

```
3.      #include<malloc.h>
4.      #define SPEED 50.0
5.      #define UP 1.0
6.      #define DOWN 0.5
7.      void main()
8.      {
9.          struct roof
10.         {
11.             float x,y;                              //屋顶坐标
12.             int p;                                  //屋顶上的人数
13.         }
14.          * roofs;
15.         int roof_num;                               //屋顶数
16.
17.         double totalTime=0;                         //救援总时间
18.         int i;                                      //循环控制变量
19.         float x,y;
20.         int p;
21.         //输入屋顶数
22.         printf("Please input roof_num:");
23.         scanf("%d", &roof_num);
24.         //分配内存(动态分配房顶数组)
25.         roofs=(struct roof * ) malloc(sizeof(struct roof * roof_num);
26.         //用循环处理每一个屋顶,输入屋顶位置及人数
27.         for(i=0; i<roof_num; i++)
28.         {
29.             scanf("%f%f%d",&x, &y, &p);
30.             roofs[i].x=x;                           //(roofs+i)->x=x;
31.             roofs[i].y=y;                           //(roofs+i)->y=y;
32.             roofs[i].p=p;                           //(roofs+i)->p=p;
33.         }
34.         //用循环处理每一个屋顶,计算救援时间
35.         for(i=0; i<roof_num; i++)
36.         {
37.             x=roofs[i].x;                           //x=(roofs+i)->x;
38.             y=roofs[i].y;                           //y=(roofs+i)->y;
39.             p=roofs[i].p;                           //p=(roofs+i)->p;
40.
41.             //首先计算从大本营到屋顶的双程航行时间,并累加到总救援时间中
42.             totalTime+=2 * sqrt(x * x+y * y)/SPEED;
43.             //然后计算被救人员上船和下船所耗费的总时间,并累加到总救援时间中
44.             totalTime+=p * (UP+DOWN);
45.         }
46.         //打印出救援总时间
47.         printf("Total Time is: %.2lf\n", totalTime);
```

```
48.        //依次打印出各屋顶的位置及人数
49.        for(i=0; i<roof_num; i++)
50.        {
51.            printf("Roof ID: %d%.2f%.2f%d\n", i+1, roofs[i].x, roofs[i].y, roofs[i].p);
52.        }
53.        free(roofs);
54.    }
```

10.6   文件的输入输出

在前面介绍了控制台输入输出,这一节介绍文件输入输出。当需要从键盘输入很多信息时,如果中间一次出错,整个程序就要重新运行。这时可以把需要输入的信息先保存在文件里。在程序运行时,从文件中读入输入信息。输出到屏幕上结果,看过之后就不存在了。如果需要长期保存,也可以把它们输出到文件里。这一节就介绍文件的输入输出方法。

10.6.1   创建文件

用下面的语句创建一个文件:

```
int fh;
fh=_creat("data", _S_IREAD | _S_IWRITE);
```

其中,fh 是一个整型变量,它用来接收_create 函数创建出来的文件的标识。_create 函数是 C 语言提供的功能函数,可用来创建新文件。"data"是新创建的文件名,由写程序员给定。_S_IREAD | _S_IWRITE 是文件属性标识。其中_S_IREAD 表示新创建的文件可读,即可以从该文件中读取其内容;_S_IWRITE 表示新创建的文件可写,即可以向该文件中写入新内容。在创建文件时,可以只用_S_IREAD,或只用_S_IWRITE,也可以像例子中那样两者都用。如果创建文件成功,则_create 返回新文件的唯一标识符(是一个整数);否则返回−1。使用_create 函数,必须在头文件中引用<io.h>。

10.6.2   打开和关闭文件

在程序中读和写文件都需要先打开文件,用下面的语句打开一个文件:

```
int fh1;
fh1=_open("OPEN.C", _O_RDONLY);
```

其中,fh1 是一个整型变量,用来保存_open 打开的文件的标识。_open 是 C 语言提供的功能函数,用来打开文件。"OPEN.C"是要打开的文件名。_O_RDONLY 是文件打开方式标志。_O_RDONLY 是文件打开方式标志中的一种,表示文件打开后只能从中读取数据。主要的打开方式标识还有:

- _O_APPEND:在文件末尾增加信息。
- _O_RDWR:指定打开文件后即可以读又可以写。
- _O_WRONLY:打开文件后只能向文件中写入数据。

如果文件打开成功,返回文件的标识符;否则返回−1。使用_open 函数,必须在头文件中引用<io. h>。

文件读写后,要关闭文件。用下面的语句可以关闭文件:

```
_close(fh1);
```

10.6.3 从文件中读入数据

从文件中读入数据有两种方式:顺序读取和随机读取。所谓顺序读取,是指打开文件后,按顺序依次读入文件内容。随机读取是指在文件任意位置开始读取一段内容。在读取信息之前,必须先用_open 成功打开文件并在指定打开方式时指定为可读。用_read 函数从文件中读入数据。

```
int len;
char buffer[100];
len=_read(fh, buffer, 100);
```

上面的语句从文件 fh 中读出 100 个字符存放在 buffer 中。下面的一段程序打开文件并从文件头部开始顺序读取 600 个字符:

```
1.    #include<io. h>
2.    #include<stdio. h>
3.    char buffer[600];
4.    void main()
5.    {
6.        int fh;
7.        int nbytes=600, bytesread;

          /* 打开文件 */
8.        if((fh=_open("read. c", _O_RDONLY))==-1)
9.        {
10.           printf("open failed on input file\n");
11.           return;
12.        }
          /* 读入数据 */
13.        if((bytesread=_read(fh, buffer, nbytes))<=0)
14.            printf("Problem in reading file\n");
15.        else
16.            printf("Read%d bytes from file\n", bytesread);
          /* 关闭文件 */
17.        _close(fh);
18.    }
```

在文件读写中,有一个当前读写指针位置的概念。当文件刚刚打开时,当前指针位置在文件的最前面。每次读出 n 个字节后,当前指针位置就来到 n 的位置,下一次的读取是从当前的位置 n 开始的。这样就实现了顺序读取。可以用_lseek 函数改变当前读写指针位置,从而实现在文件的任意位置读写数据。

```
long   pos;
pos=_lseek(fh, 0L, SEEK_SET);
```

pos 为当前位置移动后的读写指针位置。fh 是文件标识。0L 表示读写指针移动的长度(这里移动长度是 0,即没有移动),正数表示向后移动,负数表示向前移动。SEEK_SET 一项是指针移动的基准位置。其中,SEEK_SET 表示从文件头开始计数;SEEK_CUR 表示从当前位置开始计数;SEEK_END 表示从文件末尾开始计数。下面是几个使用 _lseek 语句的例子:

```
pos=_lseek(fh, 100L, SEEK_SET);      //将指针移动到从文件头开始向后 100 字节处
pos=_lseek(fh, 20L, SEEK_CUR);       //将指针移动到从当前位置开始向后 20 字节处
pos=_lseek(fh, -1000L, SEEK_END);    //将指针移动到从文件末尾开始向前 1000 字节处
```

10.6.4 将数据写入文本文件

相对于文件的读取,可以用 _write 向文件中写数据:

```
int byteswritten;
byteswritten=_write(fh, "buffer", 6);
```

上面的语句向文件 fh 中写入 6 个字符"buffer"。Byteswritten 为实际成功写入的字符数。下面的一段程序打开文件并向文件中写入字符串"This is a test of '_write' function"。

```
1.    #include<io. h>
2.    #include<stdio. h>
3.    char buffer[]="This is a test of \'_write\' function";
4.    int main()
5.    {
6.        int fh;
7.        int byteswritten;
8.        if((fh=_open("write. o", _O_RDWR) !=-1)
9.        {
10.           if((byteswritten=_write(fh, buffer, sizeof(buffer)))==-1)
11.               printf("Write failed\n");
12.           else
13.               printf("Wrote%d bytes to file\n", byteswritten);
14.           _close(fh);
15.        }
16.        return 0;
17.    }
```

10.6.5 格式化文件输入输出

读写文件也可以用与标准化输入输出类似的语句完成。相关的函数主要有 4 个:fopen()、fclose()、fscanf()和 fprintf()。这 4 个函数都是在 stdio. h 里定义的,所以使用这些函数时,要在头文件中包含 stdio. h。这 4 个函数的使用说明如下:

1. fopen()

fopen()的功能是打开文件,其定义如下:

FILE * fopen(const char * filename, const char * mode);

其中,FILE 是 C 语言中定义的一个结构类型,用来存储已经打开的文件的一些临时状态信息。FILE 定义在 stdio.h 中,其定义如下:

```
typedef     struct
{
    int    _fd;                      //文件号
    int    _cleft;                   //缓冲区中剩下的字符数
    int    _mode;                    //文件操作方式
    char * _next;                    //文件当前读写位置
    char * _buff;                    //文件缓冲区位置
}
FILE;
```

Filename 给出要打开的文件的文件名。mode 是打开方式,它可以是如下方式中的一种:

- "r":只读方式,如果文件不存在,则打开文件失败。
- "w":打开一个空文件准备写入。如果文件已经存在,其内容被清空。
- "a":打开一个文件并向其末尾添加内容,文件中原有内容不变。如果文件不存在,则创建一个空文件。
- "r+":以可读可写方式打开文件。文件必须已经存在。
- "w+":以可读可写方式打开一个空文件。如果文件已经存在,其内容被清空。
- "a+":以可读可附加的形式打开文件。如果文件不存在,则创建之。

另外,打开方式还可以附加下面两个选项之一:

- "b":以二进制形式打开文件。
- "t":以文本形式打开文件。有些字符被解释成回车换行及文件结束符等。

下面是一个调用 fopen()打开文件的例子:

FILE * pf;
pf=fopen("myfile.txt", "r+t");

该语句以可读可写方式打开一个文本文件"myfile.txt"。

2. fclose()

fclose()的功能是关闭打开的文件,其定义如下:

int fclose(FILE * stream);

其中,stream 标识了已经打开的文件。下面是一个调用 fclose()关闭文件的例子:

fclose (pf);

3. fprintf()

fprintf()的功能是向文件中写入一串格式化的字符,其语法定义如下:

```
int fprintf(FILE * stream, const char * format [, argument ]···);
```

其中,stream 标识了已经打开的文件。format[,argument]与第 8 章中给出的 printf()
的参数相类似。下面是一个调用 fprintf()写文件的例子:

```
fprintf(pf, "%s\n", "This is a test program. ");
```

上面的语句向 pf 指向的文件中写入了一行字符"This is a test program. "。

4. fscanf()

fscanf()的功能是从文件中读入一串格式化的字符,其语法定义如下:

```
int fscanf(FILE * stream, const char * format [, argument ]···);
```

其中,stream 标识了已经打开的文件。format[,argument]与第 8 章中给出的 scanf()
的参数相类似。下面是一个调用 fscanf()读文件的例子:

```
int n;
fscanf(pf, "%d", &n);
```

上面的语句从 pf 指向的文件中读入了一个整数到变量 n 中。

10.6.6 格式化文件输入输出例题

例 10.19 文件输入输出。

一个班有 STUDENT_NUM 名学生。请你使用"结构类型"编写一个计分程序负责读
取学生的 ID 号码和语文、数学、英语成绩。然后计算每名同学的总分。按行输出每位同学
的学号、总分。例如:

输入:

```
1 70 80 90
2 75 85 65
3 68 65 89
    ···
```

输出:

```
1 240
2 225
3 222
    ···
```

如果全班 300 人,用键盘输入不方便,其中错一个就要重新输入,输出结果显示一次就
没有了,可以使用文件来做这题。下面是源程序样例:

```
1.    # include<stdio. h>
2.    struct student
3.    {
4.        int num;
5.        int score1,score2,score3;
6.    }
```

```
7.    s1;
8.    int main()
9.    {
10.        FILE * fpIn, * fpOut;
11.        if((fpIn=fopen("in. txt","rt"))==NULL)
12.        {
13.            printf("cannot open int file\n");      return 0;
14.        }
15.        if((fpOut=fopen("out. txt","wt"))==NULL)
16.        {
17.            fclose(fpIn);
18.            printf("cannot open out file\n");      return 0;
19.        }
20.        while(fscanf(fpIn,"%d%d%d%d",
21.                        &s1. num,&s1. score1,&s1. score2,&s1. score3)!=EOF)
22.        {
23.            int tmpSum=s1. score1+s1. score2+s1. score3;
24.                fprintf(fpOut,"%d%d\n",s1. num,tmpSum);
25.        }
26.        fclose(fpIn);
27.        fclose(fpOut);
28.        return 0;
29.    }
```

10.7 排　　序

使用数组时,可以对其中的元素按照某种规律排序,这样查找起来可以更快。同时,有序的数据也容易进行其他操作。排序算法有着广泛的用途,有很多人提出很多种排序算法。在这里介绍几种简单的排序算法:起泡排序、插入排序、合并排序和快速排序。

10.7.1 起泡排序

起泡排序的基本思想是对于一个序列,先将第一个和第二个比较,如果第一个比第二个小,它们的顺序保持不变;如果第一个比第二个大,则将它们交换,这样在一次比较后,总是保证前面的比后面的小。第二次比较第二个和第三个,同样使前面的较小。依次比较第三个和第四个,第四个和第五个……直到倒数第二个和倒数第一个。这样经过一轮的比较,最大的一个被排在了最后。重复这样的过程,就可以逐一将较大的数移到靠后的位置,直至最后所有数都按顺序排好。图 10-10 是起泡排序的基本过程,其横轴为顺序位置,纵轴的竖线代表了对应位置上数据的大小。

(1) 第一轮起泡,第一个和第二个交换。

(2) 第一轮起泡,第二个和第三个不换,第三个和第四个交换。

(3) 第一轮起泡,第四个和第五个交换。

(4) 第一轮起泡,第五个和第六个不换,第六个和第七个交换。

(5) 第一轮起泡,第七个和第八个不换,第八个和第九个交换。

图 10-10　起泡排序的基本过程

（6）第一轮起泡,第九个和第十个交换。

（7）第一轮起泡结束。

（8）第二轮起泡结束。

（9）第三轮起泡结束。

（10）第四轮起泡结束。

（11）第五轮起泡结束。

下面是起泡排序的例程：

```
1.      # include＜stdio. h＞
2.      # define NUMBER 100
3.      int array[NUMBER];
4.      int main()
5.      {
6.          int j, r;
7.          for(j＝0; j＜NUMBER; j＋＋)
8.              scanf("%d",&array[j]);
9.          for(j＝NUMBER－1; j＞0; j－－)
10.         {
11.             for(r＝0; r＜j; r＋＋)
12.             {
13.                 if(array[r]＞array[r＋1])
14.                 {
15.                     int tmp;
16.                     tmp＝array[r＋1] ;
17.                     array[r＋1]＝array[r];
18.                     array[r]＝tmp;
19.                 }
20.             }
21.         }
22.         return 0;
23.     }
```

10.7.2　插入排序

插入排序的基本思想是对于待排序的一个序列,先把它的第一个按顺序排好(这一步事实上什么也不做,因为一个数的顺序总是正确的);然后把从第一个到第二个排好(这一步如果第一个比第二个小,则什么也不做;如果第一个比第二个大,则交换它们的位置);接下来按顺序将前 i 个数排好（每一轮排好一个新数字的位置，因为在新数字前的数字已经排好序，所以只需要将新数字与它前面数字按倒序比较，直到遇到一个数字比它小，就将它插入这个比它小的数的后面）；直到所有的数都排好，排序结束。

插入排序的例程如下：

```
1.    #include<stdio.h>
2.    #define NUMBER 100
3.    int array[NUMBER];
4.    int main()
5.    {
6.        int j, r;
7.        for(j=0; j<NUMBER; j++)
8.            scanf("%d",&array[j]);
9.        for(j=1; j<NUMBER; j++)
10.       {
11.           int tmp=array[j];
12.           for(r=j-1; r>=0; r--)
13.           {
14.               if(tmp<array[r])
15.               {
16.                   array[r+1]=array[r];
17.                   array[r]=tmp;
18.               }
19.               else
20.               {
21.                   array[r+1]=tmp;
22.                   break;
23.               }
24.           }
25.       }
26.       return  0;
27.   }
```

10.7.3 查找

在实际应用中，用数组/动态数组存储了一系列的数据，之后就需要在这些数据中查找满足某种特定条件的元素。最基本的查找方法就是从前到后遍历所有元素，依次判定它们是否满足条件。这种方法称为顺序查找。当对数组中的元素排序后，有些查找就可以不再遍历所有元素。例如把数组中的元素按照从大到小的规则排序，如果想知道数组中大于某个特定数值的元素的个数，当按顺序访问到某个不大于该数值的元素时，就知道这个元素之后的所有元素都不大于该数值，这时就可以结束查找。在这一节里，主要介绍两种查找方法：顺序查找和二分法查找。

10.7.4 顺序查找

顺序查找是在一组有序的元素中按顺序查找满足条件的元素。假设元素都是整数，存储在一个数组里,可以通过遍历数组的每个元素的方式来查找。

例 10.20 给定 10 个自然数,要求输出其中的素数(素数是指除了 1 和自身外,不能被其他数整除的数)。

```
1.    #include<stdio.h>
2.    int main()
3.    {
4.        int numbers[10]={4, 6, 9, 11, 79, 52, 34, 1, 25, 17};
5.        int key;                              //待查找整数
6.        int j;                                //循环变量
7.        int count=0;                          //记录找到的出现数
8.        scanf("%d", &key);
9.        for(j=0; j<10; j++)
10.       {
11.           if(numbers[j]==key)
12.           {
13.               count++;
14.               printf("%d appears at index%d in the array\n", key, j);
15.           }
16.       }
17.       if(count==0)
18.           printf("%d does not appear in the array\n ", key);
19.       return 0;
20.   }
```

10.7.5 二分法查找

如果一组元素是有序的,则某些查找可以不必遍历所有元素。以排序的整数为例,如果想在数组中(元素按从小到大排序)查找某个元素 A 是否存在,可以先把 A 与数组中间的元素 M 比较,如果 A 比 M 小,则 M 以后的元素都比 A 大,不可能等于 A,所以只需要查找 M 之前的一半元素。再将前一半二分,将 A 与中间的元素比较,如此进行下去,直到找到与 A 相等的元素或者剩下的元素个数为 0。这样最多只需要做 $1+\log_2 n$(n 为元素个数)次比较就可以判断数组中是否有与 A 相等的元素,而不需要遍历所有元素,加快了查找速度。下面是相应的例子程序:

```
1.    #include<stdio.h>
2.    int main()
3.    {
4.        int numbers[10]={1, 4, 6, 9, 11, 17, 25, 34, 52, 79};
5.        int key;                              //待查找的整数
6.        int curMin=0, curMax=10-1;
7.        int answer=0;                         //记录待查找数是否出现在数组中
8.        scanf("%d", &key);
9.        while(curMin<=curMax)
10.       {
```

```
11.          if(key==numbers[curMin+(curMax-curMin)/2])
12.          {
13.                answer=1;
14.                break;
15.          }
16.          else if(key>numbers[curMin+(curMax-curMin)/2])
17.          {
18.                curMin=curMin+(curMax-curMin)/2+1;
19.          }
20.          else
21.          {
22.                curMax=curMin+(curMax-curMin)/2-1;
23.          }
24.      }
25.      return 0;
26. }
```

上面一段程序的比较顺序是：9?11,9?4,9?6,9?9,比较 4 次,输出 yes。

10.8　习　　题

1. 概念简答题

(1) 简述数组和指针的区别与联系。

(2) 动态数组的申请与释放使用什么语句?

(3) 简述起泡排序和插入排序的基本过程。

(4) 试分析顺序查找和二分查找的时间效率。

(5) 简述文本输入输出和标准输入输出的区别。

2. 上机编程题

(1) 一个班有 STUDENT_NUM 名学生。请你使用"结构类型"编写一个计分程序负责读取学生的 ID 号码和语文、数学、英语成绩。然后计算每名同学的总分。按行输出每位同学的学号、总分。例如,

输入:

1　70 80 90

2　75 85 65

3　68 65 89

…

输出:

1　240

2　225

3　222

…

(2) 一个班有 STUDENT_NUM 名学生。请你使用"结构类型"编写一个程序负责读取学生的 ID 号码和语文、数学、英语成绩。然后计算每名同学的总分。按成绩从高到低的顺序输出所有同学的学号和总分。

(3) 求字符串的长度(要求用字符指针实现)。从键盘输入一个字符串,求此字符串的长度。录入字符串可使用如下形式:

```
char str[80];
//录入以空白和回车分隔的字符串
scanf("%s", str);
char str[80];
//录入以回车分隔的字符串
gets(str);
```

(4) 使用指针实现循环移动。有 n 个整数,使前面各数顺序向后移 m 个位置,最后 m 个数变为最前面的 m 个数。如下所示:

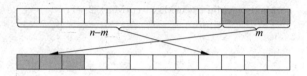

(5) 日历转换。

问题描述:杨教授在一次学术休假时意外地发现了古老的玛雅日历。在一个旧的记事本里,杨教授发现玛雅文明使用一种称作哈勃的记年法。一年 365 天,共有 19 个月,前18 个月每月 20 天,第 19 个月 5 天。前 18 个月的名字依次为 pop,no,zip,zotz,tzec,xul,yoxkin,mol,chen,yax,zac,ceh,mac,kankin,muan,pax,koyab,cumhu,日期用 0~19 表示。最后一个月称为 uayet,日期用 0,1,2,3,4 表示。玛雅人认为这个月不吉利,法院不开庭,交易市场关闭,人们甚至不打扫房间。

由于宗教的原因,玛雅人还使用一种称为神历的日历。每年有 13 个阶段,每个阶段 20 天,每天用一个数字和天的名字表示。20 天的名字依次为 imix,ik,akbal,kan,chicchan,cimi,manik,lamat,muluk,ok,chuen,eb,ben,ix,mem,cib,caban,eznab,canac,ahau。数字从 1 到 13 循环使用;名字从第 1 个到第 20 个循环使用。

注意:每一天有一个唯一表示。例如,从某一年的第一天开始的日子依次记为 1 imix,2 ik,3 akbal,4 kan,5 chicchan,6 cimi,7 manik,8 lamat,9 muluk,10 ok,11 chuen,12 eb,13 ben,1 ix,2 mem,3 cib,4 caban,5 eznab,6 canac,7 ahau,and again in the next period 8 imix,9 ik,10 akbal…

两种记年法的年份都用 0,1,…,数字表示。0 表示世界的开始。世界的第一天为:

哈勃:0. pop 0
神历:1 imix 0

请帮助杨教授写一段程序在两种年历之间进行转换。

输入:

哈勃历的日期格式如下:

日. 月 年

输入文件包含一个哈勃历的日期,年份小于 5000。

输出:

神历的日期格式如下:

数字 天的名字 年

给出输入日子的神历日期表示。

输入样例:

10. zac 1995

输出样例：

9 cimi 2801

(6) 素数求值。

问题描述：给定一个整数 $m(m>4)$ 和一个分数 $a/b(0<a/b\leqslant1)$。要求编程求出两个素数 p 和 q，满足 $p\times q\leqslant m$ 并且 $a/b\leqslant p/q\leqslant1$ 并且 $p\times q$ 是所有满足前两个条件中最大的一个。

输入：输入包含三个整数，分别代表 m,a,b。$4<m\leqslant100\,000$；$1\leqslant a\leqslant b\leqslant1000$。

输出：输出包含两个素数 p 和 q。

输入样例：

2002 4 11

输出样例：

37 53

第11章

程序设计——函数

前面讲过的例子都比较简单,可以用一段较短的代码获得问题的解。但是实际中有些问题是比较复杂的,不能够用一小段代码解决。这时就需要将一个复杂问题分解成若干个简单问题逐一求解,然后再把几个问题的解综合起来得到整个复杂问题的解,也就是分而治之的思想。在 C 语言中提供了一种称为函数的语法机制,利用函数可以实现分治思想,将复杂问题简化成若干个小问题分别求解。分治思想在程序设计中也称为结构化程序设计思想。

11.1 函 数

函数是 C 语言中的一种语句组织方式。把完成某一特定功能的语句组合在一起,起一个名字,就构成函数,这称为函数的定义。在某段程序中,一个函数可以被当作一条语句来运行,称为函数的调用。函数的定义并不执行它所包含的语句,只是声明该函数包含这些语句。函数在被调用之前必须已经定义过。函数中有些值可以等到被调用时再确定,这些值在函数定义时可以被说明为参数,参数的具体取值是在函数被调用时给定的。函数在运行后可以把它运行的结果返回给调用它的程序。

11.1.1 函数的定义

函数的定义语句如下:

返回值类型 函数名([参数 1 类型 参数名 1,参数 2 类型 参数名 2,…])
{
    语句 1;   //语句可能与参数有关
    语句 2;   //语句可能与参数有关
    …
    return 返回值;   //如果返回值类型为 void,则不用返回语句
}

其中,返回值类型表示该函数如果被调用,它执行完之后向调用它的程序返回何种数据类型的值。函数名是程序员自己定义的能够表明函数用途的名字。参数是可选的,有些函

数没有参数,有些可以有一至多个参数。每个参数都应说明其类型,以便调用它的程序可以填入正确的参数值。小括号和大括号是必须的。语句中可使用参数。下面是一个函数定义的例子:

```
int add(int x, int y)
{
    return x+y;
}
```

这个函数的函数名是 add,它有两个参数,分别是整数类型的 x 和整数类型的 y。它的返回值类型也是整型,功能是计算两个整数的和,执行的结果是将计算出来的和返回给调用它的程序。两个参数 x 和 y 的值是由调用它的函数给定的。

函数定义也可以分成两部分,即函数说明和函数体。函数说明必须在函数调用之前。函数体可以紧跟着函数说明,也可以放在程序的中间位置。例如:

```
1.   int multiple(int x, int y);                //函数说明
2.   int main()
3.   {
4.       int a=0, b=0;
5.       scanf("%d%d", &a, &b);
6.       printf("%d\n", multiple(a,b));          //函数调用
7.       return 0;
8.   }
9.   int multiple(int x, int y)                  //函数体
10.  {
11.      return x * y;
12.  }
```

11.1.2　函数的调用

在一段程序中引用一个已经定义过的函数称为函数的调用。前面曾经使用过 printf、scanf 等函数。这些函数是 C 语言本身提供的,称为库函数。程序员也可以自己定义函数,称为自定义函数。在调用自定义函数时,也像调用库函数一样,要给出每个参数的取值。如果函数有返回值,可以定义一个与返回值类型相同的变量存储函数的返回值。下面是函数调用的例子:

```
1.   int add(int x, int y)
2.   {
3.       return x+y;
4.   }
5.   int minus(int x, int y)
6.   {
7.       return x-y;
8.   }
```

```
9.    int main()
10.   {
11.       int n1,n2;
12.       scanf("%d%d",&n1,&n2);
13.       n1=add(n1,n2);
14.       n2=minus(n1,n2);
15.       if(n1>0 && n2>0)
16.          printf("%d\n", add(n1,n2));
17.       else printf("%d\n", minus(n1,n2));
18.       return 0;
19.   }
```

这段程序读入两个整数 n1 和 n2，然后将 n1 赋值为它们的和，对 n2 赋值的语句事实没有改变 n2 的值。这时，如果 n1 和 n2 都大于 0，则输出它们的和，否则输出它们的差。这里要注意的是，如果函数的返回值为整数类型，则函数调用表达式本身可以被看作是一个整数，它可以出现在任何整数可以出现的地方。其他类型的返回值也是一样。

11.1.3　参数传递和返回值

函数调用可以看作在程序 A 执行过程中，跳出 A 的代码段，转去执行另外一段代码 B，等 B 执行完之后，再回到 A 中函数调用的位置，继续执行后面的语句。在函数调用的过程中，A 程序可以通过参数向 B 程序传送信息；B 程序结束后，可以通过返回值将其执行结果传回 A 程序。A 程序可以向 B 程序传递某些数值（称为"传值"），也可以向 B 程序传递主存地址（称为"传地址"）。

11.1.4　传值

作为传值的数值传递给被调用的函数，在函数内部等同于内部变量。下面的例子是通过传值传递参数的例子：

```
int max(int x, int y)
{
    if(x>=y) return x;
    else return y;
}
int main()
{
    int x=0, y=0, z=0;
    x=20;
    y=45;
    int z=max(x, y);
    ...
}
```

上面的程序运行示意图如图 11-1 所示。

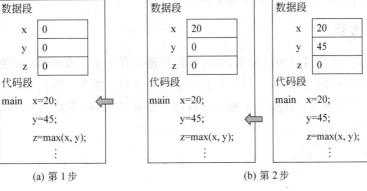

(a) 第 1 步   (b) 第 2 步

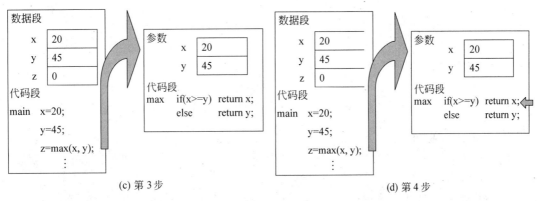

(c) 第 3 步   (d) 第 4 步

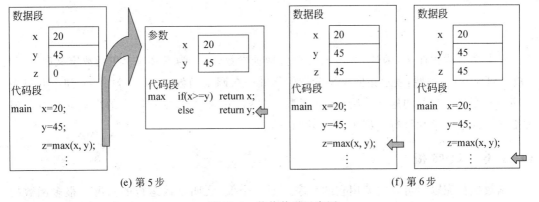

(e) 第 5 步   (f) 第 6 步

图 11-1　传值传递示意图

　　在主程序开始执行之前,系统为它分配了空间存放变量 x,y,z。第一条赋值语句结束后,x 的值修改为 20;第二条赋值语句结束后,y 的值修改为 45;执行到第三条赋值语句时,"＝"号右边是函数调用,于是装入函数 max 的代码。Max 函数所在的程序段,系统为参数 x,y 分配了空间(注意:参数的名字是独立于调用它的程序的),并将调用时的参数值填入分配的空间。也就是说,调用函数时,将数值 45 和 20 传给被调用的函数。这时 main 暂时停止执行,max 开始执行,它执行的结果是将参数 y 的值 45 通过 return 语句返回给 main。main 接收到 max 返回的 45,把它赋值给变量 z,此时 z 变量的内容修改为 45。程序继续执行。这里需要注意的是,参数的名字是独立于调用它的程序的,它们占用不同的主存地址,是彼此独立的。它们的名字可以相同,也可以不同。它们之间的对应关系不是按名对应,而是按照它们出现在参数中的位置顺序确定的。

11.1.5 传地址

在调用函数时,不仅可以传递数值,而且可以传递主存地址。被调用的函数获得主存地址后,就可以访问相应的主存,取出里面的值或者向其中写入数据。被传递的主存地址是通过变量地址的方式给出的。这类主存地址参数称为形式参数,即传地址。下面是一段传地址传递参数的例子:

```
int swap(int * x, int * y)
{
    int tmp=0;
    tmp= * x;
    * x= * y;
    * y=tmp;
}
int main()
{
    int a=0, b=0;
    a=20;
    b=45;
    if(a<b) swap(&a, &b);
    ...
}
```

在上面一段程序中,函数 swap 有两个传地址参数,分别为 x 和 y。在函数定义时,x 和 y 被声明为 int * 类型,表示指向整型变量的指针。在调用函数 swap 时,用 &a 和 &b 将主程序中的变量 a 和 b 的地址传给 swap 函数。在 swap 函数中,主程序中的变量 a 和 b 的值被交换。这段程序的执行过程示意如图 11-2 所示。

11.1.6 返回值

函数执行完以后可以向调用它的程序返回一个值,表明函数运行的状况。很多函数的功能就是对参数进行某种运算,之后通过函数返回值给出运算结果。函数的返回值可以有不同的类型,返回值类型在函数定义时说明。下面是一些函数定义的例子:

```
int min(int x, int y);              //返回值类型为 int,有两个整型参数,函数名为 min
double calculate(int a, double b);
    //返回值类型为 double,有一个整型参数,一个 double 型参数,函数名为 calculate
char judge(void);                   //返回值类型为 char,没有参数,函数名为 judge
void doit(int times);
    //返回值类型为 void,表示不返回任何值,有一个整型参数,函数名为 doit
```

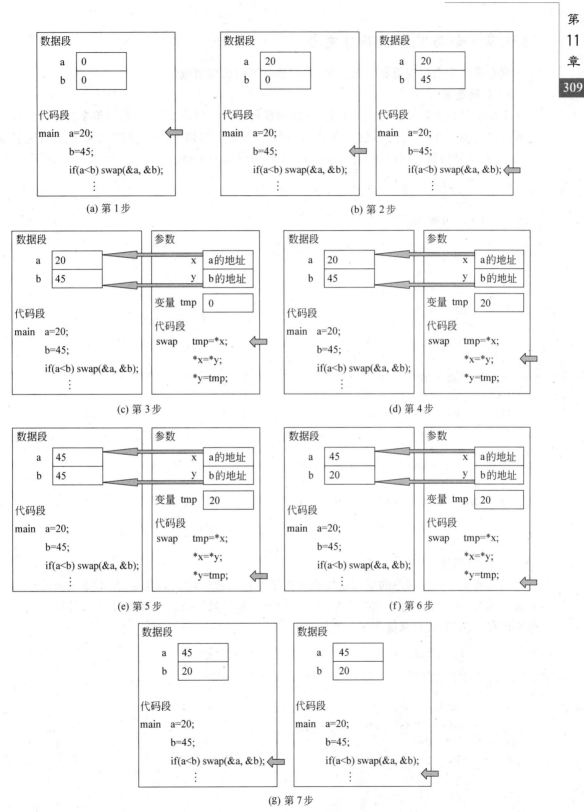

图 11-2 传地址传递示意图

11.1.7 全局变量和局部变量

变量可分为全局变量和局部变量,它们具有不同的作用域。

1. 全局变量

全局变量是指定义在程序的开始,可以被任何函数使用的变量,而且在整个程序的运行过程中都是有效的。它们不包含在任何函数定义中。例如下面的程序定义了全局变量 total,它是整型变量。在函数 tryit 和 main 中都可以访问 total。

```
1.    #include<stdio.h>
2.    int total;
3.    int tryit(int a)
4.    {
5.        if(a>100 && a<200 && a%2==0)
6.            return a;
7.        total++;
8.        return 0;
9.    }
10.   int main()
11.   {
12.       int n, j;
13.       total=0;
14.       for(j=0; j<1000; j++)
15.       {
16.           scanf("%d", &n);
17.           printf("%d\n", tryit(n));
18.       }
19.   printf("%d\n", total);
20.   return 0;
21.   }
```

2. 局部变量

局部变量是指在程序的局部起作用的变量。在函数中定义的变量,是不能被函数外部直接访问的,是局部变量。某些变量定义在用大括号括起来的语句组中,它们不能被语句组外面的程序访问,也是局部变量。例如:

```
1.    #include<stdio.h>
2.    int calculate(int a)
3.    {
4.        int b;
5.        if(a<100 && a>=0)
6.            b=2*a;
7.        if(a<200 && a>=100)
8.            b=3*a;
9.        if(a<0)
10.           b=-1;
11.       if(a>=200)
```

```
12.          b=a*a;
13.          return b;
14.    }
15.    int main()
16.    {
17.        int n,j;
18.        for(j=0;j<1000;j++)
19.        {
20.            int c;
21.            scanf("%d",&n);
22.            c=calculate(n);
23.            printf("%d\n",c);
24.        }
25.        return 0;
26.    }
```

上面一段程序中,b 是函数 calculate 中的局部变量,不能在 main 中被访问。n,j 是函数 main 中的局部变量,不能在 calculate 中被访问。c 是 for 后面的语句组中定义的局部变量,不能在语句组的之外被访问。

3. 变量的作用域

变量的作用域是指变量有效的区域,不同的变量具有不同的作用域。上面说到的全局变量的作用域是整个程序。函数开始定义的变量的作用域是整个函数内部。语句组中定义的变量的作用域是语句组内部。如果变量定义在两个函数定义之间,它的作用域是从变量定义开始到程序结束的部分。在函数中间定义的变量,它的作用域是从定义开始到函数结束的区域。在语句组中间定义的变量,它的作用域是从定义开始到语句组结束的区域。下面一段程序中定义了全局变量 a,b,局部变量 a1,b1,a2,b2,c1,c2。

```
1.    #include<stdio.h>
2.    int a=0;
3.    int calculate(int pp)
4.    {
5.        int a1;
6.        if(pp<100 && pp>=0)
7.            a1=a+1;
8.        int b1;
9.        b1=pp*a1;
10.       return b1;
11.   }
12.   int b=0;
13.   int main()
14.   {
15.       int a2,b2;
16.       for(b2=0;b2<1000;b2++)
17.       {
18.           int c1;
```

```
19.          scanf("%d", &a2);
20.          c1 = calculate(a2);
21.          printf("%d\n", c1);
22.          int c2;
23.          c2 = calculate(c1);
24.          printf("%d\n", c2);
25.      }
26.      return 0;
27.  }
```

上面这段程序定义的变量的作用域可以用图 11-3 描述。

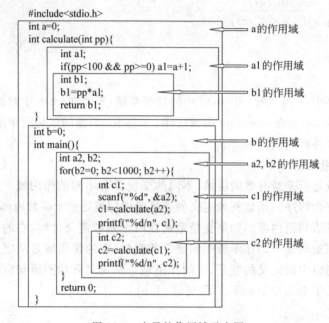

图 11-3　变量的作用域示意图

11.2　模块化程序设计思想(问题分解与抽象)

例 11.1　别墅。

准备在一个气候宜人的海滨建造一些别墅。这些别墅的屋顶是用一种颜色艳丽的特殊瓦片覆盖的,每栋房子都要用 4 根特制石柱,砌外墙用的砖是一种耐火砖,既轻又坚固并且防火。这些盖房用的原材料都需要从一个遥远的国度提前订制。在订制前需要算一下原材料的需要量以及需要准备的资金。瓦片是按铺设面积计算价格的,每平方米 3000 元人民币;特制石柱是按根数计价,每根 10 万元人民币;耐火砖是按块数计价,每块 20 元(假设砌每平方米墙需要 100 块砖)。不考虑屋顶有屋檐搭在墙的外面,假设屋顶外沿直接和墙的顶端相连。现在有几种设计方案,需要分别计算出它们所需要的资金。

方案一:建 3 栋圆形屋顶的别墅,屋顶半径为 6m;4 栋等边三角形屋顶的别墅,屋顶边长为 12m;5 栋正方形屋顶的别墅,屋顶边长为 10m;6 栋正六边形屋顶的别墅,屋顶边长为 9m;所有别墅用耐火砖砌的墙的高度都是 3m。

方案二：建 5 栋圆形屋顶的别墅,屋顶半径为 7m;2 栋等边三角形屋顶的别墅,屋顶边长为 12m;4 栋正方形屋顶的别墅,屋顶边长为 15m;9 栋正六边形屋顶的别墅,屋顶边长为 8m;所有别墅用耐火砖砌的墙的高度都是 3.2m。

方案三：建 2 栋圆形屋顶的别墅,屋顶半径为 8m;3 栋等边三角形屋顶的别墅,屋顶边长为 11m;10 栋正方形屋顶的别墅,屋顶边长为 9m;4 栋正六边形屋顶的别墅,屋顶边长为 10m;所有别墅用耐火砖砌的墙的高度都是 3.25m(假设墙的厚度为一块砖的厚度)。

问题分析：对问题抽象一下,不难得出如下结论:

(1) 对于任何一种方案,资金总额＝瓦需要的资金＋柱子需要的资金＋砖需要的资金。

(2) 对于任一种材料,所需资金＝每个圆形别墅需要的资金×圆形别墅数目＋每个三角形别墅需要的资金×三角形别墅数目＋每个正方形别墅需要的资金×正方形别墅数目＋每个正六边形别墅需要的资金×正六边形别墅数目。

(3) 对于任何一种方案,柱子所需资金＝别墅总的数目×4×10 000。

(4) 对于每个圆形别墅,瓦需要的资金＝π×屋顶半径×屋顶半径×3000。

(5) 对于每个圆形别墅,砖需要的资金＝2π×屋顶半径×房屋高度×100×20。

(6) 对于每个三角形别墅,瓦需要的资金＝(1.732/2/2)×屋顶半径×屋顶半径×3000。

(7) 对于每个三角形别墅,砖需要的资金＝3×屋顶半径×房屋高度×100×20。

(8) 对于每个正方形别墅,瓦需要的资金＝屋顶半径×屋顶半径×3000。

(9) 对于每个正方形别墅,砖需要的资金＝4×屋顶半径×房屋高度×100×20。

(10) 对于每个正六边形别墅,瓦需要的资金＝(1.732×3/2)×屋顶半径×屋顶半径×3000。

(11) 对于每个正六边形别墅,砖需要的资金＝6×屋顶边长×房屋高度×100×20。

如果把这些计算都写在一个 main() 中,并且对于每种方案都重复计算一次所需资金总额,会使程序显得很烦琐,而且三个方案的计算大部分是极其类似的。可以把这个问题抽象成几个子问题,分别求解。

假设每种方案用 $(c1,c2,t1,t2,s1,s2,r1,r2,h)$ 表示。其中,$c1$ 表示圆形别墅的数目,$c2$ 表示圆形别墅的屋顶半径,$t1$ 表示三角形别墅的数目,$t2$ 表示三角形别墅的屋顶边长,$s1$ 表示正方形别墅的数目,$s2$ 表示正方形别墅的屋顶边长,$r1$ 表示矩形别墅的数目,$r2$ 表示正六边形别墅的屋顶边长,h 表示别墅的高度。函数 $f(c1,c2,t1,t2,s1,s2,r1,r2,h)$ 表示该方案所需资金,则:

$$f(c1,c2,t1,t2,s1,s2,r1,r2,h)=f1(c1,c2,h)+f2(t1,t2,h)+f3(s1,s2,h)+f4(r1,r2,h)$$

其中,$f1(c1,c2,h)$ 表示圆形别墅所需资金;$f2(t1,t2,h)$ 表示三角形别墅所需资金;$f3(s1,s2,h)$ 表示正方形别墅所需资金;$f4(r1,r2,h)$ 表示矩形别墅所需资金。$f1,f2,f3,f4$ 的定义如下：

$$f1(c1,c2,h)=c1\times(\pi\times c2\times c2\times 3000+2\times\pi\times c2\times h\times 100\times 20+4\times 10\,000)$$

$$f2(t1,t2,h)=t1\times(\sqrt{3}\times t2\times t2\times 3000/4+3\times t2\times h\times 100\times 20+4\times 10\,000)$$

$$f3(s1,s2,h)=s1\times(s2\times s2\times 3000+4\times s2\times h\times 100\times 20+4\times 10\,000)$$

$$f4(r1,r2,h)=r1\times(3\times\sqrt{3}\times c2\times c2\times 3000/2+6\times c2\times h\times 100\times 20+4\times 10\,000)$$

这里把一个比较复杂的函数 f 分解成 4 个简单的函数 $f1,f2,f3,f4$,分别对 $f1,f2,$

$f3,f4$ 求解,综合它们的解得到 f 的解。这就是分而治之的思想。此外,将一类相近的问题用相同的函数来求解,而用自变量的不同取值来区分不同的问题。例如,不同的方案都用 f 来求解,只是自变量不同。圆形别墅的费用都用 $f1$ 来求解,三角形别墅的费用都用 $f2$ 来求解,正方形别墅的费用都用 $f3$ 来求解,正六边形别墅的费用都用 $f4$ 来求解。C 语言提供了函数机制来实现上述分而治之和问题抽象的思想。

11.3 递 归

11.3.1 函数的递归调用

函数可以调用自己,称为递归调用。例如:

```
1.    # include<stdio. h>
2.    long factorial(long n)
3.    {
4.        long f=0;
5.        if(n==1) f=1;
6.        else f=n * factorial(n-1);
7.        return f;
8.    }
9.    int main()
10.   {
11.       long x=0, y=0;
12.       x=5;
13.       y=factorial(x);
14.       printf("%ld\n", y);
15.       return 0;
16.   }
```

上面的程序中,函数 factorial 是求阶乘的函数。当 n 等于 1 时,返回 1 的阶乘 1;当 n 大于 1 时,返回 n 乘以 $n-1$ 的阶乘。这和阶乘的定义是一致的。求 factorial(5) 的过程示意如图 11-4 所示。

设计递归函数应该考虑两点:出口条件和递推公式。出口条件是指函数在何种条件下不再调用自身而直接返回有效值。递推公式是指当前状态如何向更简单的状态转移,进而逐步靠近出口条件。如上面的例子:出口条件是 $n=1$;递推公式是 $f(n)=n * f(n-1)$。当 $n>1$ 时,递推将使自变量越来越靠近出口条件。但是要注意,如果给定的初始条件 $n<1$,递归将会无休止进行下去。所以上面程序应该在函数 factorial 开始时判定给定的 n 是否大于等于 1。

11.3.2 用递归的思想解决问题

递归的总体思想是将待求解问题的解看作输入变量 x 的函数 $f(x)$,通过寻找函数 g,使得 $f(x)=g(f(x-1))$,并且已知 $f(0)$ 的值,就可以通过 $f(0)$ 和 g 求出 $f(x)$ 的值。这样一个思想也可以推广到多个输入变量 x,y,z 等,$x-1$ 也可以推广到 $x-x1$,只要递归朝着出口的方向走就可以了。

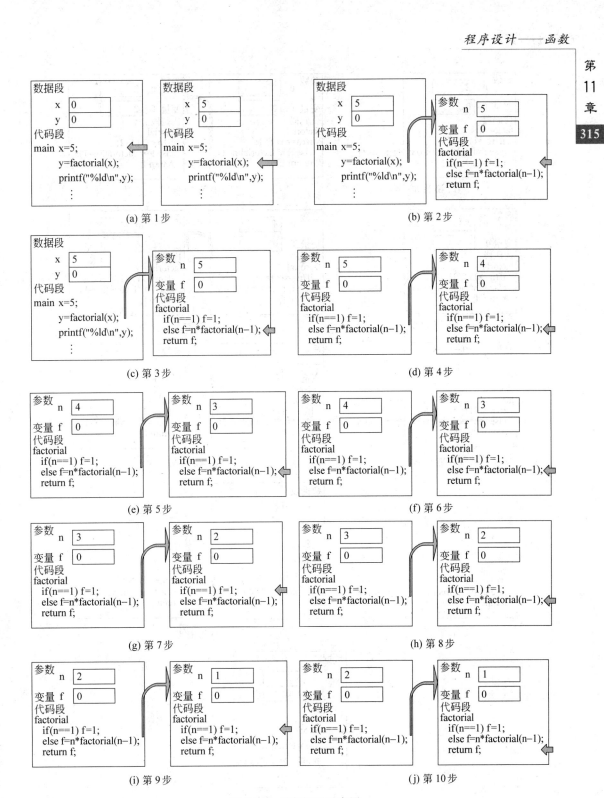

图 11-4　递归调用示意图

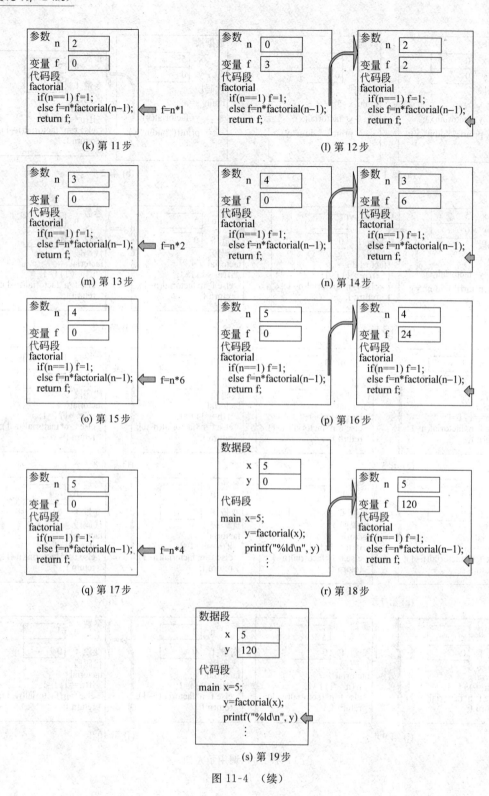

(k) 第11步

(l) 第12步

(m) 第13步

(n) 第14步

(o) 第15步

(p) 第16步

(q) 第17步

(r) 第18步

(s) 第19步

图11-4 （续）

例11.2 计算阶乘。

1.   #include<stdio. h>

```
2.    int factorial(int n)
3.    {
4.        if(n<0)
5.            return(-1);
6.        if(n==0 || n==1)
7.            return 1;
8.        else   return n * factorial(n-1);
9.    }
10.   int main()
11.   {
12.       int result=0;
13.       int m=5;
14.       result=factorial(m);
15.       printf("%d", result);
16.       return 0;
17.   }
```

例 11.3 输入一个整数 n，求裴波那契数列的第 n 项。

```
1.    #include<stdio.h>
2.    int f(int n)
3.    {
4.        if(n==1 || n==2)
5.            return 1;
6.        else   return f(n-1)+f(n-2);
7.    }
8.    int main()
9.    {
10.       int result=0;
11.       int m=5;
12.       result=f(m);
13.       printf("%d", result);
14.       return 0;
15.   }
```

11.4 样 例 程 序

例 11.4 假币问题。

问题描述：赛利有 12 枚银币，其中有 11 枚真币和 1 枚假币。假币看起来和真币没有区别，只是重量不同，但赛利不知道假币比真币轻还是重。于是他向朋友借了一架天平。朋友希望赛利称三次就能找出假币并且确定假币是轻是重。例如，如果赛利用天平称两枚硬币，发现天平平衡，说明两枚都是真的。如果赛利用一枚真币与另一枚银币比较，发现它比真币轻或重，说明它是假币。经过精心安排每次的称量，赛利保证在称三次后确定假币。

输入：输入有三行，每行表示一次称量的结果。赛利事先将银币标号为 A～L。每次称量的结果用三个以空格隔开的字符串表示:天平左边放置的硬币、天平右边放置的硬币、平衡状态。其中状态分别用 up,down 或 even 表示,分别为右端高、右端低和平衡。天平左右的硬币数总是相等的。

输出:输出哪一个标号的银币是假币,并说明它比真币轻还是重。

输入样例:

1
ABCD EFGH even
ABCI EFJK up
ABIJ EFGH even

输出样例:

K 是假币,它比较轻。

问题分析:这道题有两种思路:假设法和排除法。假设法是指依次假设 A~L 是假币并且轻,再依次假设 A~L 是假币并且重,检查每次假设是否与称得的结果矛盾,如果矛盾,则假设不成立,否则假设成立。排除法是指根据称得的结果进行排除:

(1) 某次称得平衡,则所有被称硬币为真;

(2) 某次称得结果为右端重,则天平左端银币不重,右端银币不轻,没在天平上的为真币;

(3) 某次称得结果为右端轻,则天平左端银币不轻,右端银币不重,没在天平上的为真币。

程序设计:假设法实现比较简单:

(1) 定义变量存放三次称量的结果;

(2) 读入三次称量的结果;

(3) 逐一假设每枚银币为重,如果与条件不矛盾,输出结论;

(4)逐一假设每枚银币为轻,如果与条件不矛盾,输出结论。

其中,判断是否与条件不矛盾使用如下方法:

① 如果假设为重/轻的银币在某次称量的左端,则该次称量应该为 down;

② 如果假设为重/轻的银币在某次称量的右端,则该次称量应该为 up;

③ 如果假设为重/轻的银币不在某次称量中,则该次称量应该为 even。

源程序:

```
1.    #include<stdio.h>
2.    #include<string.h>
3.    char l[3][7], r[3][7], state[3][10];
4.    int check(char c, int n)
5.    {
6.        int i, left, right;
7.        for(i=0; i<3; i++)
8.        {
9.            if(strchr((l[i]), c))
10.               left=n;
```

```
11.        else
12.            left=0;
13.        if(strchr((r[i]), c))
14.            right=n;
15.        else
16.            right=0;
17.        if((left>right && state[i][0] !='u') || (left<right && state[i][0] !='d')
18.            || (left==right && state[i][0] !='e'))
19.            return 0;
20.    }
21.    return 1;
22. }
23. int main()
24. {
25.    int n, i, j;
26.    char c;
27.
28.    scanf("%d", &n);
29.    for(j=0; j<n; j++)
30.    {
31.        for(i=0; i<3; i++)
32.            scanf("%s%s%s", l[i], r[i], state[i]);
33.        for(c='A'; c<='L'; c++)
34.        {
35.            if(check(c,1))
36.                printf("%c is the counterfeit coin and it is heavy. \n",c);
37.            if(check(c,-1))
38.                printf("%c is the counterfeit coin and it is light. \n",c);
39.        }
40.    }
41.    return 0;
42. }
```

例 11.5 杀坏蛋。

问题描述:将 n 个人标记为 $1, 2, \cdots, n$,站成一圈。每隔 m 个人杀掉一个,只有最后一个人能够活下来。约瑟夫非常聪明地选择了一个好位置而活了下来。例如 $n=6, m=5$,被杀掉的顺序为 $5, 4, 6, 2, 3, 1$ 最后活了下来。假设有 k 个好人和 k 个坏蛋。在圈中,前 k 个是好人,后 k 个是坏蛋。请你确定最小的 m 使得所有坏蛋死掉后,才有好人被杀。

输入:输入行包含一个整数 k,$0 < k < 14$。

输出:输出行包含求出的 m。

输入样例:4

输出样例:30

源程序:

```
1.    #include<stdio. h>
```

```
2.    int main()
3.    {
4.        int fail;
5.        int k, m, i;
6.        int a[14];
7.        scanf("%d", &>k);
8.        for(m=k; ; m++)
9.        {
10.           fail=0;
11.           a[0]=0;
12.           for(i=1; i<=k; i++)
13.           {
14.               a[i]=(a[i-1]+m-1)%(2*k-i+1);
15.               if(a[i]<k)
16.               {
17.                   fail=1;
18.                   break;
19.               }
20.           }
21.           if(fail==0)
22.           {
23.               printf("%d", m);
24.               break;
25.           }
26.       }
27.       return 0;
28.   }
```

11.5 习 题

1. 概念简答题

(1) 简述在 C 语言中,是用怎样的语法机制来实现分而治之的思想的。

(2) 试解释传地址和传值的区别。

(3) 简述一段程序中在调用另一个函数时,是如何将有用信息传递给被调用函数的。

(4) 被调用的函数运行结束时,是如何将有用信息传递给调用它的函数的?

(5) 试分析本章中的快速排序算法与之前介绍的起泡排序、插入排序在时间复杂度上有何不同。

2. 上机实习题

(1) 颜色映射。

问题描述:颜色缩减是指将一组离散的颜色值映射到更小的一组颜色上。输入中会给出一组目标颜色(共 16 种 RGB 表示的颜色)和一组随机的 RGB 颜色值。你的任务是将这组随机的颜色映射到与其相近的 16 种给定颜色之一。RGB 颜色用一个有序三元组(R,G,B)表示,R,G,B 的取值为 0~255。两个颜色 (R1,G1,B1)和(R2,G2,B2)的距离用下面的公式求得:

$$D = \sqrt{(R_2 - R_1)^2 + (G_2 - G_1)^2 + (B_2 - B_1)^2}$$

输入:输入是一系列 RGB 颜色,每种颜色占一行,由三个以空格分隔的整数表示其 RGB 的取值。前

16 种颜色是目标颜色。输入最后一行以三个－1 结束。

输出：对于每种需要映射的颜色,用一行输出它的颜色和它被映射到的目标颜色。

输入样例：

0 0 0

255 255 255

0 0 1

1 1 1

128 0 0

0 128 0

128 128 0

0 0 128

126 168 9

35 86 34

133 41 193

128 0 128

0 128 128

128 128 128

255 0 0

0 1 0

0 0 0

255 255 255

253 254 255

77 79 134

81 218 0

－1 －1 －1

输出样例：

(0,0,0) maps to(0,0,0)

(255,255,255) maps to (255,255,255)

(253,254,255) maps to (255,255,255)

(77,79,134) maps to (128,128,128)

(81,218,0) maps to (126,168,9)

(2) 旋转的二进制串。

问题描述：给定一个 N 位的二进制串：

b1　b2　⋯　bN－1　bN

将该串做旋转,即将 b1 移到 bN 后面,得到一个新的二进制串：

b2　b3　⋯　bN－1　bN　b1

对新的二进制串再做旋转,得二进制串：

b3　b4　⋯　bN－1　bN　b1　b2

重复旋转操作,可得 N 个二进制串,对这 N 个串排序,可得一个 $N×N$ 的矩阵。例如：

1 0 0 0 1－>0 0 0 1 1－>0 0 1 1 0－>0 1 1 0 0－>1 1 0 0 0

对它们做排序,得矩阵:

```
0  0  0  1  1
0  0  1  1  0
0  1  1  0  0
1  0  0  0  1
1  1  0  0  0
```

问:给定这种矩阵的最后一列,求出矩阵的第一行。对于上面的例子,给出 1 0 0 1 0,要你的程序输出 0 0 0 1 1。

输入:第一行有一个整数 N,表示二进制串的长度($N \leqslant 3000$);第二行有 N 个整数,表示矩阵最后一列从上到下的数值。

输出:输出 N 个整数,表示矩阵第一行从左到右的数值。

输入样例:

5
10010

输出样例:

00011

(3) 乌托邦。

问题描述:在平面直角坐标系上,有一个可移动的点 A 从原点出发,每次给当前位置的 x,y 坐标分别加上一个偏移量 dx 和 dy,使得 A 来到下一点,如此下去形成 A 的一个移动序列。假设 A 离开原点后不会再处于 x 和 y 轴上。可以用一对偏移量序列来描述 A 的运动轨迹。例如,$(+7,-1)$,$(-5,+2)$,$(-4,+3)$,$(+8,+6)$ 表示 A 从 $(0,0)$ 出发顺序来到 $(7,-1)$,$(2,1)$,$(-2,4)$ 和 $(6,10)$。同时也可以记录 A 所经过的象限,上面的例子,A 顺序经过 4,1,2,1 象限。我们的问题是,给定一个正整数 n 和 $2n$ 个彼此不同的整数,以及长度为 n 的象限序列,要求你编程求出如何将 $2n$ 个整数两两配对,加上合适的正负号,并排好顺序,形成长度为 n 的有序对序列,使得 A 从原点出发,沿着你所给定的偏移量序列移动,可以一次经过给定的长度为 n 的象限序列。例如,给定 $n=4,2n$ 个数为 1,2,3,4,5,6,7,8,象限序列为 4,1,2,1,你可以用给定的 8 个数组成 4 个序对 $(+7,-1)$,$(-5,+2)$,$(-4,+3)$,$(+8,+6)$,使得 A 以这个序列为偏移量,顺序走过 4,1,2,1 象限。

输入:输入第一行是整数 n。第二行是以空格分隔的 $2n$ 个不同的整数。第三行是长度为 n 的象限序列。

输出:输出为 n 行,顺序给出偏移量序对。

输入样例:

4
7 5 6 1 3 2 4 8
4 1 2 1

输出样例:

+7 −1
−5 +2
−4 +3
+8 +6

第 12 章

问题分析与算法设计

12.1 算法的效率

算法(Algorithem)是求解某个问题的有限的指令序列,程序(Program)是算法的一种实现,计算机按照程序逐步执行算法。算法具有通用性、有效性、确定性和有穷性等性质。在前面的章节中,介绍了很多问题及其求解算法,并介绍了相应的例子程序。

算法设计的目的是寻找解决某类问题的有效算法。算法的优劣一般以其执行过程中所花费的时间和空间来区分。花费时间越短,算法的时间效率就越高;使用空间越小,算法的空间效率就越好。算法分析就是对算法在时间和空间上效率的分析。

一般来说,算法效率与问题复杂性有关,问题的复杂性是由能解决该问题的最好的算法决定的。对于问题的时间复杂性,最好的算法意味着算法的运行时间最短;对于问题的空间效率,最好的算法意味着算法的空间占用最少。问题的复杂性反映的是问题本身在计算上的难易程度,不会因为选择了不同的算法而改变。

在计算机科学领域,算法设计与分析非常重要。正如 Donald E. Knuth 所说,"计算机科学就是算法的研究"。我们学习编程,不能只停留在能编程正确实现算法的水平上,还应该了解如何设计算法求解问题,并应对算法在时间和空间上的效率有所认识。

为让程序能运行得更快,需要以好的算法设计为基础编写程序。然而要设计出高效的算法,必须以问题分析入手。一般来说,在遇到一个编程问题时,首先应该仔细思考该问题,找出问题的实质,抽象问题的数学模型。如果能顺利地将问题变换成熟悉的模型,自然就能应用相应的高效算法指导编程。如果不能变换成熟悉的模型,就要求在模型上进一步思考,看是否有好的算法求解该问题。不要满足于第一时间就发现的算法,要考虑怎样能对算法进行优化,得到更好的算法。下面以查找和排序为例,探讨一下如何分析问题、如何设计算法,进而编写出优质高效的程序。

12.1.1 二分搜索

下面来看一个搜索问题:在一个有 n 个元素的数组 A 中,判断一个数 x 是否在 A 中出现,如果出现,返回第一次出现的位置下标;如果未出现,返回 -1。对于这样的搜索问题,最直观的方法是从头到尾扫描整个数组 A,依次将每个元素与 x 比较,如果发现对于某个下标 i,x 与 A[i]相等,则 x 出现在 A 中,下标为 i;否则,x 就不在 A 中。把这种朴素的查找方法称为顺序搜索。可以根据顺序搜索算法编写出程序 12-1。

在顺序搜索算法中,元素比较大小的次数和序列的大小呈线性关系,所以又称为线性搜索。当没有更多的关于 A 的信息时,线性搜索已经是最好的算法。在最坏的情形下,算法需要做 n 次元素比较;在最好的情形下,只比较一次就够了。但平均来说,比较次数应该为 $n/2$。

程序 12-1

```
1      /** 函数名:linearSearch
2       *功  能:在数组 A 中线性搜索 x
3       *参  数:A  给定的整数数组
4       *        n  数组 A 内的元素数量
5       *        x  查找的整数
6       *返回值:如果找到,返回相等元素的下标;否则返回-1
7       */
8      int linearSearch(int * A, int n, int x)
9      {
10         int i;
11         for(i=0; i<n; i++)
12             if(x==A[i])
13                 return i;
14         return-1;
15     }
```

如果 A 中的所有元素数值是升序的,则可以构造出更好的算法求解,这就是二分搜索法。用一个例子来说明二分法搜索的具体过程,如图 12-1 所示。在一个已经排序的数组 A[0···15]中,为查找 45,首先确定元素下标为(0+15)/2=7(此处做整数除法,向下取整),因为 45 大于 A[7],则取出 A[0···15]后半段 A[8···15];然后求得 A[8···15]中的元素下标为(8+15)/2=11,因为 45 小于 A[11],则再取出 A[8···15]的前半段 A[8···10];再次求得 A[8···10]中的元素下标为(8+10)/2=9,此时 43 等于 A[9],在 A[0···15]中找到了 43,搜索结束。

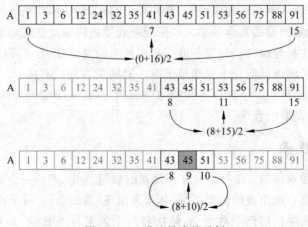

图 12-1 二分法搜索的示例

一般来说，令 A[low…high] 为元素按升序排列的数组（或数组片段），A[mid] 为其中间元素，假定查找的 x>A[mid]，只要 x 在 A 中，则它一定是 A[mid+1]，A[mid+2]，…，A[high] 中的一个，接下来只需要在 A[mid+1…high] 中搜索 x，这样，A[low…mid] 这半部分在后续的比较中不再考虑，因为 x 一定不在这半部分中出现。类似的，如果 x<A[mid]，则只需要在 A[low…mid-1] 中搜索 x。由于每次比较都把搜索范围减小一半，因此称这种搜索方法为二分搜索。程序 12-2 是二分搜索的一个程序实现。

程序 12-2

```
1    /** 函数名：binarySearch
2     * 功    能：在已经升序排列的数组 A 中用二分法搜索 x
3     * 参    数：A    给定的已经按升序排序的整数数组
4     *              n    数组 A 内的元素数量
5     *              x    查找的整数
6     * 返回值：如果找到，返回相等元素的下标；否则返回-1
7     */
8    int binarySearch(int * A, int n, int x)
9    {
10       int low=0, high=n-1, mid;
11       while(low<=high)
12       {
13           mid=(low+high)/2;
14           if(x==A[mid])
15               return mid;
16           else if(x<A[mid])
17               high=mid-1;
18           else
19               low=mid+1;
20       }
21       return-1;
22   }
```

在程序 12-2 中，比较 x 和 A[mid] 之间的大小与相等关系使用了 if-elseif-else 条件语句，为了叙述问题方便，把这样的语句中的所有比较都看作一次比较。显然，如果 A 的中间元素恰好等于 x 时，仅需要一次比较就能完成搜索。现在的问题是，在 A 中搜索 x 的最大比较次数是多少呢？

根据二分搜索算法可以知道，每次进行比较，如果还未搜索到 x，则将在剩余的 A[low…mid-1] 或 A[mid+1…high] 中搜索。设 n 为 A 中元素的数目（n=high-low+1），则剩余的无论是 A[low…mid-1] 还是 A[mid+1…high]，其元素数目最多为 $n/2$。类似的，在剩余的元素中搜索后再次剩余的部分元素数目最多为 $n/2/2=n/4$。依此类推，在进行第 j 次循环前，剩余元素的数目最多是 $n/2^{j-1}$。或者找到 x，或者要搜索的子片段长度已经到达 1，任何一种情况下，循环都将终止。因此，搜索 x 的最大循环次数满足条件 $n/2^{j-1}=1$，于是有 $j=\lg n+1$。

由此可见，二分搜索算法在最坏的情形下，其搜索中的比较次数为 $\log n+1$，与线性搜索最坏情形下比较次数为 n 相比,显然二分搜索法要占优,当 n 较大时,这种优势更加明显。

12.1.2　选择排序和插入排序

令 A 为有 n 个元素的数组,来考查在 A 上的排序问题——将 A 中的元素按升序排列。有很多排序算法可以解决这个问题,下面要介绍的选择排序和插入排序就是两种最基本的排序。那么这些算法又是怎样设计出来的呢?事实上,对于数组 A 来说,如果 A 是未排好序的,那么就一定存在两个数,它们在数组 A 的位置与排好序后两个数的位置是相反的,把这样两个数称为一个逆序对。如果交换逆序对,就可能使数组 A 中的逆序对减少,当不存在逆序对时,排序结束。

首先来看一下选择排序算法。排序过程如下:首先在 A 中找到最小的元素,将其放在 A[0] 中,然后在剩余的 $n-1$ 个元素中再找出最小的元素,把它放到 A[1] 中,如此重复,直到剩余的元素只有一个时,此时 A 中的元素就已经是排好序的了。这种排序方法叫做选择排序。其实现如程序 12-3 所示。

程序 12-3

```
1    /* * 函数名：selectionSort
2     * 功    能：对数组采用选择排序法进行排序
3     * 参    数：A    给定的整数数组
4     *          n    数组 A 内的元素数量
5     * 返回值：无。程序结束时，A 中的元素均已排序
6     */
7    void selectionSort(int * A, int n)
8    {
9        int i, j, k, t;
10       for(i=0; i<n; i++)
11       {
12           k=i;
13           for(j=i+1; j<n; j++)                    /* 查找最小的元素 */
14           {
15               if(A[j]<A[k])
16                   k=j;
17           }
18           if(k!=i)                                /* 交互 i 和 k 两个元素 */
19           {
20               t=A[k];
21               A[k]=A[i];
22               A[i]=t;
23           }
24       }
25   }
```

容易看出,这个算法执行的元素比较次数恰好为

$$(n-1)+(n-2)+\cdots+1 = n(n-1)/2$$

同样也可以看出,元素交换的次数界于 $0 \sim n-1$ 之间。而每次交互都包含三次赋值,因

而赋值的次数界于 $0 \sim 3(n-1)$ 之间。

接下来再看另一种排序方法——插入排序法。这种排序方法的处理过程如下：从 A[0] 开始，显然 A[0…0] 是已经排好序的。接下来将 A[1] 插入到已经排好序的 A[0…0] 中，A[1] 可能插入到 A[0] 的前边，也可能插入到 A[0] 的后边，这取决于 A[1] 和 A[0] 之间的大小。继续这个过程，假定 A[0…k] 是已经排好序的，则对于 A[k+1]，从后向前依次将 A[k+1] 与 A[k]、A[k-1]、…、A[0] 比较，直到找到某个 A[j] 不比 A[k] 大，此时可将 A[k] 插入到 A[j] 的后边；如果无法找到比 A[k] 更小的元素，则将 A[k] 插入到 A[0] 的前边。继续此过程，直到处理完所有的元素，整个数组便是排好序的。其实现如程序 12-4 所示。

程序 12-4

```
1    /** 函数名：insertionSort
2     * 功  能：对数组采用插入排序法进行排序
3     * 参  数：A  给定的整数数组
4     *            n  数组 A 内的元素数量
5     * 返回值：无。程序结束时，A 中的元素均已排序
6     */
7    void insertionSort(int * A, int n)
8    {
9        int i, j, x;
10       for(i=1; i<n; i++)
11       {
12           x=A[i];
13           for(j=i-1; j>=0 && A[j]>x; j--)          /* 找到并腾出插入点 */
14               A[j+1]=A[j];
15           A[j+1]=x;
16       }
17   }
```

容易看出，插入排序与选择排序不同。在插入排序中，元素的比较次数与数组中元素的顺序有关，特别是当数组已经排好序时，其元素比较次数最少，为 $n-1$；而当数组中元素恰好是完全逆序时，其元素比较次数最多，为 $n(n-1)/2$。

12.2 计算复杂性

12.2.1 可计算与计算复杂性

根据计算理论，并非所有能被确切定义的问题都一定存在有效的算法。一个比较著名的例子：对于任意的整系数多项式方程 $p(x_1, x_2, \cdots, x_k)=0$，判定该方程是否有整数解。这是一个判定问题，输入为任意的整系数多项式 $p(x_1, x_2, \cdots, x_k)$，输出为 yes 或 no。计算理论已经证明，这个问题不存在有效算法。

也有很多问题，人们一直不知道是否存在求解算法，例如著名的哥德巴赫猜想，用判定问题陈述方式可描述其"反问题"为：不存在一个偶数，它无法分解为两个奇素数之和。目前对这个问题的判定还不存在有效的算法能在有限时间内结束并给出这样的偶数存在与否

的结论。

还有一大类问题,计算复杂性理论指出,它们是难解的问题。虽然存在求解它们的算法,但却都是计算时间组合爆炸的算法。所谓组合爆炸,是指随着问题规模 n 的增大,算法的时间开销不能约束在 n 的 k 阶多项式数量范围内,其中 k 是任意不依赖于 n 的常数。

根据计算复杂性理论,一般可以认为,难解问题就是在理论上已经指出,它的任何求解算法均无法在多项式时间 n^k 数量级内解决[①]。一些经常遇到的问题也是这种难解的问题,例如货郎担问题,一个货郎能否不走重复的路依次经过所有的村庄并最终回到家;划分问题,给出一个 n 个整数的集合 S,是否能将 S 划分成为两个子集合 $S1$ 和 $S2$,使 $S1$ 中的整数和等于 $S2$ 中的整数和;以及三着色问题、背包问题和装箱问题等。

在设计算法求解问题时,应该首先从理论上分析,看该问题本质上是否难解,从而避免盲目地去寻找难解问题的多项式时间算法,做出徒劳的努力。

12.2.2 时间复杂性

算法分析的一个重要方面就是确定算法的运行时间。然而,仅说一个算法 A 对于输入 x 需要 t 秒来运行是没有意义的。因为影响实际运行时间的因素不仅仅有算法的选择,还有诸如计算机的运算速度,计算环境的负载情况,编程语言的选择,甚至于编译程序和程序员的个人能力等。那么如何评价一个算法的效率呢?通过前面对搜索和排序算法的分析发现,刻画算法的运行时间的基准是其算法中涉及的主要操作。搜索和排序算法中,元素间的比较作为算法的基本操作,它们的执行次数直接决定了算法的快慢。显然,利用这样的标准来衡量算法的时间效率,将不会受到任何外部因素的影响。

但对于每个算法,是否有必要都像对搜索和排序算法的分析一样,必须计算出一个确切的关于输入规模 n 的严格的代数表达式,并基于此来比较算法的效率呢?事实上,我们所关心的并不是具体数值上的比较,只对大的输入时的运行时间感兴趣,因而可以讨论运行时间的增长率或增长的阶。

例如,对于输入规模为 n 的算法 A,如果能够找到某个常量 $c>0$,算法的运行时间至多为 cn^2。若把这个函数和另一个求解同一问题的算法 B 的不同阶的运行时间的函数(例如 dn^3)做比较,则当 n 特别大时,无论 d 有多小,c 有多大,dn^3 总是会比 cn^2 大得多。由此可以看出,常量 c 和 d 对于算法的运行时间的比较是不起作用的。完全可以说算法 A 的运行时间为"n^2 阶",算法 B 的运行时间为"n^3 阶"。

同样的道理,对于函数 $f(n)=n^2\lg n+n^2$ 来说,当 n 特别大时,n^2 相对于 $n^2\lg n$ 可忽略不计。因此可以说,$f(n)$ 是"$n^2\lg n$ 阶"的。

这种把算法运行时间函数中的低阶项和首项常系数省略的表示方法,是一种渐进的运行时间度量方法。在算法分析中,把这种渐进的运行时间称为算法的"时间复杂性"。对于两个算法 A 和 B,如果它们的时间复杂性都是 $n\lg n$ 阶的,则从计算复杂性的角度来看,两个算法具有相同的时间复杂性,也就是说,两个算法一样好。时间复杂性相同的两个算法,它们的运行时间相差在常数倍范围内。

---

① 事实上,目前还没有从理论上证明这些难解的问题无法在多项式时间内求解。但从一般意义上来说,这个结论在很大的可能性上是正确的,因此在实际应用中都持这种观点。

用表 12-1 来说明常见的表示时间复杂性阶的函数 $\lg n$、n、$n\lg n$、n^2、n^3、2^n 在输入规模 n 变化时，其运行时间的变化（假定每次执行一个操作所有的时间为 1ns）。

表 12-1　不同大小输入的运行时间

n	$\lg n$	n	$n\lg n$	n^2	n^3	2^n
8	3nsec	0.01μ	0.02μ	0.06μ	0.51μ	0.26μ
16	4nsec	0.02μ	0.06μ	0.26μ	4.10μ	65.5μ
32	5nsec	0.03μ	0.16μ	1.02μ	32.7μ	4.29sec
64	6nsec	0.06μ	0.38μ	4.01μ	262μ	5.85cent
128	7nsec	0.13μ	0.90μ	16.38μ	0.002sec	10^{20} cent
256	8nsec	0.26μ	2.05μ	65.54μ	0.02sec	10^{58} cent
512	9nsec	0.51μ	4.61μ	262.14μ	0.13sec	10^{135} cent
2048	0.01μ	2.05μ	22.53μ	0.01sec	1.07sec	10^{598} cent
8192	0.01μ	8.19μ	106.50μ	0.07sec	1.15min	10^{2447} cent
32768	0.01μ	32.77μ	491.52μ	1.07sec	1.22hrs	10^{9845} cent
131072	0.02μ	131.07μ	2228.2μ	0.29min	3.3days	10^{39438} cent
524288	0.02μ	524.29μ	9961.5μ	4.58min	4.6years	10^{157808} cent

注：nsec 为纳秒、μ 为微秒、sec 为秒、min 为分钟、hrs 为小时、days 为天、years 为年、cent 为世纪。

从表 12-1 中可以看出，当 n 增加时，$\lg n$、n、$n\lg n$、n^2、n^3、2^n 相应的运行时间都在增加，但增加的幅度各有快慢。其中 2^n 增加得最快，其增长是爆炸性的。

12.2.3　O 符号

在描述时间复杂性时，广泛使用了特殊的数学符号。这些符号便于运用最简单的数学运算来比较和分析运行时间。

例如，对于前面介绍的插入排序算法，其运算次数至多为 cn^2，其中 c 为某个适当选择的正常数。这时，我们说插入排序算法的运行时间是 $O(n^2)$（读作"On 平方"或"大 On 平方"）。对此可以理解为：只要排序元素的数目等于或超过每个阈值 n_0 时，那么对于某个常数 $c > 0$，插入排序算法的运行时间至多为 cn^2。应该注意，即使在输入很大时，也不能说运行时间总是恰好为 cn^2。这样，O 符号提供了运行时间上界的表示方法，当然这个上界可能不是算法的实际运行时间。例如，对于任意的输入规模 n，当输入已经按升序排列时，插入排序的运行时间是 $O(n)$。

当说一个算法的运行时间是 $O(g(n))$，是指如果当输入规模 n 等于或超过某个阈值 n_0 时，那么它的运行时间的上界是 $g(n)$ 的 c 倍，其中 c 是某个正常数。关于 O 符号更形式化的定义可表述为：

令 $f(n)$ 和 $g(n)$ 是从自然数集到非负实数集的两个函数，如果存在一个自然数 n_0 和一个常数 $c > 0$ 使得

$$\text{对于任意的 } n \geqslant n_0, \quad f(n) \leqslant cg(n)$$

则称 $f(n)$ 为 $O(g(n))$。因此,如果 $\lim_{n\to\infty} f(n)/g(n)$ 存在,那么 $\lim_{n\to\infty} f(n)/g(n) \neq \infty$ 蕴含着 $f(n)=O(g(n))$。

通俗地理解,这个定义说明函数 $f(n)$ 不比 $g(n)$ 的某个常数倍增长得更快。O 符号也可作为一个简化工具用在等式中,例如,对于

$$f(n) = 6n^3 + 7n^2 - 3n + 7$$

可以写成

$$f(n) = 6n^3 + O(n^2)$$

当对低阶项的细节不感兴趣,采用 O 表示法将很有用处。

12.2.4 算法的时间复杂性分析

考虑两个 $n \times n$ 的整数矩阵 A 和 B 相加的问题。显然对于任意两个 $n \times n$ 矩阵 A 和 B 来说,使用矩阵加法进行计算,算法中以加法次数表示的运行时间总是相同的,始终为 n^2。也就是说,算法的运行时间只和矩阵的规模有关,而和矩阵中的具体数值没有任何关系。

但是对于插入排序算法,在输入规模为 n 时,算法中元素比较次数在 $(n-1)$ 和 $n(n-1)/2$ 之间,也就是说,排序算法的运行时间不能固定地表示为 n 的函数,因为算法的运行时间不仅和 n 有关,还和 n 个元素之间的相对排列顺序有关。

许多问题的求解算法都和插入排序算法一样,其运行时间不仅与问题输入的规模有关,还受问题输入实例的内部数据不同的影响。那么如何来分析一个算法的运行时间呢?这就需要分三种情况来讨论:最坏情形分析、平均情形分析和最好情形分析。由于最好情形分析对于一般的情形没有太大的意义,因此一般只关心最坏情形分析和平均情形分析。

在时间复杂性的最坏情形分析中,所选取的输入在所有规模为 n 的输入中运行时间最长。例如,对于规模为 n 的数组排序,采用插入排序算法需要 $O(n^2)$ 来处理某些规模为 n 的输入(数组中的所有元素逆序时)。因此,排序算法在最坏的情形下运行时间是 $O(n^2)$。

但数组完全逆序的可能性非常小,更一般的情形是数组元素间的序是杂乱随机的。要刻画一个算法的时间效率,更看重的是算法在一般情形下的平均运行时间。那么如何计算算法的平均运行时间呢?事实上,平均运行时间必须以输入的概率分布及相应情形下的算法运行时间做平均值统计分析。然而在许多情况下,即使放宽约束,包括假设有一个理想输入分布(如均匀分布),相关的分析也是复杂和冗长的。

下面以线性查找算法为例说明平均情形的时间复杂性如何计算。为了简化分析,假定数组 A 中没有重复元素,并假设对于 A 中的每一个元素 y,它以相等的可能性出现在数组的任意位置上,也就是说,对于所有的 $y \in A, y = A[j]$ 的概率是 $1/n$。为找到 x 的位置,算法执行的比较次数平均值是

$$T(n) = \sum_{j=1\cdots n}(j \times 1/n) = 1/n \times \sum_{j=1\cdots n} j = (1/n) \times (n(n+1)/2)$$
$$= (n+1)/2$$

这表明,在平均情况下,为找到 x 在 A 中的位置,算法要执行 $(n+1)/2$ 次元素比较,因此线性搜索算法的时间复杂性在平均情况下是 $O(n)$。

12.2.5 算法的空间复杂性

一般来说,算法使用的空间就是为求解问题实例而执行算法的计算步骤所需要的内存

空间(字节数目),但不包括分配用来存储输入的空间。所有关于时间复杂性增长的阶的定义和渐近界的讨论对空间复杂性也适用。显然,算法的空间复杂性不可能超过运行时间的复杂性,因为写入每一个内存单元都至少需要一定的时间。如果用 $T(n)$ 和 $S(n)$ 分别代表算法的时间复杂性和空间复杂性,则显然有 $S(n)=O(T(n))$。对于线性搜索、二分搜索、选择排序和插入排序而言,其空间效率都为 $O(1)$。一般来说,对于简单的问题,判断空间效率要比判断时间效率更容易一些。

12.3　问题分析与算法优化

编写程序解决任何题目,首先应准确把握题意和问题实质。不要在有了最直观思路时,就急于编程实现,应该稍微花费一点时间深入地考虑一下问题,是否有更好的解决方法? 如果有,新方法的优势和不足是什么?

12.3.1　完全平方数

【完全平方数】　求 n 以内的所有完全平方数。

题目:完全平方数

问题描述:读入输入的自然数 n,按顺序打印出 n 以内(包括 n)的所有完全平方数。

输入描述:一个自然数 n。

输出要求:按完全平方数从小到大的顺序依次输出每个不大于 n 的完全平方数,一个一行。

例子输入:

10

例子输出:

1

4

9

对于求 n 以内的所有完全平方数,最直接的解题思路是遍历 $0 \sim n$ 之间所有的自然数,判断每个数是否为完全平方数,如果是,则打印之。判断完全平方数的过程很简单,只需检查是否存在一个自然数的平方值与其相等。但这样做需要一个双重循环,程序运行的时间效率较低。对于求完全平方数这个问题,可更进一步考虑,很显然,所有 n 以内的完全平方数恰好是 m 以内所有自然数的平方(其中 m 是其平方不大于 n 的最大自然数)。顺着这个思路,可以编程直接打印 $0 \sim m$ 的所有自然数的平方,因此有程序 12-5。

程序 12-5

```
1  /******************************************************
2  * 文 件 名:11_1_2.c                                  *
3  * 作     者:wxl                                       *
4  * 日     期:2007-8-16                                 *
5  * 题     目:完全平方数(直接计算)                      *
```

```
6        **********************************************************/
7        #include<stdio. h>
8
9        int main()                                      /* 主函数 */
10       {
11           int i, n;                                   /* 定义临时变量 */
12           scanf("%d", &n);                            /* 读入自然数 n */
13           for(i=0; i * i<=n; i++)                      /* 平方不大于 n 的所有自然数 */
14           {
15               printf("%d\n", i * i);                  /* 打印出 i */
16           }
17           return 0;
18       }
```

在程序 12-5 中,仅用了一个循环,这个循环变量(13~16 行)遍历 n 以内所有完全平方数的平方根,循环中直接打印对应的完全平方数。在循环中,并没有直接给出一个最大的平方根用于循环终止条件判断,而是巧妙地运用了所有平方根的平方都不大于 n 这个性质进行判断,这大大简化了程序的设计。这个算法的时间效率是 $O(n^{1/2})$,而最初想到的算法时间效率为 $O(n^2)$,可见,优化以后的算法在时间效率上有了很大的提升。

12.3.2 约瑟夫问题

【约瑟夫问题】 假设 n 个竞赛者排成一个环形,依次顺序编号 $1, 2, \cdots, n$。从某个指定的第 1 号开始,沿环计数,每数到第 m 个人就让其出列,且从下一个人开始重新计数,继续进行下去。这个过程一直进行到所有的人都出列为止,最后出列者为获胜者。

题目:约瑟夫问题

问题描述:假设 n 个竞赛者排成一个环形,依次顺序编号 $1, 2, \cdots, n$。从 1 号开始,沿环计数,每数到第 m 个人就让其出列,且从下一个人开始重新计数,如此继续下去,直到最后一个人,请给出这个人的编号。

输入描述:仅一行,两个整数,依次为计数限值 m 和竞赛者人数 n。

输出要求:仅一行,一个整数,最后获胜者的编号。

例子输入 1:

7 22

例子输出 1:

17

例子输入 2:

999 100000

例子输出 2:

10042

约瑟夫问题也是一个数字游戏。解决这个问题最直接的算法就是用计算机模拟这个过程。设想参赛者围坐在一个圆桌前，大家都先把手放到桌上，轮到谁出列，他就把手收起来，只有手还放在桌上的人参与接下来的比赛，直到最后一个人收手为止。这启发我们用一个数组来表示这个环形队列，用数组元素取值的真假代表参赛者是否已经出列，就可以在这个数组上模拟解决约瑟夫问题了。如程序 12-6 所示。

程序 12-6

```
1    /***************************************************
2    * 文 件 名：11_4_1.c                              *
3    * 作    者：wxl                                    *
4    * 日    期：2007-8-21                              *
5    * 题    目：约瑟夫问题（数组解法）                 *
6    ***************************************************/
7    #include<stdio.h>
8    #include<malloc.h>
9
10   int main()                              /* 主函数 */
11   {
12       int m, n;                           /* 输入变量 */
13       int * p;                            /* 指向状态数组的指针 */
14       int i, j, k;                        /* 临时变量 */
15       scanf("%d%d", &m, &n);              /* 读入两个变量的值 */
16
17       p=(int * )malloc(sizeof(int) * n);  /* 分配动态数组内存空间 */
18
19       for(i=0; i<n; i++)                  /* 初始化所有位置为 0 */
20           p[i]=0;
21
22       k=n;                                /* 初始化还剩 n 人 */
23       j=1;                                /* 初始化从 1 开始数数 */
24
25       for(i=0; i<n; i=(i+1)%n)            /* 循环遍历数组 */
26       {
27           if(p[i])                        /* 对应位置上的人已经出列 */
28               continue;                   /* 略过这个位置 */
29
30           if(j++==m)                      /* 数到了 m 时 */
31           {
32               p[i]=1;                     /* 标记该位置上的人出列 */
33               k--;                        /* 剩余的人少一个 */
34               j=1;                        /* 重新从 1 数起 */
35           }
36
37           if(k==0)                        /* 最后一个人出列时 */
38           {
39               printf("%d\n", i+1);        /* 打印结果，位置等于下标加一 */
```

```
40              break;                          /* 可以结束循环了 */
41          }
42      }
43      free(p);                                /* 释放动态申请的内存 */
44      return 0;                               /* 退出主函数 */
45  }
```

由于参赛者人数 n 是由输入决定的,不能预先估计一个合理的数值,因此程序中采用动态数组。动态数组的内存分配在读入 n 的值之后进行(17 行),并且在程序结束前释放动态数组的内存(43 行)。动态数组必须初始化(19～10 行),表示目前所有的人都在队列中。

在模拟过程中,需要三个临时标量 i、j、k,其中 i 用于对数组的循环访问,j 用于记录下一个要报的数,k 用于记录队列中剩余的人数。循环中要略过已经出队列的参赛者(27～28 行)。当报数到达 m 时,应标记相应的参赛者出列,并减少剩余的人数,同时报数回归到 1(30～35 行)。当最后一个人已经出列时,模拟过程结束(37～40 行)。

如果考虑用首尾相接的环形链表来表示参赛者的环形队列,显然更加直观。如程序 12-7 所示。

程序 12-7

```
1   /****************************************************
2   * 文 件 名:11_4_2.c                                *
3   * 作    者:wxl                                      *
4   * 日    期:2007-8-21                                *
5   * 题    目:约瑟夫问题(链表解法)                     *
6   ****************************************************/
7   #include<stdio.h>
8   #include<malloc.h>
9
10  int main()                                  /* 主函数 */
11  {
12      struct node_t                           /* 定义一个代表竞赛者的结构 */
13      {
14          int no;                             /* 竞赛者编号 */
15          struct node_t * next;               /* 指向下一个竞赛者节点 */
16      };
17
18      int m, n;                               /* 输入变量 */
19      int i, j;                               /* 临时变量 */
20      struct node_t * head=NULL;              /* 竞赛节点队列头 */
21      struct node_t * temp=NULL;              /* 指向临时节点 */
22
23      scanf("%d%d", &m, &n);                  /* 读入两个变量的值 */
24
25      for(i=0; i<n; i++)                      /* 构造一个长度为 n 的链表 */
26      {
27          temp=(struct node_t *)
```

```
28              malloc(sizeof(struct node_t));        /* 创建一个节点 */
29              temp->next=head;                      /* 把节点加入链表头 */
30              head=temp;                            /* head 指向新的链表头 */
31          }
32
33      temp=head;                                    /* 准备从链表头处理所有节点 */
34      for(i=1; i<=n; i++)                           /* 构造循环链表 */
35      {
36          temp->no=i;                               /* 设置节点对应的参赛者编号 */
37          if(temp->next==NULL)                      /* 处理到最后一个节点 */
38              temp->next=head;                      /* 把最后一个节点链接到链表头 */
39          else
40              temp=temp->next;                      /* 否则走到下一个节点 */
41      }
42
43      j=1;                                          /* 初始化数数变量 */
44      for(;;)                                       /* 用死循环从队列头开始模拟 */
45      {
46          if(j++==m)                                /* 数到了 m */
47          {
48              if(head->next==head)                  /* 队列中只剩一人 */
49              {
50                  printf("%d\n", head->no);         /* 打印最后出列者编号 */
51                  free(head);                       /* 释放动态申请的内存 */
52                  return 0;                         /* 退出主函数 */
53              }
54              temp->next=head->next;                /* 当前竞赛者出列 */
55              free(head);                           /* 释放内存 */
56              head=temp->next;                      /* 指到下一个竞赛者 */
57              j=1;                                  /* 重新开始计数 */
58              continue;                             /* 继续处理下一个竞赛者 */
59          }
60          temp=head;                                /* temp 记住当前节点 */
61          head=head->next;                          /* head 指向下一个节点 */
62      }
63  }
```

程序 12-7 中定义了一个节点结构代表参赛者(12~16 行),结构中记录参赛者的序号和他在队列中下一个参赛者指针。首先,根据输入参数构建一个链表队列(25~31 行);然后周游队列,设置参赛者节点的序号,并把最后一个参赛者的下一个参赛者指向队首参赛者,形成一个环形队列(33~41 行);最后根据竞赛规则用一个循环进行模拟(43~62 行)。

在模拟过程中,数到 m 时,如果发现当前参赛者的下一个参赛者就是他自己,则模拟过程结束,当前竞赛者获胜,打印出结果并结束程序(48~53 行);否则,当前参赛者出列,即从链表中删除当前节点(54~56 行)。由于删除链表中的节点必须知道其前驱节点,因此在整个模拟循环中,始终保证 temp 指向 head 的前驱节点(60~61 行)。

对于上面两种程序实现,当用第二组例子数据进行测试时,大家会发现要等上几秒钟甚至更长时间才能得出结果。因为,对于采用数组模拟方法的程序 12-6,其时间效率为 $O(n^2)$;对于采用链表模拟解法的程序 12-7,其时间效率 $O(mn)$。当 m 和 n 都较大时,算法要计算很长时间。

是否有更好的解法呢?注意到问题仅仅是要求出最后的获胜者的序号,而不是要模拟整个过程。因此如果要追求效率,就要打破常规,深入思考。

在用数组模拟整个过程时,如果在第一个参赛者出列时,重新调整数组,把出列参赛者的下一个参赛者作为新数组的首元素,把出列参赛者前边的 $m-1$(假设 n 大于 m)个参赛者补在新数组的尾部,新数组的长度为 $n-1$,如图 12-2 所示。因为接下来将重新开始计数,问题就转化为在新的 $n-1$ 长度的数组上求解约瑟夫问题。现在,把规模为 n 的约瑟夫问题变换为一个规模为 $n-1$ 的约瑟夫问题。假设在这个 $n-1$ 的约瑟夫问题中,最后的获胜者在数组中的下标为 k,那么 k 在规模为 n 的原问题的数组中对应的下标应该为 $(k+m\%n)\%n$。请读者考虑一下,为什么上式中的 m 要对 n 求余数后再与 k 相加?

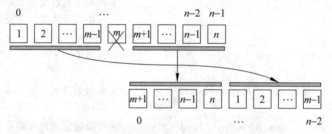

图 12-2 规模为 n 的约瑟夫问题转换为规模为 $n-1$ 的问题

有了上面的分析,利用递推的方法设计出程序 12-8。

程序 12-8

```
1    /*************************************************
2     * 文 件 名:11_4_3.c                            *
3     * 作     者:wxl                                *
4     * 日     期:2007-8-21                           *
5     * 题     目:约瑟夫问题(递推解法)                 *
6     *************************************************/
7    #include<stdio.h>
8
9    int f(int m, int n)                    /* 求约瑟夫问题的递推函数 */
10   {
11       int i;                            /* 递推变量 */
12       int k=0;                          /* 中间结果,初值为 0 */
13       for(i=2; i<=n; i++)               /* 递推循环 */
14           k=((m%i)+k)%i;                /* 递推计算 i 个参赛者的 k 值 */
15       return k;                          /* 递推结束,k 值为最终结果 */
16   }
17
18   int main()                            /* 主函数 */
```

```
19   {
20       int m, n;                              /* 输入变量 */
21       scanf("%d%d", &m, &n);                 /* 读入两个变量的值 */
22       printf("%d\n", f(m, n)+1);             /* 打印最后出列者编号 */
23       return 0;                              /* 退出主函数 */
24   }
```

在程序 12-8 中，函数 f 用于求输入参数为 m、n 的约瑟夫问题（9～16 行）。该函数的返回值是从 0 开始编号，因此在打印结果时，要把返回值的结果再加一后输出（22 行）。对于函数 f，当 n 等于 1 时，返回值自然应该是 0；当 n 大于 1 时，则可利用循环多次变换，得到最终结果编号。

运行程序 12-8，即使对于例子输入 2，程序也能立即计算出结果。

12.3.3 哥德巴赫猜想

【哥德巴赫猜想】 公元 1742 年 6 月 7 日，哥德巴赫写信给当时的大数学家欧拉，提出了以下的猜想：任何一个大于等于 6 的偶数，都可以表示成两个奇素数之和；任何一个大于等于 9 的奇数，都可以表示成三个奇素数之和。这就是著名的哥德巴赫猜想。

用当代语言来叙述，哥德巴赫猜想有两个内容：第一部分叫做奇数的猜想，第二部分叫做偶数的猜想。奇数的猜想指出任何一个大于等于 7 的奇数都是三个素数的和。偶数的猜想是说大于等于 4 的偶数一定是两个素数的和。

目前最佳的结果是中国数学家陈景润于 1966 年证明的，称为陈氏定理："任何充分大的偶数都是一个素数与一个自然数之和，而后者仅仅是两个素数的乘积。"通常都简称这个结果为大偶数，可表示为"1+2"的形式。

题目：哥德巴赫猜想

问题描述：对于任意给定的偶数 m（m 大于等于 6 且不超出 int 表示范围），验证其能够表示为两个奇素数之和。

输入描述：一个满足条件的偶数 m。

输出要求：仅一行，两个和为 m 的素数，它们之间用一个空格分隔。

（注：如果有多组满足条件的素数，只需打印出一组即可，并且两个素数的顺序任意）

例子输入：

8

例子输出：

5 3

采用最朴素的思想来解这个问题，即枚举所有和为 m 的奇数对，检查是否两者都为素数。如程序 12-9 所示。

程序 12-9

```
1    /**********************************************************
2     * 文 件 名：11_5_1.c                                    *
3     * 作    者：wxl                                         *
```

```
4        * 日      期：2007-8-22                              *
5        * 题      目：哥德巴赫猜想(朴素算法)                   *
6        ********************************************************/
7        #include<stdio. h>
8        #include<math. h>
9
10       /** 函数名：isprime
11        * 功      能：判断给定的整数是否为素数
12        * 参      数：n   给定的整数(n不小于2)
13        * 返回值：如果n是素数,返回1;否则返回0
14        */
15       int isprime(int n)
16       {
17           int i;                                /* 循环变量,做因子 */
18           for(i=2; i<n; i++)                    /* 检查所有可能的因子 */
19               if(n%i==0)                        /* 如果i是n的因子 */
20                   return 0;                     /* 返回n不是素数 */
21           return 1;                             /* 返回n是素数 */
22       }
23
24       int main()                               /* 主函数 */
25       {
26           int m;                                /* 输入的偶数 */
27           int i;                                /* 循环变量,代表可能的奇数 */
28           scanf("%d", &m);                      /* 读入偶数的值 */
29
30           for(i=3; i<m; i+=2)                   /* 检查所有可能的奇数 */
31           {
32               if(isprime(i) && isprime(m-i))    /* 如果两者都是素数,得到验证 */
33               {
34                   printf("%d%d\n", i, m-i);     /* 打印两个素数 */
35                   break;                        /* 找到一对即可,中断循环 */
36               }
37           }
38           return 0;                             /* 退出主函数 */
39       }
```

判断素数的函数 isprime(15～22 行)中采用了枚举排除法,枚举从 2 到 $n-1$ 的所有数,依次检查这些数是否是 n 的因子。一旦发现某个数是 n 的因子,则说明 n 不是素数;如果没有找到任何因子,就可返回 n 是素数。

主程序(24～39 行)中的 for 循环语句保证了 i 能取遍所有小于 m 的奇素数(30 行)。并且注意到 i 始终是奇数,又因为 m 是偶数,因而 $m-i$ 也一定是奇数,且 $i+(m-i)=m$,所以,i 和 $m-i$ 构成了一个和为 m 的奇数对。只要验证 i 和 $m-i$ 都是素数(32 行),则它们就是一对和为 m 的奇素数对。哥德巴赫猜想对于偶数 m 得到验证。

程序 12-9 具有思路清晰,代码简明的特点。但它的算法效率却不是很高,总体时间复

杂度为 $O(m^2)$。如何提高程序的算法效率呢？程序 12-10 分别针对素数的性质和素数对的对称性对程序 12-9 进行了优化。

程序 12-10

```
1    /***************************************************
2     * 文 件 名：11_5_2.c                              *
3     * 作    者：wxl                                   *
4     * 日    期：2007-8-22                             *
5     * 题    目：哥德巴赫猜想(奇数、平方根、对称)        *
6     ***************************************************/
7    #include<stdio.h>
8    #include<math.h>
9
10   /** 函数名：isprime
11    * 功    能：判断给定的奇数是否为素数
12    * 参    数：n  给定的奇数(不小于3)
13    * 返回值：如果 n 是素数,返回1;否则返回 0
14    */
15   int isprime(int n)
16   {
17       int i;                              /* 循环变量,做因子 */
18       for(i=3; i*i<=n; i+=2)              /* 检查所有可能的奇因子 */
19           if(n%i==0)                      /* 如果 i 是 n 的因子 */
20               return 0;                   /* 返回 n 不是素数 */
21       return 1;                           /* 返回 n 是素数 */
22   }
23
24   int main()                              /* 主函数 */
25   {
26       int m;                              /* 输入的偶数 */
27       int i;                              /* 循环变量,代表可能的奇数 */
28       scanf("%d", &m);                    /* 读入偶数的值 */
29
30       for(i=3; i<=m/2; i+=2)              /* 检查所有可能的奇数 */
31       {
32           if(isprime(i) && isprime(m-i))  /* 如果两者都是素数,得到验证 */
33           {
34               printf("%d%d\n", i, m-i);   /* 打印两个素数 */
35               break;                      /* 找到一对即可,中断循环 */
36           }
37       }
38       return 0;                           /* 退出主函数 */
39   }
```

首先是对判断素数的函数 isprime 的优化。因为任意合数 n 的因子都不会大于 n 的平方根,因此为排除存在因子的可能性,不必对变量从 2 一直检查到 $n-1$,只需遍历小于等于

n 的平方根的数即可。同时,题目要求找两个奇素数,因此函数 isprime 可优化为仅判断奇数 n 是否为素数,而奇数不可能以偶数作为因子,所以循环可从第一个奇素数 3 开始,遍历所有小于等于 n 的平方根的奇数,判断 n 是否存在一个奇因子,即可判断 n 是否为素数(18 行)。

然后再对程序 12-10 第 30 行的 for 循环进行优化。根据 i 和 $m-i$,奇数对的对称性关系,仅需要让循环变量 i 遍历小于等于 $m/2$ 的所有奇数即可,这比程序 12-9 中的做法将减少一半的计算量。

经过上面两方面的优化后,程序 12-10 的时间效率为 $O(m^{3/2})$。当 m 很大时,程序 12-10 的计算将比程序 12-9 快很多。

12.4 递 归

递归是一种算法设计思想,也是程序的一种调用形式。一般来说,如果程序中出现函数内直接或间接地调用函数自身,则程序中存在有递归调用。从算法角度来说,递归通常把一个规模较大的复杂的问题转化为一个与原问题相似的规模较小的问题来求解。递归策略只需少量的程序就可描述出解题过程所需要的多次重复计算,大大地减少了程序的代码量。

简单来说,递归就是函数对自身的调用,递归过程必须有明确的递归结束条件,即递归出口。递归算法可以应用于解决很多问题,如斐波那契数计算、汉诺塔问题等。递归算法求解问题思路简单,可以很容易地解决一些看似复杂的问题。下面以经典的汉诺塔问题为例,介绍递归算法的设计原理。

【汉诺塔问题】 在印度,有一个古老的传说:在世界中心贝拿勒斯(在印度北部)的圣庙里,一块黄铜板上插着三根宝石柱。印度教的主神梵天在创造世界的时候,在其中一根柱上从下到上地穿好了由大到小的 64 枚金片,这就是所谓的汉诺塔。不论白天黑夜,总有一个僧侣按照下面的法则移动着这些金片:一次只移动一片,不管在哪根柱上,小片必须在大片上面。僧侣们预言,当所有的金片都从梵天穿好的那根柱上移到另外一根柱上时,世界就将在一声霹雳中消灭,而梵塔、庙宇和众生也都将同归于尽。

不管这个传说的可信度有多大,如果考虑一下把 64 枚金片,由一根柱移到另一根柱上,并且始终保持上小下大的顺序。这需要多少次移动呢?如果想用蛮力方式尝试计算要用多少次移动,无论花费多少时间,最终都将证明是徒劳的。这里需要递归的方法。

设想为三根宝石柱编号为 A、B 和 C,假定原来 n 枚金片都在 A 柱上,移动的目标是把所有的金片都移到 C 柱上,把这个问题称为 n 枚金片从 A 到 C 的汉诺塔问题。对这个问题,无论如何,总要执行把最大的金片从 A 柱上移到 C 柱上的动作,依据小片必须在大片上面的约束规则,此时,其他 $n-1$ 枚金片只能都在 B 柱上,并且也是从大到小堆放的。由此可见,把 n 枚金片从 A 移动到 C 过程,恰好为先把 $n-1$ 枚金片从 A 移动到 B,再把最大的一枚金片从 A 移到 C,最后再把 $n-1$ 枚金片从 B 移动到 C 的过程。

如果 n 枚金片的汉诺塔问题移动次数为 $f(n)$,则 $f(n)=2\times f(n-1)+1$,$n>1$,$f(1)=1$。展开这个递推公式,$f(n)=2^n-1$。当 $n=64$ 时,$f(64)=2^{64}-1=18446744073709551615$。假如按每秒钟一次,共需多长时间呢?一年大约有 31536926s,计算表明移完这些金片需要 5800 多亿年,比地球寿命还要长。

题目：汉诺塔问题

问题描述：有三根柱子 A、B、C，在 A 柱上从下到上穿着由大到小的 n 枚金片。一次移动一枚金片，保证小片必须在大片上面。要把所有的金片从 A 移动到 C 上，输出所有移动金片的步骤。

输入描述：有一行，整数 n，金片的数量。

输出要求：按顺序每行输出一次移动金片的动作（例如从 A 移动金片到 C 表示为 A—>C）。

例子输入：

3

例子输出：

A—>C
A—>B
C—>B
A—>C
B—>A
B—>C
A—>C

要输出汉诺塔问题的移动步骤，无法通过简单的循环实现。从上面的分析知道，汉诺塔问题本身应该从其关键步骤——移动最大的第 n 枚金片着手，利用递归的思路来考虑。假定函数 move(n，A，B，C)可以输出把 n 枚金片从 A 移动到 C 的每一步动作，来看这个函数是怎样工作的。

如果 n＝1，此时在 A 上只有一枚金片，可以直接把这枚金片从 A 移动到 C。

如果 n＝2，此时为了把 A 上的金片都移动到 C，需要先把 A 上小的金片移动到 B，此时就可把大的金片从 A 移动到 C，最后再把 B 上的小金片移动到 C。

如果 n＝3，因为总要把最大的金片从 A 移动到 C，所以应该先把两枚较小的金片移动到 B（这个过程类似于 n＝2 时把金片从 A 移动到 C 的过程，只是最终的目标从 C 改为 B），完成最大金片的移动后，再按类似的过程把两枚金片从 B 移动到 C。

直到对任意 n 枚金片，总是可以把它转换为先把 n－1 枚较小的金片从 A 移动到 B，即 move(n－1，A，C，B)；再把第 n 枚金片从 A 移动到 C；最后再把 n－1 枚金牌从 B 移动到 C，即 move(n－1，C，A，C)。

由此可见，在函数 move(n，A，B，C)中，首先通过调用 move(n－1，A，C，B)输出把 n－1 枚较小的金片从 A 移动到 B 的所有步骤，再输出把第 n 枚金片从 A 移动到 C 的步骤，最后再次调用 move(n－1，B，A，C)完成把 n－1 枚金片从 B 移动到 C 的步骤，则 move(n，A，B，C)可以完全输出把 n 枚金片从 A 移动到 C 的全部步骤。

程序 12-11 就是按照此思路设计并实现的。

程序 12-11

```
1  /*******************************************************
2   * 文 件 名：11_7.c                                    *
3   * 作    者：wxl
4   * 日    期：2007-8-21                                  *
```

```
5      * 题      目：汉诺塔问题（递归解法）                    *
6      *****************************************************/
7      #include<stdio.h>
8
9      /** 函数名：move
10      *功   能：打印将 x 柱上的 n 枚金片经由 y 柱全部移动到 z 柱的过程
11      *参   数：n   x 柱上金片的数量
12      *         x,y,z   三个柱子的编号
13      *返回值：无
14      */
15     void move(int n, char x, char y, char z)
16     {
17         if(n==1)                                /* 仅一枚金片 */
18             printf("%c->%c\n", x, z);           /* 直接从 x 移动到 z */
19         else                                    /* 多枚金片 */
20         {
21             move(n-1, x, z, y);                 /* 先把 x 上边 n-1 枚金片移动到 y */
22             printf("%c->%c\n", x, z);           /* 把最大的一枚金片从 x 移动到 z */
23             move(n-1, y, x, z);                 /* 再把 y 上的 n-1 枚金片移动到 z */
24         }
25     }
26
27     int main()                                  /* 主函数 */
28     {
29         int n;                                  /* 输入变量 */
30         scanf("%d", &n);                        /* 读入金片数量 */
31         move(n, 'A', 'B', 'C');                 /* 递归打印移动过程 */
32         return 0;                               /* 退出主函数 */
33     }
```

程序 12-11 如此简捷，但其功能却又如此强大，这正是递归方法的魅力所在。也许你会担心：一个函数调用其自身，它们之间是否会产生参数、变量访问冲突的影响呢？其实这种担心是不必要的，因为对于函数的每次调用，系统都会为之分配适当的内存区域（即栈空间），存放参数和局部变量的内存单元就位于这个专属于本次函数调用的内存区域中。函数对参数和局部变量的访问，相互之间不会有任何影响。

由于每次递归调用都要分配相应的栈空间，而栈的大小一般都是固定的并且不会特别大，因此不加限制的递归调用，使得递归深度超过了限制，就会报栈溢出(stack overflow!)错误，程序会因此而终止执行。

通过汉诺塔问题，介绍了如何利用递归的思想来求解问题。在应用递归思想求解问题时，重要的是要摆脱头脑中固有的"从 1 到 2 再到 n"这种循环的思维定式。递归法强调对于任何一个关于 n 的问题，直接分析这个问题与关于 $n-1$（或 $n-k$）的问题之间的递推关系。先假定可以用函数 $f(n)$ 来求解该问题，接下来只需要解决如何把 $f(n)$ 的求解过程转换为以 $f(n-1)$（或 $f(n-k)$）为基础的求解过程。最后，对于特别小的 n，设置递归终止条件，直接求解问题，而不再递归。

在程序 12-11 中,以函数 move(n,x,y,z)为输出汉诺塔移动步骤的函数。函数中设置 $n=1$ 时为递归终止条件,此时直接输出移动步骤。只要 $n>1$,就由递归的思路来处理。两次调用 move($n-1$,…)完成把 $n-1$ 枚金片从 x 移到 y 再移到 z 的过程,中间插入输出把第 n 枚金片从 x 移动到 z 的步骤。最终,在主函数中,仅需要调用 move(n,A,B,C),就可以输出把 n 枚金片从 A 移动到 C 的全部步骤。

12.5 动 态 规 划

动态规划是一种常用的用于求解最优化问题的算法设计方法。一般来说,对于一个最优化问题,如果它既满足最优子结构的特性,又存在重叠子问题,就可以采用动态规划的方法求解。下面以一个具体的问题来说明动态规划算法的设计原理。

【采药问题】 辰辰是个天资聪颖的孩子,他的梦想是成为世界上最伟大的医师。为此,他想拜附近最有威望的医师为师。医师为了判断他的资质,给他出了一个难题。医师把他带到一个到处都是草药的山洞里对他说:"孩子,这个山洞里有一些不同的草药,采每一株都需要一些时间,每一株也有它自身的价值。我会给你一段时间,在这段时间里,你可以采到一些草药。如果你是一个聪明的孩子,你应该可以让采到的草药的总价值最大。"那么辰辰如何才能完成这个任务呢?

题目:采药问题

问题描述:共有 M 株药材,给出每种药材的价值和采摘耗时,在时间 T 内,采摘药材的总价值最大。

输入描述:输入的第一行为两个整数,依次为药材株数 M 和总时间 T。

接下来 M 行,每行也有两个整数,依次为药材的价值和采摘耗时。

每两整数之间以一个空格分隔。

输出要求:最大采摘药材的总价值。

例子输入:

3 10
5 5
7 3
9 8

例子输出:

12

在这个问题中,要使采摘药材的总价值最大,一种直接的方法是枚举 M 株药材的所有组合,求出每种组合的药材总价值和采摘总耗时,对于总耗时不超过时间 T 的组合,找出其中总价值最大的组合即可。但 M 株药材的所有组合共有 2^M 种。除非 M 值很小,否则根本无法在可行的时间内枚举所有组合。

既然枚举法解决这个问题具有很大的局限性。那么是否可以用某种选择策略找到总价值的最大值呢? 例如用一种贪心的策略来采摘,每次采摘总采摘价值最大的药材。但事实上,这种贪心的采摘策略可能无法得到正确的结果。例如根据题目中给出的例子数据,按上述贪心的策略采摘,只能采摘到总价值为 9 的药材,而实际的答案为 12。这个反例虽然只能说明这一种贪心策略不正确,但事实上,任何贪心策略都无法解决采药问题。

采药问题实际上是 0-1 背包问题的另一种描述,解决 0-1 背包问题最有效的方法是动态规划法。采用动态规划法求解一个最优化问题,一般思路是:首先通过递归的思想,找出最优问题与其子问题之间的最优子结构关系;然后再把求解过程转换为自底向上的递推计算过程,避免子问题的重复计算。

为了分析的方便,不妨对 M 株药材依次编号,以 $t[M]$ 表示采第 M 株药材所需的时间,以 $v[M]$ 表示第 M 株药材的价值,以 $\mathrm{max}v[M,T]$ 表示对 M 株药材,在时间 T 内可采得的药材的总价值的最大值。

假设辰辰已经找到了总价值最大的采药方案,对应药材总价值为 $\mathrm{max}v[M,T]$。考虑此方案的两种可能的情况:

如果方案中包括第 M 株药材,则其余的药材总价值必是剩余的 $M-1$ 株药材中在 $T-t[M]$ 时间内可采得的药材总价值的最大值,于是有

$$\mathrm{max}v[M,T] = \mathrm{max}v[M-1,T-t[M]] + v[M]$$

如果方案中不包括第 M 株药材,则方案等价于在其余 $M-1$ 株药材中,在 T 时间内可采得的药材总价值最大的采药方案,于是有

$$\mathrm{max}v[M,T] = \mathrm{max}v[M-1,T]$$

因此,如果预先知道了 $\mathrm{max}v[M-1,T-t[M]]+v[M]$ 和 $\mathrm{max}v[M-1,T]$ 的值,两者中的最大值就是 $\mathrm{max}v[M,T]$ 的值,即

$$\mathrm{max}v[M,T] = \max(\mathrm{max}v[M-1,T-t[M]]+v[M], \mathrm{max}v[M-1,T])$$

上式给出了 $\mathrm{max}v[M,T]$ 上的递推关系。考虑 M 和 T 的所有取值和边界情况,可以给出 $\mathrm{max}v[M,T]$ 的完整递推公式如下:

$$\mathrm{max}v[M,T]$$
$$=\begin{cases} 0 & M=1, T<t[M] \\ v[M] & M=1, T\geqslant t[M] \\ \mathrm{max}v[M-1,T] & M>1, T<t[M] \\ \max(\mathrm{max}v[M-1,T-t[M]]+v[M], \mathrm{max}v[M-1,T]) & M>1, T\geqslant t[M] \end{cases}$$

这个递推公式表示,当仅有一株药材时,检查采摘这株药材的采摘耗时与时间约束 T 间的关系,判断是否可以采摘这株药材。当有多株药材时,如果最后一株药材的采摘时间比时间约束 T 大,则最终的采摘方案中一定不包含这种药材,所以只需考虑前 $M-1$ 株药材;当最后一株药材的采摘时间比时间约束 T 小时,就是前面分析得到的递推关系。

M 和 T 的取值都是有限的整数,因此可以依次求出所有 $\mathrm{max}v[M,T]$ 的值,即可求解出问题的最终结果。如程序 12-12 所示。

程序 12-12

```
1  /********************************************************
2   *文 件 名:11_10_3.c                                  *
3   *作   者:wxl                                          *
4   *日   期:2007-8-23                                    *
5   *题   目:采药问题(动态规划递推法)                    *
```

```
6      ****************************************************/
7      # include<stdio. h>
8      # include<malloc. h>
9
10     # define max(x, y)((x)>(y) ? (x) :(y))        /* 求最大值的宏 */
11
12     int main()                                    /* 主函数 */
13     {
14         int M;                                    /* 药材株数 */
15         int T;                                    /* 时间约束 */
16         int v;                                    /* 药材价值 */
17         int t;                                    /* 采摘耗时 */
18         int i, j;                                 /* 循环变量 */
19         int* * mtv;                               /* 记录已经计算过的数值 */
20         scanf("%d%d", &M, &T);                    /* 读入药材株数和时间约束 */
21         mtv=(int * )malloc(sizeof(int * ) * (M+1)); /* 对应药材数量的动态指针数组 */
22         for(i=1; i<=M; i++)                       /* 对药材数量循环 */
23         {
24             mtv[i]=(int * )
25                 malloc(sizeof(int) * (T+1));      /* 对应时间约束的动态数组 */
26             scanf("%d%d", &v, &t);                /* 读入药材的价值和采摘耗时 */
27             for(j=0; j<=T; j++)                   /* 对每一种时间约束 */
28             {
29                 if(i==1)                          /* 第一株药材 */
30                     if(j>=t)                      /* 时间够采当前药材 */
31                         mtv[i][j]=v;              /* 记录当前最大药材价值为当前药材价值 */
32                     else                          /* 时间不够采当前药材 */
33                         mtv[i][j]=0;              /* 记录当前最大药材价值为 0 */
34                 else                              /* 不是第一株药材 */
35                     if(j>=t)                      /* 够时间采当前药材 */
36                         mtv[i][j]=                /* 去包含和不包含当前药材两种情形的最大值 */
37                             max(mtv[i-1][j], mtv[i-1][j-t]+v);
38                     else                          /* 时间不够采当前药材 */
39                         mtv[i][j]=                /* 与没有当前药材时取值一样 */
40                             mtv[i-1][j];
41             }
42         }
43         printf("%d\n", mtv[M][T]);                /* 打印最大采摘药材价值 */
44         for(i=1; i<=M; i++)                       /* 对药材数量循环 */
45             free(mtv[i]);                         /* 释放动态数组 */
46         free(mtv);                                /* 释放动态数组 */
47         return 0;                                 /* 退出主函数 */
48     }
```

程序 12-12 中使用二维动态数组 mtv 来存储所有 maxv[M,T] 的值,并依据递推公式逐行逐列地计算 maxv[M,T]。第 22~42 行进行 M 次外层循环,一次处理每株药材;第

27～41 行进行 $T+1$ 次内层循环,处理所有的时间约束。程序在其他操作上耗用的时间在 $O(M)$ 以内。因此程序的总时间复杂度为 $O(MT)$。

使用动态规划的方法,不必枚举所有 2^M 种药材组合,仅在 $O(MT)$ 时间内,即可得到问题的解。可见,动态规划方法在解决这类问题时非常强大。在求解采药问题的过程中,可以看到,对在 M 株药材在时间 T 内的最大药材总价值的采摘方案,实际上包含了对前 $M-1$ 株药材在时间 T 或 $T-t[M]$ 内的最大药材总价值的采摘方案。这种一个问题的最优解蕴含着其子问题的最优解的特性,就是最优子结构性质,有时也称之为最优化原理。一个最优化问题满足最优化原理,是可以采用动态规划方法求解的一个必要条件。

直观上,依据采药问题的递推公式,可以使用递归的方式求解该问题。递归的过程可构成一棵递归树,每次递归计算都是树上的一个节点。在采药问题中,每次递归 M 减小 1,同时每次递归一般有两个递归分支,因此递归树上共有约 2^M 个结点。但事实上,采药问题的子问题总数量只有不到 $M(T+1)$ 个。由此可见,在递归计算过程中,会有很多结点是对同一个子问题的重复计算,一般把这种性质称为重叠子问题。动态规划方法通过递推的方式计算出每个子问题的解,每个子问题仅需要计算一次,避免了在递归过程中对子问题的重复计算,因此算法效率非常好。

12.6　回　溯

回溯是一种通用的解题算法。使用这种方法几乎可以求解任何问题(当然这个问题一定要可计算)。回溯是一种系统的搜索算法,算法执行过程就像是在迷宫中搜索一条通往出口的路线。在迷宫中,任选择一条道路前进,前进的过程中在所经过的路线上标记已经走过。当走到死胡同而无路可走,或走到已经路过的地方时,就按原路线返回,寻找新的出路。最终一定可以找到一条出路(除非出路不存在)。下面用经典的八皇后问题来为大家讲解如何使用回溯的设计思想进行问题求解。

【八皇后问题】　在 8×8 格的国际象棋棋盘上摆放 8 个皇后,使其不能互相攻击,即任意两个皇后都不能处于同一行、同一列或同一斜线上,问有多少种摆法?

八皇后问题是一个古老而著名的问题,是回溯算法的典型例题。该问题是 19 世纪著名的数学家高斯在 1850 年提出的,他认为共有 76 种方案。1854 年,在柏林的象棋杂志上不同的作者发表了 40 种不同的解,后来有人用图论的方法解出 92 种结果。

题目:八皇后问题

问题描述:在 8×8 格的国际象棋棋盘上摆放 8 个皇后,使其不能互相攻击,即任意两个皇后都不能处于同一行、同一列或同一斜线上,问有多少种摆法? 试打印出每一种摆法。

输入描述:(无输入)

输出要求:输出所有 92 种摆法。对每种摆法,在第一行上打印出摆法序号(从 1 到 92),随后 8 行上为一个 8×8 的数字方阵,每行 8 个数字,数字间用空格分隔,对应着国际象棋的棋盘。在对应的棋盘方格上有皇后,则对应数字方阵中的数字为"*",否则为"-"。

例子输入(无输入)。

例子输出:

```
1
*-------
------*-
----*---
-------*
-*------
---*----
-----*--
--*-----

2
*-------
-----*--
-------*
--*-----
------*-
-*------
---*----
----*---

...

92
--*-----
-------*
-*------
----*---
------*-
---*----
-----*--
*-------
```

求解八皇后问题,首先需要对棋局进行描述。直观上,一个棋盘可以用一个二维数组表示,有皇后的棋格对应的数组元素值为 1,无皇后的棋格对应的数组值为 0,则构成一个棋局。但这样的描述并不是最简单最有效的方法,根据题意,我们知道两个皇后不可能处于棋盘的同一行上,因此,更好的描述方法是用一个一维数组,数组元素的值对应于棋盘每一行上皇后所在列下标。如图 12-3 所示。

八皇后问题可以推广为 N 皇后问题,八皇后问题只是 N 等于 8 时的特例。关于 N 皇后问题的讨论也都适用于八皇后问题。对于 N 皇后问题,棋局描述数组中有 N 个元素,元素的下标从 0 到 N−1,每个元素的取值也从 0 到 N−1。可以把这 N 个元素的数组看做 N 维向量 a,向量 a 在每个维度上可以取 N 个值,它构成了一个 N 维向量空间。把这个向量空间称为 N 皇后问题的解空间。求解 N 皇后问题,就是在这个解空间中找出所有满足约束条件的可行

	0	1	2	3	4	5	6	7		
0	0	0	1	0	0	0	0	0		2
1	0	0	0	0	0	1	0	0		5
2	0	0	0	1	0	0	0	0		3
3	0	1	0	0	0	0	0	0		2
4	0	0	0	0	0	0	0	1		7
5	0	0	0	0	1	0	0	0		4
6	0	0	0	0	0	0	1	0		6
7	1	0	0	0	0	0	0	0		0

图 12-3 一个二维数组的八皇后棋局描述
及其对应的一维数组棋局描述

解。可行解必须满足相应的约束条件,对于第 i 行和第 j 行 $(i \neq j)$ 上两个皇后,其位置间的约束关系可以表示成下面的公式:

$a[i] \neq a[j]$　　两个皇后不在相同的列上

$a[i] - i \neq a[j] - j$　　两个皇后不在相同的从左上到右下的斜线上

$a[i] + i \neq a[j] + j$　　两个皇后不在相同的从左下到右上的斜线上

　　寻找 N 皇后问题解的过程,就是遍历解空间,根据约束条件寻找可行解的过程。这个解空间可以用一棵 N 叉树来表示,N 叉树的每个叶结点对应于解空间中的一个向量,从根到叶节点的路径确定了 N 维向量在每个维度上的取值。由此,对解空间的遍历可通过遍历这棵 N 叉树实现。寻找 N 皇后解的过程并不必完全遍历 N 叉树的所有叶节点。为了说明这一点,来观察 N 叉树的中间节点。从根到中间节点的路径可以确定一个部分解向量。对于 N 皇后问题的任意可行解,从根到可行解的路径上的每个中间节点,即所有部分解向量,也必满足同样的约束条件。因此在遍历 N 叉树时,如果发现某个中间节点违背了约束条件,则该中间节点下的整个子树都不必再考虑,子树中的任意节点也都必然违背约束条件,子树中不存在可行解。

　　求解 N 皇后问题的回溯过程,就是按深度优先的方式遍历 N 叉树的过程。遍历从根开始,这个开始的节点作为活节点,如果活节点满足约束条件,则把它作为当前扩展节点,接着向纵深方向走到一个新节点,把这个新节点作为活节点,如果它也满足约束条件,则把它作为新的扩展节点,否则把该节点标记为死节点,同时回溯到最近的活节点,并使之成为当前扩展节点。如果当前扩展节点的所有子节点都被标记为死节点,则继续回溯,直到找到一个可扩展的活节点,或者遍历完整个 N 叉树。在回溯遍历的过程,如果找到一个叶节点成为当前扩展节点,则这个叶节点就是一个可行解。

　　在程序 12-13 中,使用递归函数 step 来遍历 N 叉树,用数组 a 记录从根到当前节点的路径,n 表示当前节点的深度。在遍历到第 n 层节点时,只需依次检查每个节点是否满足约束条件,如果满足,则该节点分支保存在 a 数组中,并检查当前节点是否为叶节点,如果是叶节点,则打印棋局,否则继续向 n+1 层搜索;如果不满足约束条件或从 n+1 层返回,则继续检查下个节点。当所有的节点都检查完毕,则函数返回,回溯到 n-1 层,继续搜索。

　　程序 12-13

```
1    /**********************************************
2     *文 件 名:11_9_2.c                           *
3     *作   者:wxl                                 *
4     *日   期:2007-8-23                            *
5     *题   目:八皇后问题(向量回溯法)               *
6     **********************************************/
7    #include<stdio.h>
8    #define N 8                      /*针对 N 皇后问题,N 等于 8*/
9
10   /**函数名:print
11    *功   能:根据棋盘棋局打印棋盘
12    *        有皇后的位置打印"*",无皇后的位置打印"-"
13    *参   数:a  N×N 的棋盘皇后棋局向量
14    *返回值:无
```

```
15      */
16   void print(int a[N])
17   {
18       int i, j;                           /* 循环变量 */
19       for(i=0; i<N; i++)                  /* 打印每一行 */
20       {
21           for(j=0; j<N; j++)              /* 打印一行的每个棋格 */
22               printf(a[i]==j ? "*" : "-");  /* 有皇后打印 * ,无皇后打印 - */
23           printf("\n");                   /* 每行换行 */
24       }
25   }
26
27   /** 函数名：step
28    * 功    能：检查棋盘上皇后排列是否满足互相不能直接攻击对方的约束
29    *          已知棋盘上每行都恰好有一个皇后；
30    *          因此仅需判断皇后不同列，不同对角线即可
31    * 参    数：a        N×N 的棋盘皇后棋局向量
32    *          n        要尝试摆放皇后的行号
33    *          count    调用函数前已经找到满足约束的棋局数
34    * 返回值：函数结束时已经找到满足约束的棋局数
35    */
36   int step(int a[N], int n, int count)
37   {
38       int i, k;                           /* 循环变量 */
39       for(k=0; k<N; k++)                  /* 在第 n 行上尝试每一列 */
40       {
41           for(i=0; i<n; i++)              /* 检查与前面各行上的皇后是否可互攻 */
42               if(a[i]==k                  /* 是否两皇后同行 */
43                   || a[i]+i==k+n          /* 是否两皇后左下右上同对角线 */
44                   || a[i]-i==k-n)         /* 是否两皇后左上右下同对角线 */
45                   break;                  /* 中断循环时,第 i 行上的皇后与新皇后可互攻击 */
46           if(i==n)                        /* 皇后间不会互相攻击 */
47           {
48               a[n]=k;                     /* 确定在第 n 行第 k 列上放一个皇后 */
49               if(n==N-1)                  /* 如果是最后一行,找到了一个解 */
50               {
51                   printf("%d\n",++count); /* 打印解的序号 */
52                   print(a);               /* 打印棋盘 */
53               }
54               else                        /* 否则,递归,尝试下一行放置皇后的位置 */
55                   count=step(a, n+1, count);
56           }
57       }
58       return count;                       /* 返回已经确定的解的数量 */
59   }
60
61   int main()                              /* 主函数 */
```

```
62    {
63        int a[N]={0};                    /* 棋盘向量 */
64        step(a, 0, 0);                    /* 递归确定所有解 */
65        return 0;                         /* 退出主函数 */
66    }
```

程序 12-13 的运行时间和所遍历的节点数相关,因为很难分析出整个回溯过程中具体访问了多少个节点,因此也无法给出这个程序的运行时间界。

对于求解那些很难找到有效解法的问题,回溯法是十分有效的工具。利用回溯法求解问题,首先要构造出问题的解空间,并确定解空间树;然后再确定解向量及部分解向量所应满足的约束关系;再通过深度优先的方式遍历解空间树。遍历的过程中,通过约束关系的判断,确定是否剪枝并进行回溯,回溯过程中所有遍历到的满足约束条件的叶节点就是问题的所有可行解。利用回溯法还可以求解最优化问题,此时除了可以利用约束关系进行剪枝外,还可以用估价函数进行剪枝,以尽量减少所需遍历的节点总数,提高算法的性能。

12.7 习　　题

1. 判断下面各组关于算法运行时间的公式,请说明哪些运行时间在渐进意义上更长?

(1) $10000n$ 和 $2n^2$

(2) $n^2 \lg n$ 和 n^2

(3) $5n^3+4n$ 和 $3n^3+6n^2$

2. 求阶乘的和。

求前 $n(1<n<12)$ 个整数的阶乘的和(即求 $1!+2!+3!+\cdots+n!$)。

3. 吃巧克力问题。

东东的妈妈从外地出差回来,带了一盒好吃又精美的巧克力给东东(盒内共有 N 块巧克力,$0<N<40$)。妈妈告诉东东每天可以吃一块或者两块巧克力。假设东东每天都吃巧克力,问东东共有多少种不同的吃完巧克力的方案。例如,如果 $N=1$,则东东第 1 天就吃掉它,共有 1 种方案;如果 $N=2$,则东东可以第 1 天吃 1 块,第 2 天吃 1 块,也可以第 1 天吃 2 块,共有两种方案;如果 $N=3$,则东东第 1 天可以吃 1 块,剩 2 块,也可以第 1 天吃 2 块,剩 1 块,所以东东共有 $2+1=3$ 种方案;如果 $N=4$,则东东可以第 1 天吃 1 块,剩 3 块,也可以第 1 天吃 2 块,剩 2 块,共有 $3+2=5$ 种方案。现在给定 N,请你写程序求出东东吃巧克力的方案数目。

4. 试剂稀释。

一种药剂可以被稀释成不同的浓度供病人使用,且只能稀释不能增加浓度;又已知医院规定同一瓶药剂只能给某个病人以及排在他后面的若干人使用。现为了能最大限度利用每一瓶药剂(不考虑每一瓶容量),在给出的一个病人用药浓度序列(病人的顺序不能改变)中找出能同时使用一瓶药剂的最多人数(提示:使用动态规划方法求解)。

5. 字符游戏。

有一种单人游戏是在一个 $r \times c$ 的棋盘上进行的。每个格子里都标着从 A～Z 的一个字母,游戏开始时,游戏者在棋盘的左上角,即位置 $(1,1)$。每次他可以选择移动到相邻的一个格子中,但前提条件是他曾经走过的所有格子都不含有那个格子里的字母。当然,他不能移动到棋盘外边。游戏的目标是移动尽可能多的步数(提示:使用回溯方法求解)。

参 考 文 献

1　许卓群,李文新,罗英伟.计算概论.北京:清华大学出版社,2005.

2　李文新,郭炜,余华山.程序设计导引与在线实践.北京:清华大学出版社,2007.

3　Gary J Bronson. A First Book of ANSI C.北京:电子工业出版社,2006.

4　吴文虎.程序设计基础.第 2 版.北京:清华大学出版社,2004.

5　北京大学计算概论精品课程网站.http://www.ipk.pku.edu.cn/pkujpk/course/icportal/.

6　程序设计在线评测系统与教学辅助支撑平台——POJ.http://acm.pku.edu.cn/JudgeOnline 或 http://poj.grids.cn.

7　编程网格系统 PG.http://programming.grids.cn.

8　裘宗燕.计算机基础教程(上、下册).北京:北京大学出版社,2000.

9　裘宗燕.C++ 语言基本程序设计.北京:科学出版社,2003.

读者意见反馈

亲爱的读者：

　　感谢您一直以来对清华版计算机教材的支持和爱护。为了今后为您提供更优秀的教材，请您抽出宝贵的时间来填写下面的意见反馈表，以便我们更好地对本教材做进一步改进。同时如果您在使用本教材的过程中遇到了什么问题，或者有什么好的建议，也请您来信告诉我们。

　　地址：北京市海淀区双清路学研大厦 A 座 602 室 计算机与信息分社营销室 收

　　邮编：100084　　　　　　　　　电子邮件：jsjjc@tup.tsinghua.edu.cn

　　电话：010-62770175-4608/4409　　邮购电话：010-62786544

教材名称：计算概论（第 2 版）
ISBN：978-7-302-20967-6
个人资料
姓名：＿＿＿＿＿＿＿＿＿　年龄：＿＿＿＿＿　所在院校/专业：＿＿＿＿＿＿＿＿＿＿
文化程度：＿＿＿＿＿＿＿　通信地址：＿＿＿＿＿＿＿＿＿＿＿＿＿＿＿＿＿＿＿
联系电话：＿＿＿＿＿＿＿　电子信箱：＿＿＿＿＿＿＿＿＿＿＿＿＿＿＿＿＿＿＿
您使用本书是作为：□指定教材 □选用教材 □辅导教材 □自学教材
您对本书封面设计的满意度：
□很满意 □满意 □一般 □不满意　改进建议＿＿＿＿＿＿＿＿＿＿＿＿＿＿＿＿
您对本书印刷质量的满意度：
□很满意 □满意 □一般 □不满意　改进建议＿＿＿＿＿＿＿＿＿＿＿＿＿＿＿＿
您对本书的总体满意度：
从语言质量角度看 □很满意 □满意 □一般 □不满意
从科技含量角度看 □很满意 □满意 □一般 □不满意
本书最令您满意的是：
□指导明确 □内容充实 □讲解详尽 □实例丰富
您认为本书在哪些地方应进行修改？（可附页）
＿＿＿＿＿＿＿＿＿＿＿＿＿＿＿＿＿＿＿＿＿＿＿＿＿＿＿＿＿＿＿＿＿＿＿＿＿
＿＿＿＿＿＿＿＿＿＿＿＿＿＿＿＿＿＿＿＿＿＿＿＿＿＿＿＿＿＿＿＿＿＿＿＿＿
您希望本书在哪些方面进行改进？（可附页）
＿＿＿＿＿＿＿＿＿＿＿＿＿＿＿＿＿＿＿＿＿＿＿＿＿＿＿＿＿＿＿＿＿＿＿＿＿
＿＿＿＿＿＿＿＿＿＿＿＿＿＿＿＿＿＿＿＿＿＿＿＿＿＿＿＿＿＿＿＿＿＿＿＿＿

电子教案支持

敬爱的教师：

　　为了配合本课程的教学需要，本教材配有配套的电子教案（素材），有需求的教师可以与我们联系，我们将向使用本教材进行教学的教师免费赠送电子教案（素材），希望有助于教学活动的开展。相关信息请拨打电话 010-62776969 或发送电子邮件至 jsjjc@tup.tsinghua.edu.cn 咨询，也可以到清华大学出版社主页（http://www.tup.com.cn 或 http://www.tup.tsinghua.edu.cn）上查询。

普通高等教育"十一五"国家级规划教材
21世纪大学本科计算机专业系列教材

近期出版书目